JN094711

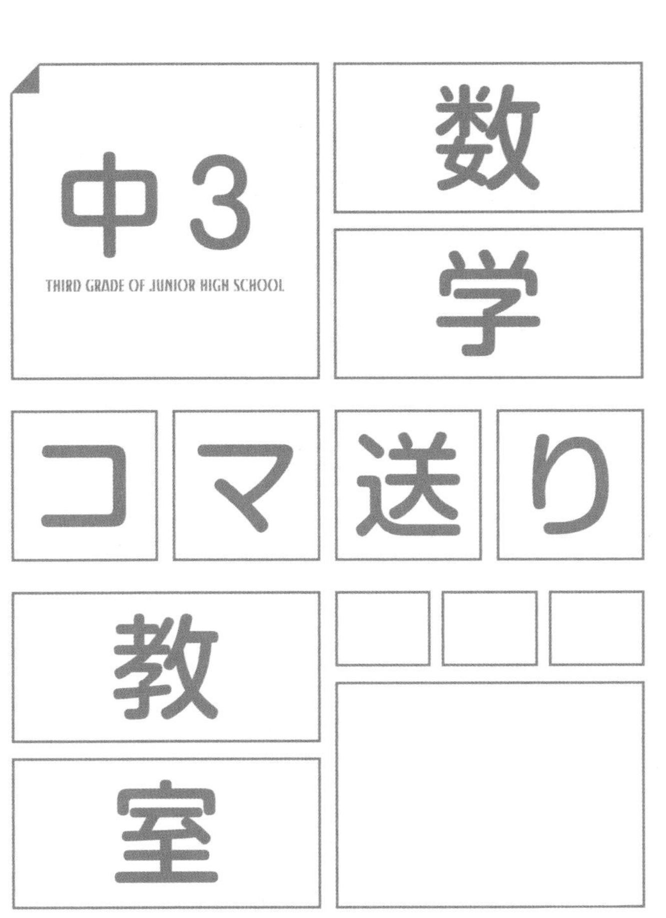

東進ハイスクール中等部・東進中学NET 編著
沖田一希 監修

東進ブックス

はじめに

みなさんこんにちは。
本書担当講師の
ミズクです。
ミズク先生

本書では，彼らネコやイヌでもわかるくらいやさしく「**コマ送り**」で中学数学を教えます。誰でも絶対わかるように説明しますから，安心してついてきてくださいね。

ネコをニャめてんニョ?
イヌでもわかるワン?
ニャン吉
ワン太

「コマ送り」ってなんニャの？
動画の「コマ送り」のように1コマずつていねいに，
漫画の「コマ割り」のように見やすくビジュアルに
解説するといった意味合いのネーミングです。

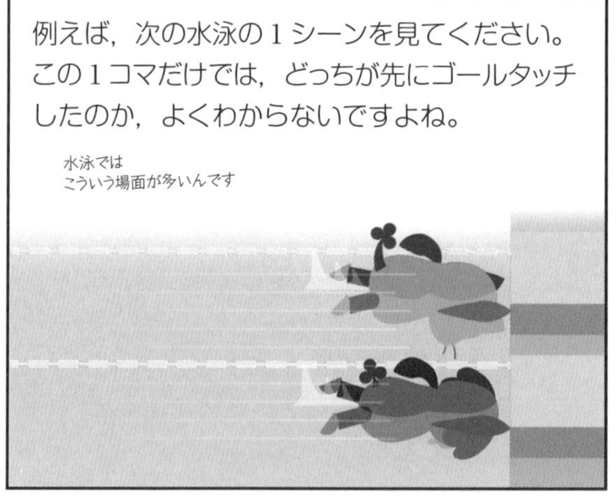

例えば，次の水泳の1シーンを見てください。
この1コマだけでは，どっちが先にゴールタッチ
したのか，よくわからないですよね。
水泳では
こういう場面が多いんです

ボクの勝ちワン!
いや，ボクの勝ちニャ!
あほニャの?

これを，「**コマ送り**」で見るとどうなるでしょうか？

2人が並んで
泳いでいます。

全く差がありません。

さあ，ゴール目前！
どっち先か⁉

完全に並んでいますが，

ワン太くんの手が先に
ゴールタッチしたので，

ワン太くんの勝利です！

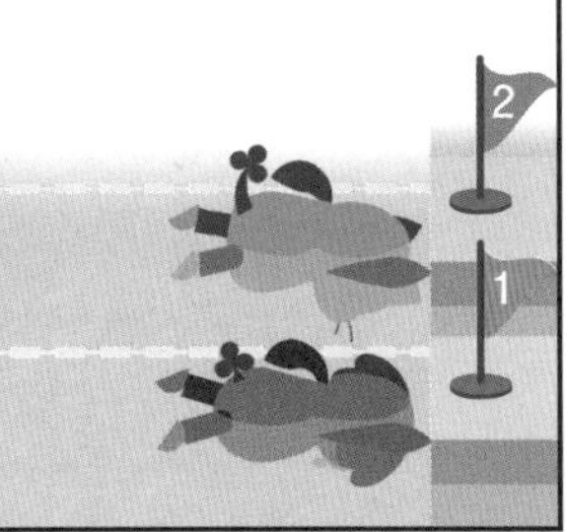
2
1

この例のように，
どんなにわかりづらいことでも，
1コマずつ「コマ送り」で見れば，
誰でも絶対にわかるんですよ。

うでが
のびたニャ!?
ずるいニャ!!

こうしたコンセプトで
何年もかけて制作されたのが
本書『コマ送り教室』なんです。

コマ送り
つくるの
大変なんですよ

キャラクター紹介

ミズク先生

先生

▶ミミズク*界の実力講師。「数学嫌いを0にする」を座右の銘として，元気に優しく日々教鞭をとる。

ニャン吉

生徒

▶ちょっとオマセで短気なネコ。数学は苦手。難しい問題やワン太の天然ボケにはすぐ腹が立つ。

ワン太

生徒

▶のんびりとマイペースなイヌ。まちがいや失敗を何も気にしない無我の境地を極めている。

*ミミズクはフクロウの一種で，頭に羽角（耳のように見える羽の束）がついているものを指す。フクロウはふつう羽角がない。

本書の使い方

本書の使い方はとても簡単！
「**1コマずつ読んでいく**」だけです。
読むだけでいいニャ？

**…でも「コマ送り」だから
めっちゃ時間が
かかりそうだニャ…**

…と思われるかもしれませんが，
実は全くの「逆」なんですよ。

例えば，
何か食べるときを
イメージしてください。

あまりかまずに
一気に食べると，
体の中で，なかなか
消化されませんよね。

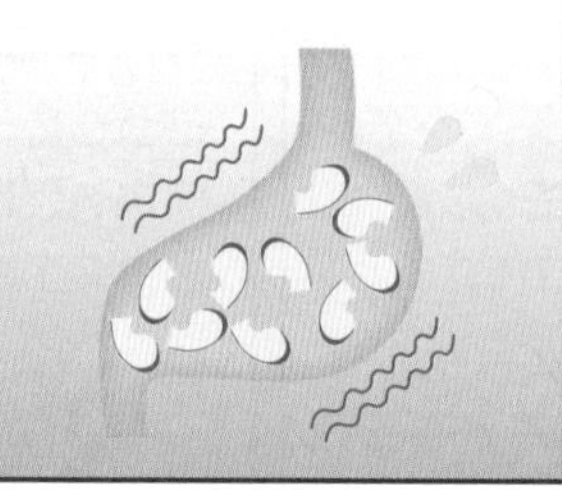

一方，よくかんで，
食べ物を細かくして
から少しずつ食べると，
消化しやすくなります。

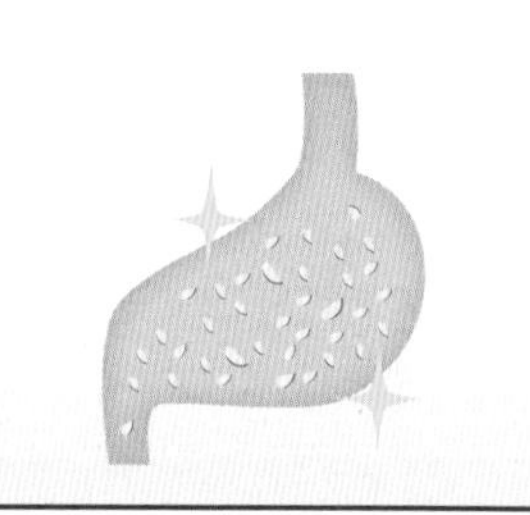

これと同じように，多くの数学の
教科書や参考書は，よくまとまって
はいるのですが，一度に多くの情報
が入ってくる紙面だったり，難しい
表現で書かれていたりするので，
消化には相当の時間がかかります。

一方，本書は，スモールステップで，
1コマずつ，わかりやすく説明する
ので，**とても消化がいい**んですね。
がんばれば，**1日*****で1冊全部読み
終える**ことも可能なくらいです。

*およそ6〜12時間程度（ただし個人差があります）。

次のページ（P.6～7）を見てください。
中学３年間で学ぶ数学の系統図（全体像）が載っていますよね。

本書の授業では，この系統図のうち，中３で学ぶ内容を全８章（Chapter 1～8）に分けて授業をします。

授業の中で，重要なポイントにはこの「POINT マーク」がついていますので，

これがあるところは絶対に覚えましょう。
※覚えないと痛い目にあいます！

ほかにも，以下のようなマークが時々出てきます。
それぞれの意味を覚えて，読み方の参考にしてください。

▶大事な法則。中学でも高校でもずっと使うので，確実に覚えておきましょう。

▶小学校で習った基礎的な事項。忘れていたら復習しておきましょう。

▶しっかり考えてほしいところ。すぐに答えを求めず，まずは自分の頭で考えましょう。

▶じっくり見て理解してほしいところ。読み飛ばさず，じっくり見てください。

▶しっかりと自分で計算してほしいところ。余裕があれば，ノートや紙に書いて計算しましょう。

▶要注意のところ。注意深く見て，しっかり理解しましょう。

なお，各章の最後には，高校入試の良問を掲載した**【実戦演習】**があります。実際の試験ではどんな問題が出るのか，確認しておきましょう。

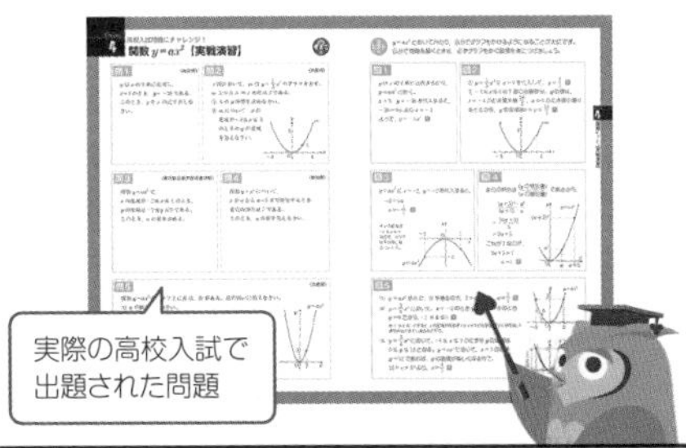

本書を読み終えれば，中３で学ぶ**教科書の内容はほぼ完璧**になります。
学校の予習・復習にも最適ですから，ぜひ本書をマスターして，数学を得意科目にしてくださいね。

数学学習内容系統図（中・高）

数と式 / 関数 / 図形 / データの活用

中学1年

1 正負の数 (P.9)
1 符号のついた数・数の大小
2 加法　3 減法　4 加法と減法の混じった計算
5 乗法　6 除法　7 四則の混じった計算
8 正負の数の利用　9 素数と素因数分解

2 文字と式 (P.51)
1 文字の使用　2 文字式の表し方
3 代入と式の値　4 一次式の計算
5 式が表す数量　6 関係を表す式

3 方程式 (P.75)
1 方程式とその解　2 方程式の解き方
3 いろいろな方程式　4 一次方程式の利用
5 比例式

4 比例・反比例 (P.103)
1 関数　2 比例する量
3 比例のグラフ　4 反比例する量
5 反比例のグラフ　6 比例・反比例の利用

5 平面図形 (P.141)
1 図形の用語と記号　2 図形の移動
3 基本の作図　4 いろいろな作図
5 円とおうぎ形

6 空間図形 (P.179)
1 いろいろな立体　2 直線や平面の平行と垂直
3 面の動き　4 立体の投影図
5 立体の展開図　6 立体の表面積
7 立体の体積

7 データの分布 (P.227)
1 度数の分布
2 度数分布表の代表値

中学2年

わからない場合は，前の単元にもどって復習しましょう。

太線➡強く関係する
細線→一部関係する

1 式の計算 (P.9)
1 単項式と多項式　2 多項式の計算
3 単項式の乗法と除法　4 式の値
5 文字式の利用　6 等式の変形

2 連立方程式 (P.37)
1 連立方程式とその解
2 連立方程式の解き方
3 いろいろな連立方程式
4 連立方程式の利用

3 一次関数 (P.69)
1 一次関数　2 一次関数の値の変化
3 一次関数のグラフ　4 一次関数の式の求め方
5 方程式とグラフ　6 一次関数の利用

4 平行と合同 (P.117)
1 平行線と角　2 多角形の内角と外角
3 三角形の合同条件　4 証明の進め方

5 三角形と四角形 (P.155)
1 二等辺三角形の性質　2 二等辺三角形になる条件
3 直角三角形の合同　4 平行四辺形の性質
5 平行四辺形になる条件
6 特別な平行四辺形　7 平行線と面積

6 データの分布の比較 (P.203)
1 四分位範囲と箱ひげ図
2 箱ひげ図の表し方

7 確率 (P.221)
1 起こりやすさと確率　2 確率の求め方
3 いろいろな確率

※各単元のページ数は，本シリーズ各学年に対応しています。

中学3年

1 多項式 (P.9)

1 多項式と単項式の乗除　2 多項式の乗法
3 乗法公式　4 因数分解
5 公式を利用する因数分解　6 式の計算の利用

2 平方根 (P.41)

1 平方根　2 根号をふくむ式の乗除
3 根号をふくむ式の加減
4 平方根の利用　5 近似値と有効数字

3 二次方程式 (P.75)

1 二次方程式　2 因数分解による解き方
3 平方根の考えを使った解き方
4 二次方程式の解の公式
5 二次方程式の利用

4 関数 $y=ax^2$ (P.105)

1 関数 $y=ax^2$　2 関数 $y=ax^2$ のグラフ
3 関数 $y=ax^2$ の値の変化
4 関数 $y=ax^2$ の利用　5 いろいろな関数

5 相似な図形 (P.141)

1 相似な図形　2 三角形の相似条件
3 相似の利用　4 三角形と比
5 平行線と比　6 相似な図形の面積比
7 相似な立体の体積比

6 円 (P.187)

1 円周角の定理　2 円周角の定理の逆
3 円周角の定理の利用

7 三平方の定理 (P.213)

1 三平方の定理　2 三平方の定理の逆
3 三平方の定理の利用

8 標本調査 (P.241)

1 標本調査
2 標本調査の利用

高等学校（主に数学Ⅰ・A）

【数学Ⅰ】数と式

- 数と集合
- 式（式の展開と因数分解／一次不等式）

【数学A】数学と人間の活動

- 数量や図形と人間の活動
- 遊びの中の数学

【数学Ⅱ】いろいろな式

- 等式と不等式の証明
- 高次方程式など
（複素数と二次方程式／高次方程式）

【数学Ⅰ】二次関数

- 二次関数とそのグラフ
- 二次関数の値の変化

【数学Ⅰ】図形と計量

- 三角比　● 図形の計量

【数学A】図形の性質

- 平面図形（三角形の性質／円の性質／作図）
- 空間図形

【数学Ⅰ】データの分析

- データの散らばり　● データの相関

【数学A】場合の数と確率

- 場合の数　● 確率

【数学B】統計的な推測

- 確率分布　● 正規分布
- 統計的な推測

もくじ

中学３年（【2021年度】新学習指導要領対応）

数と式

関数

図形

データの活用

中3　数と式

Chapter 1

多項式

この単元の位置づけ

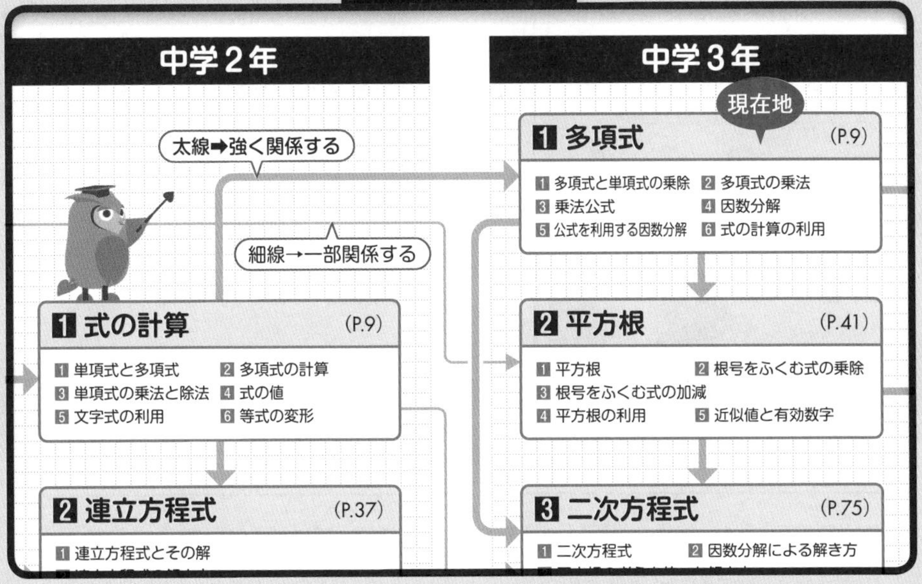

中2では多項式の加減を学びましたが，文字式の集大成として，中3では多項式の乗法やそれらの応用にまで発展します。一番のポイントは「乗法公式」と「因数分解」の公式を完璧に覚えることです。因数分解は乗法公式による展開の「逆」の操作で，展開は公式を忘れてもなんとかなりますが，因数分解では正しく的確に公式を用いる必要があります。

I 多項式と単項式の乗除

問1 （多項式と単項式の乗法①）

次の計算をしなさい。

(1) $3x(2x-4y)$

(2) $(a-3b-5)\times(-2a)$

中2では，**多項式**と**数**の乗法をやりましたよね。
中3では，**多項式**と**単項式**の乗法から始めます。

「多項式」って…
ニャんだっけ？

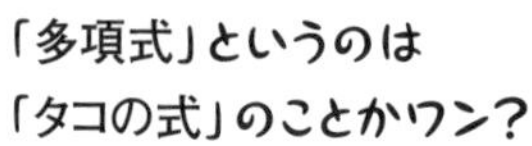

「多項式」というのは
「タコの式」のことかワン？

ちがうニャ！
どんな式ニャ？

まずは，一から復習しましょうか。
数や文字の「乗法」だけでつくられた式を単項式といいましたよね。

$\underbrace{6x}_{\text{単項式}}$　$\underbrace{7x}_{\text{単項式}}$　$\underbrace{-8y}_{\text{単項式}}$

※(2)にある−5も「−5×1」と考えることができるので**単項式**といえる（文字をふくまないので**定数項**ともいわれる）。

複数の単項式が，加法の記号「＋」で結ばれ，**単項式の「和」の形で表された式**のことを多項式というんです。

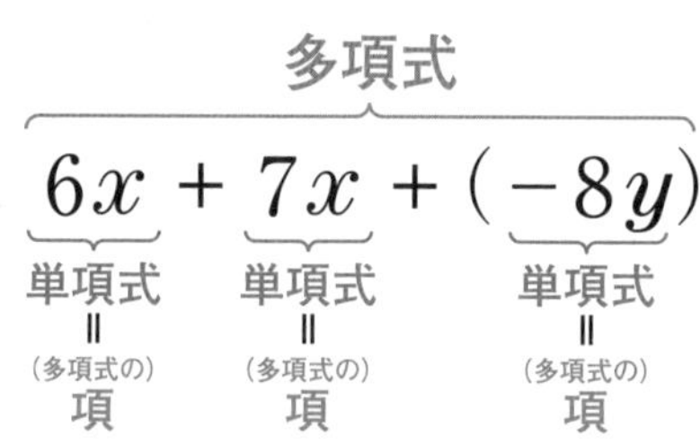

※「**多項式の一部**」となった１つ１つの**単項式**は，多項式の「項」ともよばれる。

ちなみに，多項式では，(**負の項**) につく加法の記号「+」と（　）は**省略**されます。

$$6x+7x+(-8y)$$

省略

$$6x+7x-8y$$

この「−」は減法の記号と考えることもできます（小学校の「算数」ではそう考える）が，「数学」では負の数を表す**マイナスの符号である**と考えましょう。

さて，問題を解く前に，中2でやった「文字式の計算を解く手順」を復習しておきましょう。覚えていますか？

文字式の計算を解く手順

❶ **かっこをはずす**〈分配法則など〉

❷ **同類項を集める**〈交換法則〉

❸ **同類項をまとめる**〈分配法則の逆〉

※（文字をふくまない）数は数どうし計算する。
※かっこのない多項式の場合は❶をとばして❷から始める。

…あ，ニャんか…
これ覚えてるニャ！

「❶ **かっこをはずす**」のときによく使うのが，おなじみの**分配法則**です。

〈分配法則〉

$$c\times(a+b)=c\times a+c\times b$$

c は右側でも同じ

$$(a+b)\times c=a\times c+b\times c$$

※ a, b, c は正の数でも負の数でも成り立つ。
※ c が単項式でも手順は同じ。かっこをはずしたあとはそれぞれ単項式 × 単項式の計算を行なう。

この $(a+b)$ が $(a-b)$ の場合は，
次のような公式になりますが，

$$c\times(a-b)=c\times a-c\times b$$

左辺を正確に表すと，
以下のようになります。

$$c\times\{a+(-b)\}$$

つまり，加法の記号＋と**かっこ**が
省略されているわけです。

$$c\times\{a+(-b)\}$$

$$=c\times a+\{c\times(-b)\}$$

$$=c\times a+\{-(c\times b)\}$$

省略される
（見えないだけ）

$$=c\times a-c\times b$$

これは負の符号

この考え方は今後の学習でも
重要になってくるので，
覚えておいてください。

**この－は「ひき算」の記号では
なかったニョね…**

それでは，(1)を考えましょう。
多項式と単項式の乗法では，
分配法則でかっこをはずし，
同類項をまとめます。

(1) $3x(2x-4y)$

$$=3x\times2x-3x\times4y$$

$$=6x^2-12xy$$ 答

(2)は，**3つの項**がある多項式と，
単項式の乗法ですね。

(2) $(a-3b-5)\times(-2a)$

多項式
（3つの項）

単項式

この式は，×を書かずに，

$$(a-3b-5)(-2a)$$

と書いてもいいんですが，
これだと，

$$(a-3b-5)-2a$$

という「減法」の式と
まちがえてしまいがちで，
まぎらわしいんですね。

そこで，後ろに**負の符号がついている単項式**をかけるときは，

$$(a-3b-5)\times(-2a)$$

のように × をつけてわかりやすく表すのが通例になっているんです。

単項式が多項式の前にあっても後ろにあっても，多項式の項がいくつあっても，分配法則のやり方は変わりません。
単項式を（　）の中の各項に順番にかけて，たし合わせればいいんです。

(2) $(a-3b-5)\times(-2a)$

$= a\times(-2a)-3b\times(-2a)-5\times(-2a)$

$= -2a^2+6ab+10a$ **答**

このように，**単項式や多項式の積**の形の式を，かっこをはずして**単項式の和**の形の式（＝1つの多項式）に表すことを，**展開**（てんかい）といいます。
※簡単にいうと，分配法則を使ってかっこをはずすこと。

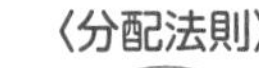

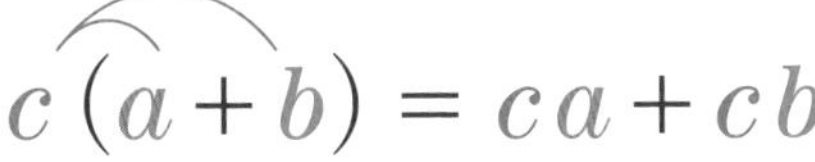

単項式や多項式の積　　単項式の和

展開

POINT

「展開」は
中1でやったワン!
あほニャの?
これは「展開図」ニャ!

いえ，それも「**展開**」です！
「多面体などを切り開いて平面上に広げること」も同じく「**展開**」という*んですよ。

え!? 合ってるニャ?

*数学の「展開」には上記のとおり2つの種類がある。

問2 （多項式と単項式の乗法②）

次の計算をしなさい。

(1)　$x(x-1)+3x(2+x)$

(2)　$2x(x+4)-x(5-x)$

さあ，**展開**して，同類項をまとめる練習をしましょう。分配法則を使うところが2ヵ所あるので，計算ミスに注意してください。
解き方を覚えたら，あとはひたすら練習あるのみです！

(1)を解きましょう。

$x(x-1)+3x(2+x)$

$=x^2-x+6x+3x^2$

$=4x^2+5x$ 答

(2)も同じように解きましょう。

$2x(x+4)-x(5-x)$

$=2x^2+8x-5x+x^2$

$=3x^2+3x$ 答

問3 （多項式と単項式の除法）

次の計算をしなさい。

(1)　$(9a^2b-15ab^2)\div(-3a)$

(2)　$(2x^2y-5xy^2-4xy)\div xy$

除法（÷）の計算の手順を覚えていますか？

除法（÷）は乗法（×）にしてから計算するニャ？

正解！
文字式の計算では，除法は**逆数の乗法**になおすと計算しやすくなるんです。

やった，正解ニャ！
「逆数」って
何かわかるかニャ？

MEMO 逆数（ぎゃくすう）

2つの数の積が1になるとき，一方の数を他方の数の逆数という。

$$\frac{2}{3}\times\frac{3}{2}=1$$

（$\frac{2}{3}$ と $\frac{3}{2}$ は）逆数

(1)を考えましょう。
まず，$(-3a)$ の逆数を考えます。

$(-3a)$

↓分数

$\left(-\frac{3a}{1}\right) \xrightarrow{\text{逆数}} \left(-\frac{1}{3a}\right)$

除法を逆数の乗法になおして計算します。

(1) $(9a^2b-15ab^2)\div(-3a)$

$=(9a^2b-15ab^2)\times\left(-\frac{1}{3a}\right)$

$=9a^2b\times\left(-\frac{1}{3a}\right)-15ab^2\times\left(-\frac{1}{3a}\right)$

$=-3ab+5b^2$ 答

(2)も同様に，除法を逆数の乗法にして計算します。

(2) $(2x^2y-5xy^2-4xy)\div xy$

$=(2x^2y-5xy^2-4xy)\times\frac{1}{xy}$

$=2x^2y\times\frac{1}{xy}-5xy^2\times\frac{1}{xy}-4xy\times\frac{1}{xy}$

$=\frac{2x^2y}{xy}-\frac{5xy^2}{xy}-\frac{4xy}{xy}$

$=2x-5y-4$ 答

分配法則を使った展開は非常に重要ですから，ここでしっかりとその手順をマスターしておきましょうね。

2 多項式の乗法

問 1 (多項式と多項式の乗法)

次の式を展開しなさい。

(1) $(x+2)(y+3)$

(2) $(a+4)(b-5)$

(3) $(x+3)(x+3y-2)$

…ふぁ!?
ニャんか…
項が増えたニャ?

そう。今度は
多項式と多項式の
乗法なんです。

中 1 では，乗法は主に「**数 × 数**」を学びました。

$$\underbrace{(+2)}_{\text{数}}\times\underbrace{(-3)}_{\text{数}}$$

中 2 では，「**数 × 多項式**」や「**単項式 × 単項式**」を学びました。

$$\underbrace{-2}_{\text{数}}\underbrace{(3x-2y)}_{\text{多項式}}$$

$$\underbrace{5a}_{\text{単項式}}\times\underbrace{(-6b)}_{\text{単項式}}$$

中 3 では，ついに「**多項式 × 多項式**」を学ぶわけです！

$$\underbrace{(x+2)}_{\text{多項式}}\underbrace{(y+3)}_{\text{多項式}}$$

「ついに」って…
別に興味があった
わけじゃないけど，
今までと
どうちがうニャ?

非常に重要な
項目ですから，
1つ1つ説明
しますね。

例えば，縦の長さが $a+b$，横の長さが $c+d$ の長方形があったとします。

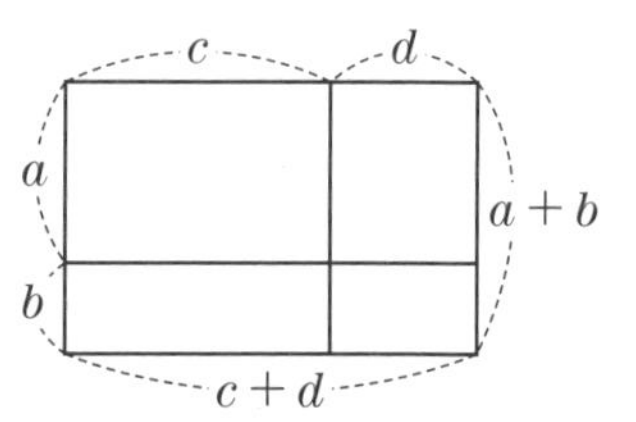

長方形の面積は
「縦 × 横」で
求められますから，
この長方形の面積は，

$(a+b)(c+d)$

と表せます。

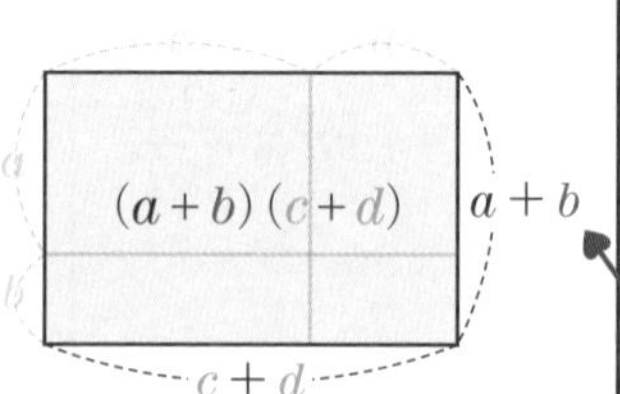

一方，これとは別の方法で，
この長方形の面積を
表すこともできるんです。

左上の長方形の面積は，
「ac」と表せますよね。

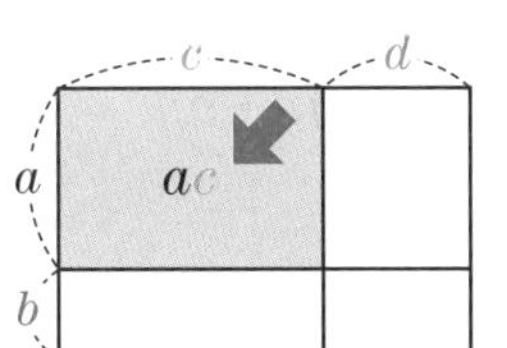

同じように，
右上は「ad」，

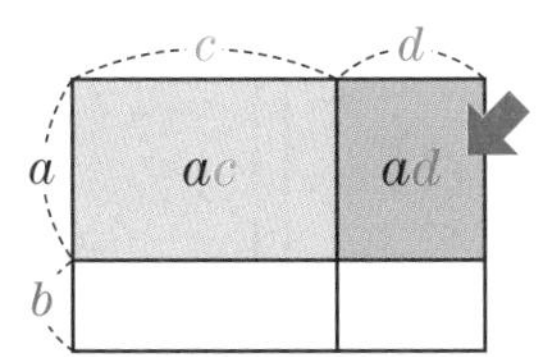

左下は「bc」，

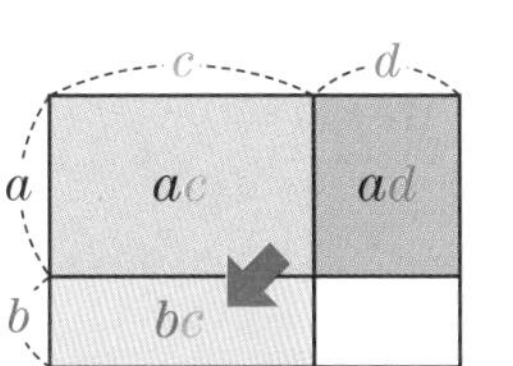

右下は「bd」と表せます。

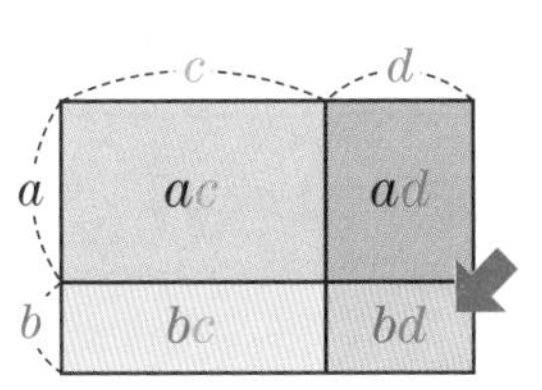

この4つの長方形を全部たした面積は，

$$ac+ad+bc+bd$$

となります。

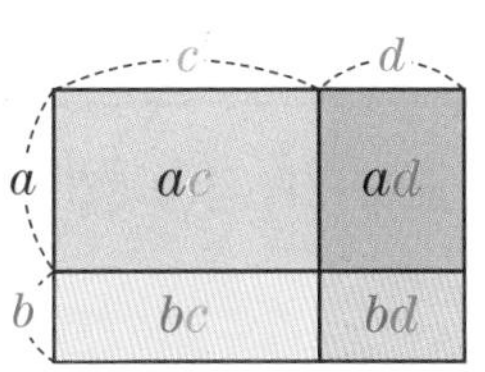

したがって，次の式が成り立つわけです。

$$(a+b)(c+d)=ac+ad+bc+bd$$

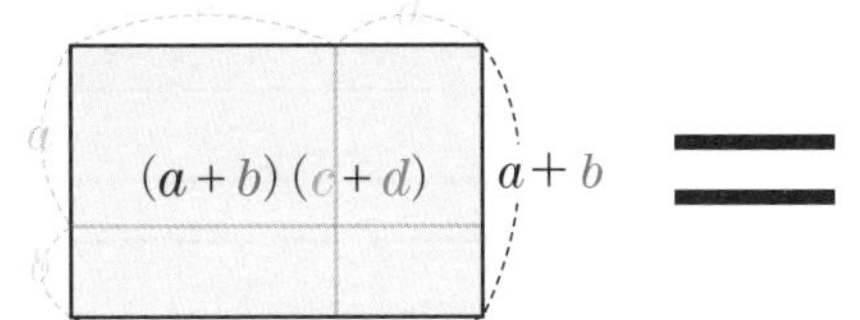

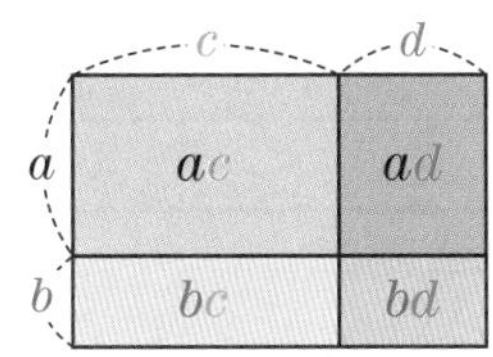

確かに…同じ面積を
別の式で表してるニャ…
このイメージをもとに，
発展させましょう。

「単項式×多項式」と同じように，
「多項式×多項式」も，**分配法則**を使って展開する
ことができるんです。

$$\underbrace{(a+b)}_{\text{多項式}}\underbrace{(c+d)}_{\text{多項式}}=ac+ad+bc+bd$$

展開

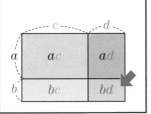

まず，「ac」の値を右辺に書きます。

$$\overset{❶}{(a+b)(c+d)} = \overset{❶}{ac}$$

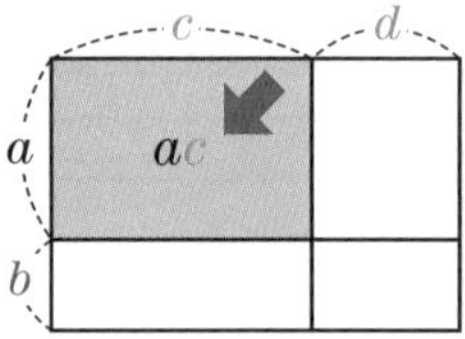

次に，「ad」の値をたします。

$$\overset{❷}{(a+b)(c+d)} = ac + \overset{❷}{ad}$$

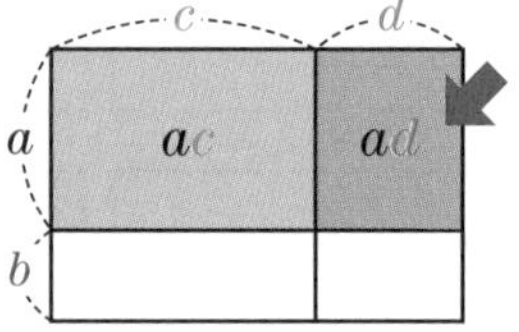

さらに，「bc」の値をたします。

$$\underset{❸}{(a+b)(c+d)} = ac + ad + \underset{❸}{bc}$$

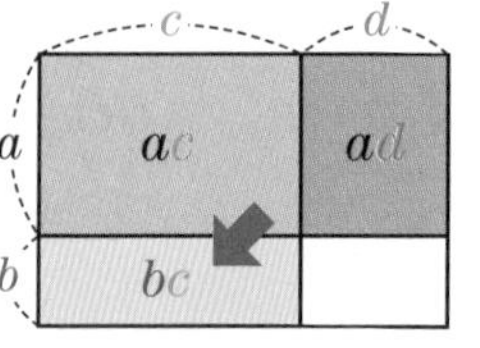

最後に，「bd」の値をたします。

$$\underset{❹}{(a+b)(c+d)} = ac + ad + bc + \underset{❹}{bd}$$

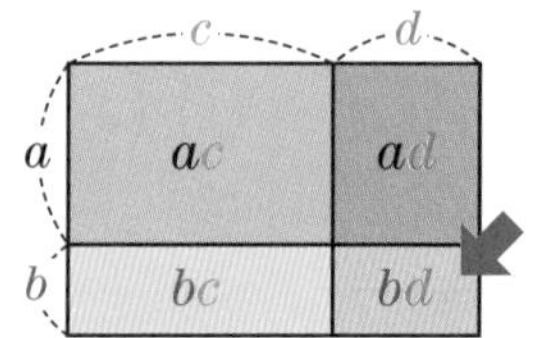

$(a+b)(c+d)$ の展開（分配法則）

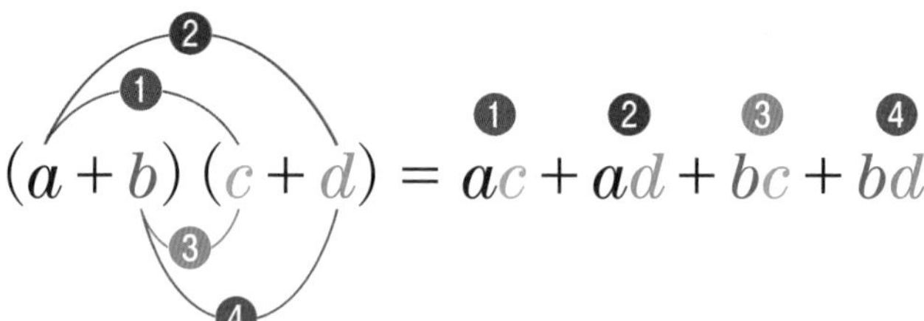

「多項式 × 多項式」は，このように分配法則を使って展開することができます。

※❶～❹の順番でなくてもよいが，かっこ内の各項をもう一方のかっこ内のすべての項にかけてたし合わせること。

これをふまえて，(1)の式を展開してみましょう。

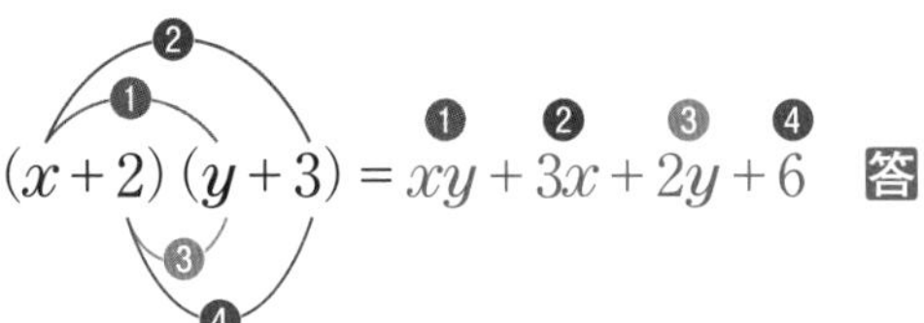

$$(x+2)(y+3)=xy+3x+2y+6$$ 答

分配法則を覚えたら
簡単に展開できたニャ!
そう，概念がわかって
いれば簡単なんですよ。

(2)も，同じように展開しましょう。ただし，－の符号に注意してください。

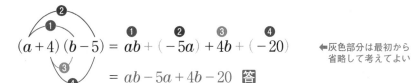

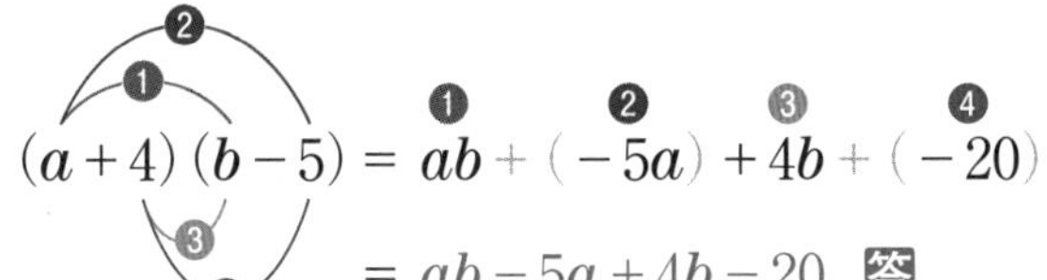

$$(a+4)(b-5)=ab+(-5a)+4b+(-20)$$

$$=ab-5a+4b-20$$ 答

⬅灰色部分は最初から省略して考えてよい

(3)のように，かっこ内の項がいくら増えても，展開の方法は同じ。
左の項から順番にかけて展開し，同類項をまとめればいいんです。

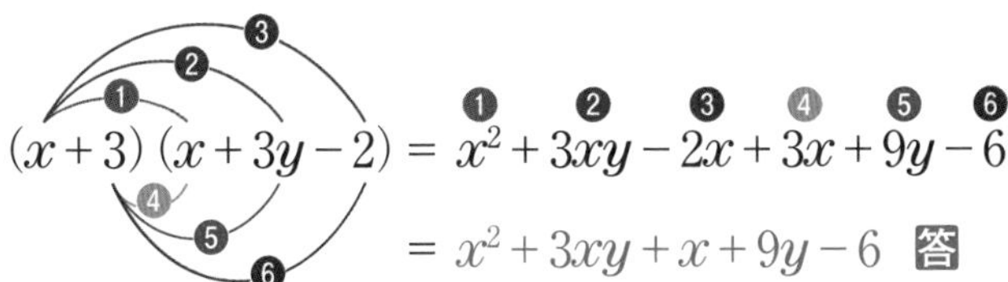

$$(x+3)(x+3y-2)=x^2+3xy-2x+3x+9y-6$$

$$=x^2+3xy+x+9y-6$$ 答

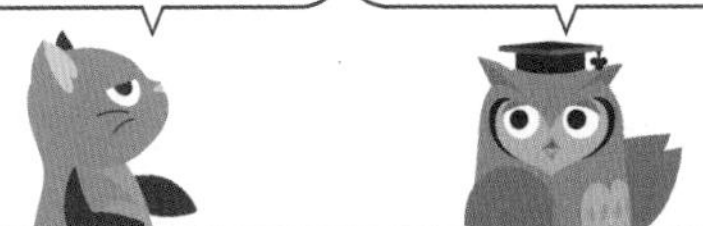

左の項から，
順番にかけて，
かっこを
はずせば
いいニャ?
そうですね。
多項式の積の式を，
単項式の和の式に
表すことを展開と
いうわけです。

ここでの学習は，多項式の乗法の
基礎となる重要なところなので，
しっかりマスターしましょう！
END

3 乗法公式

問 1 （乗法公式による展開①）

次の式を展開しなさい。

(1) $(x+3)(x+5)$

(2) $(x+4)(x-2)$

…さっきと同じような問題が出てきたニャ？
よく見てください。ちょっとちがいますよ。

前回やった式は，

$$(a+b)(c+d)$$

という形でしたが，今回の式は，

$$(x+a)(x+b)$$

という形になっていますね。

a と c が同じ x になった形です。

前回 $(a+b)(c+d)$ （a と c：別の値，b と d：別の値）

今回 $(x+a)(x+b)$ （x と x：同じ値，a と b：別の値）

でも，分配法則を使った展開の仕方は変わりません。

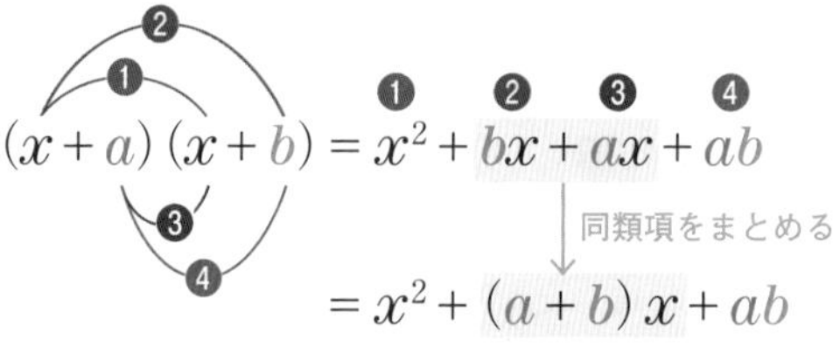

$$(x+a)(x+b) = x^2 + bx + ax + ab$$

同類項をまとめる

$$= x^2 + (a+b)x + ab$$

同類項をまとめると，ふつうに分配法則を使うよりも，**もっと簡単な計算**で展開ができそうですね。

まず，ふつうに x と x をかけます（2 乗します）。

$$(x+a)(x+b) = x^2$$

次に注目してください！
a と b の和を，x の**係数**（けいすう）*とします。

$$(x+a)(x+b) = x^2 + (a+b)x$$

（和）

＊係数…文字に係っている（かけられている）数のこと。$2x$ の係数は 2。$(a+b)x$ の係数は $(a+b)$。

そして最後に，a と b の積をたします。
分配法則を使うよりも，簡単に展開できましたね。

$$(x+a)(x+b)=x^2+(a+b)x+ab$$

積

このように，
$(x+a)(x+b)$
という形の乗法の場合，
次の「乗法公式」を使うと
便利なんです。

POINT 乗法公式① ～$(x+a)(x+b)$ の展開～

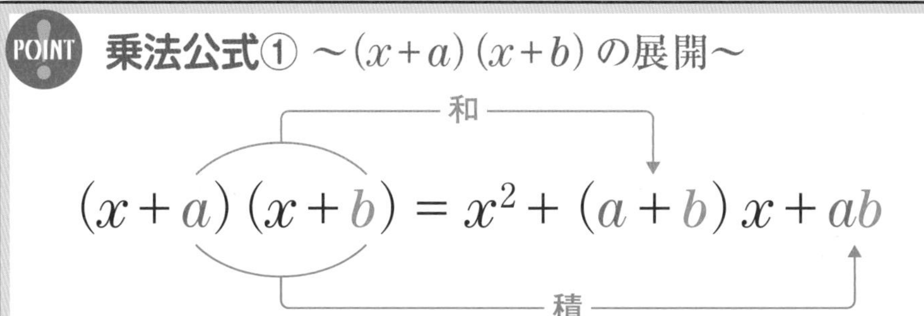

$$(x+a)(x+b)=x^2+(a+b)x+ab$$

a と b の和が
x の係数になって
a と b の積が
後ろにつくニョね…

では，(1)を考えましょう。
乗法公式にあてはめると，簡単に展開できますね。

(1)　$(x+3)(x+5)=x^2+(3+5)x+3\times5$

$=x^2+8x+15$ 答

(2)も乗法公式にあてはめて展開できますね。
負（－）の数がある場合，中(ちゅう)かっこ｛　｝をつけて考えるとよいでしょう。

(2)　$(x+4)(x-2)=(x+4)\{x+(-2)\}$

$=x^2+\{4+(-2)\}x+4\times(-2)$

$=x^2+2x-8$ 答

問２　（乗法公式による展開②）

次の式を展開しなさい。

(1)　$(x+4)^2$

(2)　$(x-5)^2$

また新しい形の式ニャ…これも公式か何かで展開するニャ？

いえいえ，「乗法公式①」で展開できるんですよ。

例えば，

$(x+a)^2$

という式は，

$=(x+a)(x+a)$

と変形できますよね。

これを「**乗法公式①**」にあてはめると，

$(x+a)(x+a)$

$=x^2+(a+a)x+(a\times a)$

$=x^2+2ax+a^2$

と展開できます。

つまり，簡単に考えると，

a を２倍した値が x の係数になり，

２倍

$(x+a)^2=x^2+2ax+a^2$

a を２乗した値が後ろにつくわけです。

$(x+a)^2=x^2+2ax+a^2$

２乗

同じように，

$(x-a)^2$

という式は，

$=(x-a)(x-a)$

と変形できますよね。

これを「**乗法公式①**」にあてはめると，

$(x-a)(x-a)$

$=x^2+\{(-a)+(-a)\}x+(-a)\times(-a)$

$=x^2+(-2a)x+a^2$

$=x^2-2ax+a^2$

と展開できます。

つまり，簡単に考えると，
$-a$ を2倍した値が
x の係数になり，

2倍

$$(x-a)^2=x^2-2ax$$

$-a$ を2乗した値が
後ろにつく
というわけです。

プラス

$$(x-a)^2=x^2-2ax+a^2$$

2乗

このように，
$(x+a)^2$ や $(x-a)^2$
という形の乗法の場合，
次の「**乗法公式②**」を
使ったすばやい展開が
可能になるんです。

POINT 乗法公式② ～$(x+a)^2$, $(x-a)^2$ の展開～

※「平方の公式」ともいう。

2倍

$$(x+a)^2=x^2+2ax+a^2$$

2乗

＋－のちがいに注意

2倍

$$(x-a)^2=x^2-2ax+a^2$$

2乗

(1)を「**乗法公式②**」で展開すると，

$$(x+4)^2=x^2+(2\times4)x+4^2$$

$$=x^2+8x+16 \quad \text{答}$$

このように，ふつうに分配法則を
使うよりも速く展開できるんですね。

(2)も「**乗法公式②**」で展開すると，

$$(x-5)^2=x^2-(2\times5)x+(-5)^2$$

$$=x^2-10x+25 \quad \text{答}$$

$-a$ の場合は，a の2倍をそのまま
－の後ろにつける感じでOKです。

問3　**(乗法公式による展開③)**

次の式を展開しなさい。

(1)　$(x+9)(x-9)$

(2)　$(2a-3b)(2a+3b)$

(3)　$(7-x)(7+x)$

これも，乗法公式を使えばいいニャ?
そうですね。1つ1つ考えていきましょう。

(1)の式は，

$$\underbrace{(x+a)}_{\text{和}}\times\underbrace{(x-a)}_{\text{差}}$$

(マイナス)

という形の，「**和と差の積**」ですよね。a は絶対値が**同じ値**で**異符号**であるというのがポイントです。

これを「**乗法公式①**」にあてはめると，

$(x+a)(x-a)$

$=x^2+\{a+(-a)\}x+a\times(-a)$

$=x^2-a^2$

(0(ゼロ)になるのでこの項は消える)

と展開できます。

「**乗法公式②**」にある「$2ax$」の項が消え，x^2 の後ろに**負の数**の$-a^2$ がくるというわけです。

$$(x+a)(x-a)=x^2-a^2$$

(マイナス／積(2乗))

「多項式×多項式」の乗法公式，最後はこれです。覚えておくと展開が速くなりますからね！

POINT 乗法公式③ ～$(x+a)(x-a)$ の展開～

※「和と差の積」の公式ともいう。

$$(x+a)(x-a)=x^2-a^2$$

和 → (消える)

マイナス

積(2乗)

⑴を考えましょう。

$$(x+9)(x-9)$$

これは，「**和と差の積**」ですよね。

よって，「**乗法公式③**」を使って展開することができます。

$$(x+9)(x-9)=x^2-9^2$$
$$=x^2-81$$ 答

⑵を考えましょう。

同じ値

$$(2a-3b)(2a+3b)$$

同じ値

一瞬迷いますが，よーく見ると，「**和と差の積**」ですよね。

…あれ？
$(x+a)(x-a)$
の＋と－は
左右が「逆」でも
いいニャ？

いいんです！
$(x+a)(x-a)$
でも
$(x-a)(x+a)$
でも同じです。

よって，「**乗法公式③**」を使って展開することができます。

$$(2a-3b)(2a+3b)$$
$$=(2a)^2-(3b)^2$$
$$=4a^2-9b^2$$ 答

⑶を考えましょう。

$$(7-x)(7+x)$$

文字と数が「逆」になっていますが，これも結局は「**和と差の積**」ですよね。

よって，「**乗法公式③**」を使って展開することができます。

$$(7-x)(7+x)=7^2-x^2$$
$$=49-x^2$$ 答

乗法公式を使うことで，「展開」のスピードは格段に上がります。
たくさん練習問題を解いて，公式を瞬時に使えるようになりましょうね。

4 因数分解

問1 （因数分解の方法）

次の式を因数分解しなさい。

(1) $2ax+2ay$

(2) $12ab-4a$

例えば，$2ax$ は，

$$2\times a\times x$$

という「積の形」で表すことができますよね。

このように，1つの数や式を「**積の形**」で表したときの，その1つ1つの数や文字を「**因数**」というんです。

$$\overbrace{\underset{\substack{\uparrow\\ \text{因数}}}{2}\times\underset{\substack{\uparrow\\ \text{因数}}}{a}\times\underset{\substack{\uparrow\\ \text{因数}}}{x}}^{\text{積の形}}$$

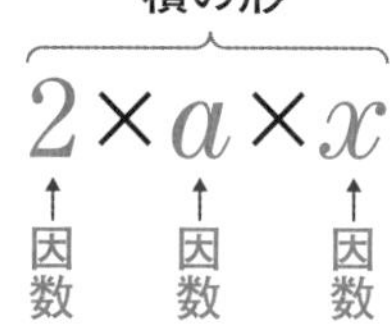

さて，(1)の多項式について，各項を「積の形」で表してみましょう。

$$\overbrace{\underset{\substack{\uparrow\\ \text{因数}}}{2}\times\underset{\substack{\uparrow\\ \text{因数}}}{a}\times\underset{\substack{\uparrow\\ \text{因数}}}{x}}^{\text{積の形}}+\overbrace{\underset{\substack{\uparrow\\ \text{因数}}}{2}\times\underset{\substack{\uparrow\\ \text{因数}}}{a}\times\underset{\substack{\uparrow\\ \text{因数}}}{y}}^{\text{積の形}}$$

各項に共通する因数は，2 と a ですね。

$$\underset{\substack{\uparrow\\ \text{因数}}}{2}\times\underset{\substack{\uparrow\\ \text{因数}}}{a}\times\underset{\substack{\uparrow\\ \text{因数}}}{x}+\underset{\substack{\uparrow\\ \text{因数}}}{2}\times\underset{\substack{\uparrow\\ \text{因数}}}{a}\times\underset{\substack{\uparrow\\ \text{因数}}}{y}$$

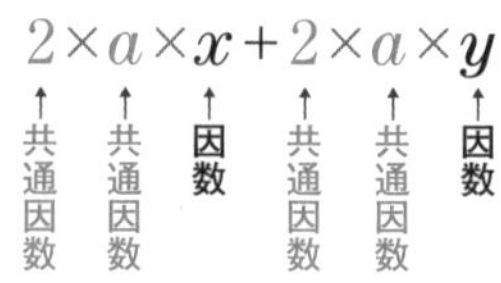

このように，多項式の各項に共通する因数を「**共通因数**」といいます。

$$\underset{\substack{\uparrow\\ \text{共通因数}}}{2}\times\underset{\substack{\uparrow\\ \text{共通因数}}}{a}\times\underset{\substack{\uparrow\\ \text{因数}}}{x}+\underset{\substack{\uparrow\\ \text{共通因数}}}{2}\times\underset{\substack{\uparrow\\ \text{共通因数}}}{a}\times\underset{\substack{\uparrow\\ \text{因数}}}{y}$$

共通因数を取り出して，

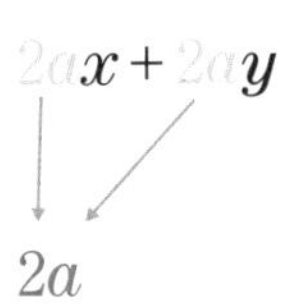

残りの因数を
かっこにまとめれば，

$2ax+2ay$

$2a\,(x+y)$

1つの多項式が
いくつかの因数の
「積の形」になります。

$$2ax+2ay$$
$$\parallel$$
$$\underbrace{2a\,(x+y)}_{\text{積の形}}$$

1つの式の「**積の形**」なので，
この $2a$ と $(x+y)$ は，
$2a\,(x+y)$ の**因数**なんですね。
※数や文字だけでなく，単項式や多項式も因数になる。

$$2ax+2ay=\overbrace{\underbrace{2a}_{\text{因数}}\,\underbrace{(x+y)}_{\text{因数}}}^{\text{積の形}}$$

…ん？「展開」の逆になってニャい？
そう！そのとおりです！
逆
2a (x + y) = 2ax + 2ay
展開

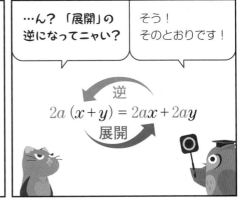

因数分解

POINT

「展開」の逆の見方で，**多項式**をいくつかの**因数**の「**積の形**」に表すことを，
「**因数分解**」というんです。
※簡単にいうと，たし算の式をかけ算の式にすること。

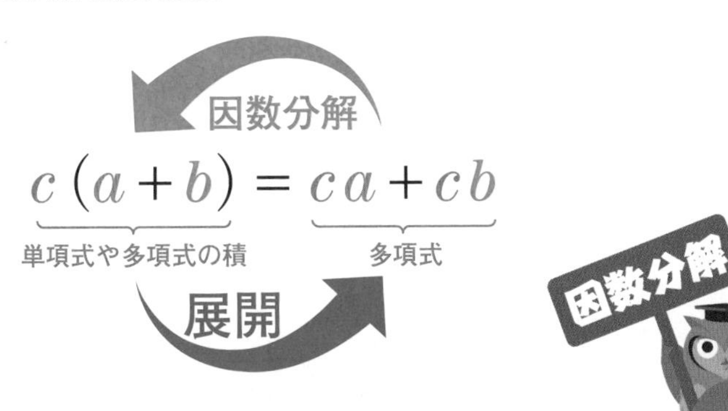

ということで，(1)の式を因数分解すると，このようになります。

(1) $2ax+2ay=2a(x+y)$ 答

(2)を考えましょう。
まず，因数を調べます。

(2) $12ab-4a$

$12\times a\times b-4\times a$

次に，共通因数を取り出しましょう。

$12\times a\times b-4\times a$

共通因数は
a だけだから…
a を取り出して…

$12\times a\times b-4\times a$

a

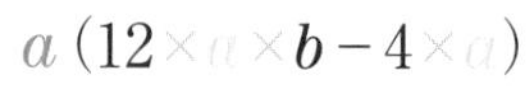

$=a(12b-4)$

こうすればいいニャ？

うーん
おしい！
ニャんで!?

かっこの中をよく見てください。

$=a(12b-4)$

よく見るワン
$=a($ $)$
じゃまニャ！
見すぎニャ!!

かっこの中の 12 は，
4×3 と表すことができますよね。

$=a(12b-4)$

4×3
↑因数 ↑因数

同様に，4 も 4×1 と表すことができます。

$=a(12b-4)$

4×3 4×1
↑因数 ↑因数 ↑因数 ↑因数

つまり，かっこ内に4という
共通因数が残っているんですね。

$$= a(12b-4)$$

4×3　4×1

↑共通因数↑

因数分解では，原則として，
かっこの中の共通因数は
すべて取り出して，

$$= a(12b-4)$$

4×3　4×1

→ 4 ←

かっこの外に，くくり出す※
必要があるんです。

$$=4a(3b-1)$$

4

そのほかの因数は
かっこの中に残す

※共通因数をかっこの外に取り出すことを，数学では「くくり出す」という。

このように，因数分解では，
かっこの中に残らないように，
できる限りこまかく共通因数を
くくり出しましょう。

(2)　$12ab-4a=4a(3b-1)$　答

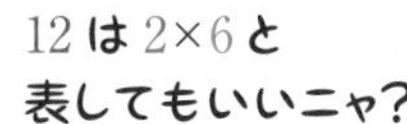

そこはよく考える
必要があるんです。

12を2×6，
4を2×2として
表すこともできます。

$$= a(12b-4)$$

2×6　2×2

この場合，共通因数は
2になります。

$$= a(12b-4)$$

2×6　2×2

↑共通因数↑

ただ，2をくくり出しても，
かっこの中には，まだ共通因数が
残ってしまいますよね。

$$= 2a(6b-2)$$

2×3　2×1

↑共通因数↑

ニャるほど…

因数分解では，どの数や文字を
共通因数としてくくり出すべきか，
鋭く見抜かなければなりません。
たくさん練習を重ねて，
その力を高めていきましょう。

5 公式を利用する因数分解

問 1 （公式を利用する因数分解①）

次の式を因数分解しなさい。

(1) $x^2+8x+15$

(2) $x^2-4x-12$

(3) $x^2-7x+10$

…ふぁ？
共通因数がない項があるニャ…
因数分解できなくニャい？
!?
そのとおり！
よく気づきましたね！

$$x^2+8x+15=\underbrace{x(x+8)+15}_{\text{「積の形」ではない}}$$

各項（すべての項）に共通な因数がない場合，一部の項の共通因数をくくり出すだけでは「積の形」にならず，因数分解ができないんですね。

こんなときに使うのが，「**乗法の公式**」の左辺と右辺を逆にした「**因数分解の公式**」です。

POINT

因数分解の公式

① $x^2+(a+b)x+ab=(x+a)(x+b)$

② $x^2+2ax+a^2=(x+a)^2$

$x^2-2ax+a^2=(x-a)^2$

③ $x^2-a^2=(x+a)(x-a)$

…乗法の公式の左右を「逆」にしただけニャ…!?

そう! だから「**乗法の公式**」はとても大事なんですよ。

乗法公式

① $(x+a)(x+b)=x^2+(a+b)x+ab$

② $(x+a)^2=x^2+2ax+a^2$

$(x-a)^2=x^2-2ax+a^2$

③ $(x+a)(x-a)=x^2-a^2$

(1)を考えましょう。x以外の, +8と+15に注目してください。

(1) $x^2+8x+15$

定数項である+15は, 3×5と表すことができますよね。

$x^2+8x+15$ (15 → 3×5)

xの係数である+8は, 3+5と表すことができます。

$x^2+8x+15$ (8 → 3+5, 15 → 3×5)

つまり, この式は, **因数分解の公式①**にあてはまるんですね。

① $x^2+(a+b)x+ab$

$x^2+8x+15$ (8 → 3+5, 15 → 3×5)

したがって, このように因数分解ができます。

$=(x+a)(x+b)$

$=(x+3)(x+5)$ 答

※答えを$(x+5)(x+3)$としてもよいが, a, bが正の数のときは$a<b$となるように書くのがふつう。

…でも, いわれないとわかんなくニャいこれ?

aとb, 2数の関係に注目してください。

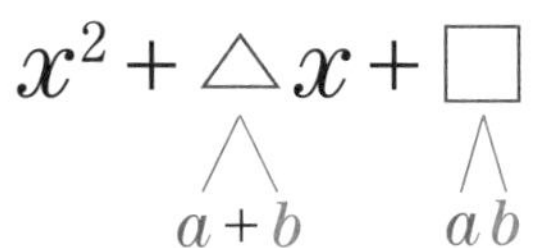

$x^2+\triangle x+\square$ (△ → $a+b$, □ → ab)

□がa, bの**積**で, △がa, bの**和**となる。そういう2つの数a, bの組み合わせを**見抜けるか**がポイントなんですよ。

⑵を考えましょう。
-4 と -12 に注目。

⑵ $x^2-4x-12$

和が -4，積が -12
になる数 a，b を
考えます。

$x^2-4x-12$

$a+b$　ab

このとき，**和**$(a+b)$の
組み合わせよりも先に，
積(ab)の組み合わせを
考えましょう。

積(ab)の
組み合わせは，
このように
6パターンに
なります。

$ab=-12$
1×-12
-1×12
2×-6
-2×6
3×-4
-3×4

※(　)は省略

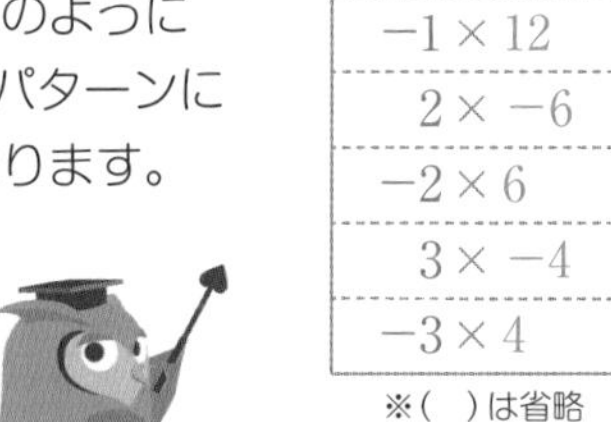

和$(a+b)$の組み合わせ
から先に考えると，
パターンが多すぎて，
時間がかかってしまう
場合があるんですね。
だから，積から考えた
方が速いわけです。

$a+b=-4$
$1+-5$
$-1+-3$
$2+-6$
$-2+-2$
$3+-7$
$-3+-1$

⋮続く

さて，**積**の組み
合わせのうち，
和が -4 になる
のは，
　2，-6
だけですね。

$a+b=-4$	$ab=-12$
	1×-12
	-1×12
○	2×-6
	-2×6
	3×-4
	-3×4

したがって，次のように
因数分解できます。

$x^2-4x-12$

$=(x+2)(x-6)$ 答

⑶に行きましょう。
和が -7，積が 10
になる2つの数は
なんでしょう？

⑶ $x^2-7x+10$

-2 と -5 の
組み合わせなら
積が 10 で**和**が -7
になるので，
次のように
因数分解できます。

$a+b=-7$	$ab=10$
	1×10
	-1×-10
	2×5
○	-2×-5

$=(x-2)(x-5)$ 答

問2 （公式を利用する因数分解②）

次の式を因数分解しなさい。

(1) $x^2+8x+16$

(2) $x^2-16x+64$

これもまた
「積」と「和」の
組み合わせを
見抜いて，
公式を使うニャ？
そうですね。
ちょっと
(1)からやって
みましょうか。

(1)を考えましょう。
和が 8，積が 16
になる数 a，b は，

4，4

ですね。

$a+b=8$	$ab=16$
	1×16
	2×8
○	4×4

※和 $(a+b)$ と積 (ab) が共に正の数の場合，a，b 共に正の数であるため，負の数は除いて考える。

したがって，次のように因数分解できます。

(1) $x^2+8x+16$

$=(x+4)(x+4)$

$=(x+4)^2$ 答

この式のように，
□が a（←何かの数）の **2 乗**で，
△が a の **2 倍**である場合，

$$x^2+\triangle x+\square$$

△ ↑ $2a$，□ ↑ a^2（2倍）

因数分解の公式②を使って，
公式①を使うよりもすばやく簡単に
因数分解することができます。

$$② \quad x^2+2ax+a^2=(x+a)^2$$
$$x^2-2ax+a^2=(x-a)^2$$

(2)もまさにそういう式です。
定数項の 64 は，-8 の **2 乗**で，
x の係数である -16 は -8 の
2 倍であると考えられますよね。

(2) $x^2-16x+64$

↑ $(-8)\times2$　↑ $(-8)^2$

したがって，**因数分解の公式②**を
使って因数分解ができます。

$=(x-8)^2$ 答

問3　（公式を利用する因数分解③）

次の式を因数分解しなさい。

(1)　x^2-25

(2)　x^2-81

…あれ？「$x^2+\triangle x+\square$」の「$\triangle x$」の部分がないニャ…？

そう！
よく気づきましたね。

問3の式のように，「$\triangle x$」の項がなく，□が何かの2乗である場合，

$$x^2+\triangle x-\square$$

ここはマイナス

ない　　a^2

因数分解の公式③を使って，簡単に因数分解する大チャンスです！

$$③\ x^2-a^2=(x+a)(x-a)$$

(1)を考えましょう。
25に注目！

(1)　x^2-25

25は5の2乗ですから，**公式③**の左辺と同じ形の式ですよね。

$$x^2-5^2$$
$$\shortparallel$$
$$③\ x^2-a^2$$

したがって，次のように因数分解できます。

$$x^2-25$$
$$=(x+5)(x-5)$$ **答**

(2)も同じ形です。
81は9の2乗ですから，**公式③**を使うことができます。

(2)　x^2-81

$=(x+9)(x-9)$　**答**

なんで81が9の2乗だってわかるワン？

いや…
9×9＝81
は小学校の「九九」で覚えたニャ！

因数分解をするときは，
整数の２乗を暗記して
おいた方が有利です。
1〜20 の２乗くらいは
全部覚えておきましょう。

整数（1〜20）の２乗			
$1 = 1^2$	$36 = 6^2$	$121 = 11^2$	$256 = 16^2$
$4 = 2^2$	$49 = 7^2$	$144 = 12^2$	$289 = 17^2$
$9 = 3^2$	$64 = 8^2$	$169 = 13^2$	$324 = 18^2$
$16 = 4^2$	$81 = 9^2$	$196 = 14^2$	$361 = 19^2$
$25 = 5^2$	$100 = 10^2$	$225 = 15^2$	$400 = 20^2$

さあ，これで因数分解の基本は
マスターしました。
「因数分解しなさい」という問題が
出たら，基本的には，下の図のように
考えながら解いていってください。

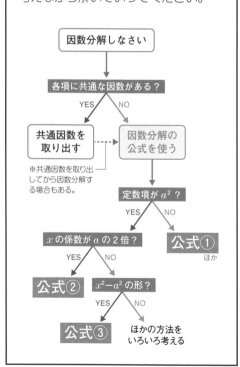

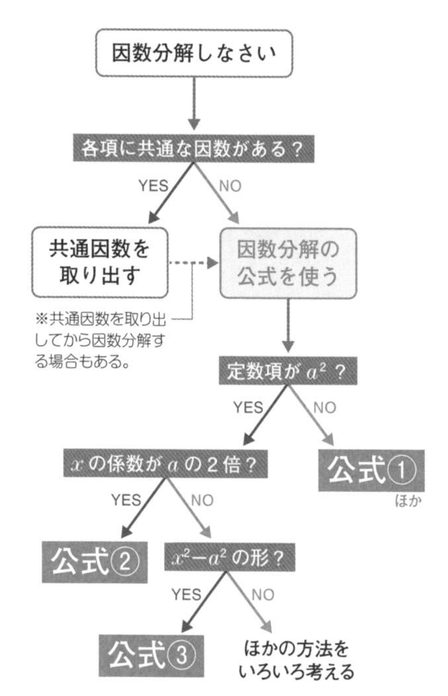

ニャるほど…！
こうやって整理
するとわかりや
すいニャ…！

因数分解の公式
を使うときに，
定数項の２乗
を考えるワン？

そう。因数分解の公式を使うときは，
定数項が何かの数の２乗かどうか
を見極めるところから始まります。

ただ，これはあくまでも「基本」で，
「必ずこのとおりに解ける」
というわけでもありません。
共通因数を取り出してから，
さらに因数分解の公式を使うなど，
様々な応用パターンがあります。
いろいろな問題を練習しましょう！

6 式の計算の利用

問 1 (式の計算の利用)

式の計算を利用して，次の計算をしなさい。

(1) 19^2-9^2

(2) 102^2

(3) 55×45

…ふぁ!? 式の計算…？
どういう意味ニャ？

!?

展開や因数分解などを
「式の計算」というんです。
これを利用して工夫すると，
計算が簡単になるんですよ。

まずは，展開をするための**乗法の公式①②③**と，
その「逆」である**因数分解の公式①②③**をしっかり見なおしましょう。

じっくり
見て

因数分解

① $(x+a)(x+b)=x^2+(a+b)x+ab$ ①

② $(x+a)^2=x^2+2ax+a^2$ ②
　 $(x-a)^2=x^2-2ax+a^2$

③ $(x+a)(x-a)=x^2-a^2$ ③

展開

例えば，(1)の式は，
因数分解の公式③にあてはめて
考えられますよね。

19^2-9^2

‖ 同じ形

③ $x^2-a^2=(x+a)(x-a)$

したがって，このように計算を
簡単にすることができるんです。

$=(19+9)(19-9)$

$=28\times10$

$=280$ **答**

(2)を考えましょう。
102^2 は $(100+2)^2$
と考えられますから，

(2) 102^2

$= (100+2)^2$

乗法の公式②にあてはめて考えられますよね。

$(100+2)^2$
‖同じ形
② $(x+a)^2 = x^2+2ax+a^2$

したがって，このように計算できるんです。

$$(100+2)^2 = 100^2+(2\times2\times100)+2^2$$
$$= 10000+400+4$$
$$= 10404$$ 答

(3)を考えましょう。
50 を基準にすると，55 は $(50+5)$，
45 は $(50-5)$ と表せますよね。

(3) 55×45

$= (50+5)(50-5)$

これは，**乗法の公式**③にあてはめて
考えられますよね。

$(50+5)(50-5)$
‖同じ形
③ $(x+a)(x-a) = x^2-a^2$

したがって，計算を簡単に
することができます。

$= (50+5)(50-5)$

$= 50^2 - 5^2$

$= 2500 - 25$

$= 2475$ 答

このように，展開や因数分解を利用すると，
計算が簡単になるんですよ。何をどのよう
に利用するかは，みなさんの「発想」次第。
とにかく，まずは左ページの公式を「完璧」
に覚えておくこと。いいですね？

高校入試問題にチャレンジ！

多項式【実戦演習】

問1

〈栃木県〉

次の式を展開しなさい。

$(x-5)(x-7)$

問2

〈熊本県〉

次の計算をしなさい。

$(x-4)^2+x(8-x)$

問3

〈愛媛県〉

次の計算をしなさい。

$(2x+1)(2x-1)+(x+2)(x-3)$

問4

〈京都府〉

次の式を因数分解しなさい。

$2x^2+4x-48$

問5

〈香川県〉

次の式を因数分解しなさい。

$2xy^2-18x$

問6

〈兵庫県〉

次の式を因数分解しなさい。

$(a+b)^2-16$

展開の公式をしっかり覚え，スムーズに計算できるようになりましょう。
複雑な因数分解は，共通因数でくくり，見慣れた基本の形に変形しましょう。

答1

乗法公式①のとおり。

$(x-5)(x-7)$
$=x^2-12x+35$ 答

答2

公式や分配法則を使ってかっこをはずしたら，同類項どうしでまとめる。

$(x-4)^2+x(8-x)$
$=x^2-8x+16+8x-x^2$
$=x^2-x^2-8x+8x+16$
$=16$ 答

答3

$(2x+1)(2x-1)+(x+2)(x-3)$
$=4x^2-1+x^2-x-6$
$=5x^2-x-7$ 答

答4

共通因数の2でくくってから，因数分解をすればよい。

$2x^2+4x-48$
$=2(x^2+2x-24)$
$=2(x+6)(x-4)$ 答

答5

共通因数の $2x$ でくくると，

$2xy^2-18x$
$=2x(y^2-9)$
$=2x(y+3)(y-3)$ 答

次数が低い項を中心に共通因数を探すのがこつ。$2xy^2-18x$ では，y が2乗だから，x と係数に注目。

答6

$a+b=\mathrm{A}$ とおくと，

$(a+b)^2-16$
$=\mathrm{A}^2-16$
$=(\mathrm{A}+4)(\mathrm{A}-4)$
$=(a+b+4)(a+b-4)$ 答

COLUMN-1

パスカルの三角形とフィボナッチ数列

$(x+1)^0=1$＊

$(x+1)^1=1x+1$

$(x+1)^2=1x^2+2x+1$

$$
\begin{aligned}
(x+1)^3 &= (x+1)(x+1)^2 \\
&= (x+1)(x^2+2x+1) \\
&= x^3+2x^2+x+x^2+2x+1 \\
&= 1x^3+3x^2+3x+1
\end{aligned}
$$

このようにして求めた $(x+1)^n$ の展開式の係数を並べてみると，下図のように両端が1でその他の数は左上と右上の和になっています。これを「パスカルの三角形」といいます。

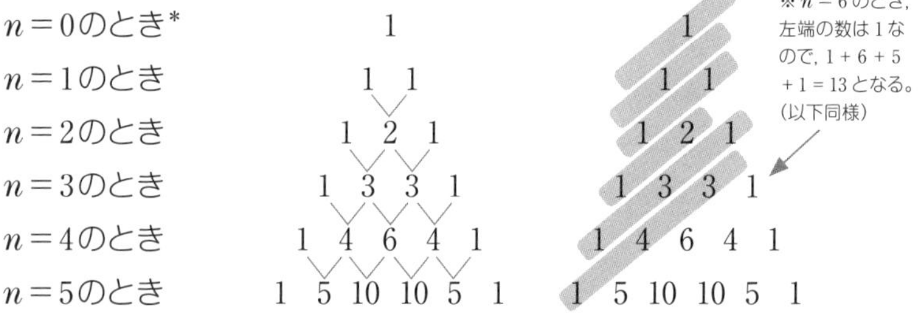

また，パスカルの三角形に斜めに線をとり，その線上の数の和を並べると，1，1，2，3，5，8，13，21，34，55，89，…という数列（数の並び）が現れます。これはとなり合った2項の和が次の項の数になる数列で，これを「フィボナッチ数列」といいます。

数学者フィボナッチはウサギが増える様子を見てこの数列を見つけたそうですが，このフィボナッチ数列は自然界に数多く見られる数列です。「樹木の枝分かれ」，人体の「気管支の枝分かれ」，また，「花びらの数」は1，2，3，5，8，13，21，34枚が多く，「ひまわりの種」は時計回りに34回，反時計回りに55回らせん状に並んでいたりします。ほかにも，フィボナッチ数列は株や為替の取引でも活用されています。投資家たちはフィボナッチ数列から導かれるフィボナッチ比率という数式の考え方をベースにつくられた「フィボナッチ・リトレイスメント」，「フィボナッチ・タイムゾーン」などのテクニカル指標を用いて株や為替の売買をしています。意外なところで取り入れられているんですね。

＊高校で学びますが，とりあえず今は「0乗は常に1」と覚えてください。例：$5^0=1$，$x^0=1$，$(x+1)^0=1$

（文：沖田一希）

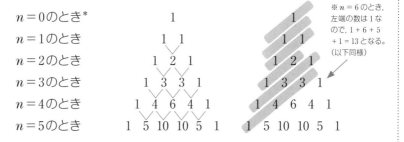

中3 数と式

Chapter 2

平方根

この単元の位置づけ

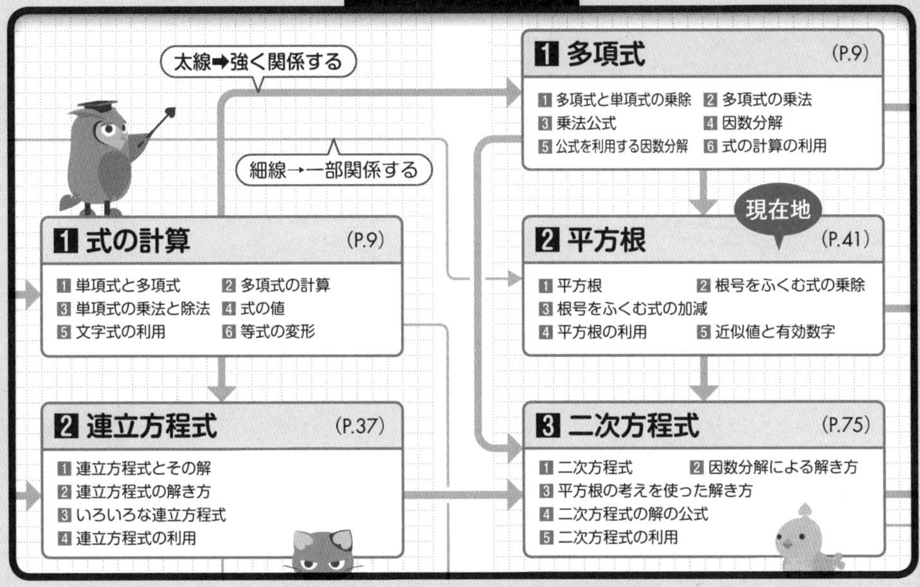

中学数学から「負の数」を扱うようになりましたが，中3からはさらに扱う数の範囲を広げて，「2乗するとaになる数（＝aの平方根）」という新しい数の概念を学びます。

$4\mathrm{cm}^2$の正方形の一辺の長さは$2\mathrm{cm}$ですが，$3\mathrm{cm}^2$の正方形の一辺の長さはいくつでしょう。答えは，「2乗して3になる数」なので，$\sqrt{}$（ルート）という記号を使って$\sqrt{3}\,\mathrm{cm}$と表します。

Ⅰ 平方根

問 1 （平方根①）

次の数の平方根をいいなさい。

(1) 25 (2) $\frac{16}{49}$

ふぁ！？
平方根？
ニャにそれ？
たいらのかたね
平 方根
という昔の人だワン！
いや，ちがいます！
そんな「平氏」はいません！

例えば，
x という
1 つの数が
あったとします。

x ← 何かの数

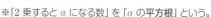

x を 2 乗すると，
a という数
になるとします。

$$x^2 = a$$

このとき，x は a の**平方根**（へいほうこん）である
というんです。

※「2 乗すると a になる数」を「a の**平方根**」という。

この 2 は平方根にはふくまれない

$$x^2 = a$$

a の**平方根**

前回，「整数の 2 乗」を
覚えましたよね。

1 の 2 乗は 1，
2 の 2 乗は 4，
3 の 2 乗は 9 です。

整数（1〜20）の 2 乗			
$1=1^2$	$36=6^2$	$121=11^2$	$256=16^2$
$4=2^2$	$49=7^2$	$144=12^2$	$289=17^2$
$9=3^2$	$64=8^2$	$169=13^2$	$324=18^2$
$16=4^2$	$81=9^2$	$196=14^2$	$361=19^2$
$25=5^2$	$100=10^2$	$225=15^2$	$400=20^2$

ですから，
1 は 1 の平方根である。
2 は 4 の平方根である。
3 は 9 の平方根である。
といえるわけです。

$1^2=1$　　$2^2=4$　　$3^2=9$

1 の平方根　4 の平方根　9 の平方根

$5^2=25$

25 の平方根

だったら，(1) は簡単ニャ！
5 を 2 乗すると 25 になるから…
25 の平方根は 5 だニャ！

おしい！
え？
ちがうニャ？

5 だけでなく，
−5 も，2 乗すると
25 になりますよね。

$(-5)^2=25$

※「$-5^2=-25$」とまちがえないよう，負の数には必ず（　）をつけること。

したがって，
25 の平方根は，

5 と −5 **答**

の 2 つになります。
2 つ合わせて

±5 **答**

平方根は
正の数と負の数，
2 つある
ということニャ？

そのとおり！
平方根は，
必ず＋と－の
2 つあるんです。

絶対値が同じ
正負の数です

ただし，0 だけは例外です。
2 乗して 0 になる数は 0 だけなので，
0 の平方根は 0 だけです。

$0^2=0$

0 の平方根

※なお，0 以外の数は 2 乗するとすべて正の数になるため，負の数に平方根はない。

(2) を考えましょう。
2 乗して $\frac{16}{49}$ になる
数はなんでしょうか。

$$x^2=\frac{16}{49}$$

$\left(\frac{○}{□}\right)^2=\frac{16}{49}$
4×4
7×7

負の数の場合もあるから，
答えは， $\pm\frac{4}{7}$ **答**

そのとおり正解！

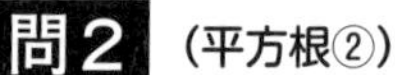

（平方根②）

根号を使って，次の数の平方根を表しなさい。

(1) 2　　(2) 1.5　　(3) $\dfrac{3}{11}$

ふぁ！？
根号？
ニャにそれ？
金剛力士
の仲間だワン！
いや，ちがいます！

正の数だけで考えると，
1 の平方根は 1，
4 の平方根は 2 ですから，

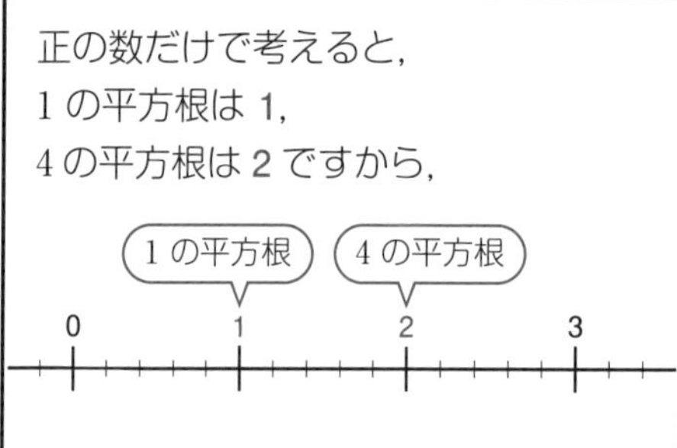

2 の平方根は，その間，
1 より大きく，2 より小さい範囲にあるはずですよね。

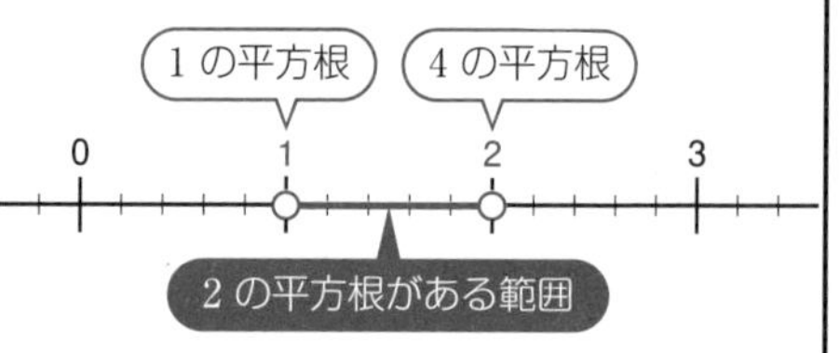

ということで，ちょっと電卓を使って，
1.1^2 から 1.5^2 を計算してみましょう。

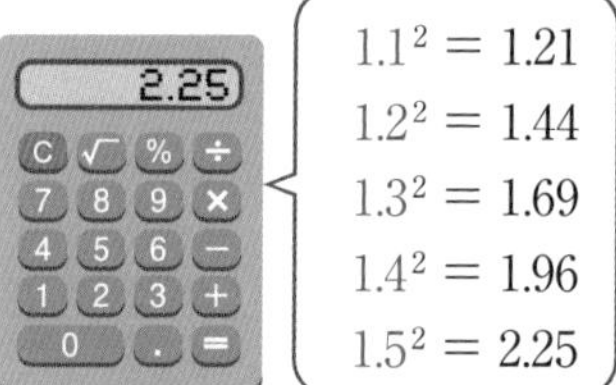

$1.1^2 = 1.21$
$1.2^2 = 1.44$
$1.3^2 = 1.69$
$1.4^2 = 1.96$
$1.5^2 = 2.25$

…あ！ 1.4^2 と 1.5^2 が
2 に近くニャい？

ですね。では，小数点第二位まで計算してみましょう。

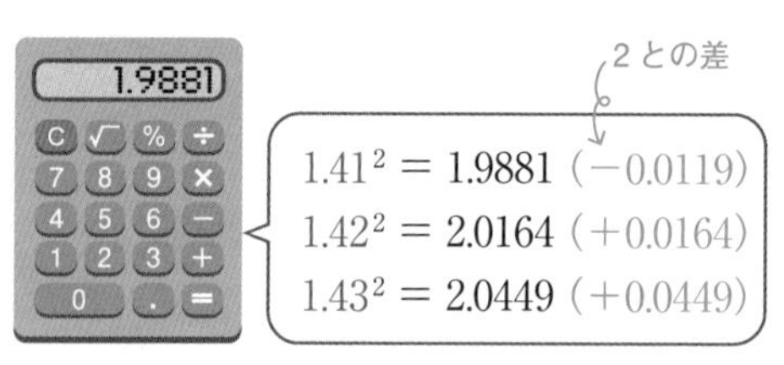

2 との差

$1.41^2 = 1.9881$ (-0.0119)
$1.42^2 = 2.0164$ $(+0.0164)$
$1.43^2 = 2.0449$ $(+0.0449)$

1.41^2 が最も 2 に近いので，
2 の平方根はおよそ 1.41 となります。

数直線で表すと，およそ
このような位置になります。

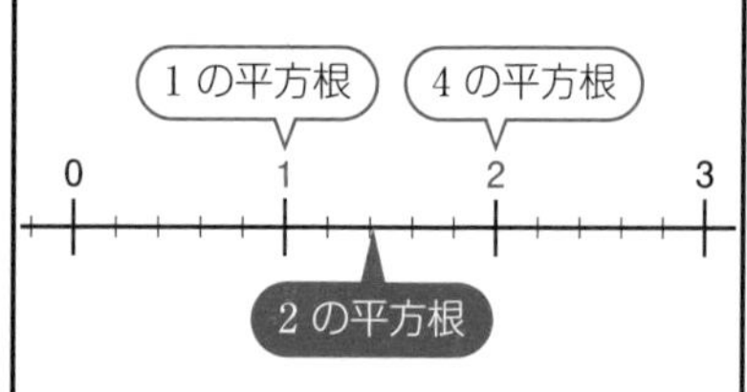

なんで「およそ」ニャ？
そんなテキトーでいいニャ？
小数では正確に表すことができないからです。

実は，**2 の平方根**（＝2 乗すると 2 になる数）を正確に小数で表そうとすると，

$$\pm 1.41421356\cdots$$

と，**無限に続く小数**になってしまうんですね。平方根には，こういう数が多いんです。

そこで，a の**平方根**（＝2 乗すると a になる数）は，$\sqrt{\ }$ という記号を用いてシンプルに表すことにしました。この記号を，**根号**（こんごう）というんです。$\sqrt{a}$ と書いて「ルート a（エー）」と読みますよ。

$$a \text{ の平方根} = \pm\sqrt{a}$$

※平方根は正と負の両方がある

これをふまえて，(1)を考えましょう。2 の平方根を「根号」を使って表すと…？

$$(\ ?\ )^2 = 2$$

2 の平方根

平方根は，正と負の両方があるので，

$\pm\sqrt{2}$ 答

が正解になります。

そうだったニャ…

土ルート 2？
なんで土（つち）が出てくるワン？
土（つち）じゃなくて±（プラスマイナス）だニャ！
うめられたいニャ？

(2)・(3)のように，**小数**や**分数**の平方根でも，根号を使ってシンプルに表すことができます。便利ですね。

(2) $\pm\sqrt{1.5}$ 答

(3) $\pm\sqrt{\dfrac{3}{11}}$ 答

問3 （平方根③）

次の数を，根号を使わずに表しなさい。

(1) $\sqrt{9}$　　　(2) $-\sqrt{64}$

ナゾは解けたワン！
カンタンだワン
すごい！
もうわかりましたか？

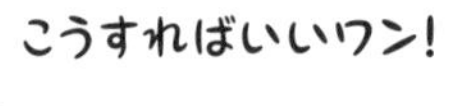

こうすればいいワン！

9
MONO
おまえの頭が「ナゾ」ニャ！

(1)を考えましょう。
$\sqrt{9}$ は，9 の平方根（=2 乗して 9 になる数）の**正**の方ですね。

$$9 \text{ の平方根} = \sqrt{9} \text{ と } -\sqrt{9}$$

$9=3^2$, $9=(-3)^2$
ですから，

$$9 \text{ の平方根} = \sqrt{9} \text{ と } -\sqrt{9}$$

（$\sqrt{9} = 3$，$-\sqrt{9} = -3$）

と考えられます。

したがって，答えは

$$\sqrt{9} = \sqrt{3^2} = 3 \quad \text{答}$$

となります。

※根号の中の数は常に正の数でなければならないので，$\sqrt{9} = \sqrt{(\pm 3)^2} = \sqrt{3^2} = 3$ となる。

(2)も同様に考えます。
$-\sqrt{64}$ は，64 の平方根の**負の方**ということです。
$64=8^2$, $64=(-8)^2$
ですから，

$$64 \text{ の平方根} = \sqrt{64} \text{ と } -\sqrt{64}$$

（$\sqrt{64} = 8$，$-\sqrt{64} = -8$）

答えは，

$$-\sqrt{64} = -8 \quad \text{答}$$

となります。

問4 (平方根④)

次の数を，根号を使わずに表しなさい。

(1) $(\sqrt{11})^2$　(2) $(-\sqrt{5})^2$

ん？ 11と5……
根号の中の数が「整数の2乗」ではないニャ…

平方根がかっこでくくられて2乗されている場合，次のように考えましょう。

例えば，
a が正の整数のとき，
a の平方根はなんですか？

$\sqrt{a}$ と $-\sqrt{a}$ にゃ？

そう。つまり，次の式が成り立ちます。

$$(\sqrt{a})^2 = a$$

$$(-\sqrt{a})^2 = a$$

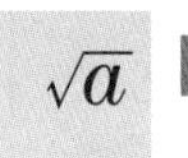

この法則にあてはめて考えると，答えが出せます。

(1) $(\sqrt{11})^2 = 11$ 答

(2) $(-\sqrt{5})^2 = 5$ 答

(2)は少しわかりづらいかもしれませんが，「5の平方根（の負の方）」を2乗するわけですから，当然，答えは5になるわけです。

5の平方根 $= \sqrt{5}$ と $-\sqrt{5}$

これを2乗

問5 (平方根の大小)

次の各組の数の大小を，不等号を使って表しなさい。

(1) $\sqrt{17}$，$\sqrt{19}$　(2) $-\sqrt{13}$，-4

平方根の数の大小を考えるときは，次のことをおさえておきましょう。

平方根の大小

a，b が正の数で，$a < b$ ならば，$\sqrt{a} < \sqrt{b}$

※ただし，平方根が負の数の場合，$-\sqrt{a} > -\sqrt{b}$

逆になる

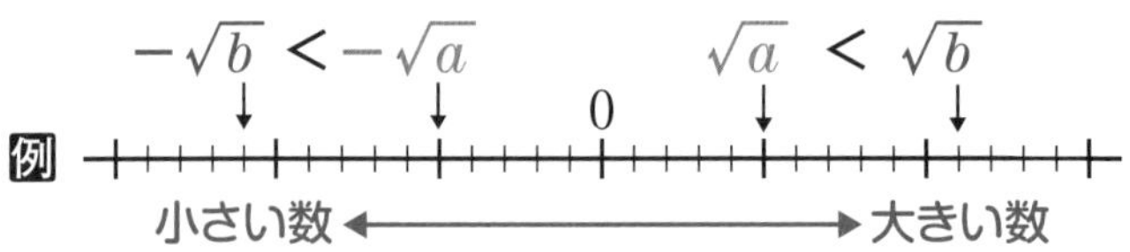

⑴を考えましょう。
根号の中の数の大小を比べて考えます。

$\sqrt{17}$ がこの位置だとすると，

※目盛りは適当です。

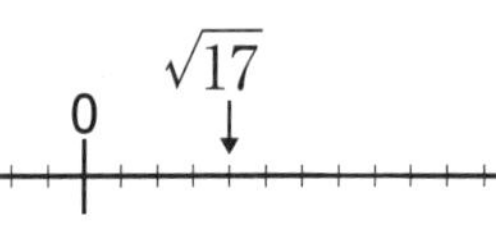

19 は 17 よりも大きいので，$\sqrt{19}$ は $\sqrt{17}$ の右側に位置します。

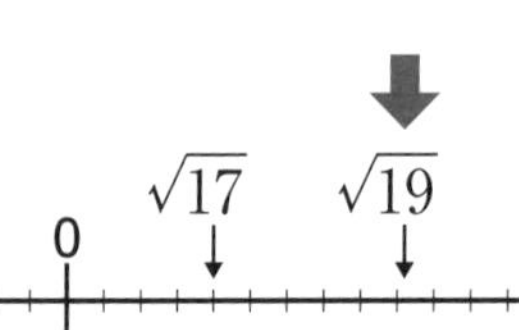

したがって，
不等号を使って表すと，

$\sqrt{17} < \sqrt{19}$ 答

となります。

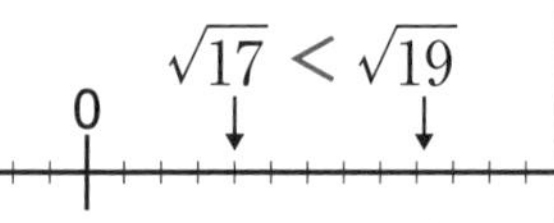

⑵を考えましょう。
平方根が負の数の場合ですね。

$-\sqrt{13}$ が仮に
この位置だとすると，

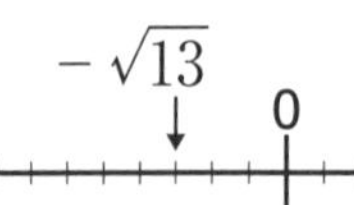

$-4=-\sqrt{16}$
であり，16 は 13 より大きいので，
-4 は$-\sqrt{13}$ の左側に位置します。

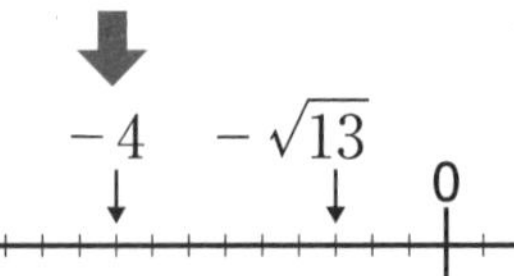

したがって，
不等号を使って表すと，

$-4 < -\sqrt{13}$ 答

となります。

$-4 < -\sqrt{13}$　0

ルート…
めんどくさい数だニャ〜

$\sqrt{2}$ や $\sqrt{3}$ などは，
今まで学んできた数
とは異なる，新しい
数ですからね。

数学では，ある範囲の
数の集まりのことを
「集合（しゅうごう）」といいます。

正の整数，
つまり $+1$, $+2$, $+3$, …
などの数の集まりを
「自然数（の集合）」
といいます。

自然数（の集合）
+1, +2, +3…

自然数（正の整数）に負の整数
と0をふくめた数の集まりを
「整数（の集合）」といいます。

整数（の集合）
…−3, −2, −1, 0
自然数（の集合）
+1, +2, +3…

これに，正負の**小数**や**分数**までふくめると，
数全体の集合になります。

（数全体）
…−3.5 −2.1 +1.5…
$\cdots -\frac{2}{3} \quad +\frac{1}{2} \quad +\frac{5}{7} \cdots$
整数（の集合）
…−3, −2, −1, 0
自然数（の集合）
+1, +2, +3…

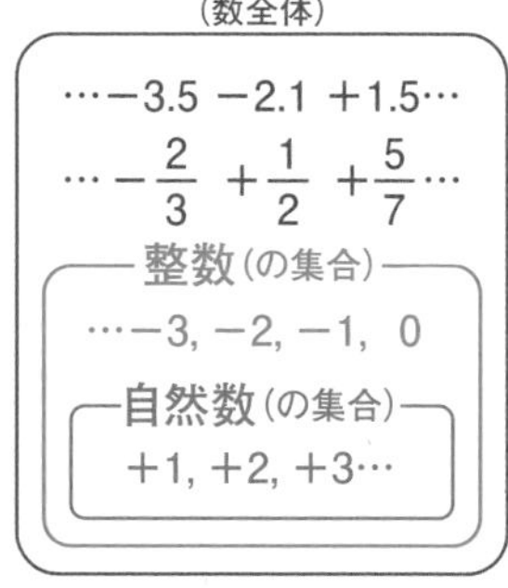

これらの数全体に共通するのは，

$$\frac{m}{n}$$

m ← 整数
n ← 0でない整数

という「**分数の形**」で
表すことができる点です。

…−3.5 −2.1 +1.5…
$\cdots -\frac{2}{3} \quad +\frac{1}{2} \quad +\frac{5}{7} \cdots$
整数（の集合）
…−3, −2, −1, 0
自然数（の集合）
+1, +2, +3…

$-3.5 \to -\frac{7}{2}$, $-2.1 \to -\frac{21}{10}$, $+1.5 \to \frac{3}{2}$
$-3 \to -\frac{3}{1}$, $0 \to \frac{0}{1}$（0でない整数（の例））
$+1 \to \frac{1}{1}$, $+2 \to \frac{2}{1}$, $+3 \to \frac{3}{1}$

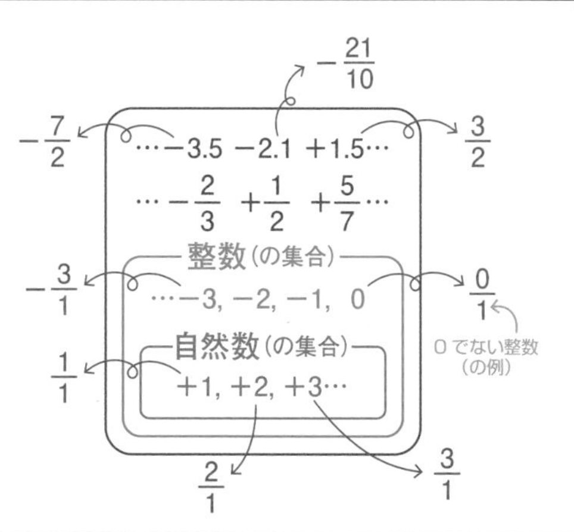

このような
分数の形に表される
数全体のことを，
「有理数」というんです。

有理数

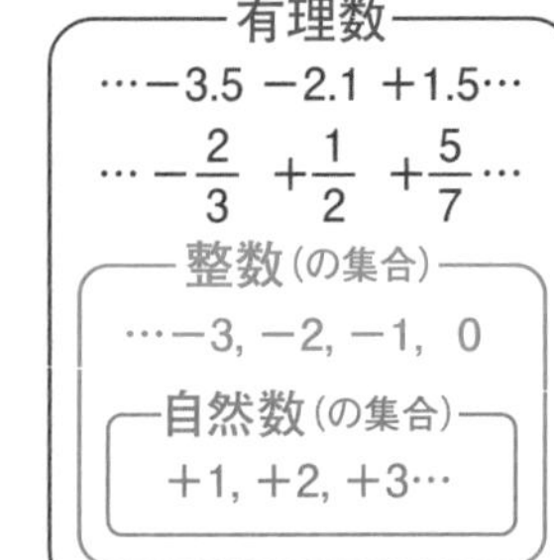

ユリ数？
ユリ
「ユウリ数」だニャ！
なんで急に花の話になるニャ!？

一方，今回学んだ $\sqrt{2}$, $\sqrt{3}$, $\sqrt{5}$, $\sqrt{6}$, $\sqrt{7}$ などの平方根※は，
小数で表すと不規則な数字が無限に続き，分数に表すことができません。

〈平方根のゴロ合わせ〉

$\sqrt{2}$ = 1.41421356..... (一夜一夜に 人見頃)

$\sqrt{3}$ = 1.7320508..... (人並みに おごれや)

$\sqrt{5}$ = 2.2360679..... (富士山麓 オウム鳴く)

$\sqrt{6}$ = 2.4494897..... (煮よ よく 弱くな)

$\sqrt{7}$ = 2.6457513..... (つむじ 粉 濃いさ)

※ $\sqrt{4}=\sqrt{2^2}$ や $\sqrt{9}=\sqrt{3^2}$ のように，根号の中の数が自然数の 2 乗である平方根は除く。

「人並みにおごれや」？
ゴロ合わせが
ガラ悪いニャ…!
教科書にも書いてある
「定番」のゴロ合わせ
なんですよ…

これらの平方根と同じように，
円周率を表す「π」も，
小数で表すと不規則な数字が無限に続き，
分数に表すことができませんよね。

π = 3.14159265358 97.....
(約 3.14)
(産医師異国に向こう。産後吐くな)

このような，**有理数**では
ない数（＝**小数で表すと不
規則な数字が無限に続き，
分数に表せない数**）を
「**無理数**（むりすう）」というんです。

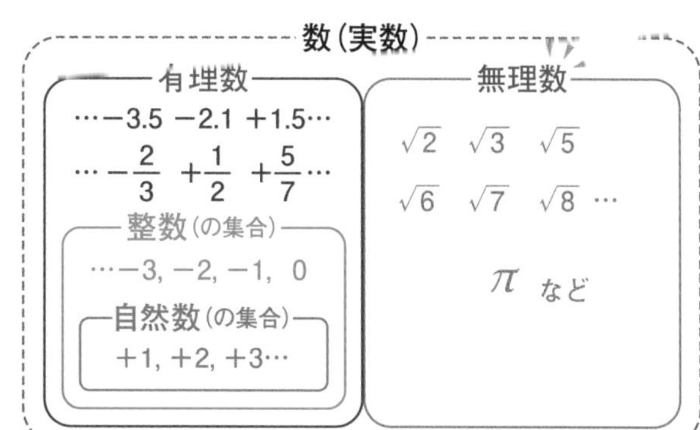

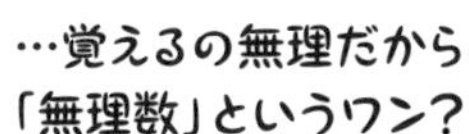

「**理**（ことわり）（不変の法則，摂理（せつり））
が**無い数**」といった
意味でしょうね。

いくつか説があるようですが

有理数と無理数を合わせた数（＝「実数」ともいう）は，
数直線上の数を「**すべて**」表すことができるんです。

例

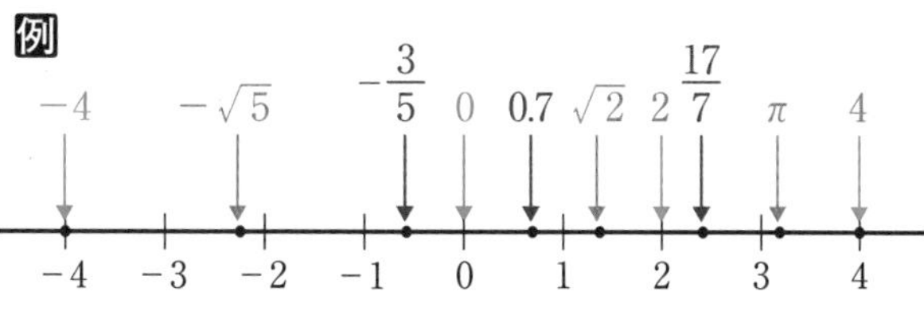

ちなみに，電卓のキーを 2 → √ の順に押すと，$\sqrt{2}$ の値が求められます。覚えておきましょう。

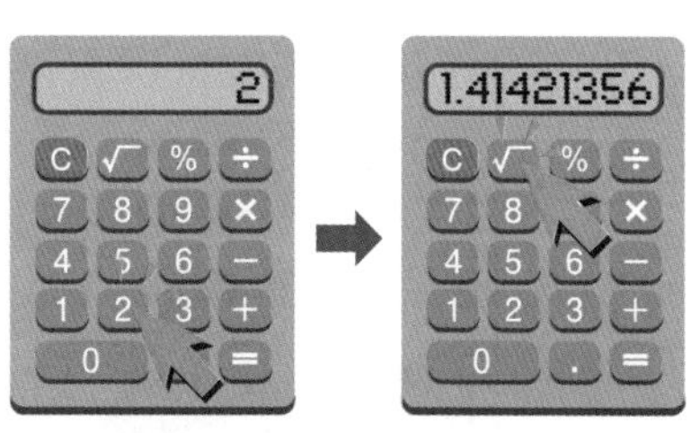

はい，今回は平方根や無理数という
新しい数を学びましたね。
これらの数の定義や概念をしっかり
おさえてから，次に進みましょう。

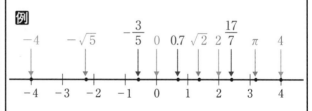

2 根号をふくむ式の乗除

問1 (根号をふくむ式の乗除①)

次の計算をしなさい。

(1) $\sqrt{7}\times\sqrt{3}$　　(2) $\sqrt{2}\times\sqrt{18}$

(3) $\dfrac{\sqrt{15}}{\sqrt{3}}$　　(4) $\sqrt{98}\div\sqrt{2}$

平方根の乗除では，**ルート($\sqrt{\ }$)の中どうしで計算する**ことができます。まずはこの式を覚えましょう。

POINT 平方根の積と商

a，b を正の数とするとき，

❶ $$\sqrt{a}\times\sqrt{b}=\sqrt{ab}$$

❷ $$\frac{\sqrt{a}}{\sqrt{b}}=\sqrt{\frac{a}{b}}$$

★ルートの中どうしで計算する！

この式をふまえて，(1)を計算しましょう。

(1) $\sqrt{7}\times\sqrt{3}$

$=\sqrt{7\times3}$

$=\sqrt{21}$ 答

(2)も同様に，ルートの中どうしでかけます。

(2) $\sqrt{2}\times\sqrt{18}$

$=\sqrt{2\times18}$

$=\sqrt{36}$

$=\sqrt{6^2}$

$=6$ 答

$\sqrt{36}=6$ のように，根号を使わずに表せる数は，根号を使わずに表しましょう。平方根の計算では，**ルートの中に「2乗」を残さないようにしなければいけません。**

(3)を考えましょう。
ルートの中どうしで
除法をすれば
いいんですね。

(3) $\dfrac{\sqrt{15}}{\sqrt{3}}=\sqrt{\dfrac{15}{3}}$

$=\sqrt{5}$ 答

(4)は，「分数の形」に
してから計算します。

(4) $\sqrt{98}\div\sqrt{2}$

$=\dfrac{\sqrt{98}}{\sqrt{2}}$

$=\sqrt{\dfrac{98}{2}}$

$=\sqrt{49}$

$=7$ 答

根号の中に「2 乗」を
残さないよう，
常に注意しましょう。

問2 **(根号のついた数の変形①)**

次の数を $\sqrt{a}$ の形に表しなさい。

(1) $2\sqrt{6}$

(2) $\dfrac{\sqrt{45}}{3}$

ルートの中の数が何かの **2 乗**である
場合は，**ルートの外に出すことがで**
きるんです。
まずはこの公式を覚えましょう。

根号のついた数の変形

a，b を正の数とするとき，

❶ $\sqrt{a^2}=a$

❷ $\sqrt{a^2b}=a\sqrt{b}$

2 乗してルートの
中に入れられる！

× が省略されている
$a\sqrt{b}=a\times\sqrt{b}$

❸ $\sqrt{\dfrac{a}{b^2}}=\dfrac{\sqrt{a}}{b}$

$\dfrac{\sqrt{a}}{b}=\sqrt{a}\times\dfrac{1}{b}$

ルートの中に
閉じ込められていても

２乗のチケットを使えば

ルートの外に脱出できる

ルートの中の数はこんなイメージニャ！

脱出するとき２乗のチケットをわたすワン？

…まあ，自分なりにイメージしてしっかり理解できればいいですよ。

(1)を考えましょう。
$2\sqrt{6}$ のような積は，
2 を 2 乗して$\sqrt{}$ の中に入れ，
$\sqrt{a}$ の形に変形することができます。

$$2\sqrt{6}$$

$$= \sqrt{2^2 \times 6}$$

$$= \sqrt{24}$$ 答

❗ $\sqrt{a^2 b} = a\sqrt{b}$

(2)は，次のように考えましょう。

$$\frac{\sqrt{45}}{3} = \sqrt{45} \times \frac{1}{3}$$

$$= \sqrt{45 \times \left(\frac{1}{3}\right)^2}$$

$$= \sqrt{\frac{45}{9}}$$

$$= \sqrt{5}$$ 答

別解

$\dfrac{\sqrt{a}}{b} = \sqrt{\dfrac{a}{b^2}}$ より，

$$\frac{\sqrt{45}}{3} = \sqrt{\frac{45}{3^2}}$$

$$= \sqrt{\frac{45}{9}}$$

$$= \sqrt{5}$$ 答

ルートの中の数は，
「2 乗」になれば，
ルートの外に
出すことができる。
これをおさえて，
次に行きましょう。

$$\sqrt{a^2 b} = a\sqrt{b}$$

問3 (根号のついた数の変形②)

次の数を $a\sqrt{b}$ の形に表しなさい。

(1) $\sqrt{20}$　　(2) $\sqrt{450}$

(1)を考えましょう。
まず，20 を $\sqrt{a^2b}$ の形にします。
素因数分解を使うなどして，
a と b はできるだけ小さい自然数になるようにしましょう。

$$\sqrt{20} = \sqrt{2\times2\times5} = \sqrt{2^2\times5}$$

MEMO 素因数分解（そいんすうぶんかい）

自然数を**素因数だけの積**に分解すること。

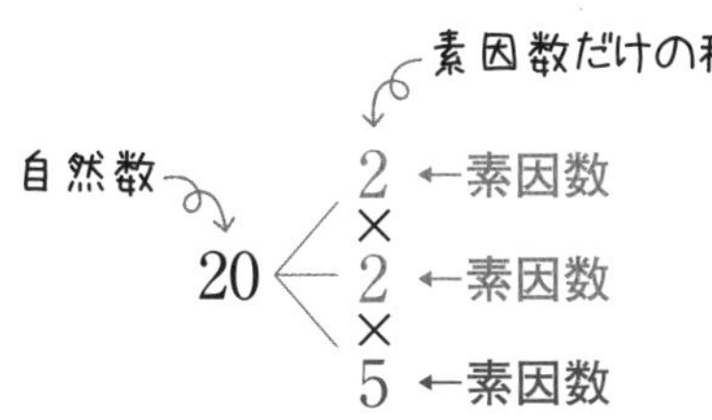

※自然数が「いくつかの自然数の積」で表されるとき，その1つ1つの数を，もとの自然数の因数という。また，**素数**である因数を素因数という。

2乗になった数はルートの外に出すことができるので，

$$\sqrt{2^2\times5}$$
$$= 2\sqrt{5}$$ 答

(2)も同様です。
まず，すだれ算を使って素因数分解をしましょう。

2) 450
3) 225
3) 75
5) 25
　　5

平方根の計算では，ルートの中はできるだけ小さい自然数にして答えましょう。

$$\sqrt{450} = \sqrt{2\times3^2\times5^2}$$
$$= 3\times5\times\sqrt{2}$$
$$= 15\sqrt{2}$$ 答

問4　**(根号をふくむ式の乗除②)**

次の計算をしなさい。

(1) $\sqrt{50}\times\sqrt{27}$　　　(2) $\sqrt{2}\div\sqrt{5}$

さあ，ここからは，どんどん問題を問きながら平方根の計算に慣れていきましょう。

(1)を考えましょう。
平方根の計算では，計算を簡単にするため，最初に**ルートの中の数をできるだけ小さくする**ことが重要です。

$$\sqrt{50}=\sqrt{5\times5\times2}=5\sqrt{2}$$

$$\sqrt{27}=\sqrt{3\times3\times3}=3\sqrt{3}$$

ルートの**外**の数どうし，
ルートの**中**の数どうしを計算します。

$$5\sqrt{2}\times3\sqrt{3}$$
$$=5\times3\times\sqrt{2}\times\sqrt{3}$$
$$=15\sqrt{6}$$ **答**

(2)は除法ですね。除法は（逆数の乗法になおして）**分数の形**にします。

(2) $\sqrt{2}\div\sqrt{5}$

$=\sqrt{2}\times\dfrac{1}{\sqrt{5}}$

$=\dfrac{\sqrt{2}}{\sqrt{5}}$ ←分数の形

※ルートの中は素数なので，素因数分解はしない（できない）。

ここで注意。平方根の計算では，基本的に，**分母**に$\sqrt{\ }$をふくんだ形は「答え」として**最適ではない**んです。

※まちがいではないが，適切な答えとみなされない場合がある。

$$\frac{\sqrt{2}}{\sqrt{5}}=\sqrt{\frac{2}{5}}$$

どちらも最適ではない

ニャんで？

理由はいろいろありますが，例えば，$\dfrac{\sqrt{2}}{\sqrt{5}}$を「筆算」で考えてみてください。

$\sqrt{2}=1.41421356\cdots$
$\sqrt{5}=2.2360679\cdots$
と無限に続く数なので，
筆算では計算ができませんし，
数の大きさもわかりづらいですよね。

$2.2360679\cdots\overline{)\,1.41421356\cdots}$

したがって，
分母に $\sqrt{\ }$ をふくむ数は，
分母に $\sqrt{\ }$ をふくまない数
に変形した方が，
答えとしては適切なんです。

ということで，**分母**と**分子**に**同じ数**
（分母と同じ $\sqrt{\ }$ ）をかけて，
分母に $\sqrt{\ }$ をふくまない数に変形しましょう。

$$\frac{\sqrt{2}}{\sqrt{5}} = \frac{\sqrt{2}\times\sqrt{5}}{\sqrt{5}\times\sqrt{5}} = \frac{\sqrt{10}}{5}$$ 答

2 乗にすれば根号が消える

※分母と分子には，同じ数をかけたりわったりしてよい。

このように，
分母に $\sqrt{\ }$ がない形に変形すること
を「（分母の）**有理化**（ゆうりか）」といいます。

根号をふくむ式の
除法の手順

① **ルートの中をできるだけ小さい自然数にする（素因数分解）。**

②**「分数の形」にする。**

③ **約分・有理化をして答える。**

ルートをふくむ式の乗除は，
★ルートの中どうしで計算する！
★2 乗の数はルートの外に出せる！
という原則をおさえつつ，いろいろ工夫をしながら解いていきましょうね。

$\sqrt{a}\times\sqrt{b}=\sqrt{ab}$　　$\sqrt{a^2}=a$

$\dfrac{\sqrt{a}}{\sqrt{b}}=\sqrt{\dfrac{a}{b}}$　　$\sqrt{a^2b}=a\sqrt{b}$

$\sqrt{\dfrac{a}{b^2}}=\dfrac{\sqrt{a}}{b}$

END

3 根号をふくむ式の加減

問 1 （根号をふくむ式の加減①）

次の計算をしなさい。

(1) $\sqrt{3}+4\sqrt{3}$

(2) $3\sqrt{2}-5\sqrt{2}$

もう
わかりましたか?
わかったワン!
出た!
全くわかってないときの
セリフだニャ…

ルートのかけ算と同じように

$\sqrt{a}+\sqrt{b}=\sqrt{a+b}$

と計算するワン…

$\sqrt{3}+4\sqrt{3}$
$=4\sqrt{3+3}$
$=4\sqrt{6}$ 答 だワン?
残念!

やっぱり…
かませ犬ニャの?

ルートの乗除とちがい，ルートの加減では，**ルートの中の数どうしで計算できません。**

$\sqrt{a}+\sqrt{b}=\sqrt{a+b}$ ✕

例えば，

$\sqrt{2}=1.414$

$\sqrt{3}=1.732$

が近似値（きんじち）ですから，

※近似値…真の値が算出できないときに，その代わりとして使用される「真の値に近い数値」のこと。(☞P.66)

$\sqrt{2}+\sqrt{3}$

$=1.414+1.732$

$=3.146$（近似値）

となりますよね。
この数値はまちがいありません。

一方，

$\sqrt{2}+\sqrt{3}=\sqrt{2+3}=\sqrt{5}$

と考えてしまうと，

$\sqrt{5}=2.236$（近似値）

ですから，計算が合いません。

つまり，

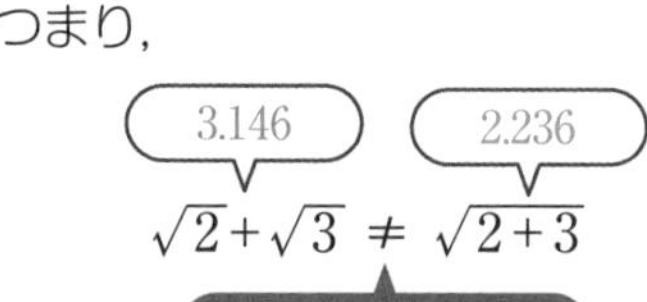

3.146
2.236
$\sqrt{2}+\sqrt{3} \neq \sqrt{2+3}$

イコールではない

ということがわかります。

思い出してください。
平方根は，π と同じ**無理数**です。
平方根のそれぞれが，
何か１つの数を表しています。
つまり，π や x などと同じ，
「1 つの文字」だと
考えていいんです。

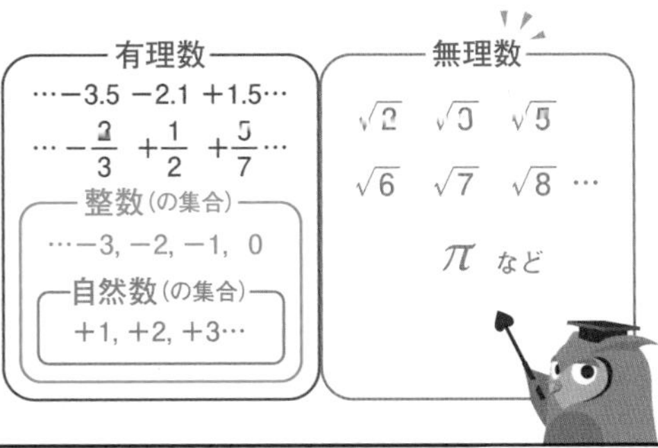

π や x などの文字式の計算では，
同類項をまとめました。
※同類項…文字（π や x など）の部分が全く同じ項。

$$\pi+4\pi=(1+4)\pi=5\pi$$

$$3x-5x=(3-5)x=-2x$$

それと同じように，
根号をふくむ式の加法・減法では，
同類項をまとめればいいんです。

(1)を計算しましょう。
同類項をまとめます。

(1) $\sqrt{3}+4\sqrt{3}$
$=(1+4)\sqrt{3}$
$=5\sqrt{3}$ 答

(2)も同じように，
同類項をまとめます。

(2) $3\sqrt{2}-5\sqrt{2}$
$=(3-5)\sqrt{2}$
$=-2\sqrt{2}$ 答

$4\sqrt{6}$ 答 と $5\sqrt{3}$ 答
ちょっとちがったワン…

おまえはもう「わかった」
っていうのやめるニャ！

問2 **(根号をふくむ式の加減②)**

次の計算をしなさい。

(1) $8\sqrt{7}-4\sqrt{5}-3\sqrt{7}$

(2) $9\sqrt{6}+5\sqrt{10}-2\sqrt{6}-7\sqrt{10}$

これもまず，
ルートの中の
数字が同じ
「同類項」を
まとめましょう。

(1)を計算しましょう。
同類項をまとめます。

$$
\begin{aligned}
(1)\ & 8\sqrt{7}-4\sqrt{5}-3\sqrt{7}\\
&=8\sqrt{7}-3\sqrt{7}-4\sqrt{5}\\
&=(8-3)\sqrt{7}-4\sqrt{5}\\
&=5\sqrt{7}-4\sqrt{5}
\end{aligned}
$$
答

(2)を計算しましょう。

$$
\begin{aligned}
(2)\ & 9\sqrt{6}+5\sqrt{10}-2\sqrt{6}-7\sqrt{10}\\
&=9\sqrt{6}-2\sqrt{6}+5\sqrt{10}-7\sqrt{10}\\
&=(9-2)\sqrt{6}+(5-7)\sqrt{10}\\
&=7\sqrt{6}-2\sqrt{10}
\end{aligned}
$$
答

…これが答えニャ？
計算の途中じゃないニョ？

$5\sqrt{7}-4\sqrt{5}$ も，
$7\sqrt{6}-2\sqrt{10}$ も，
これ以上簡単にできない（=1 つの数を表す）ので，
これが答えになります。

問3　（根号をふくむ式の加減③）

次の計算をしなさい。

(1) $\sqrt{24}-\sqrt{54}$

(2) $\sqrt{80}+\sqrt{50}-\sqrt{20}$

(3) $4\sqrt{3}+\dfrac{6}{\sqrt{3}}$

ルートの中の数が
大きくなったニャ…

そうですね。平方根の計算では，
最初に，（素因数分解などを使って）
ルートの中の数をできるだけ小さい
自然数にするんですよね。

根号をふくむ式の
加法・減法の手順

① ルートの中をできるだけ小さい自然数にする。

② 分数は約分・有理化する。

③ 同類項をまとめる。

(1)を計算しましょう。

(1) $\sqrt{24}-\sqrt{54}$

$=\sqrt{2^2\times2\times3}-\sqrt{2\times3^2\times3}$

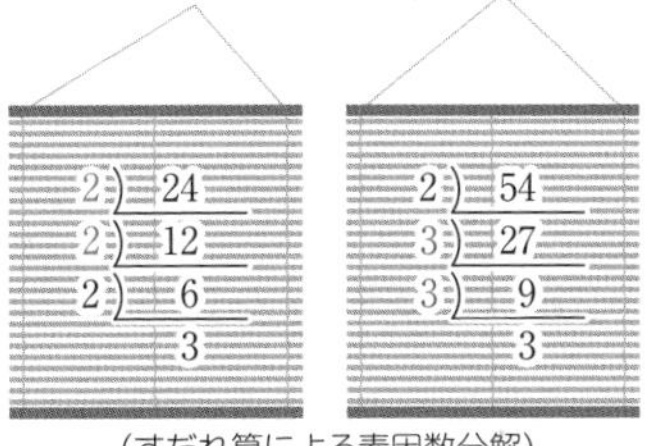

(すだれ算による素因数分解)

ルートの中をできるだけ小さい自然数にしてから，同類項をまとめます。

$=2\sqrt{6}-3\sqrt{6}$

$=(2-3)\sqrt{6}$

$=-\sqrt{6}$ 答

(2)を計算しましょう。

(2) $\sqrt{80}+\sqrt{50}-\sqrt{20}$

$=\sqrt{2^2\times2^2\times5}+\sqrt{2\times5^2}-\sqrt{2^2\times5}$

$=4\sqrt{5}+5\sqrt{2}-2\sqrt{5}$

$=(4-2)\sqrt{5}+5\sqrt{2}$

$=2\sqrt{5}+5\sqrt{2}$ 答

2)80
2)40
2)20
2)10
5

2)50
5)25
5

2)20
2)10
5

(3)のように分数がある場合は，約分・有理化を考えましょう。

(3) $4\sqrt{3}+\dfrac{6}{\sqrt{3}}$

$=4\sqrt{3}+\dfrac{6\times\sqrt{3}}{\sqrt{3}\times\sqrt{3}}$ 有理化

$=4\sqrt{3}+\dfrac{6\sqrt{3}}{3}$

約分をして，
同類項をまとめましょう。

$=4\sqrt{3}+\dfrac{{}^{2}\cancel{6}\sqrt{3}}{\cancel{3}_{1}}$ 約分

$=4\sqrt{3}+2\sqrt{3}$

$=(4+2)\sqrt{3}$

$=6\sqrt{3}$ 答

分数がある場合，
有理化と**約分**はどちらが先か，
順番は決まっていません。
やわらかい頭で考えましょうね。

4 平方根の利用

問 1 (平方根の利用)

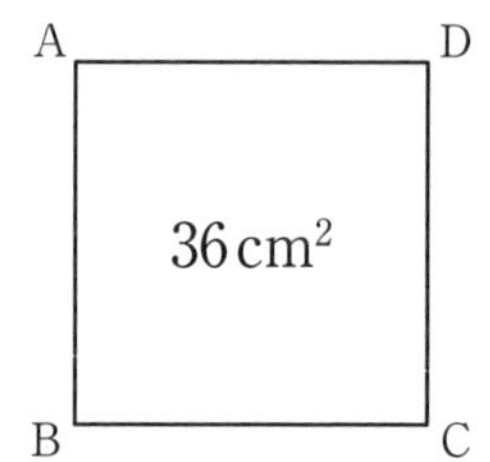

面積が $36\,\text{cm}^2$ の正方形 ABCD について，次の問いに答えなさい。

(1) 正方形 ABCD の面積の半分の面積になる正方形 EFGH の 1 辺の長さを求めなさい。

(2) 正方形 ABCD の 1 辺の長さと，正方形 EFGH の 1 辺の長さの比が $\sqrt{2}:1$ になることを示しなさい。

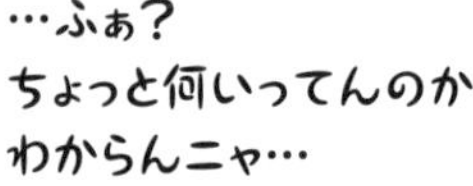

…ふぁ？
ちょっと何いってんのか
わからんニャ…

平方根を利用して解く問題ですね。
1つ1つ，ていねいに説明していきましょう。

正方形 ABCD があります。
面積は $36\,\text{cm}^2$ です。

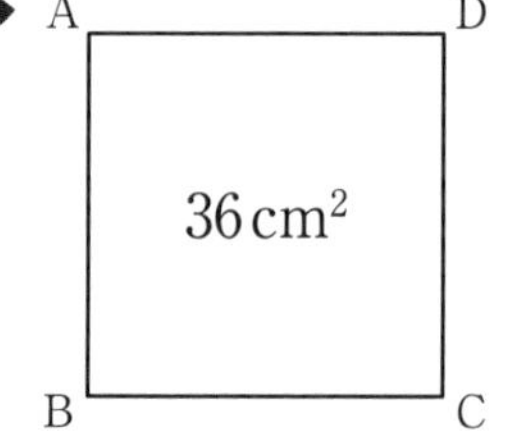

正方形の面積は「1 辺 ×1 辺」なので，1 辺の長さは 6 cm になりますね。

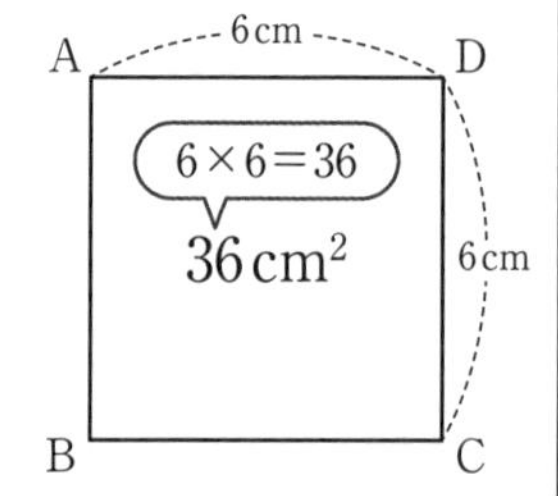

四等分して，4 つの正方形にします。

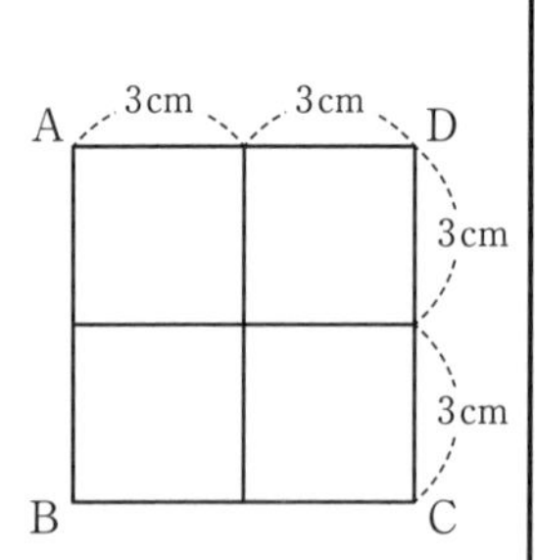

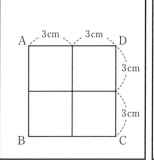

正方形の 1 つの対角線を結びます。

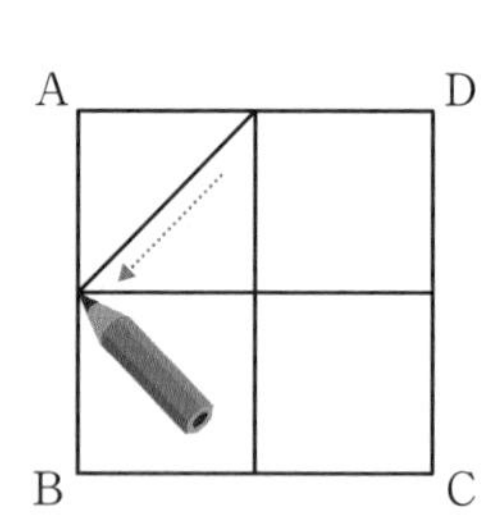

同じように，ほか 3 つの正方形の対角線も結びます。

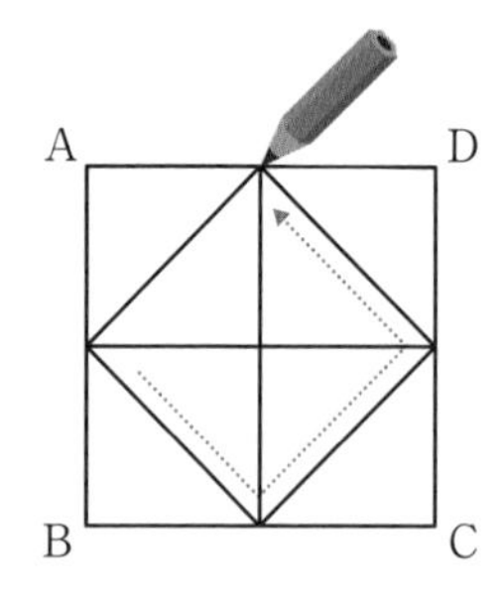

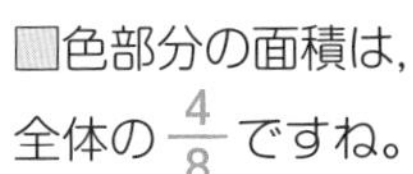

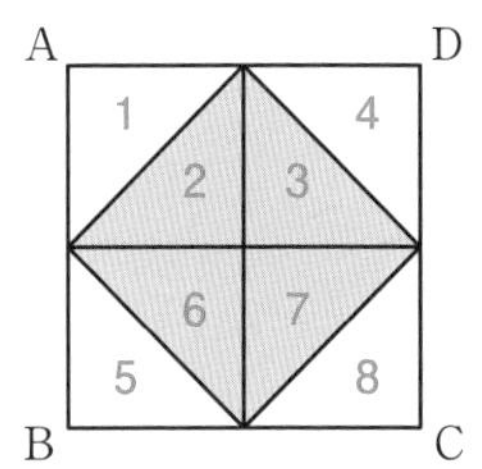

つまり，正方形 ABCD の面積（$36\,cm^2$）の「**半分**（$=18\,cm^2$）」になりますよね。

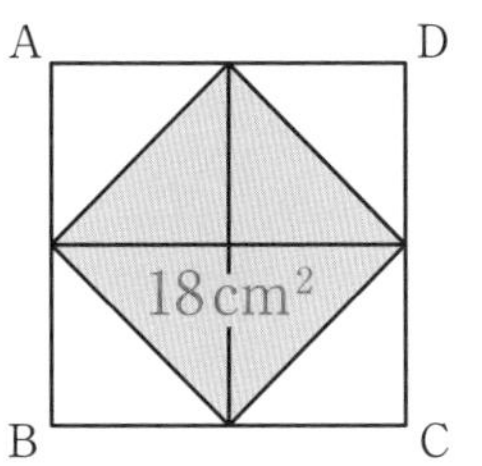

これを正方形 EFGH とします。

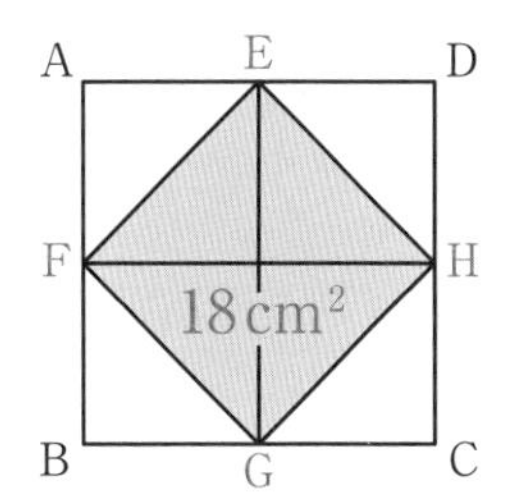

さて，ここで(1)を考えましょう。

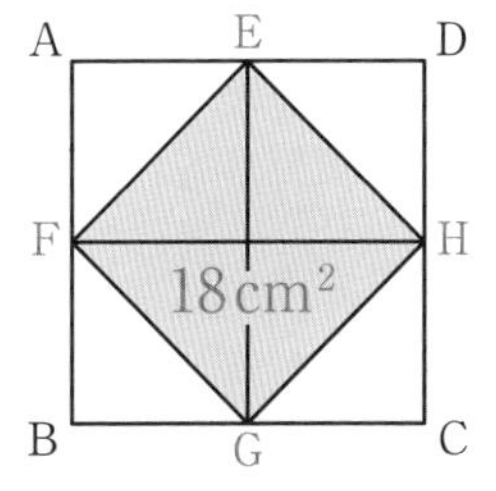

正方形の面積は「1 辺 ×1 辺」ですから，
正方形 EFGH の 1 辺の長さは，
「**2 乗すると 18 になる数**」ということです。

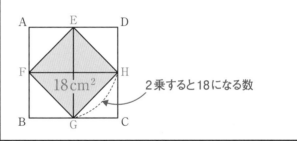

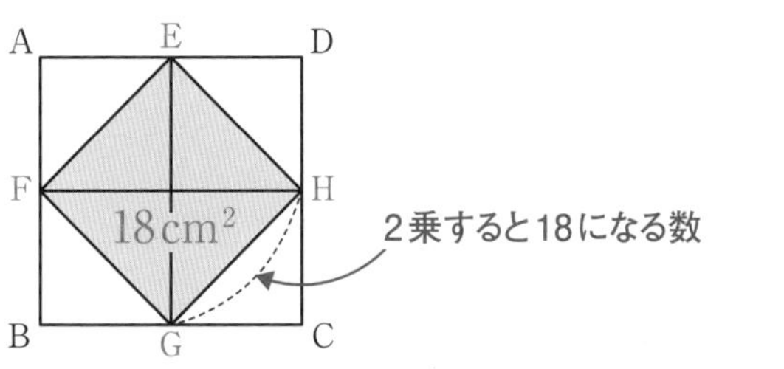

ただ，平方根の計算では，
ルートの中をできるだけ
小さい自然数にしてから，
答えとしましょう。

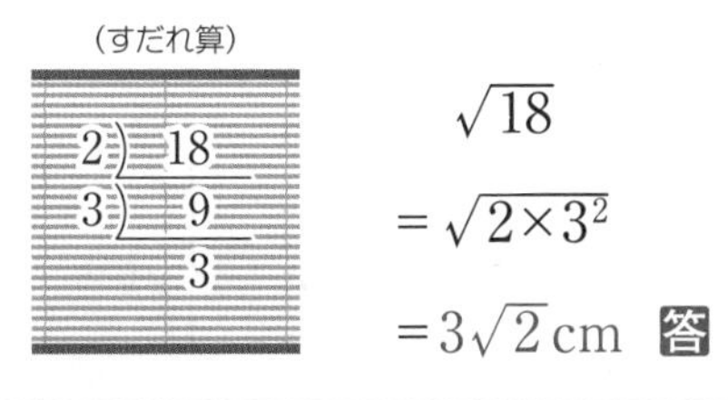

$\sqrt{18}$

$=\sqrt{2\times3^2}$

$=3\sqrt{2}\,cm$ 答

(2)を考えましょう。
正方形 ABCD の 1 辺の長さと
正方形 EFGH の 1 辺の長さの
「比」を示す問題ですね。

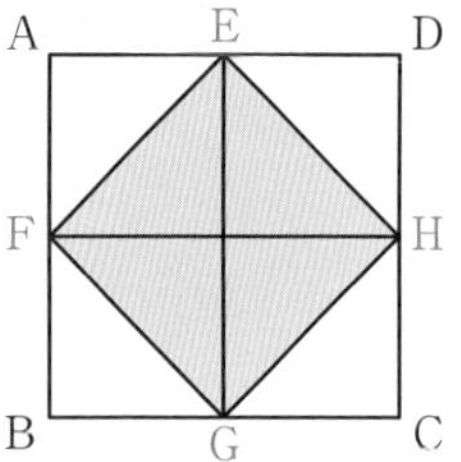

わかりやすいように，正方形 ABCD と
正方形 EFGH を切り離して，

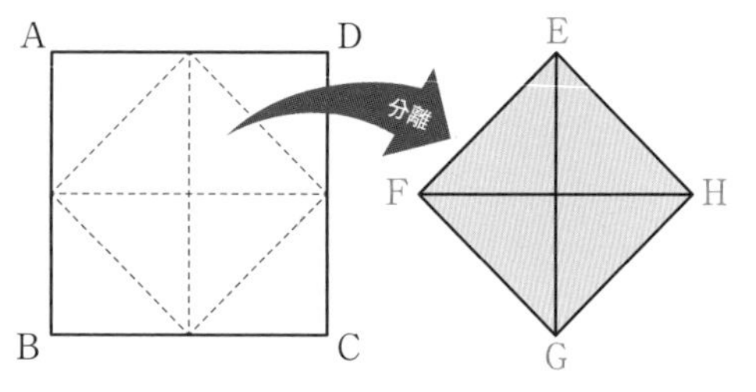

正方形 EFGH を 45 度回転させ，
同じ角度で見ていきましょう。

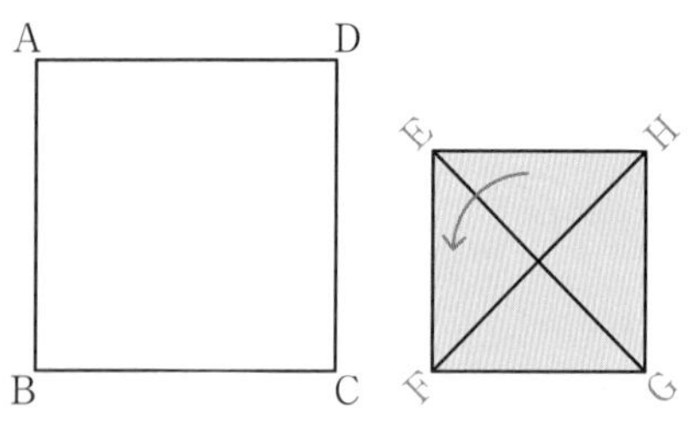

正方形 ABCD の 1 辺は 6 cm，
正方形 EFGH の 1 辺は $3\sqrt{2}$ cm
ですから，

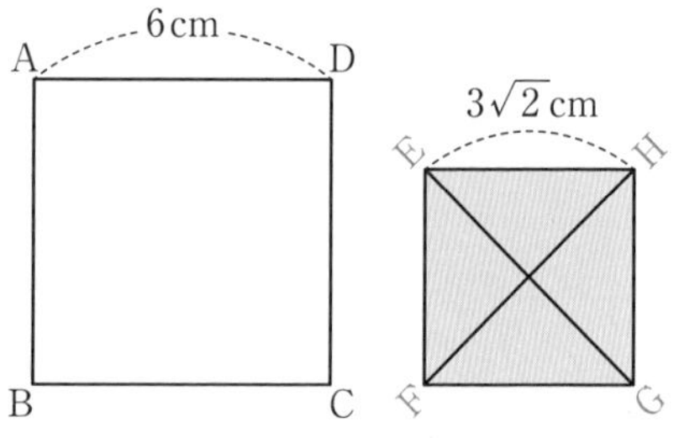

これを比にすると，

$$6 : 3\sqrt{2}$$

となります。

比 $a : b$ は，a と b 両方に同じ数をかけても等しく，同じ数でわっても等しいので，

$$a : b = ac : bc$$

$$a : b = \frac{a}{c} : \frac{b}{c}$$

前項と後項を
3 でわると，

$$\overset{}{\underset{2}{\cancel{6}}} : \underset{1}{\cancel{3}}\sqrt{2}$$

$$= 2 : \sqrt{2}$$

となります。

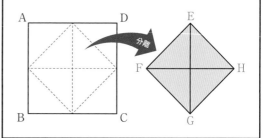

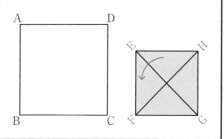

正方形 ABCD と正方形 EFGH の
1 辺の長さの比は $2:\sqrt{2}$ となりました。

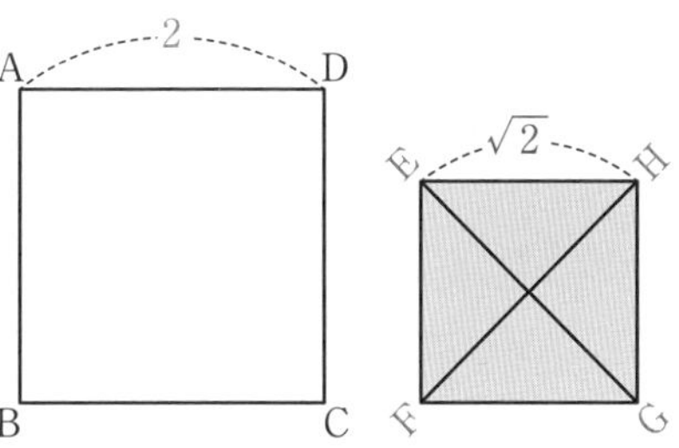

……ふぁ!?
√2 : 1
なのを示す問題ニャ?
!?
そう，このままでは
終われませんよね。
もう少し考えましょう。

2 を平方根の積にすると，

$$2=\sqrt{2}\times\sqrt{2}$$

と表すことができ，

$\sqrt{2}$ は，

$$\sqrt{2}=\sqrt{2}\times 1$$

と表すことができます。

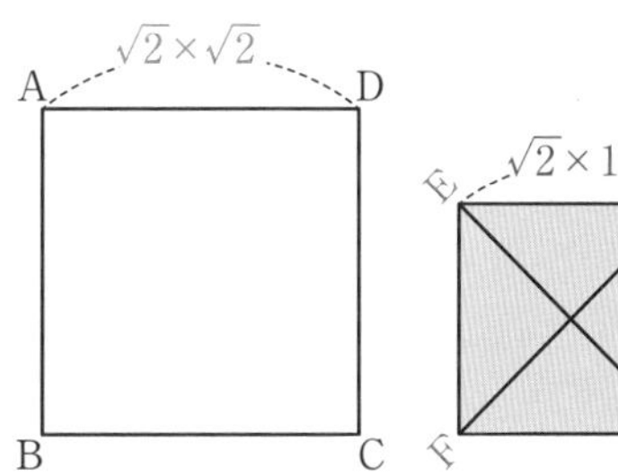

つまり，

$= 2:\sqrt{2}$

$= (\sqrt{2}\times\sqrt{2}):(\sqrt{2}\times 1)$

と変形できるんです。

前項と後項を $\sqrt{2}$ でわると，

$= (\sqrt{2}\times\sqrt{2}):(\sqrt{2}\times 1)$

$= \sqrt{2}:1$

正方形 ABCD の 1 辺の長さと
正方形 EFGH の 1 辺の長さの比が，
$\sqrt{2}:1$ になることを
示すことができました。

このように，「平方根」は様々な問題
を解決できるとても便利な数なんで
すね。テストでは，正方形や円など
の「図形」や「比」と絡めて出題され
ることが多いので，図形の性質や比
もしっかりおさえておきましょう。

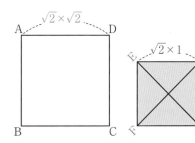

5 近似値と有効数字

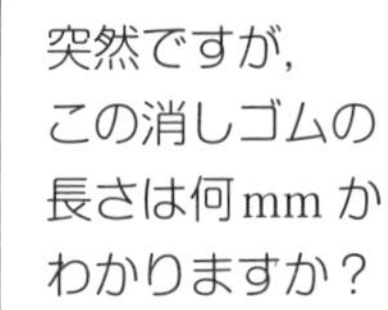

突然ですが,
この消しゴムの
長さは何mmか
わかりますか？

ふぁ？
ニャんだ
急に？

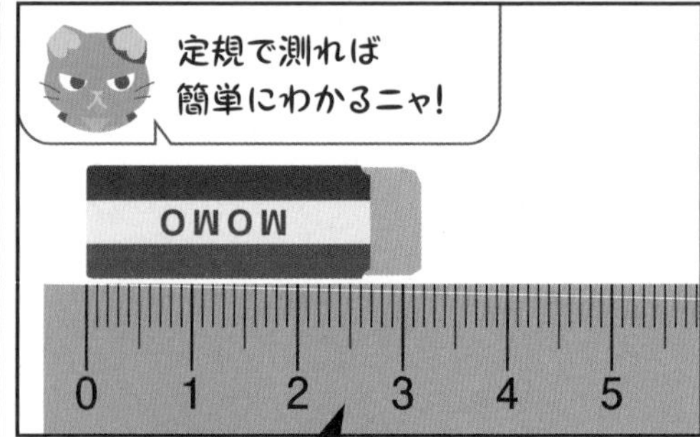

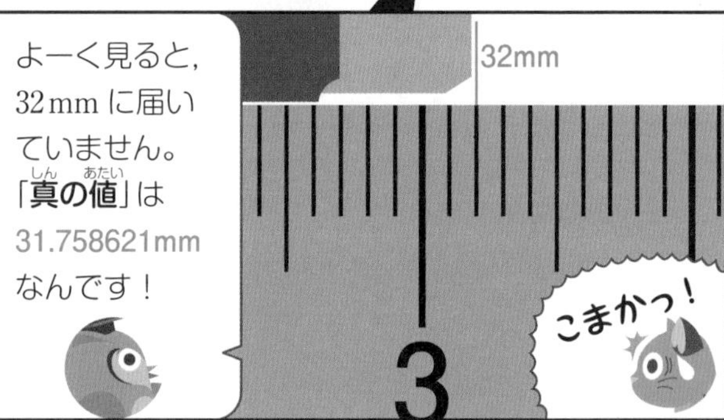

そんなこまかい数字は
定規じゃ測れないニャ!

無理ゲーだニャ!!

まさにそのとおり
なんです！

本当のリアルな値,
つまり「**真の値**」は,
超高性能な精密機器
類を使って,
それこそ原子レベル
で測定しないと得ら
れないかもしれませ
んよね。

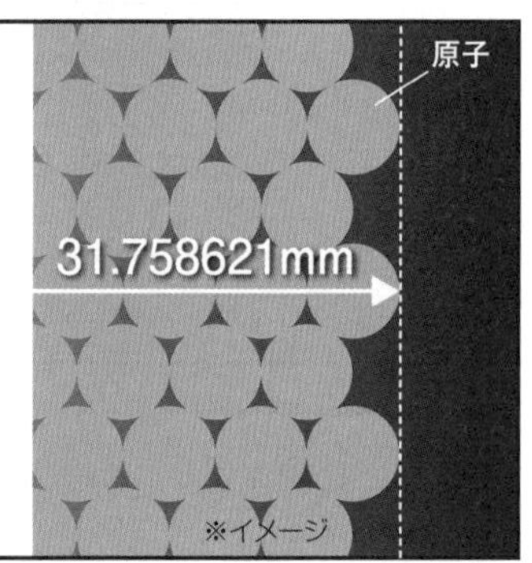

つまり, 長さ・重さ・時間など,
ふだん私たちが測定している値は,
実はすべて「真の値」ではない
ということです。

実は, 私たちはふだん
「**真の値ではないが, 真の値に近い値**」
を資料などに用いているんです。
これを「**近似値**」といいます。
※近似…よく似かよっていること。

近似値を求めるときは，ふつう「四捨五入（ししゃごにゅう）」を使います。
「四捨五入」とは，**四**以下（＝五未満）のときは切り**捨**て，
五以上のときは切り上げる（上の位にくり**入**れる）ことですよね。

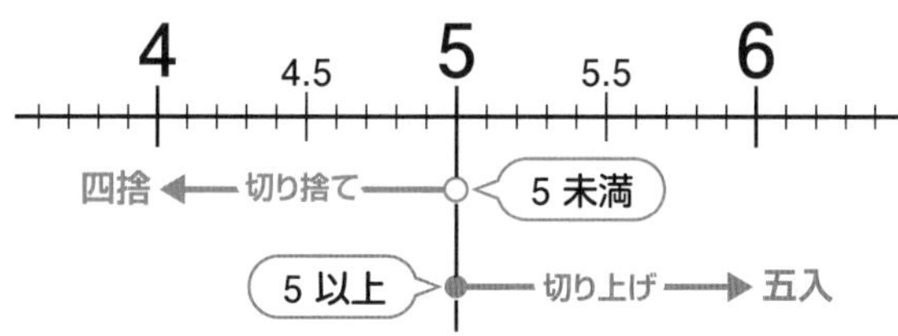

例えば，31.758621 mm は，
小数第 2 位を四捨五入すると
31.8 mm という**近似値**になります。

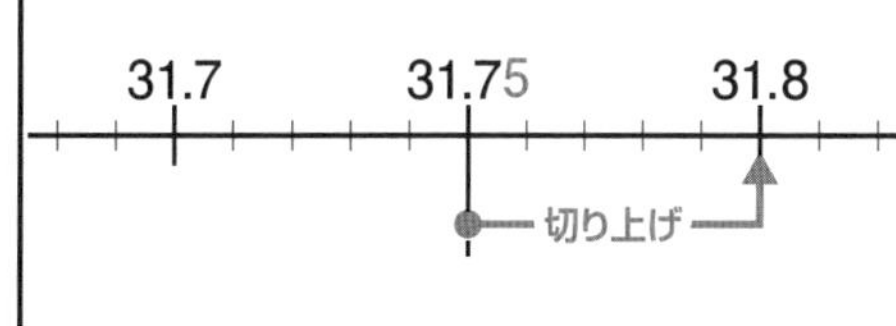

また，$\sqrt{2}$（≒1.41421356…）は，
小数第 3 位を四捨五入すると
1.41 という**近似値**になります。

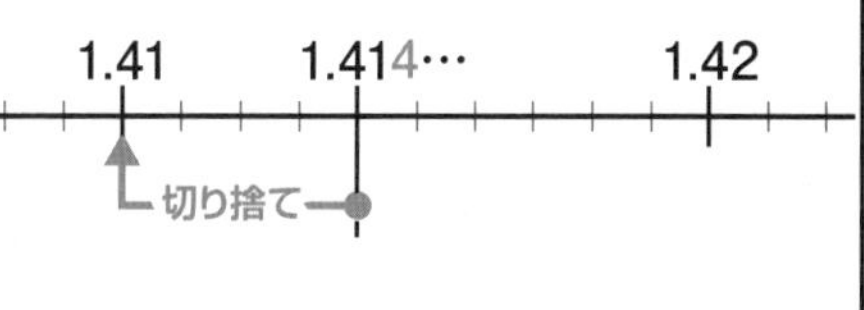

また，近似値は真の値を四捨五入した値ですから，真の値とは少し差がありますね。
この差のことを，
誤差（ごさ）といいます。

近似値から真の値をひいた差が誤差になります。

（近似値）－（真の値）＝（誤差）

(例) $31.8 - 31.7 = 0.1$
近似値　真の値　誤差

(例) $780 - 780.4 = -0.4$
近似値　真の値　誤差

問1 （有効数字）

10g 未満を四捨五入して，測定値 140g を得ました。この測定値の有効数字とそのけた数をいいなさい。

測定値の有効数字？
また変な値が出てきたニャ？

測定値（そくていち）とは近似値の一種で，定規やはかりなどの計器で**測定して得られた数値**のことです。

例えば，りんごの重さを量るときを考えてください。

一の位はよくわからないけど，140g 前後なので，四捨五入して測定値を 140g としました。

問1 はこういう状況です。「10g 未満を四捨五入」というのは，つまり「1g の位（一の位）を四捨五入」するということですね。

さて，この測定値 140 の 1 と 4 は，測定の結果，確かな根拠にもとづいて得られた，**意味のある信頼できる数字**です。これを**有効数字**（ゆうこう）といいます。

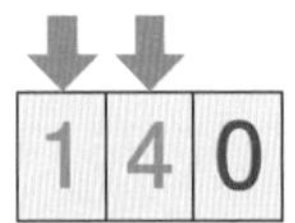

※例えば 135 の一の位を四捨五入して 140 になった可能性もあるので，十の位の 4 は絶対に 4 であるとはいえないが，一の位の四捨五入によって決まるという点で確かな根拠にもとづいているので，4 も意味のある信頼できる数字である。

それに対して，一の位の 0 は，四捨五入されたあとに，単に「一の位」として残っただけ（真の値は 0 ～9 のどれなのか不明）の，**意味のない信頼できない数字**なんです。

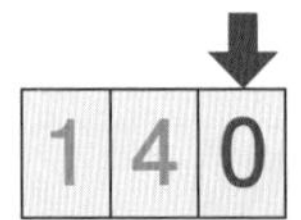

有効数字の「**けた数**」は，一番左にある（0 以外の）有効数字から順に 1 つずつ数えるので，答えは以下のとおりです。

1けた　2けた　…

1	4	0

（有効数字）1，4
（けた数）2 けた　答

※有効数字を並べて書くときは，1，4，0，…のようにカンマ（,）で区切って並べる。

人が目もりで測定したり四捨五入したりして，**真の値とは少し誤差がある**かもしれないけど，それでも「**この数字は真の値と同等だと信頼していい正確な数字だよ**」という数字が，「有効数字」なんです。

また，例えば何の説明もなく測定値を「**250 g**」と書いても，このままではどこまでが有効数字なのかわかりませんよね。

250 g

そこで，「どこからどこまでが有効数字なのか」をはっきり表したいときには，基本的に次のような形で表示することになっているんです。

有効数字の表示法

（整数部分が 1 けたの数）×（10 の累乗）

ここを「有効数字」とする

整数部分が1けた

(例) 測定値 140 g → 1.4×10^2 g

有効数字 2 けた

例えば，近似値 5600 g の有効数字が 5，6（2 けた）の場合，次のように表示します。

$$5600\,\mathrm{g} \rightarrow 5.6 \times 10^3\,\mathrm{g}$$

有効数字 2 けた

近似値 89000 ℓ の有効数字が 8，9，0（3 けた）の場合，次のように表示します。

$$89000\,\ell \rightarrow 8.90 \times 10^4\,\ell$$

有効数字 3 けた

近似値 201000 km の有効数字が 2，0，1，0（4 けた）の場合，次のように表示します。

$$201000\,\mathrm{km} \rightarrow 2.010 \times 10^5\,\mathrm{km}$$

有効数字 4 けた

…んニャ？
0 も有効数字になる場合があるニャ？

0 であっても，**意味のある信頼できる数字**であれば，もちろん**有効数字**になりえます。

例えば，近似値 89000 が，89012 の十の位を四捨五入した数値だった場合，

89012 →（四捨五入）→ 89000

この百の位の 0 は，値として 0 であることをはっきりと示すという点で，意味のある数字ですよね。こういう 0 は有効数字になるんです。

問2（近似値の範囲）

$\sqrt{2} < n < \sqrt{7}$ を満たす自然数 n を求めよ。

$\sqrt{2}$ より大きくて
$\sqrt{7}$ より小さい自然数は
何かってことニャ？

そう，ルートはゴロ合わせ*で覚えましたよね（☞P.50）。

＊$\sqrt{2} = 1.41421356$.....（一夜一夜に 人見頃），$\sqrt{7} = 2.6457513$.....（つむじ 粉 濃いさ）

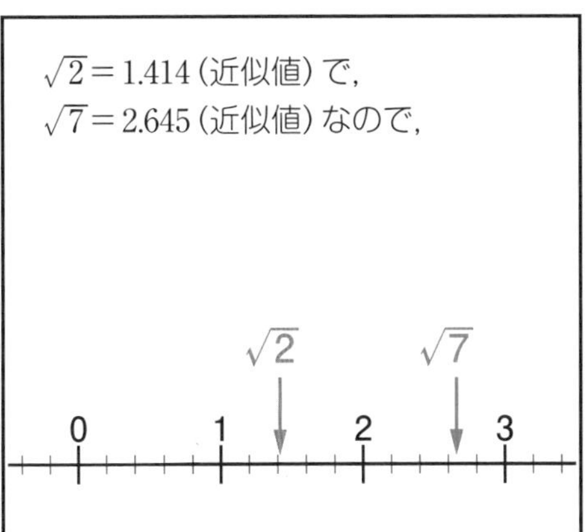

$\sqrt{2}=1.414$（近似値）で，
$\sqrt{7}=2.645$（近似値）なので，

√2
√7
0
1
2
3

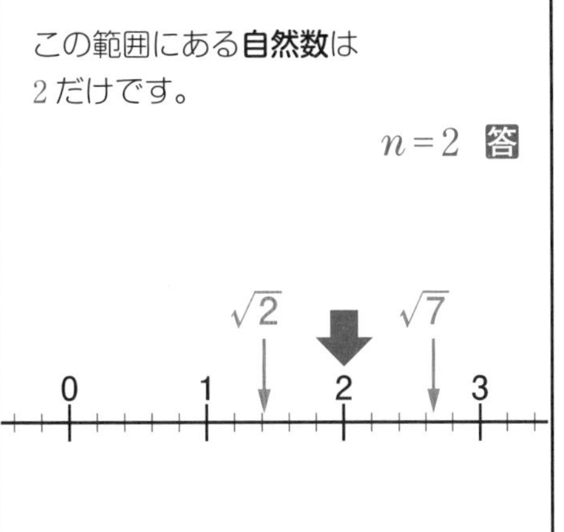

この範囲にある**自然数**は
2 だけです。

$n=2$ 答

√2
√7
0
1
2
3

ルートのゴロ合わせを
忘れてたワン…
そういう場合は，
不等式を解きましょう。

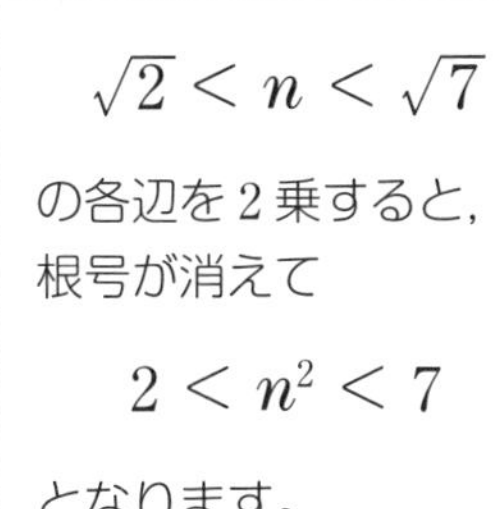

$$\sqrt{2} < n < \sqrt{7}$$

の各辺を 2 乗すると，
根号が消えて

$$2 < n^2 < 7$$

となります。

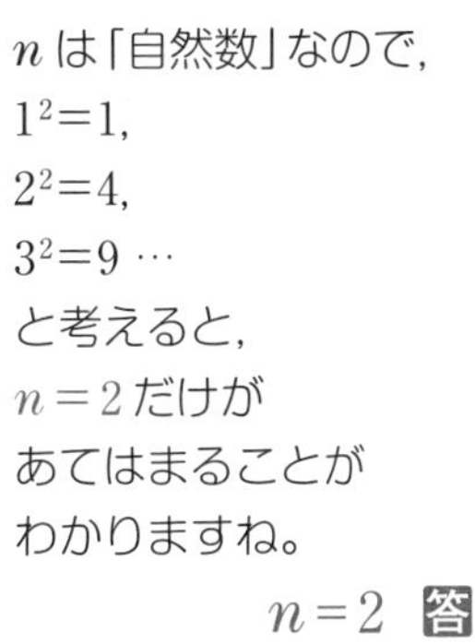

n は「自然数」なので，
$1^2=1$,
$2^2=4$,
$3^2=9$ …
と考えると，
$n=2$ だけが
あてはまることが
わかりますね。

$n=2$ 答

不等式は
各辺を
2 乗しても
いいニャ…!!?
知らんかったニャ…
各辺を同じように
何乗にしても何倍に
しても，大小関係は
変わらないので
OK なんですよ。
覚えておいて
ください!

はい，これで平方根は終わりですが，
平方根とはどんな数なのか，
近似値とはどのような数字なのか，
その概念からしっかりと
理解しておきましょうね。

ニャ〜い
がんばるワン
END

高校入試問題にチャレンジ！

平方根【実戦演習】

問1 〈宮城県〉

次の計算をしなさい。

$\sqrt{50}-\sqrt{18}+\sqrt{8}$

問2 〈京都府〉

次の計算をしなさい。

$\sqrt{30}\div\sqrt{5}-\sqrt{42}\times\sqrt{7}$

問3 〈東京都立併設型中高一貫教育校〉

次の計算をしなさい。

$\sqrt{28}-\dfrac{(3-\sqrt{2})(3+\sqrt{2})}{\sqrt{7}}$

問4 〈愛知県〉

絶対値が$\sqrt{3}$より小さい整数nをすべて求めなさい。

問5 〈鹿児島県〉

$3<\sqrt{\dfrac{n}{2}}<4$ を満たす自然数nの個数を求めよ。

問6 〈広島県〉

下の①～④の数の中で，無理数はどれですか。その番号を書きなさい。

① $\dfrac{3}{7}$　② 2.7

③ $\sqrt{\dfrac{9}{25}}$　④ $-\sqrt{15}$

一般に，ルートの中の数が小さくなるよう変形すると計算しやすくなります。平方根の性質を理解し，有理化や変形などの操作に慣れましょう。

答1

根号（ルート$\sqrt{\ }$）の中の数をそろえてから計算する。ここでは，$a\sqrt{2}$の形に変形できるから，

$\sqrt{50}-\sqrt{18}+\sqrt{8}$
$=5\sqrt{2}-3\sqrt{2}+2\sqrt{2}$
$=4\sqrt{2}$ 答

答2

$\sqrt{30}\div\sqrt{5}-\sqrt{42}\times\sqrt{7}$
$=\sqrt{30}\times\dfrac{1}{\sqrt{5}}-\sqrt{6}\times\sqrt{7}\times\sqrt{7}$
$=\sqrt{6}-7\sqrt{6}$
$=-6\sqrt{6}$ 答

答3

乗法公式③ $(x+a)(x-a)=x^2-a^2$
を利用して展開すると，
$(3-\sqrt{2})(3+\sqrt{2})=9-2=7$
となるので，
$\dfrac{(3-\sqrt{2})(3+\sqrt{2})}{\sqrt{7}}=\dfrac{7}{\sqrt{7}}=\sqrt{7}$
したがって，
(与式)$=\sqrt{28}-\sqrt{7}=2\sqrt{7}-\sqrt{7}$
$=\sqrt{7}$ 答

答4

$\sqrt{3}\fallingdotseq 1.7320508\cdots$（人並みにおごれや）なので，これより絶対値の小さい（＝原点からの距離が近い）整数は，

−1，0，1 答

※整数…負の整数と0と正の整数すべてのこと。

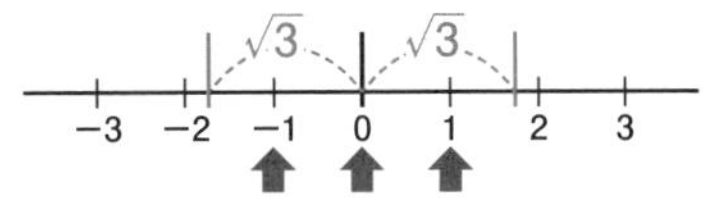

答5

$3<\sqrt{\dfrac{n}{2}}<4$ 各辺を2乗
$9<\dfrac{n}{2}<16$ 各辺を2倍
$18<n<32$

nは19から31までの自然数なので，

13個 答

※不等式は各辺を2乗しても2倍にしても大小関係は変わらない。

答6

無理数とは，円周率$\pi=3.14159265\cdots$や$\sqrt{2}=1.41421356\cdots$のように，分数で表せない数のこと。

$2.7=\dfrac{27}{10}$，$\sqrt{\dfrac{9}{25}}=\dfrac{3}{5}$

と表せるから，
④の$-\sqrt{15}$だけが無理数。

④ 答

COLUMN-2

ルート長方形

紙の大きさには，A判とB判という2つの規格があることを知っていますか。A判はドイツの物理学者オズワルドによって提案されたドイツの規格（現在は国際規格）で，B判は江戸時代に公用紙であった美濃和紙をルーツとした日本独自の規格です。共にJIS規格によって正確な寸法が定められています。

中学教科書の縦・横の長さを測ってみてください。正確に測れていれば，縦が257mm，横が182mmになるはず。この大きさがB5判です。次に，縦の長さを横の長さでわってみてください。257÷182＝1.412…ですよね。この値，見覚えありませんか。小数第3位以下の数字はちょっとちがいますが，$\sqrt{2}$＝1.41421356（一夜一夜に人見頃）ですよね。

「判（はん）」は紙や本などの大きさの規格を示す語です。1030mm×1456mmの大きさを「B0（ゼロ）判」として，B0判を半分に裁断したのがB1判，B1判を半分に裁断したのがB2判，B2判を半分に裁断したのがB3判，…のようにサイズが決められています。B0判の縦横の比率は，1030：1456＝1：$\sqrt{2}$ ですから，半分に裁断されてつくられるB判はすべてこの比率*になります。A判も，大きさこそちがえど（B判より小さい），この比率です。これらは「ルート長方形」とよばれています。ルート長方形の「1：$\sqrt{2}$」の比率は，「白銀比」として古来より美しい比として好まれてきました。実は，国民的キャラクターのドラ○もんやキ○ィちゃんなどにも応用されていたりします。

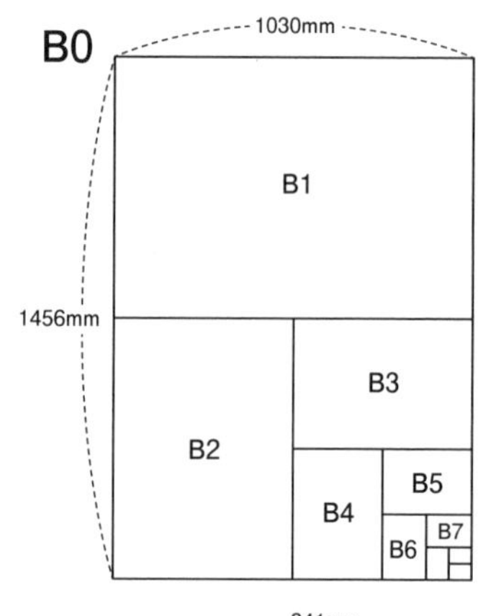

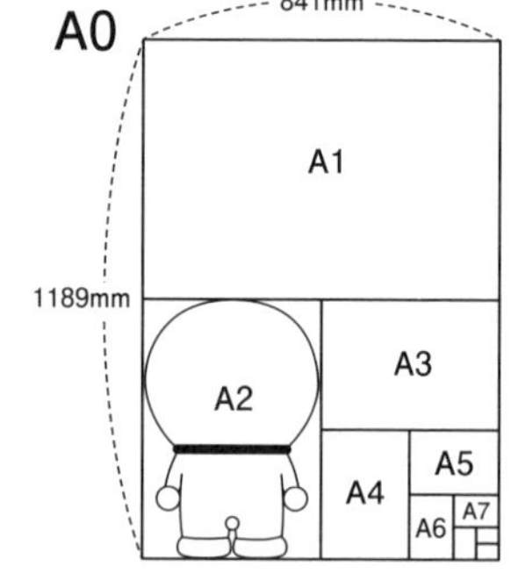

＊同じ比率になる理由は，本書 Chapter 5「相似な図形」を参照。

（文：沖田一希）

中3　数と式

Chapter 3

二次方程式

この単元の位置づけ

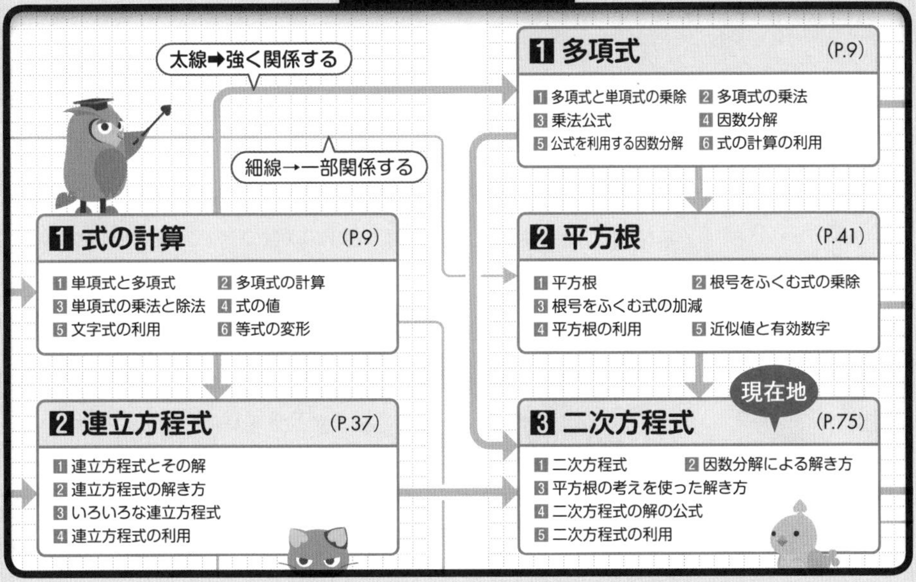

太線➡強く関係する

細線→一部関係する

1 式の計算 (P.9)

1 単項式と多項式　2 多項式の計算
3 単項式の乗法と除法　4 式の値
5 文字式の利用　6 等式の変形

2 連立方程式 (P.37)

1 連立方程式とその解
2 連立方程式の解き方
3 いろいろな連立方程式
4 連立方程式の利用

1 多項式 (P.9)

1 多項式と単項式の乗除　2 多項式の乗法
3 乗法公式　4 因数分解
5 公式を利用する因数分解　6 式の計算の利用

2 平方根 (P.41)

1 平方根　2 根号をふくむ式の乗除
3 根号をふくむ式の加減
4 平方根の利用　5 近似値と有効数字

現在地

3 二次方程式 (P.75)

1 二次方程式　2 因数分解による解き方
3 平方根の考えを使った解き方
4 二次方程式の解の公式
5 二次方程式の利用

中1では「一次方程式」，中2では「連立方程式」，中3では二次の項をふくむ「二次方程式」を学びます。二次方程式は，すばやく正確に解く力を養成することが重要です。解き方には，「①因数分解，②平方根の考え方，③解の公式」の3つのうちどれかを利用しますが，どれを使おうか迷っているようでは返りうちにあいます。瞬発的な判断力と強固な計算力を身につけてください。

I 二次方程式

問 1 **(二次方程式の解)**

二次方程式 $x^2-10x+24=0$ について，次の問いに答えなさい。

(1) 左辺の二次式 $x^2-10x+24$ の x に，2 から 8 までの数を代入し，式の値の変化を下の表にまとめなさい。
(ただし，$x=2$，8 はすでに計算済みとします)

x の値	2	3	4	5	6	7	8
式の値	8						8

(2) 二次方程式 $x^2-10x+24=0$ の解を求めなさい。

…ふぁ!?
二次方程式…
…って
ニャんだっけ?

「□次方程式」の
□の数字は，
多項式の次数を
表しています。

MEMO **次数**(じすう)

単項式で**かけられている**文字の個数。多項式では，各項の次数のうちで最も大きいもの。

例
$x+3=0$ → 一次方程式
$x+y+3=0$ → 一次方程式
$x^2+y+3=0$ → 二次方程式
$x^3+y^2+3=0$ → 三次方程式

二次方程式

POINT

二次方程式(にじほうていしき)とは，「移項して整理すると，(二次式)$=0$ という形に変形できる方程式」のことで，一般に次の形の式で表されます。

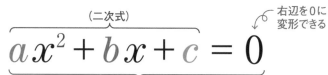

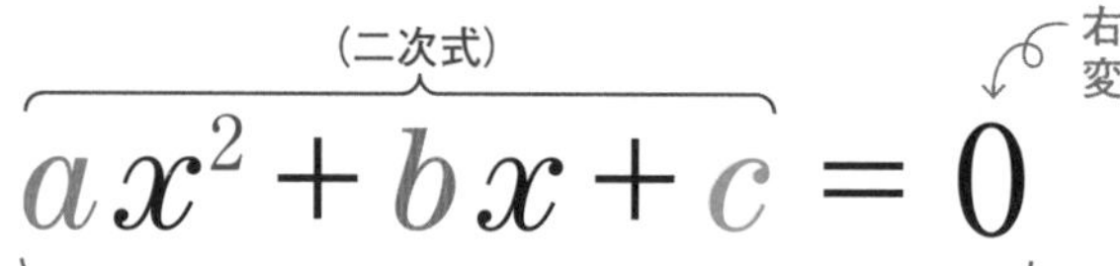
(二次式)
右辺を0に
変形できる
$ax^2+bx+c=0$
(xについての) 二次方程式

(ただし，$a\neq0$)

問1の式も，「二次方程式の形」になっていますよね。

$$x^2-10x+24=0$$

$$1\times x^2+(-10x)+24=0$$

$$ax^2+bx+c=0$$

また，例えば，

$$x^2-13=0$$

という式も，(二次式)＝0 という形なので「二次方程式」といえます。

※bが0で，bxが消えていると考えてもよい。

また，例えば，

$$(2x-1)^2=7$$

という式も，一見すると「二次方程式」には見えませんが，

展開して移項すると，

$$(2x-1)^2=7$$

$$4x^2-4x+1=7$$

$$4x^2-4x-6=0$$

というように，

(二次式)＝0

という形に変形できるので「二次方程式」といえます。

どんな式であっても，最終的に (二次式)＝0 という形に変形できれば，「二次方程式」といえるわけです。

$$\overbrace{ax^2\underbrace{+bx+c}_{\text{この項はあってもなくてもよい}}}^{(\text{二次式})}=0$$

(ただし，$a\neq0$)

この**二次方程式**はどのように解けばいいのでしょうか。まずは(1)を考えましょう。

$x=2$ のとき，式に $x=2$ を代入すると，

$$x^2-10x+24$$
$$=2^2-10\times2+24$$
$$=4-20+24$$
$$=8$$

なるほど，$x=2$ のとき，式の値 (＝代入して計算した結果) は 8 になるわけですね。

x の値	2	3
式の値	8	

これと同じように，$x=3$ から $x=7$ までを代入して計算し，式の値を表に書いていきましょう。

結果はこのようになります。
これが(1)の答えですね。

x の値	2	3	4	5	6	7	8
式の値	8	3	0	−1	0	3	8

さて，式の値が 0 になっているところに注目してください。

x の値	2	3	4	5	6	7
式の値	8	3	0	−1	0	3

これは，
$x=4$ のときや
$x=6$ のときは，

$$x^2-10x+24=0$$

になる（式の値が 0 になる）ということです。

つまり，
$x=4$ のときや $x=6$ のときは，

$$x^2-10x+24=0$$

という二次方程式が**成り立つ**ということなんですね。

このような，
方程式を成り立たせる文字の値
を「解（かい）」というんですよね。

※方程式の解をすべて求めることを，方程式を**解く**という。

ということで，(2)を考えましょう。
二次方程式 $x^2-10x+24=0$
が成り立つ x の値は $x=4$ と $x=6$ なので，
この 2 つが「解」になります。

$x=4$ と $x=6$ 答

ふぉ!?
解が「2つ」あるニャ?
ふつう，**二次方程式の解は2つある**んです。

ただし，「解が1つだけのとき」や，「解をもたないとき」もたまにあるので，ここで一応紹介していきましょう。今はちょっと難しいかもしれないので，いったん目を通しておくだけでいいですよ。

解が1つだけのとき

$x^2+6x+9=0$
　因数分解
$(x+3)^2=0$
　0の平方根は0
$x+3=0$
$x=-3$ ⇐ 解が1つ

解をもたないとき

$x^2+3=0$

$x^2>0$，$3>0$ なので，左辺は正の数になり，右辺の0になることはありえない。このような場合，「**この方程式は解をもたない**」という。

さて，二次方程式の形や「解」はわかりましたね。次に，二次方程式の解き方をやりますが，主に次の3つの解き方があります。

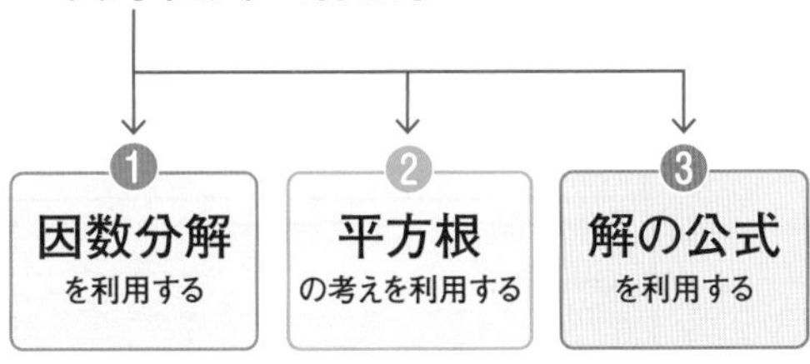
二次方程式の解き方
❶ 因数分解を利用する
❷ 平方根の考えを利用する
❸ 解の公式を利用する

この❶・❷・❸のどれかを使って解くんです。❶が一番簡単に速く解ける方法で，その次が❷，最後の切り札が❸の方法です。

※二次方程式の解は，**問1**のように必ず「整数」になるわけではないため，表を書く方法では解けない場合が多く，また時間もかかる。

まずは❶を使えるかを考えればいいニャ?
そうですね。❶がダメなら❷です。

ということで，次回から二次方程式の解き方をやっていきましょう！
END

2 因数分解による解き方

問 1 （因数分解による解き方①）

次の方程式を解きなさい。

(1) $x^2-7x+12=0$

(2) $x^2+3x-10=0$

この二次方程式は，因数分解を使って解けるものです。わかりますか？

…あれ？ 因数分解ってどんな公式だったニャ…？

ではまず，因数分解の公式を思い出しましょう。

因数分解の公式

① $x^2+(a+b)x+ab=(x+a)(x+b)$

② $x^2+2ax+a^2=(x+a)^2$

$x^2-2ax+a^2=(x-a)^2$

③ $x^2-a^2=(x+a)(x-a)$

では，(1)を考えましょう。**定数項**が何かの数の 2 乗 (a^2) でなければ，公式①を考えます。

(1) $x^2-7x+12=0$ ← 定数項

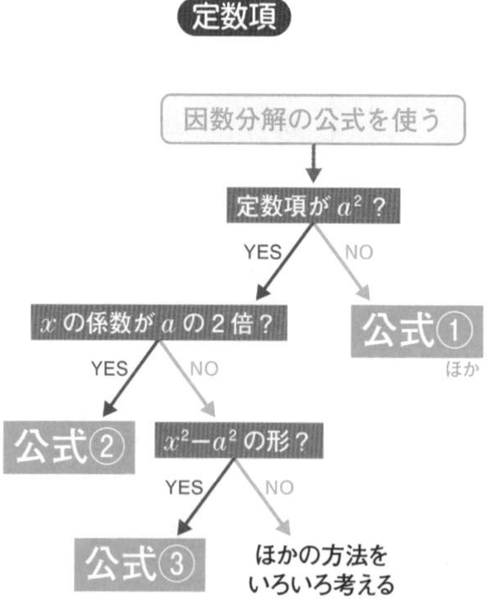

積 (ab) が 12 になる組み合わせは，このように 6 パターンになります。

$ab=12$
1×12
-1×-12
2×6
-2×-6
3×4
-3×-4

このうち，**和** ($a+b$) が -7 になるのは，

-3，-4

の組み合わせだけですね。

$ab=12$
1×12
-1×-12
2×6
-2×-6
3×4
➡ -3×-4

したがって，左辺は次のように因数分解できます。

$$x^2-7x+12=0$$

$$(x-3)(x-4)=0$$

ここで，ちょっと考えてみてください。

$$4\times\square=0$$

この□に入る数は何か，わかりますか？

…ふつーに0が入るんじゃないニョ？
ゼロ
そのとおり正解！

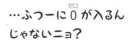

では，この式ではどうでしょう？

$$\bigcirc\times\square=0$$

この○と□，どちらに0が入るか，わかりますか？

○×□＝0
ゼロはここだワン！
…いや，話聞いてるニャ？
あほニャの？

○と□，どちらかに必ず0が入るニャ！
どっちにも入る可能性があるニャ！
そのとおり正解！

法則

つまり，2つの数を A，B とするとき，

$$AB=0 \text{ ならば}$$

$$A=0 \text{ または } B=0$$

といえるわけです。

これをふまえて，先程の式を見てみましょう。答えが見えてきませんか？

$$(x-3)(x-4)=0$$

そう，$(x-3)=0$ または $(x-4)=0$ ということになりますよね。

$$\underbrace{(x-3)}\underbrace{(x-4)}=0$$

どちらかが0ならば成立する

Chapter 3 二次方程式 2 因数分解による解き方

$(x-3)=0$ が成り立つのは
x が 3 のとき，
$(x-4)=0$ が成り立つのは
x が 4 のときですよね。

$$(x-3)(x-4)=0$$

↑3　↑4

したがって，
解は $x=3,\ x=4$
となります。

$x=3,\ x=4$ 答

※「$x=3,\ 4$」と書いてもよい。

(2)を考えましょう。
(1)と同様に左辺を因数分解してから，
答えを出しましょう。

$$x^2+3x-10=0$$

$5+(-2)$　$5\times(-2)$

$$x^2+3x-10=0$$

$$(x+5)(x-2)=0$$

$x+5=0$ または $x-2=0$

したがって，

$x=-5,\ x=2$ 答

問2 （因数分解による解き方②）

次の方程式を解きなさい。

(1) $x^2+8x+16=0$　　(2) $x^2-10x+25=0$

(3) $x^2-121=0$　　(4) $x^2=-7x$

あ，これも左辺を
因数分解すればいいニャ？

そう。今度は**公式②**や**公式③**
などを使って考えましょう。

(1)は因数分解の**公式②**を使います。

$$x^2+8x+16=0$$

$$(x+4)^2=0$$

2 乗して 0 になるということは，
$x+4$ は 0 の平方根で，
$x+4=0$ ということですよね。

※0 の平方根は 0 だけである。

よって，(1)の解はこうなります。

$$x^2+8x+16=0$$
$$(x+4)^2=0$$
$$x+4=0$$
$$x=-4 \quad \text{答}$$

このように，二次方程式でも「解が 1 つ」の場合はあるんですね。

(2)を解きましょう。

$$x^2-10x+25=0$$
$$(x-5)^2=0$$
$$x-5=0$$
$$x=5 \quad \text{答}$$

(3)は，因数分解の**公式③**を使って

$$x^2-121=0$$
$$(x+11)(x-11)=0$$

$x=-11$ または $x=11$

したがって，

$$x=\pm 11 \quad \text{答}$$

(4)は，移項して，共通因数 x でくくってから考えます。

$$x^2=-7x$$
$$x^2+7x=0$$
$$x(x+7)=0$$

$x=0$ または $x+7=0$

したがって，

$$x=0,\ x=-7 \quad \text{答}$$

共通因数でくくってから解く場合もあるニョね…

そういうパターンもあります。因数分解の基本と応用，両方使えるようにしましょうね。

二次方程式を解くときは，この**因数分解による解法**が圧倒的に簡単で速いんです。ただし，どんな場合でも使えるわけではないので，まずは「因数分解ができないか？」を考えて，ダメそうなら別の方法を考える，という感じで解いていきましょう。

3 平方根の考えを使った解き方

問 1 （平方根の考えを使った解き方①）

次の方程式を解きなさい。

$$2x^2-54=0$$

ん〜…これは因数分解ができなさそうだニャ…

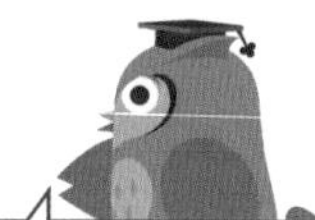

そうですね。因数分解が使えない場合は，**平方根**の考えを使った解き方を考えましょう。

たいらの かた ね
平 方根

の考えを聞けばいいワン？

「へいほうこん」ニャ！
そんな平氏いないニャ！

「2 乗すると a になる数」を「a の**平方根**」というんです。まずはこれをおさえてください。

$$(\square)^2=a$$

□は a の**平方根**

この 3 つの形をした二次方程式は，平方根の考え方を利用して解くことができるんです。

平方根の考え方で解ける二次方程式の形

① $ax^2+c=0$

② $(x+m)^2=n$

③ $x^2+bx+c=0$

問１の二次方程式は，①の形ですね。

$$2x^2-54=0$$

① $ax^2+c=0$

この形では，まず-54を右辺に移項します。

$$2x^2-54=0$$

移項

$$2x^2=54$$

両辺を２でわります。

$$2x^2=54$$

÷2

$$x^2=27$$

この形は，x は 27 の**平方根**であることを示していますよね。

$$x^2=27$$

27 の**平方根**

したがって，

$$x=\pm\sqrt{27}$$

$$x=\pm\sqrt{3^2\times3}$$

$$x=\pm3\sqrt{3}$$ **答**

※ルートの中はできるだけ小さい自然数にして答えること。

このように，平方根の考え方で，解が求められるんですね。

問２ (平方根の考えを使った解き方②)

次の方程式を解きなさい。

$$(x+3)^2=25$$

問２の二次方程式は，②の形ですね。

$$(x+3)^2=25$$

② $(x+m)^2=n$

この形では，$x+3$ の部分を「**ひとまとまり**」のもの（≒1 つの文字）として見てください。

$$(x+3)^2=25$$

…あ，$x+3$ が 25 の平方根になってるニャ？

$$(\quad)^2=25$$

そのとおりですね！

したがって，

$$x+3=\pm\sqrt{25}$$

$$x+3=\pm5$$

$$x=-3\pm5$$

これは,

$x=-3+5$

$x=-3-5$

の両方を示した式である（どちらも解になる）ので，両方を計算すると，

$x=2,\ x=-8$ 答

このように，$(\square)^2=n$ という形は，かっこの中の□を「**ひとまとまり**」のものとして見る。すると，平方根の考え方で解が求められるんですね。

…結局，ニャんでもかんでも $(\square)^2=\bigcirc$ という形にすればいいニャ？

お…！ものすごく鋭い気づきですね！そのとおりです。

ときには，強引にでも，方程式を

$(\square)^2=\bigcirc$

という平方の形に変えて，平方根の考え方で解くこともできるんですよ。

問3（平方根の考えを使った解き方③）

次の方程式を解きなさい。

$$x^2+4x-2=0$$

問3の二次方程式は，③の形ですね。

$$x^2+4x-2=0$$

$$③\ x^2+bx+c=0$$

この形でも，左辺を $(\square)^2$ の形にしたいわけですが，どうすればいいでしょうか？

❗因数分解の公式②…

$x^2+2ax+a^2=(x+a)^2$

$x^2-2ax+a^2=(x-a)^2$

-2 が $+4$ になれば，因数分解で左辺を $(\square)^2$ の形にできますよね。

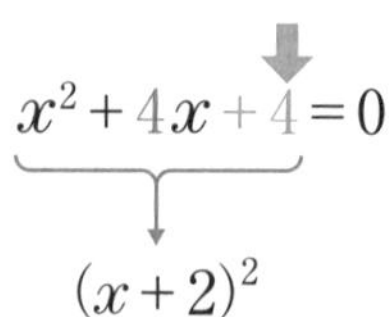

$$x^2+4x+4=0$$

$$(x+2)^2$$

そのために，両辺に 6 を加えます。

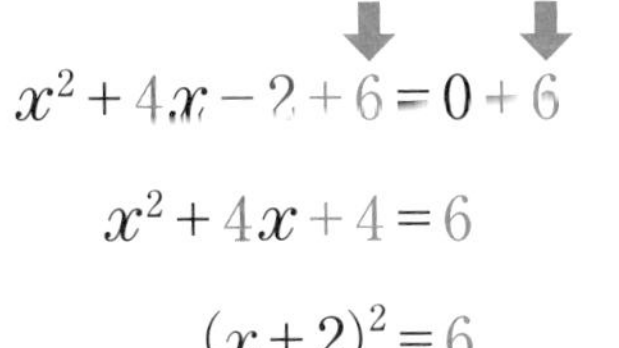

$$x^2+4x-2+6=0+6$$

$$x^2+4x+4=6$$

$$(x+2)^2=6$$

左辺を $(\square)^2$ の形にできましたね。

続けて計算すると，解が求められます。

$$(x+2)^2=6$$

$$x+2=\pm\sqrt{6}$$

$$x=-2\pm\sqrt{6}$$ 答

いわれればわかるけど…
「両辺に 6 を加える」とか
思いつかなくニャい？

その発想が
少し高度です
よね。

一般に，

$$x^2+bx+c$$

という式を，

$$(x+\blacktriangle)^2$$

のような形にするためには，
c はどんな値であれば
いいでしょうか。

因数分解の**公式②**もよく見て，
法則を考えてみてください。

$$x^2+2ax+a^2=0$$

因数分解の**公式②**をよく見ると，
x の係数の $\frac{1}{2}$ を，

$$x^2+\underbrace{2a}_{\frac{1}{2}}x+a=0$$

2 乗した値を加えている形
になっていますよね。

$$x^2+2ax+a^2=0$$

つまり，x の係数 b の $\frac{1}{2}$ を **2 乗**した値，
すなわち $\left(\frac{b}{2}\right)^2$ が c であればいいわけです。

$$x^2+bx+c=0$$

$$\left(\frac{b}{2}\right)^2$$

$x^2+bx+c=0$ の形をした二次方程式の解き方

$$x^2+bx+\left(\frac{b}{2}\right)^2=\left(x+\frac{b}{2}\right)^2$$

b の $\frac{1}{2}$ の 2 乗

左辺を平方の形にしてから平方根の考え方で解く

問 4 （平方根の考えを使った解き方④）

次の方程式を解きなさい。

(1) $x^2-12x=-27$

(2) $x^2+5x+5=0$

では，さっそくこの法則を使って，問題を解いてみましょう！

(1)を考えましょう。
x の係数は -12 なので，まず，-12 の $\frac{1}{2}$ の 2 乗を計算します。

$$\left(-12\times\frac{1}{2}\right)^2=36$$

(1)の式の両辺に 36 を加え，計算していくと解が求められます。

$$x^2-12x+36=-27+36$$

$$(x-6)^2=9$$

$$x-6=\pm\sqrt{9}$$

$$x=6\pm3$$

$$x=3,\ x=9$$ 答

(2)を考えましょう。
まず，左辺の+5を右辺に移項します。

$$x^2+5x+5=0$$

$$x^2+5x=-5$$

x の係数は5なので，5の $\frac{1}{2}$ の2乗を計算します。

$$\left(5\times\frac{1}{2}\right)^2=\left(\frac{5}{2}\right)^2$$

両辺に $\left(\frac{5}{2}\right)^2$ を加えます。

$$x^2+5x+\left(\frac{5}{2}\right)^2=-5+\left(\frac{5}{2}\right)^2$$

左辺を平方の形にして，計算を続けます。

$$\left(x+\frac{5}{2}\right)^2=-\frac{20}{4}+\frac{25}{4}$$

$$\left(x+\frac{5}{2}\right)^2=\frac{5}{4}$$

$$x+\frac{5}{2}=\pm\sqrt{\frac{5}{4}}$$

$$x=-\frac{5}{2}\pm\frac{\sqrt{5}}{2}$$

分母の数字が共通しているときには，1つの分数で表すのがふつうです。
したがって，解は，

$$x=\frac{-5\pm\sqrt{5}}{2}$$ 答

となります。

平方根の考えを使った解き方では，
とにかく式をこの形に変形することがポイントなんですね。

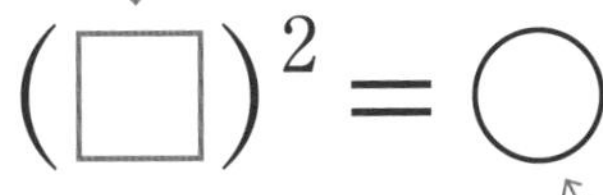

二次方程式を解くときは，
まずは「因数分解」を考え，
ダメなら「平方根」で考えます。
それでもダメなら，いよいよ
「最終奥義」を使うことになります。
次回，それをやっていきましょう。

4 二次方程式の解の公式

問 1 （二次方程式の解の公式）

次の方程式を解きなさい。

$$3x^2+5x+1=0$$

……う～ん……
因数分解も平方根も
使えなそうだニャ…
ふつうに考えると
そうですよね。

平方根で解く③が一番近い形ですが，

平方根の考え方で解ける二次方程式の形

① $ax^2+c=0$

② $(x+m)^2=n$

③ $x^2+bx+c=0$

問 1 の式には，x^2 に係数 3 がついているので，このままでは平方根の考え方で解くことはできません。

$$3x^2+5x+1=0$$

係数がじゃま

$$\neq$$

③ $x^2+bx+c=0$

ただ，そこは工夫次第です。
両辺を 3 でわれば，
x^2 の係数 3 は消えますよね。

$$\frac{3x^2}{3}+\frac{bx}{3}+\frac{c}{3}=\frac{0}{3}$$

$$x^2+\frac{b}{3}x+\frac{c}{3}=0$$

…あ，ニャるほど…!!
これなら平方根の考え方が使えそうだニャ…!

そう，計算は複雑になりますが，平方根の考え方で解けるようになるんです。
（x についての）二次方程式の形
「$ax^2+bx+c=0$」(☞P.76) と比べながら，
実際に計算していきましょう。

「解の公式」の成り立ち

【問 1 の式】	【二次方程式の形】
$3x^2+5x+1=0$	$ax^2+bx+c=0 \quad (a\neq0)$

$$\frac{3x^2}{3}+\frac{5x}{3}+\frac{1}{3}=\frac{0}{3} \qquad \frac{ax^2}{a}+\frac{bx}{a}+\frac{c}{a}=\frac{0}{a}$$

x^2 の係数を 1 にするため，両辺を x^2 の係数でわる

$$x^2+\frac{5}{3}x+\frac{1}{3}=0 \qquad x^2+\frac{b}{a}x+\frac{c}{a}=0$$

数のみの項（＝定数項）を右辺に移行する

$$x^2+\frac{5}{3}x=-\frac{1}{3} \qquad x^2+\frac{b}{a}x=-\frac{c}{a}$$

両辺に x の係数の $\frac{1}{2}$ の 2 乗を加える

$$\left(\frac{5}{3}\times\frac{1}{2}\right)^2=\left(\frac{5}{6}\right)^2 \qquad \left(\frac{b}{a}\times\frac{1}{2}\right)^2=\left(\frac{b}{2a}\right)^2$$

$$x^2+\frac{5}{3}x+\left(\frac{5}{6}\right)^2=-\frac{1}{3}+\left(\frac{5}{6}\right)^2 \qquad x^2+\frac{b}{a}x+\left(\frac{b}{2a}\right)^2=-\frac{c}{a}+\left(\frac{b}{2a}\right)^2$$

左辺を平方の形にして，右辺を整理する

$$\left(x+\frac{5}{6}\right)^2=-\frac{12}{36}+\frac{25}{36} \qquad \left(x+\frac{b}{2a}\right)^2=-\frac{4ac}{4a^2}+\frac{b^2}{4a^2}$$

$$\left(x+\frac{5}{6}\right)^2=\frac{13}{36} \qquad \left(x+\frac{b}{2a}\right)^2=\frac{b^2-4ac}{4a^2}$$

（次頁に続く）

（前頁の続き）

$$\left(x+\frac{5}{6}\right)^2=\frac{13}{36}$$

$$\left(x+\frac{b}{2a}\right)^2=\frac{b^2-4ac}{4a^2}$$

平方根の考えを使って式を簡単にしていく

$$x+\frac{5}{6}=\pm\sqrt{\frac{13}{36}}$$

$$x+\frac{b}{2a}=\pm\sqrt{\frac{b^2-4ac}{4a^2}}$$

$$x+\frac{5}{6}=\pm\sqrt{\frac{13}{6^2}}$$

$$x+\frac{b}{2a}=\pm\sqrt{\frac{b^2-4ac}{(2a)^2}}$$

$$x+\frac{5}{6}=\pm\frac{\sqrt{13}}{6}$$

$$x+\frac{b}{2a}=\pm\frac{\sqrt{b^2-4ac}}{2a}$$

$$x=-\frac{5}{6}\pm\frac{\sqrt{13}}{6}$$

$$x=-\frac{b}{2a}\pm\frac{\sqrt{b^2-4ac}}{2a}$$

すなわち，解は

$$x=\frac{-5\pm\sqrt{13}}{6}$$ 答

$$x=\frac{-b\pm\sqrt{b^2-4ac}}{2a}$$

このように，計算は少し面倒ですが，
$ax^2+bx+c=0$
という x^2 に係数 a がついた形でも，
平方根の考えで解けるんですね。
なんかの暗号ニャ!?
右下の変な公式みたいなのはなんニャの？

この公式は，二次方程式の解を求めるときの「最終奥義」なんです。
$ax^2+bx+c=0$
という形なら，どんな二次方程式でも解けてしまう，魔法のような公式。
これを「**解の公式**（かいのこうしき）」といいます。
そんな便利な公式ニャ!?

二次方程式の解の公式

二次方程式 $ax^2+bx+c=0$ の解は，

$$x=\frac{-b\pm\sqrt{b^2-4ac}}{2a}\quad(a\neq 0)$$

※読み方…「x イコール $2a$ ぶんの マイナス b プラスマイナス ルート b の 2 乗 マイナス $4ac$」
⇒ $a\to b\to b\to a\to c$ の順。移項によるマイナスが多い点にも注意。

二次方程式は
これだけで
解けるワン？

これだけを教えて
くれればよかったニャ！
因数分解とか平方根とか
いらんかったニャ…！

いや，これは最後の切り札に
使う「最終奥義」ですから，
これだけだと困るんです。

何が困るのかというと，
とにかく**計算が複雑**なんです。
公式の形も計算も複雑だから，
計算ミスも起こりやすい。

だから，本当はあまり使いたくない
けど，最後の手段として使わざるを
えない場合もある。
それが「最終奥義」とよぶ理由です。

ウルトラマンの
スペシウム光線
みたいなものです

ふーん…。確かに，計算は
めんどくさそうだニャ…

解の公式を使いこなせるようになる
ためには，まずは公式自体を目で
見て何度も書いて覚えること。
次に，問題をたくさん解いて慣れる
ことが大切です。
ということで，「解の公式」を使って
実際に問題を解いてみましょう。

問2 (二次方程式を解の公式で解く)

次の方程式を解きなさい。

(1) $2x^2-6x+1=0$　　(2) $3x^2+5x-2=0$

(3) $x(x-4)=5x-8$

(1)を考えましょう。

$$2x^2-6x+1=0$$

この式は,

$$ax^2+bx+c=0$$

の形なので,解の公式が使えます。

解の公式に,$a=2$, $b=-6$, $c=1$ を代入しましょう。

$$2x^2-6x+1=0$$

$$x=\frac{-b\pm\sqrt{b^2-4ac}}{2a}$$

計算を進めると,解が出ます。

$$x=\frac{-(-6)\pm\sqrt{(-6)^2-4\times2\times1}}{2\times2}$$

$$x=\frac{6\pm\sqrt{36-8}}{4}$$

$$x=\frac{6\pm\sqrt{28}}{4}$$

$$x=\frac{6\pm\sqrt{2^2\times7}}{4}$$

$$x=\frac{6\pm2\sqrt{7}}{4}$$

(2で約分)

$$\frac{\overset{3}{\cancel{6}}\pm\overset{1}{\cancel{2}}\sqrt{7}}{\underset{2}{\cancel{4}}}=\frac{3\pm\sqrt{7}}{2}$$

$$x=\frac{3\pm\sqrt{7}}{2}$$ 答

ニャるほど…!
ちょっと計算が面倒だけど
ちゃんと解が出るニャ…!
すごいニャ

負の数を代入するときは,(-6) のように**かっこ**をつけて代入しないと計算ミスにつながりますから,注意しましょうね。

(2)も同じように解きましょう。

$$3x^2+5x-2=0$$

解の公式に，$a=3$，$b=5$，$c=-2$ を代入すると，

$$x=\frac{-5\pm\sqrt{5^2-4\times3\times(-2)}}{2\times3}$$

$$x=\frac{-5\pm\sqrt{25+24}}{6}$$

$$x=\frac{-5\pm\sqrt{49}}{6}$$

$$x=\frac{-5\pm7}{6}$$

$\frac{-5+7}{6}=\frac{2}{6}=\frac{1}{3}$

$\frac{-5-7}{6}=\frac{-12}{6}=-2$

したがって，

$x=\frac{1}{3}$，-2 答

(3)は，式を $ax^2+bx+c=0$ の形にしてから，解の公式を使います。

$$x(x-4)=5x-8$$

$$x^2-4x=5x-8$$

$$x^2-4x-5x+8=0$$

$$x^2-9x+8=0$$

解の公式に，$a=1$，$b=-9$，$c=8$ を代入すると，

$$x=\frac{-(-9)\pm\sqrt{(-9)^2-4\times1\times8}}{2\times1}$$

$$x=\frac{9\pm\sqrt{81-32}}{2}$$

$$x=\frac{9\pm\sqrt{49}}{2}$$

$$x=\frac{9\pm7}{2}$$

$\frac{9+7}{2}=\frac{16}{2}=8$

$\frac{9-7}{2}=\frac{2}{2}=1$

したがって，

$x=1$，8 答

あ… 左上は $-b$ で，右上が $-4ac$ か…どこが $-$ なのか $+$ なのかわからなくなるニャ…

マイナス　プラスマイナス　2乗　マイナス

$$x=\frac{-b\pm\sqrt{b^2-4ac}}{2a}$$

真ん中が $\pm$，左右が $-$ です。
下が $2a$，上が $4a$ という点にも注意！

二次方程式は，因数分解か平方根の考え方で解けるかをまず考え，ダメそうなら解の公式を使いましょう。とっておきの「最終奥義」ですから，完璧に覚えておいてくださいね。

5 二次方程式の利用

問 1 （二次方程式の利用①）

縦が 12 m，横が 10 m の長方形の場所に，右の図のように，縦，横に同じ幅の通路を作り，残りを花だんにします。花だんの面積を 80 m² にするには，通路の幅を何 m にすれば よいか求めなさい。

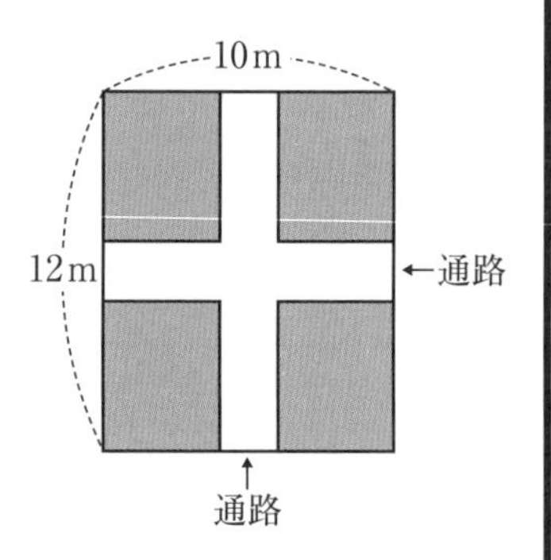

…ニャにこれ？
方程式の文章題ニャ？
二次方程式バージョン…

そう！　二次方程式を利用すれば，様々な問題を解決することができるんですよ。

まずは，求めたい「通路の幅」を x m とおきます。「同じ幅」ですからね

10m
12m
x m
x m

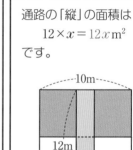

通路の「縦」の面積は

$12 \times x = 12x$ m²

です。

10m
12m
x m
x m

通路の「横」の面積は

$10 \times x = 10x$ m²

ですが，

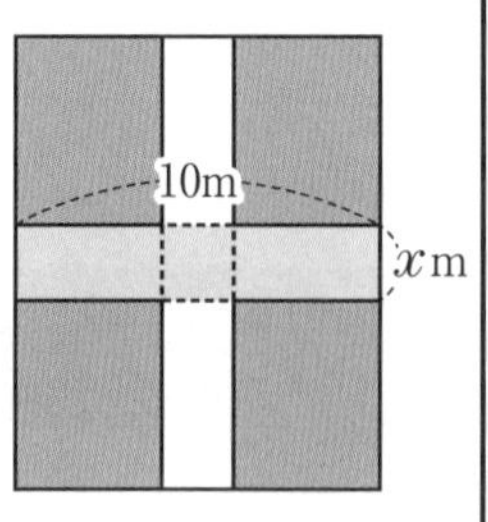

中央の正方形の部分，

$x \times x = x^2$ m²

をとり除く*と，

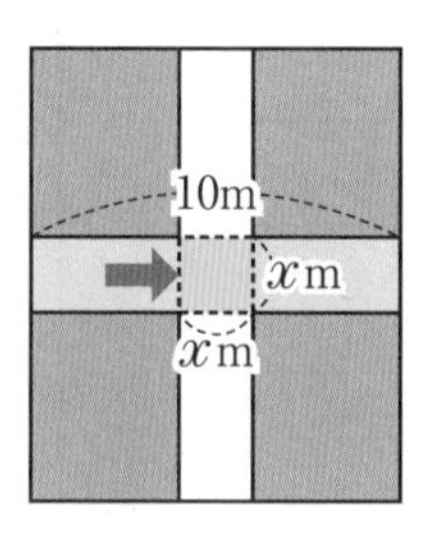

通路の「横」の面積は

$(10x - x^2)$ m²

となります。

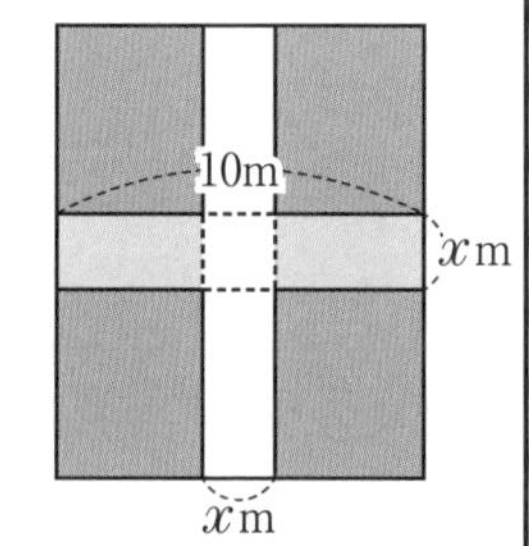

*通路の「縦」の面積の中にふくまれているので，重複しないように，とり除く必要がある。

通路の「縦」と「横」の面積の合計は，

$12x+(10x-x^2)$
$=(-x^2+22x)\ \mathrm{m}^2$

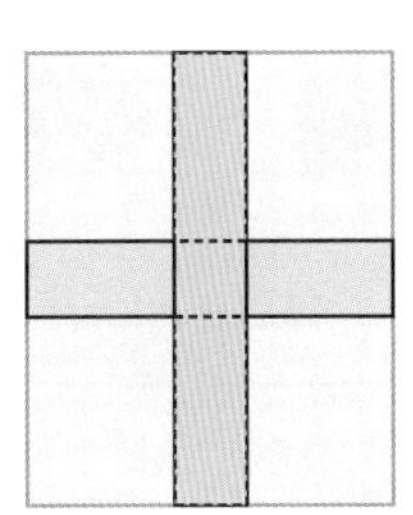

一方，長方形の面積は

$12\times10=120\ \mathrm{m}^2$

です。

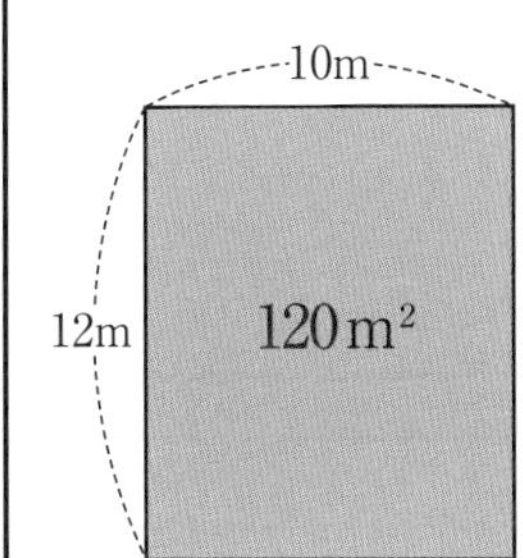

長方形から通路の面積をとり除いた面積を $80\ \mathrm{m}^2$ にしたいので，

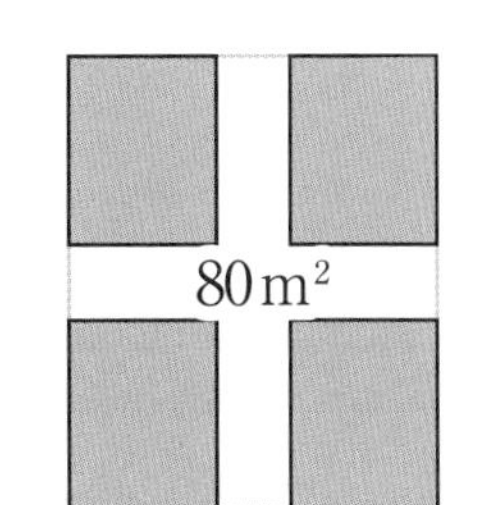

このような二次方程式をつくることができます。

ひく（＝とり除く）

$$120-(-x^2+22x)=80$$

長方形　通路　花だん

二次方程式を解いて，解を求めましょう。

$$120+x^2-22x=80$$
$$x^2-22x+40=0$$
$$(x-2)(x-20)=0$$
$$x=2,\ 20$$

❶ 因数分解の公式①… $x^2+(a+b)x+ab=(x+a)(x+b)$

通路の幅 x m は，**正の数**で，長方形の横の長さ **10m を超えない**数なので，

$$0<x<10$$

これより，

$x=2$ は問題に合うが，

$x=20$ は問題に合わない。よって，答えは，

2 m 答

このように，解が問題に合っているかどうかを調べてから，答えを出しましょうね。

確かに，通路が 20m あったらおかしいニャ…

問2 （二次方程式の利用②）

大小2つの整数があります。その差は6で，積は55です。2つの整数を求めなさい。

これは…大小どっちかの数を x にするニャ?
そのとおりですね！

まず，小さい方の整数を x と表します。

小

x

大きい方の整数は，小さい方の整数より6大きいので，$x+6$ と表せます。

小

x

大

$x+6$

2つの整数の積は55なので，

$$x(x+6)=55$$

式を整理すると，

$$x^2+6x-55=0$$

左辺を因数分解すると，

$$x^2+6x-55=0$$

$$x^2+\{(-5)+11\}x+(-5)\times 11=0$$

$$(x-5)(x+11)=0$$

$x-5=0$ より $x=5$

$x+11=0$ より $x=-11$

どちらの解も問題に適している。

※別におかしなところは特にないので。

$x=5$ のとき，
大きい方の整数は
$5+6=11$

$x=-11$ のとき，
大きい方の整数は
$-11+6=-5$

したがって，
求める2つの整数は，

5と11，-11 と -5 答

方程式の文章題の解き方は，中1にやった基本どおりです。しっかり覚えておきましょう。

方程式の文章題を解く手順

❶ 求めたい未知の数量を文字を使って表す。

❷ 問題文から数量の関係を見つけて，等式（方程式）をつくる。

❸ 方程式を解き，答えとする。

※方程式の解が問題に適しているかを確かめること（ありえない数が出る場合もあるため）。

問3 （二次方程式の利用③）

右の図のような正方形ABCDで，点Pは，Aを出発して辺AB上をBまで毎秒1cmの速さで動きます。また，点Qは，点PがAを出発するのと同時にBを出発し，Pと同じ速さで辺BC上をCまで動きます。点PがAを出発してから何秒後に，△PBQの面積が6cm²になりますか。

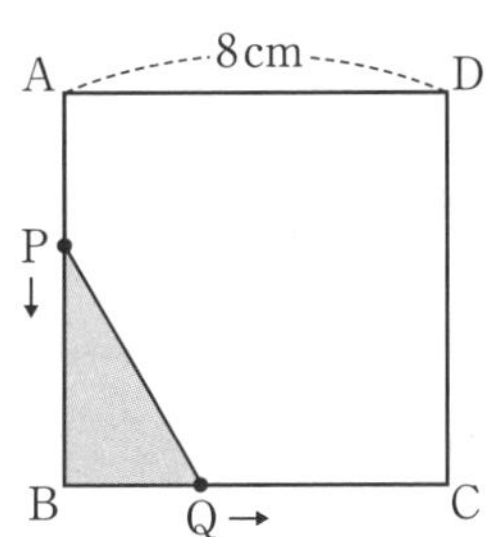

…ふぁ？　ニャにこれ？
どういうことニャ？

文章題は，問題文を正確に読み解いていくことが大切です。

点PはAが出発点，
点QはBが出発点
です。

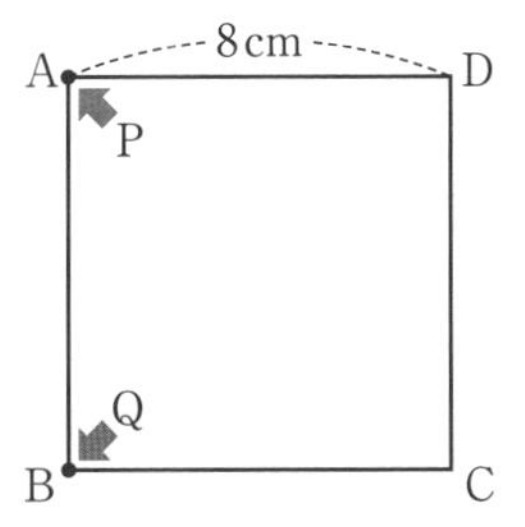

点Pは辺AB上を，
点Qは辺BC上を
同じ速さで移動します。

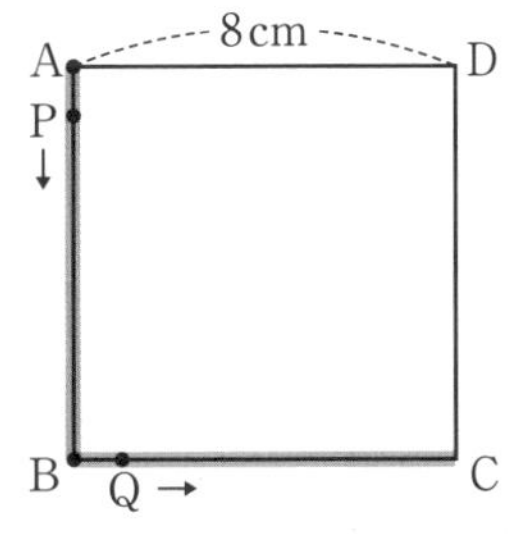

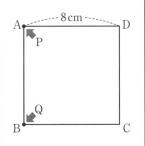

ということで，
点PとQが移動する
様子を1秒ごとに
見ていきましょう。

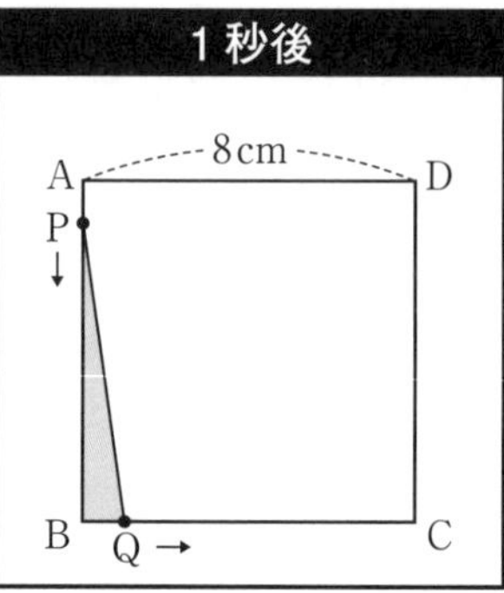
1秒後
8cm
A
D
P
B
Q
C

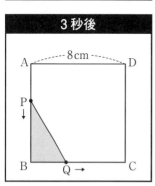

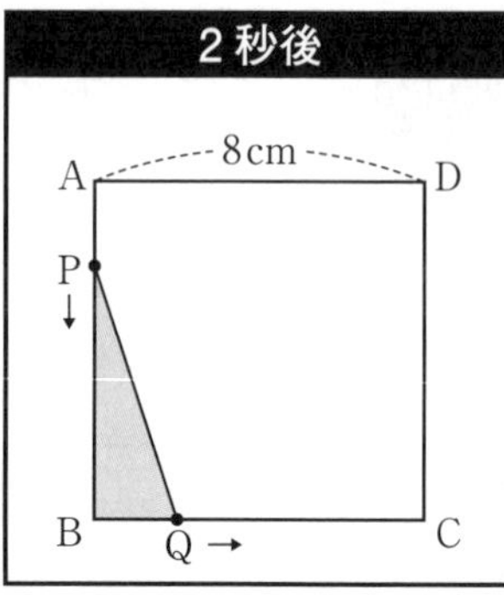
2秒後
8cm
A
D
P
B
Q
C

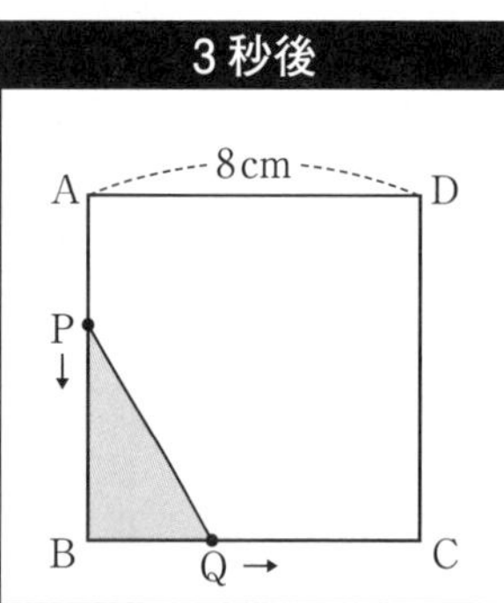
3秒後
8cm
A
D
P
B
Q
C

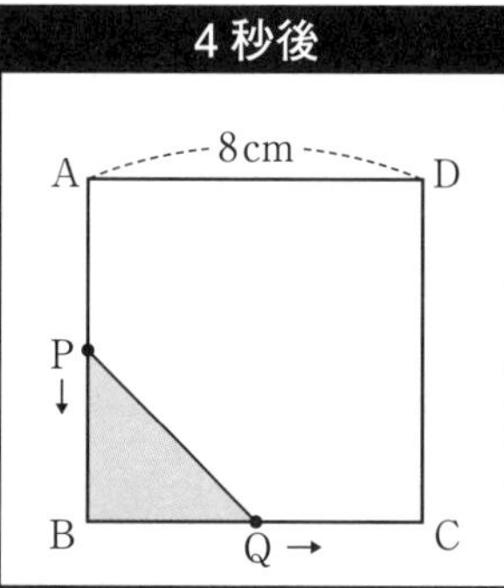
4秒後
8cm
A
D
P
B
Q
C

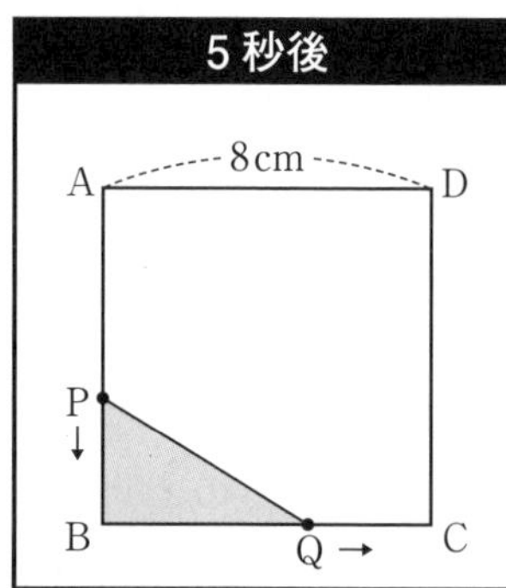
5秒後
8cm
A
D
P
B
Q
C

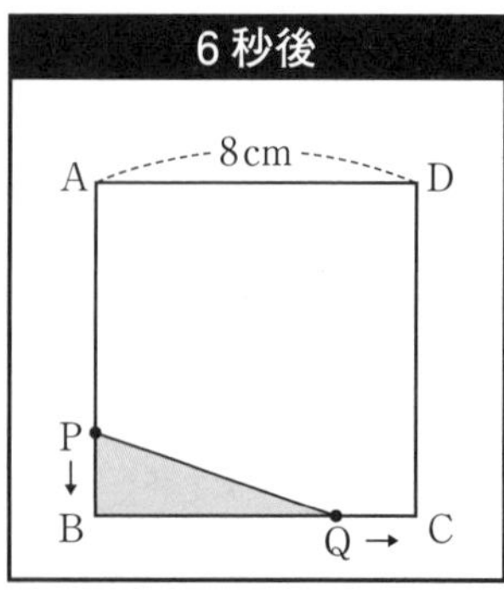
6秒後
8cm
A
D
P
B
Q
C

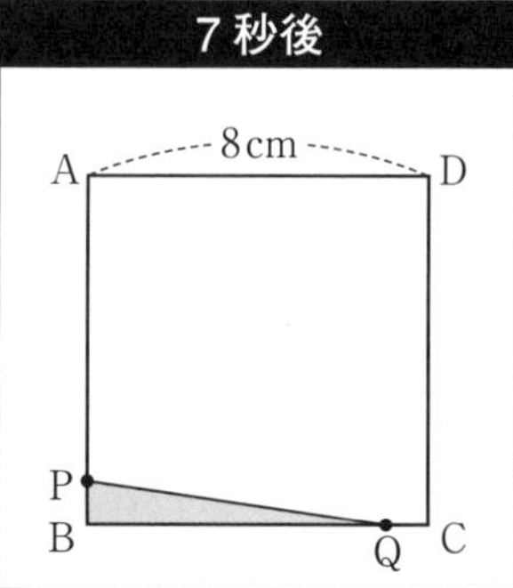
7秒後
8cm
A
D
P
B
Q
C

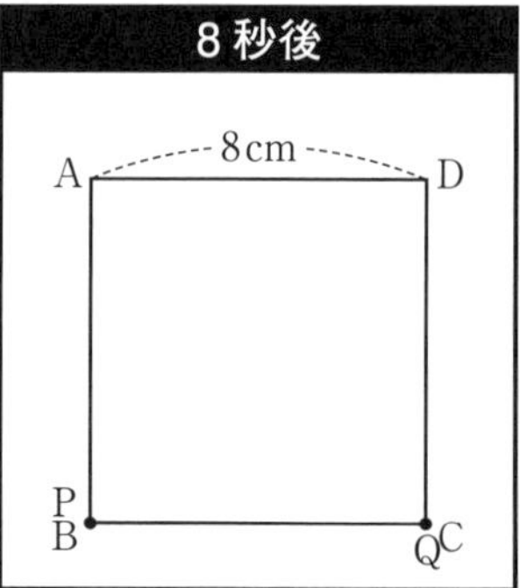
8秒後
8cm
A
D
P
B
Q
C

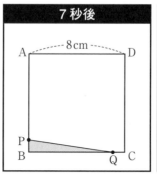

ニャるほど…！
こうやって見ると
イメージが
よくわかるニャ…！
「毎秒1cm」動く
ので，8秒後に
移動が完了する
わけですね。

9秒後？
B
P
C
Q
ならないニャ！
どこまで行くニャ？

x 秒後*に，△PBQ の面積が $6\,\mathrm{cm}^2$ になると考えましょう。

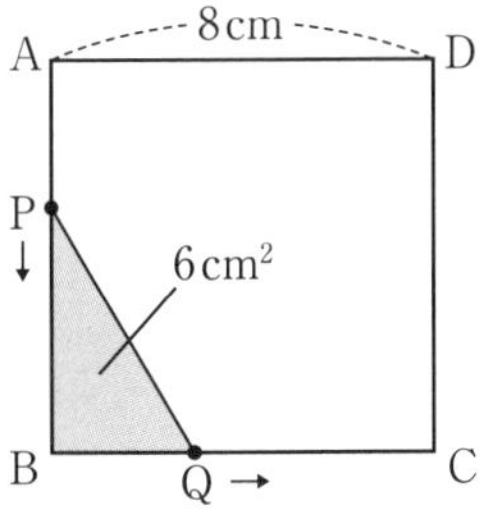

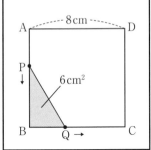

点 P，Q は毎秒 1cm 動くので，x 秒後は x cm 動きます。

※道のり ＝ 速さ × 時間

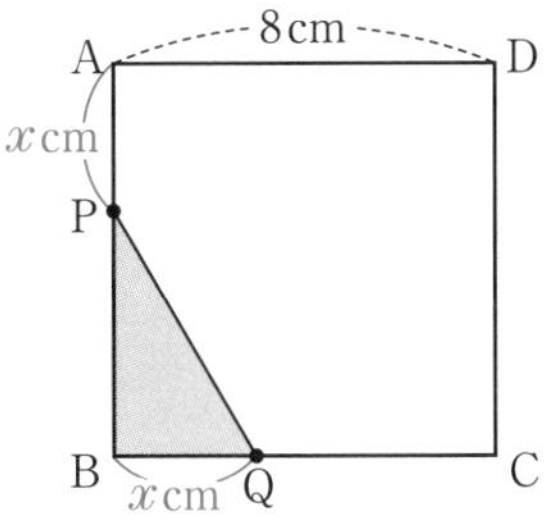

よって，x 秒後，BQ の長さは x cm，PB の長さは $(8-x)$ cm になります。

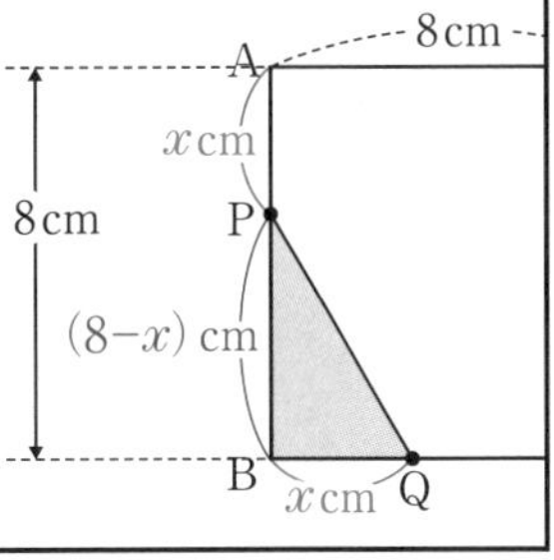

x 秒後に，△PBQ の面積が $6\,\mathrm{cm}^2$ になるという数量の関係を方程式で表すと，

$$\frac{1}{2}x(8-x)=6\ (\mathrm{cm}^2)$$

となります。
この方程式を解けば，
x の値がわかるということです。

❗三角形の面積：底辺 × 高さ × $\frac{1}{2}$

$$\frac{1}{2}x(8-x)=6 \quad \longleftarrow \text{両辺に}\times 2$$

$$x(8-x)=12$$

$$8x-x^2-12=0 \quad \longleftarrow \text{両辺に}\times(-1)$$

$$x^2-8x+12=0$$

$$(x-2)(x-6)=0$$

（因数分解）

したがって，

$$x=2,\ 6$$

1 辺 8cm なので，2cm と 6cm はおかしくはなく，両方とも問題に適しています。よって，答えは，

2 秒後，6 秒後 **答**

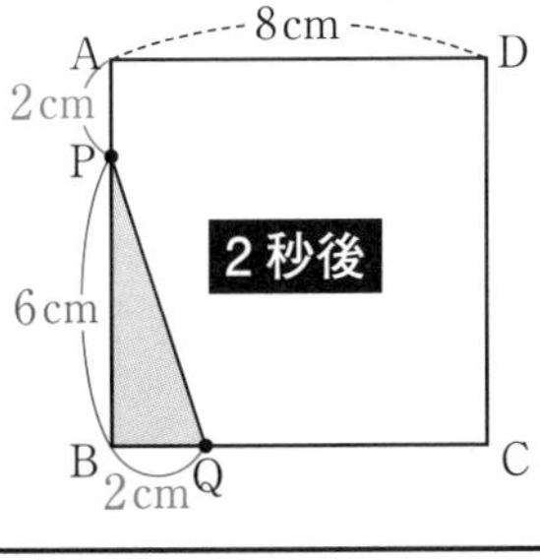

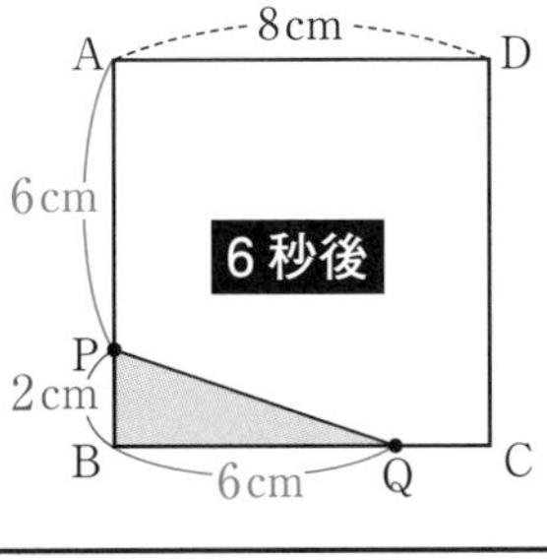

このように，二次方程式を利用して，様々な未知の数量を導き出すことができるんですね。しっかり練習を積んでおきましょう。

*問3では「**何秒後**に…になりますか」と**時間**を求められているので，時間を「x 秒後」として考える。

高校入試問題にチャレンジ！

二次方程式【実戦演習】

問1 〈福岡県〉

次の二次方程式を解きなさい。

$x(x-1)=4(x+6)$

問2 〈群馬県〉

次の二次方程式を解きなさい。

$x^2+x=3$

問3 〈京都府〉

次の二次方程式を解きなさい。

$(x-2)^2=6$

問4 〈東京都立進学指導重点校〉

次の二次方程式を解きなさい。

$(x+1)^2-4(x+1)+3=7$

問5 〈石川県〉

2次方程式 $x^2-x+a=0$ の解の1つが3のとき，a の値を求めなさい。

問6 〈高知県〉

2次方程式

$x^2+6x+2=0$

の解を求めよ。

ただし，解の公式を使わずに

$(x+▲)^2=●$

の形に変形して平方根の考え方を使って解き，解を求める過程がわかるように，途中の式も書くこと。

2 次方程式も，展開や因数分解のように見慣れた基本の形に変形することが重要です。解の公式をしっかり覚え，使いこなせるようにがんばりましょう。

答1

$$x(x-1)=4(x+6)$$
$$x^2-x=4x+24$$
$$x^2-5x-24=0$$
$$(x+3)(x-8)=0$$
$$x=-3,\ 8$$ 答

答2

$$x^2+x=3$$
$$x^2+x-3=0$$

因数分解も平方根の考えも使えないので，解の公式を用いると，

$$x=\frac{-1\pm\sqrt{1^2-4\times1\times(-3)}}{2\times1}$$
$$=\frac{-1\pm\sqrt{13}}{2}$$ 答

答3

$x-2=\mathrm{A}$ とおくと，
$\mathrm{A}^2=6$ のとき，$\mathrm{A}=\pm\sqrt{6}$ だから，

$$(x-2)^2=6$$
$$x-2=\pm\sqrt{6}$$
$$x=2\pm\sqrt{6}$$ 答

別解

$$(x-2)^2=6$$
$$x^2-4x+4=6$$
$x^2-4x-2=0$（→解の公式で解く）

答4

$x+1=\mathrm{X}$ とおくと，

$$(x+1)^2-4(x+1)+3=7$$
$$\mathrm{X}^2-4\mathrm{X}+3=7$$
$$\mathrm{X}^2-4\mathrm{X}-4=0$$

解の公式を用いると，

$$\mathrm{X}=\frac{4\pm\sqrt{32}}{2}=\frac{4\pm4\sqrt{2}}{2}=2\pm2\sqrt{2}$$

よって，$x+1=2\pm2\sqrt{2}$

$$x=1\pm2\sqrt{2}$$ 答

答5

$x^2-x+a=0$ に，$x=3$ を代入すると，

$$9-3+a=0$$
$$a=-6$$ 答

答6

$x^2+6x+9=0$ になれば，
$(x+3)^2=0$ となり，
「$(x+▲)^2=●$」の形になるので，
両辺に 7 を加えて計算する。

$$x^2+6x+2+7=7$$
$$x^2+6x+9=7$$
$$(x+3)^2=7$$
$$x+3=\pm\sqrt{7}$$
$$x=-3\pm\sqrt{7}$$ 答

COLUMN-3

二次方程式の歴史

代数方程式の歴史は，メソポタミア文明のバビロニアの時代までさかのぼることができます。大英博物館が所蔵するバビロニアの粘土板には，今なら二次方程式や三次方程式で解くような問題がいくつもしるされています。現存する最古の記録は約4000年前の粘土板に記載されています。シュメール人はこれらの問題を解くための一般的な解法はもっていたようですが，この時代に文字式はなく日常言語で表現されていました。

古代のエジプト人が解いていた現実世界に関わる数学の問題にも今なら一次方程式や二次方程式で表せるものがありましたが，やはりその表現方法は記号に頼ることのない方法で，方程式であるという認識さえもっていなかったようです。

バビロニアの代数はほとんどそのまま古代ギリシャに受け継がれます。ギリシャ人は数学を実用性を超越した哲学と考え，計算よりも論証を重視し方程式の解法の進化はありませんでした。文字式が最初に登場するのは3世紀の中頃，ギリシャのディオファントスの「算術」においてです。彼は今なら一次方程式や二次方程式で表す問題の新たな解法を考案しましたが，それを一般的な解法に発展させることはありませんでした。彼は負の解は認めず，2つ以上解がある場合には1つ目の解を得た時点で計算を打ち切りました。

紀元前2世紀〜前1世紀に書かれた中国の数学書「九章算術」には，未知数が2から7個ある連立一次方程式の解法についてしるした章があります。それらの方程式には負の数もふくまれており，負の数の使用例としてはこれが最も古いものです。

私たちがよく知る方程式が現れたのは16世紀後半です。すでに中1，中2のときに方程式の解をグラフの交点として求める方法を学習しましたが，これを発見したのは近代哲学の父とよばれるルネ・デカルトです。これにより図形や空間の性質について研究する「幾何学」と，文字を用いて方程式の解法を研究する「代数学」は統合されました。

（文：沖田一希）

中3 関数

Chapter

4

関数 $y = ax^2$

この単元の位置づけ

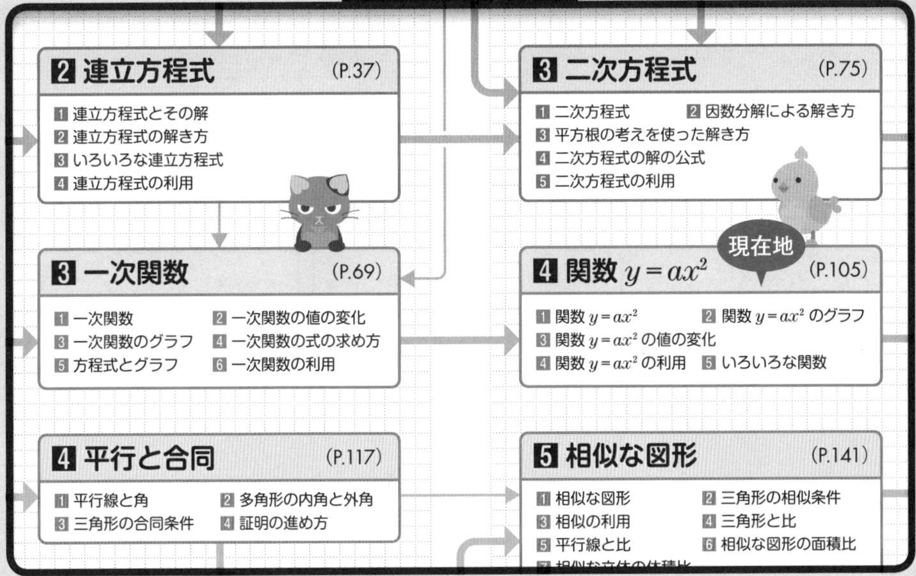

2 連立方程式 (P.37)
1 連立方程式とその解
2 連立方程式の解き方
3 いろいろな連立方程式
4 連立方程式の利用
3 二次方程式 (P.75)
1 二次方程式
2 因数分解による解き方
3 平方根の考えを使った解き方
4 二次方程式の解の公式
5 二次方程式の利用
3 一次関数 (P.69)
1 一次関数
2 一次関数の値の変化
3 一次関数のグラフ
4 一次関数の式の求め方
5 方程式とグラフ
6 一次関数の利用
現在地
4 関数 $y=ax^2$ (P.105)
1 関数 $y=ax^2$
2 関数 $y=ax^2$ のグラフ
3 関数 $y=ax^2$ の値の変化
4 関数 $y=ax^2$ の利用
5 いろいろな関数
4 平行と合同 (P.117)
1 平行線と角
2 多角形の内角と外角
3 三角形の合同条件
4 証明の進め方
5 相似な図形 (P.141)
1 相似な図形
2 三角形の相似条件
3 相似の利用
4 三角形と比
5 平行線と比
6 相似な図形の面積比

中1では比例・反比例を，中2では一次関数（$y = ax + b$）を学びましたが，中3ではそれらとは異なる新しい関数 $y = ax^2$ を学びます。これは二次関数 $y = ax^2 + bx + c$ の特別な形です。

関数 $y = ax^2$ のグラフは，原点を頂点として y 軸に対称な「放物線」になります。物体の落下速度など日常生活とも深く関わる関数なので，身のまわりの現象をイメージしながら学びましょう。

I 関数 $y=ax^2$

問 1 （xの2乗に比例する関数）

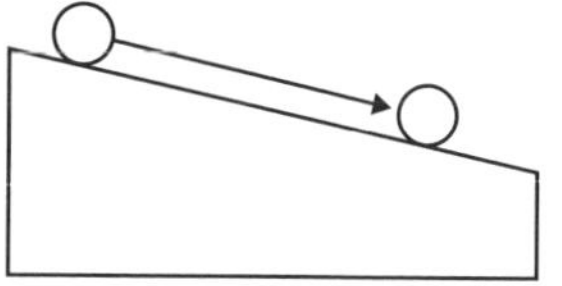

図のような斜面で球を転がした。球が転がり始めてからx秒間に転がる距離をymとすると，球の位置は下表のようになった。このとき，次の問いに答えなさい。

(1) xの値が2倍，3倍になると，対応するyの値はそれぞれ何倍になるか。

(2) 球が転がり始めてから4秒間で，球は何m転がると考えられるか。表中のアの値を求めなさい。

x	0	1	2	3	4
y	0	4	16	36	ア

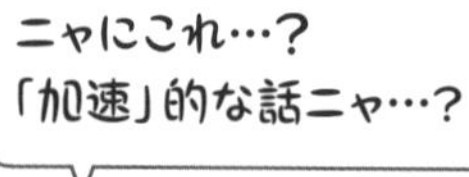

ニャにこれ…？
「加速」的な話ニャ…？

図の様子を１つ１つ考えていきましょう。

斜面から球を転がします。転がる距離をymとしますよ。

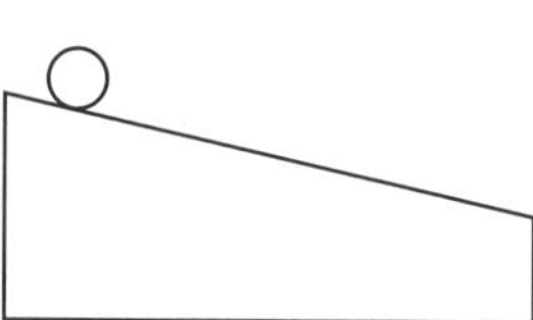

1秒後には，4m転がります。

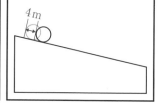

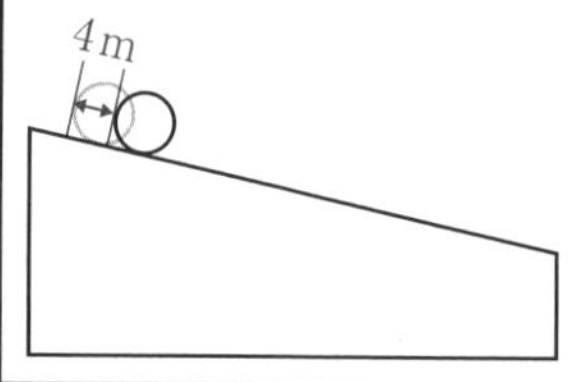

4m

2秒後には，16m転がります。

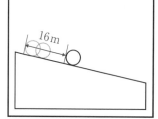

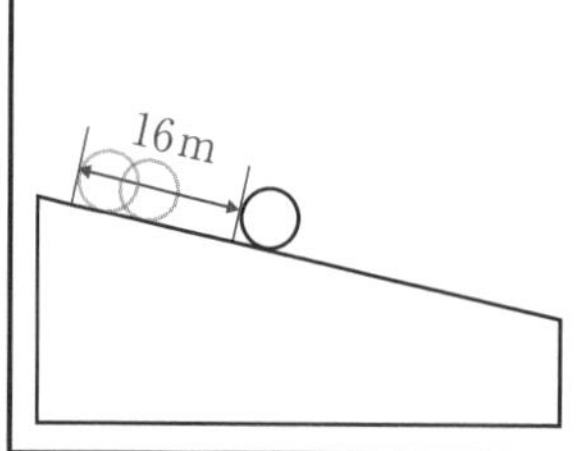

16m

3秒後には，36m転がります。

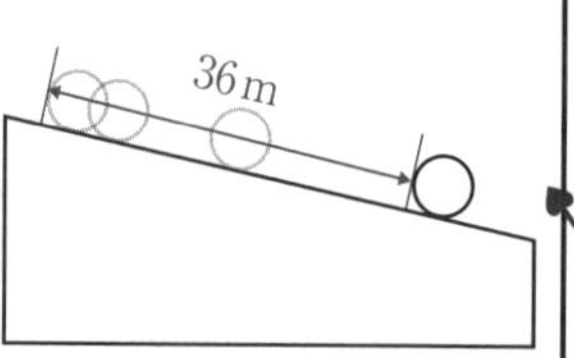

36m

4秒後には，何m転がりますか？という問題です。

ニャるほど…

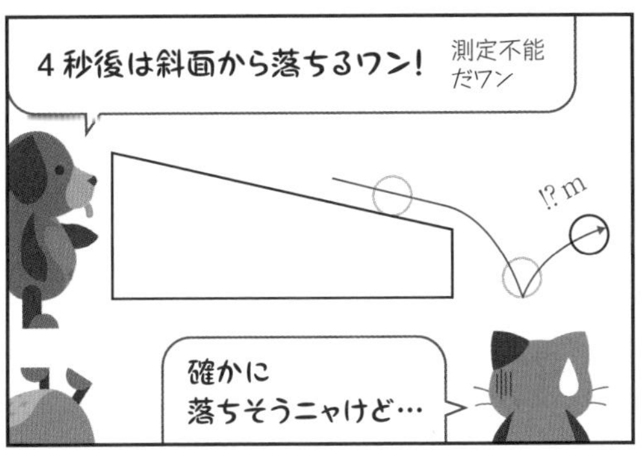

4秒後は斜面から落ちるワン！
測定不能だワン
!? m
確かに落ちそうニャけど…

こういった数学の図は「イメージ」ですから，斜面は無限に続いているものと考えてください。

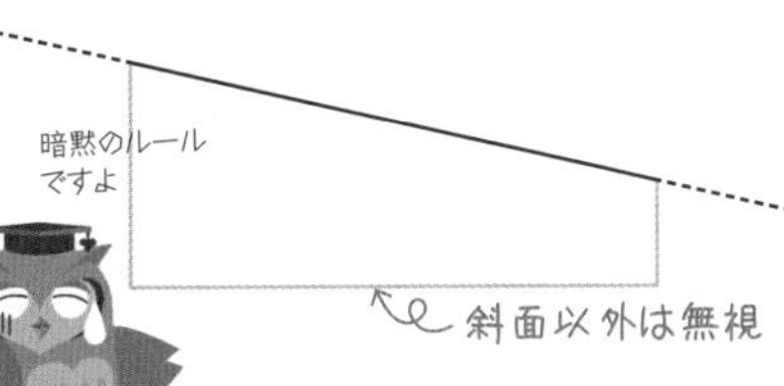

さて，(1)を考えましょう。
x の値が 1 から 2 へ 2 倍になるとき，
y の値は**何倍**になっていますか？

x	0	1	2	3	4
y	0	4	16	36	ア

表を見ると，4 から 16 へ，つまり **4 倍**（16÷4=4）になっていますね。

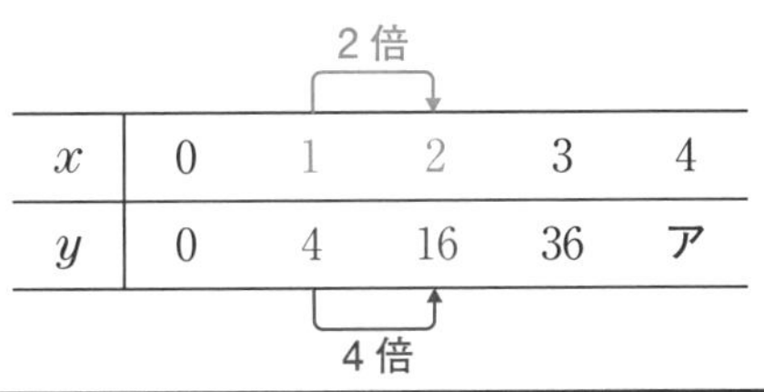

x	0	1	2	3	4
y	0	4	16	36	ア

x の値が 1 から 3 へ 3 倍になるとき，
y の値は **9 倍**（36÷4=9）になっています。

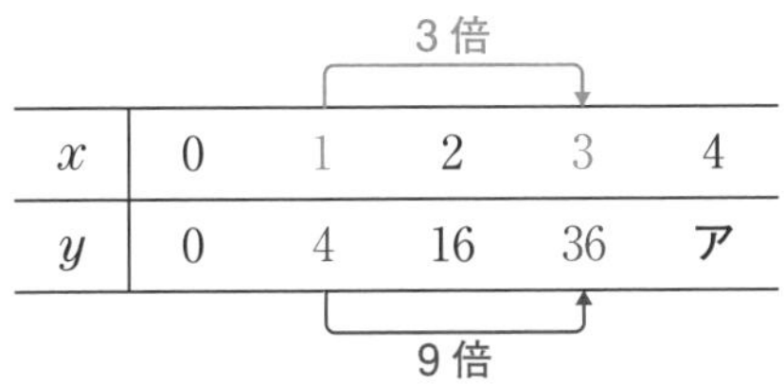

x	0	1	2	3	4
y	0	4	16	36	ア

これより，(1)の答えは次のようになります。

（x の値が 2 倍，3 倍になると）対応する y の値はそれぞれ 4 倍，9 倍になる。 答

では，(2)を考えましょう。
これは「ナゾ解きクイズ」です。
問題の中から何かしら「法則」を見つけて，答えを導き出すんですよ。

x の値が 1 から 4 へ，4 倍になるとき，
y の値は，$4^2=16$ より，16 倍になると考えられます。

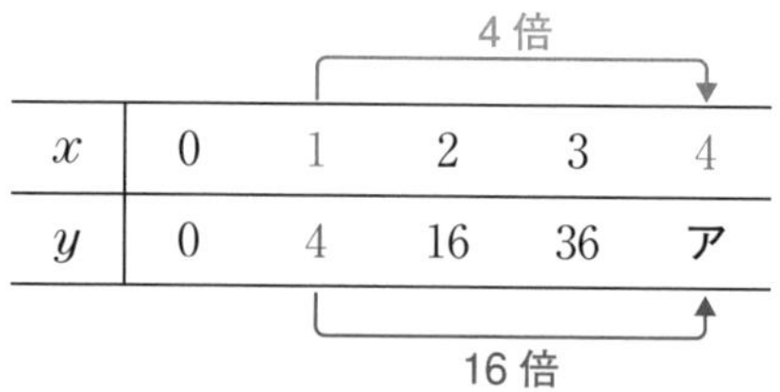

4 倍

x	0	1	2	3	4
y	0	4	16	36	ア

16 倍

したがって，
表中のアに入る
答えは，
$4\times16=64$ 答
となります。

斜面を転がる球の問題では，変数 x の値が決まると，
変数 y の値がただ 1 つに決まりました。

x	0	1	2	3	4
y	0	4	16	36	64

x が決まれば，y もただ 1 つに決まる

よって，
y は x の**関数**※である
といえます。

※関数…2 つの変数 x，y があって，x の値が決まると，それに対応して y の値が 1 つに決まるとき，y は x の関数であるという。

さて，この表に「x^2」の行を追加してみましょう。

x	0	1	2	3	4
y	0	4	16	36	64
➡ x^2	0	1	4	9	16

x^2 が 4 倍，9 倍…になると，
y も 4 倍，9 倍…になっていますね。

x	0	1	2	3	4
y	0	4	16	36	64
x^2	0	1	4	9	16

4 倍　9 倍

2乗に比例する関数の式

つまり，y は x^2（x の2乗）に「**比例**」しているので，
y と x^2 の関係は次の式で表されます（a は比例定数）。

$$y = ax^2$$

比例定数

この形のとき，
「y は x^2 に比例する」といいます。

MEMO **比例定数**（ひれいていすう）

変化しない数やそれを表す文字のことを「**定数**」といい，比例関係における定数を「**比例定数**」という。
y が x^2 に比例し，$x \neq 0$ のとき，$\frac{y}{x^2}$ の値は一定で，比例定数 a に等しい。

$$y = ax^2 \Leftrightarrow \frac{y}{x^2} = a$$

比例定数

こっちの式にも変換可能

比例定数を調べるために，$\frac{y}{x^2}$（$= y \div x^2$）の計算結果を書いてみましょう。

x	0	1	2	3	4
y	0	4	16	36	64
x^2	0	1	4	9	16
$\frac{y}{x^2}$ ➡		4	4	4	4

…あれ？ $\frac{y}{x^2}$ は 全部4に なるニャ？

そう，比例定数は4である，
もっというと，
y は x^2 の「4倍」である
ということなんです。

したがって，
x と y の関係を式で表すと，

$$y = 4x^2$$

となります。
いいですか？
ここまでしっかり理解したら，
次に行きましょう。

問2 （関数 $y=ax^2$）

図のように，底面が1辺 $x$cm の正方形で，高さが 6cm の正四角柱があります。次の(1)〜(3)のそれぞれの場合について，y を x の式で表しなさい。また，y が x の2乗に比例するかしないかをいいなさい。

(1) 側面積を $y$cm^2 とする。

(2) 底面積を $y$cm^2 とする。

(3) 体積を $y$cm^3 とする。

「**y を x の式で表す**」というのは，

$$y=\sim$$

（x をふくんだ式）

の形で表すことです。
比例（$y=ax$），
反比例（$y=\dfrac{a}{x}$），
一次関数（$y=ax+b$）
などもこの形にあてはまりますよ。

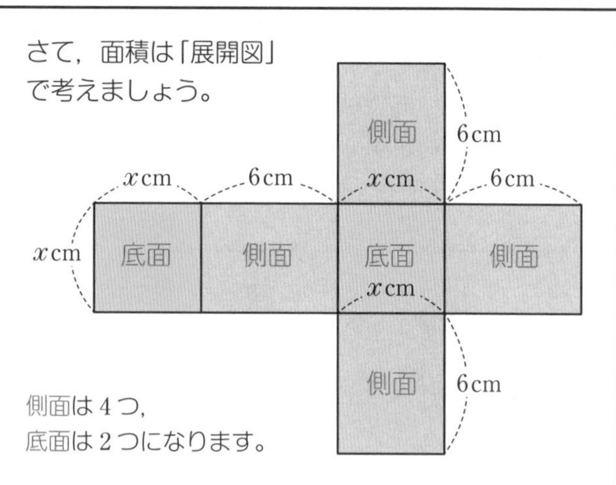

(1)を考えましょう。
1つの側面の側面積は,
$6\times x=6x\ (\mathrm{cm}^2)$

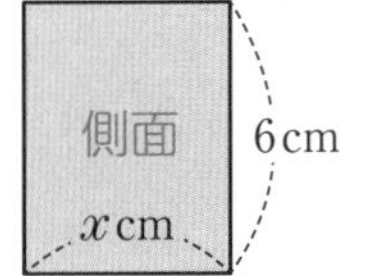

側面は4つあるので,
$6x\times4=24x\ (\mathrm{cm}^2)$
側面積(の合計)を
$y\ \mathrm{cm}^2$ とするので,
y を x の式で表すと,
$y=24x$ 答

また,この関係式は
比例を表していますが,
x が2乗ではないので,
y は x の2乗に
比例しない。答

(2)を考えましょう。
1つの底面の底面積は,
$x\times x=x^2\ (\mathrm{cm}^2)$

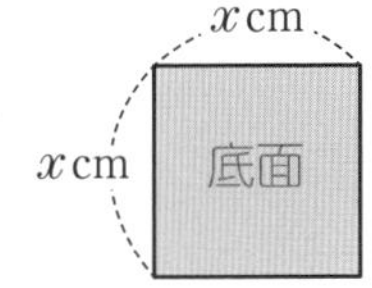

底面は2つあるので,
$x^2\times2=2x^2\ (\mathrm{cm}^2)$
底面積(の合計)を
$y\ \mathrm{cm}^2$ とするので,
y を x の式で表すと,
$y=2x^2$ 答

また,この関係式は
$y=ax^2$
の形になっているので,
y は x の2乗に
比例する。答

(3)を考えましょう。
直方体の体積は,
底面積×高さ
で求められますよね。

したがって,
$x^2\times6=6x^2\ (\mathrm{cm}^3)$
体積を $y\ \mathrm{cm}^3$ とするので,
y を x の式で表すと,
$y=6x^2$ 答

また,この関係式も
$y=ax^2$
の形になっているので,
y は x の2乗に
比例する。答

問3 (2乗に比例する関数の求め方)

y は x の2乗に比例し，$x=3$ のとき $y=45$ である。このとき，次の問いに答えなさい。

(1) y を x の式で表しなさい。

(2) $x=-2$ のときの y の値を求めなさい。

「y が x の2乗に比例」するということは，

$$y=ax^2$$

という関数の式になるということです。

式の形がわかっている場合，y と x に値を代入すると，

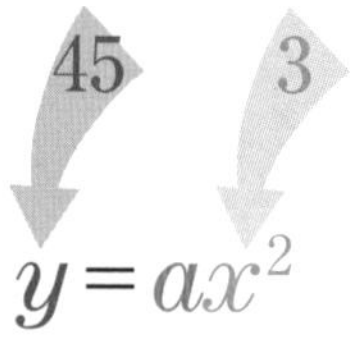

$$y=ax^2$$

比例定数 a の値が求められるので，

$$a=(値)$$

$$y=ax^2$$

その値を $y=ax^2$ の a に代入すれば，2乗に比例する関数の式が完成するというわけです。

(1)を考えましょう。
$x=3$ のとき $y=45$ なので，これを $y=ax^2$ に代入します。

$$45=a\times3^2$$

$$45=9a$$

$$a=5$$

したがって，

$y=5x^2$ 答

(2)を考えましょう。
式は $y=5x^2$ なので，x に -2 を代入すれば，残った y の値がわかりますよね。

$$y=5x^2$$

計算しましょう。

$$y=5\times(-2)^2$$

$$y=5\times4$$

$$y=20$$

$y=20$ 答

では，まとめましょう。
y が x の一次式で表せる関数を
「**一次関数**」といいますよね。

中2でやりましたよ

$$\overbrace{y = \underbrace{ax + b}_{\text{一次式}}}^{\text{一次関数の式}}$$

定数項（b）

（a は比例定数〔以下同様〕）

一次関数のうち，定数項の b がない場合は「**比例**」の式になります。

$$\overbrace{y = ax + b}^{\text{一次関数の式}}$$

↓ 特別な形

$$\underbrace{y = ax}_{\text{比例の式}}$$

また，一次関数ではありません※が，
y が x の関数で，$y = \frac{a}{x}$ という形の場合は，
「**反比例**」の式になります。

$$\underbrace{y = ax}_{\text{比例の式}} \quad \Longleftrightarrow \quad \underbrace{y = \frac{a}{x}}_{\text{反比例の式}}$$

反比例の式 ← 一次関数ではない

※「一次」は x を1回**かける**といった意味だが，反比例の式では x で**わっている**ので，一次関数ではない。

一方，y が x の関数で，

$$\overbrace{y = \underbrace{ax^2 + bx + c}_{\text{二次式}}}^{\text{二次関数の式}}$$

という**二次式**※の形で表されるとき，「y は x の**二次関数**（にじかんすう）である」といいます。

※二次式…「二次の項 ax^2（＋一次の項 bx ＋定数の項 c）」という形で表される式。

二次関数のうち，二次の項 ax^2 しかない（一次の項 bx や定数項 c がない）場合が，今回勉強した関数 $y = ax^2$ の式なんです。

$$\overbrace{y = ax^2 + bx + c}^{\text{二次関数の式}}$$

↓ 特別な形

$$\underbrace{y = ax^2}_{\text{2乗に比例する関数の式}}$$

中1・中2の内容を復習しながら，関数についてまとめました。
しっかり理解してから次に行きましょうね。

2 関数 $y=ax^2$ のグラフ

問 1 （関数 $y=ax^2$ のグラフ①）

関数 $y=x^2$ について，次の問いに答えなさい。

(1) 下の表の x の値に対応する y の値を求めて，表の空欄をうめなさい。

(2) 関数 $y=x^2$ のグラフをかきなさい。

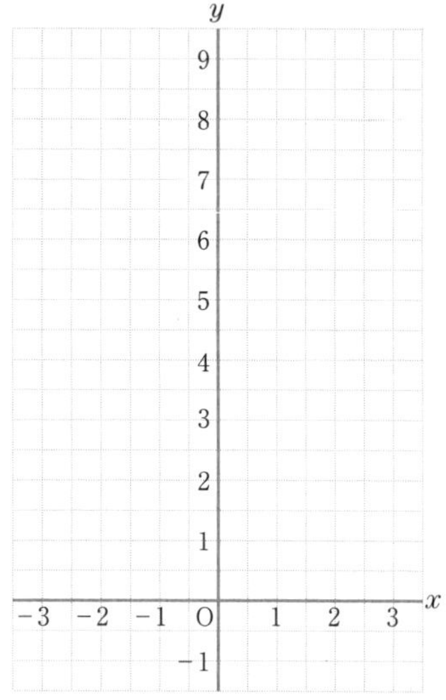

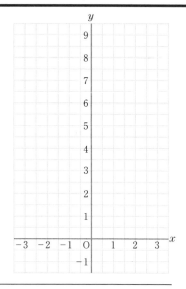

x	-3	-2.5	-2	-1.5	-1	-0.5	0	0.5	1	1.5	2	2.5	3
y													

$y=x^2$ に
表の x の値を
代入していけば，
y がわかる
パターンニャ？

そのとおり！
では，計算してみましょう。

(1)を考えましょう。
$x=-3$ のときを考えます。
$y=x^2$ に $x=-3$ を代入すると，

$$y=(-3)^2=9$$

$x=-3$ のとき，
$y=9$ なので，
表に書き入れます。

x	-3	-2.5	-2
y	9		

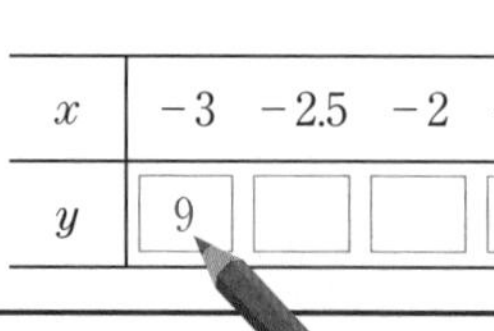

同様に計算しましょう。
$x=-2.5$ のとき，
$y=(-2.5)^2=6.25$

x	-3	-2.5	-2
y	9	6.25	

$x=-2$ のときは，
$y=(-2)^2=4$

x	-3	-2.5	-2
y	9	6.25	4

このようにすべて計算して表をうめると，(1)の答えになります。

答

x	-3	-2.5	-2	-1.5	-1	-0.5	0	0.5	1	1.5	2	2.5	3
y	9	6.25	4	2.25	1	0.25	0	0.25	1	2.25	4	6.25	9

次に，(2)を考えましょう。
$x=-3$，$y=9$ の点の座標は，
$(-3,\ 9)$ になるので，
※座標は必ず（x 座標，y 座標）の順に書く！

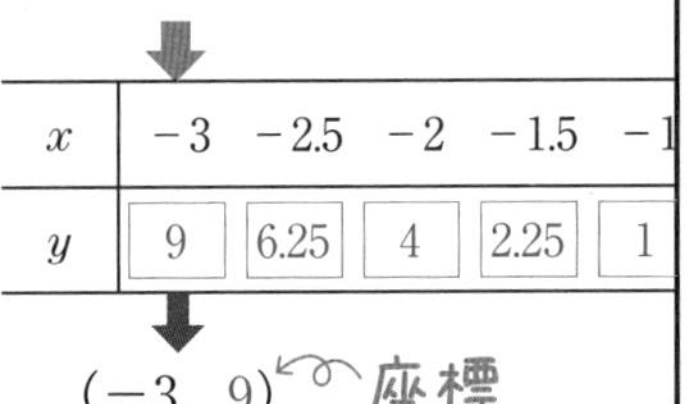

グラフの座標 $(-3,\ 9)$ の位置に点をかきましょう。

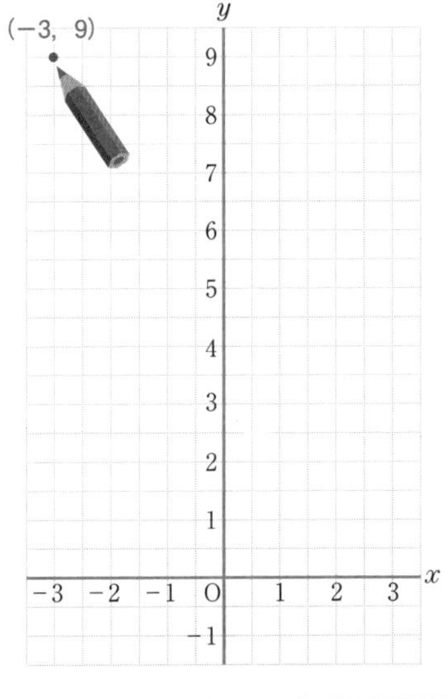

同様に，すべての点の座標をかきます。

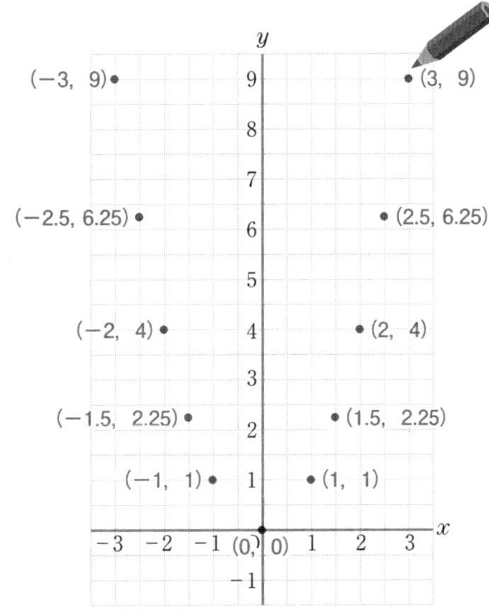

最後に，これらの点を線で結ぶと，
関数 $y=x^2$ のグラフが完成です。

線で結ぶ…？
点多くニャい？
どうやるニャ？
わかったワン！
比例のグラフは
原点を通るワン！

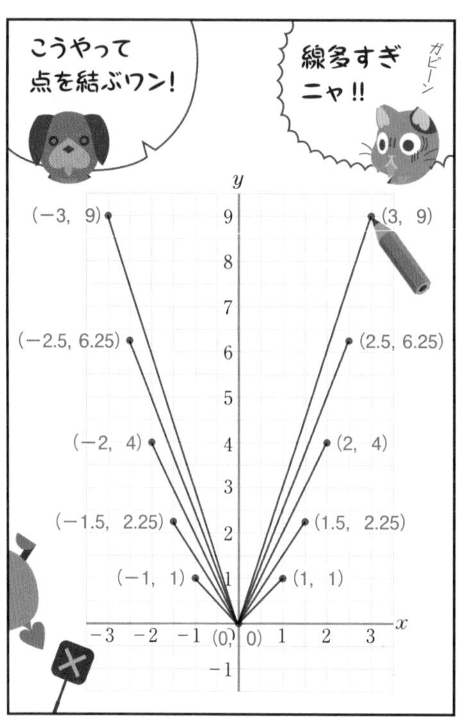

実は，座標とする点をもっと
こまかくたくさんとっていくと，
「なめらかな曲線」になるんです。

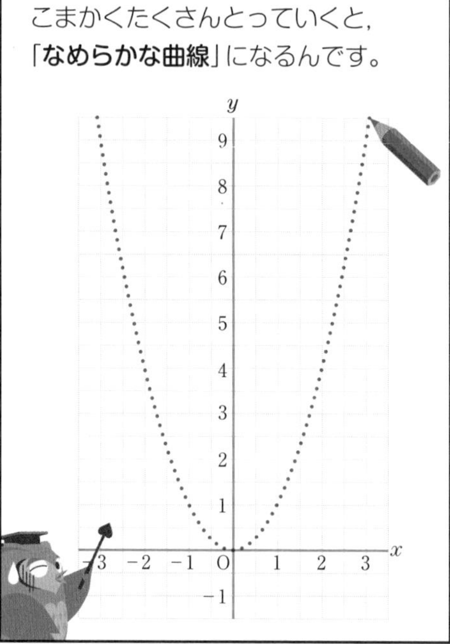

したがって，近くにある点と点を
「なめらかな曲線」で結んだグラフが
関数 $y=x^2$ のグラフになります。

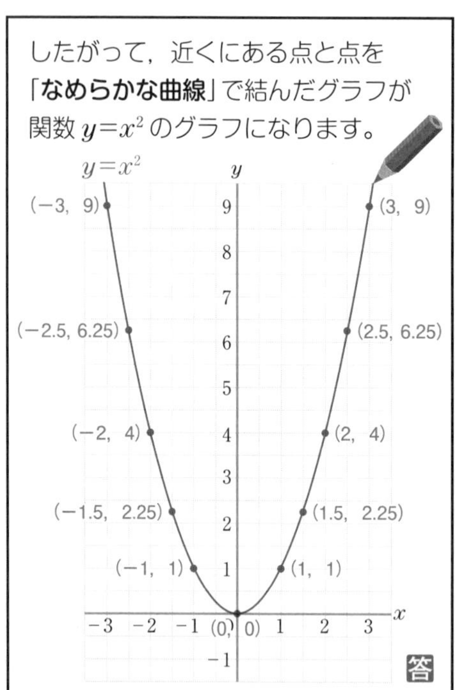

この曲線はフリーハンドで
かかないとダメニャ？
ネコを
ニャめてんニョ？
そうですね。ていねい
に手でかいてください。

では，今度は関数 $y=ax^2$ の a が
「負の数 $(a<0)$」の場合のグラフを
かいてみましょう。

問2 （関数 $y=ax^2$ のグラフ②）

関数 $y=$　x^2 のグラフをかきなさい。

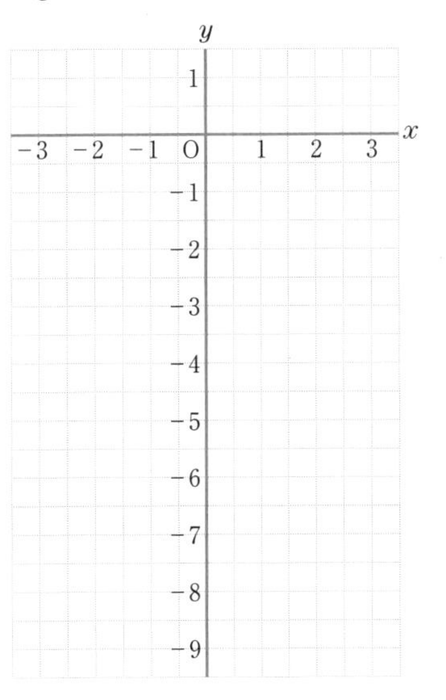

1つ1つ考えましょう。
$x=-3$ のときを考えます。
$y=-x^2$ に $x=-3$ を代入すると，

$$y=-(-3)^2=-9$$

座標は $(-3,\ -9)$ になりますね。

同様に x の値を代入していきます。

$x=-2$ のとき，$y=-(-2)^2=-4$
$x=-1$ のとき，$y=-(-1)^2=-1$
$x=0$ のとき，$y=-0^2=0$
$x=1$ のとき，$y=-1^2=-1$
$x=2$ のとき，$y=-2^2=-4$
$x=3$ のとき，$y=-3^2=-9$

※比例定数 a $(=-1)$ が負の数で x が2乗（=必ず正の数になる）なので，y は必ず負の数になる。

それぞれの座標をグラフにかいて，

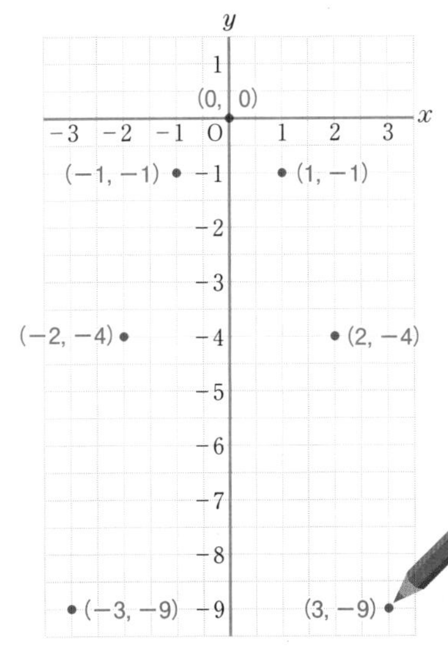

点と点を「**なめらかな曲線**」で結ぶと，
関数 $y=-x^2$ のグラフになります。

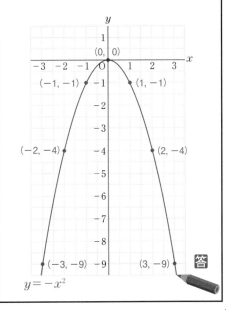

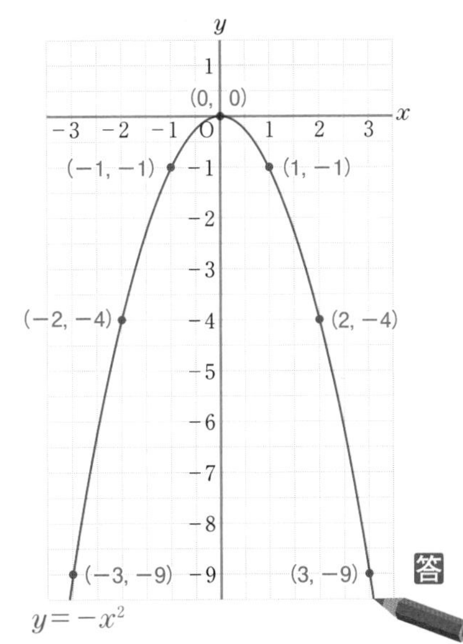

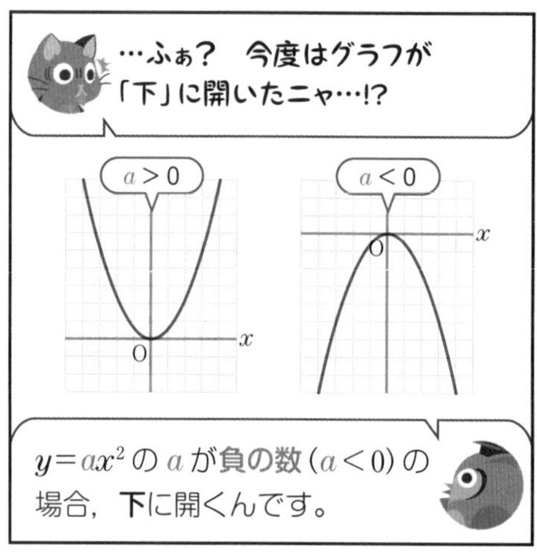

…ふぁ？　今度はグラフが
「下」に開いたニャ…!?
$a>0$
$a<0$
x
O
$y=ax^2$ の a が**負の数**（$a<0$）の
場合，**下**に開くんです。

$y=x^2$ と $y=-x^2$ は，x 軸に対して
「**線対称**」なグラフになります。

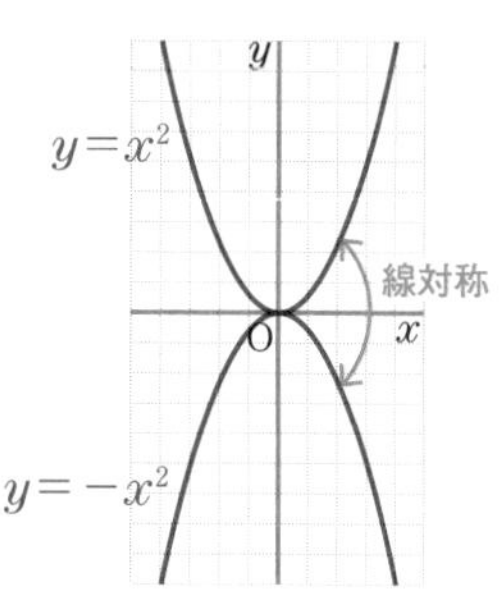

y
$y=x^2$
線対称
O
x
$y=-x^2$

線対称（せんたいしょう）？
正義のヒーローが
悪い敵と戦う
イベントだワン！
ゆうえんちで
見たワン！
それは戦隊（せんたい）ショー!!

MEMO **線対称**（せんたいしょう）

1本の直線（**対称の軸**）を折り目として折り返したとき，
図形がぴったり重なり合う関係のこと。

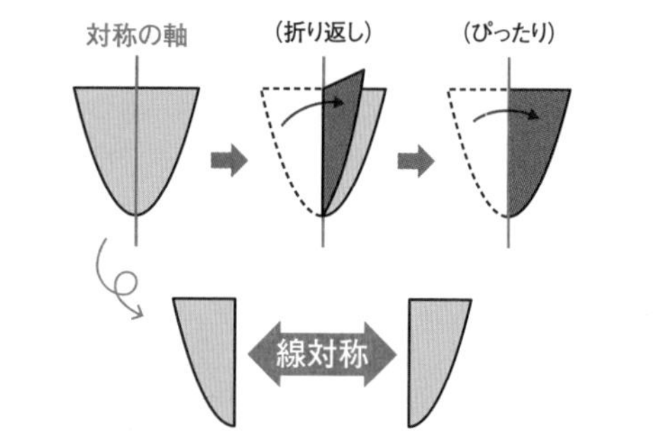

対称の軸
（折り返し）
（ぴったり）
線対称

なお，このようなグラフの曲線のことを「**放物線**（ほうぶつせん）」と
いいます。

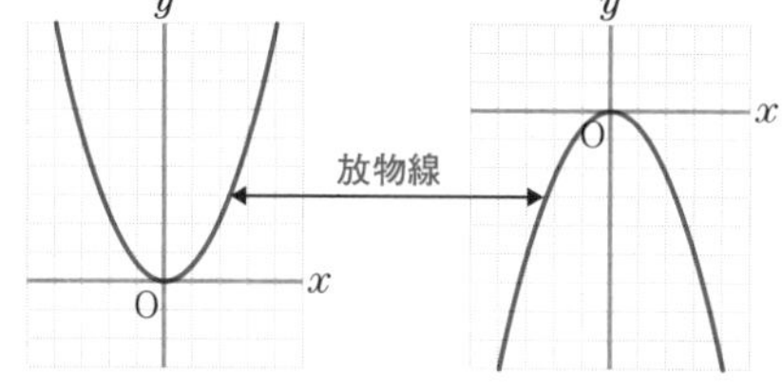

y
y
x
O
放物線
O
x

※放物線…物体を斜めに放り投げたときに，
その物体がえがく曲線。

放物線

放物線をえがく
関数 $y=ax^2$ のグラフ
には，4つの特徴が
あるんです。

4つの特徴？

$y=ax^2$ のグラフの特徴

特徴❶

放物線の頂点が
必ず「原点（O）」を通る。

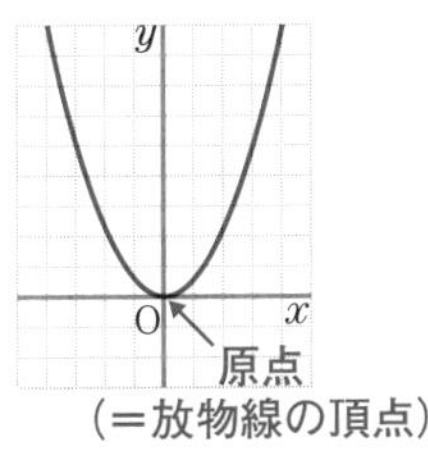

※x が 0 のときは，当然 y も 0 になるため。

特徴❷

y 軸を対称の軸として
「線対称」な曲線である。

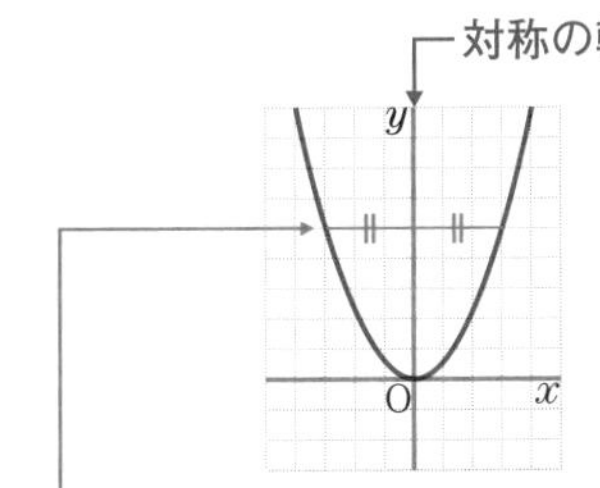

x の値は絶対値（y 軸からの距離）が等しく，符号は反対。y の値は同じ。

特徴❸

$a>0$（正の数）のときは上にひらき，
$a<0$（負の数）のときは下にひらく。

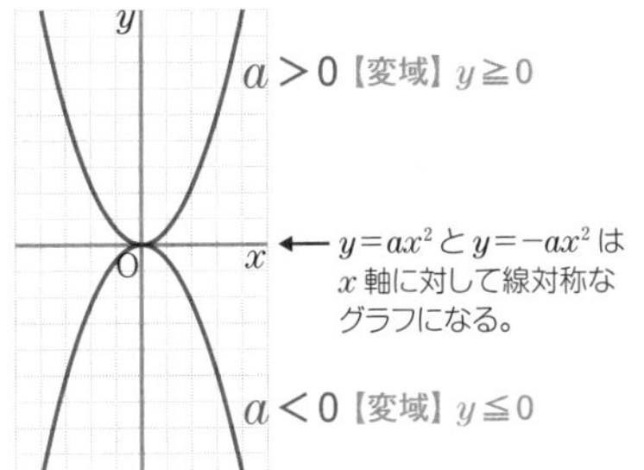

← $y=ax^2$ と $y=-ax^2$ は x 軸に対して線対称なグラフになる。

特徴❹

a の絶対値が大きいほど
グラフの開きは小さくなる。

（絶対値㊦）＜（絶対値㊥）＜（絶対値㊤）

$y=\frac{1}{2}x^2$　$y=x^2$　$y=2x^2$

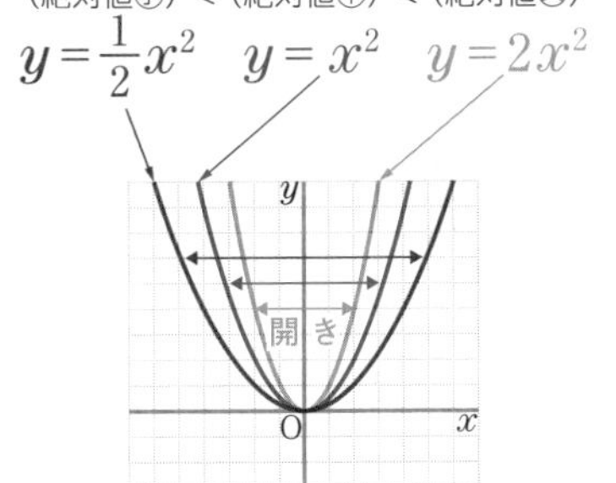

はい，ここでは，特に特徴④に注目。
$y=2x^2$ は，
y の値が $y=x^2$ の 2 倍になり，
$y=\frac{1}{2}x^2$ は，
y の値が $y=x^2$ の $\frac{1}{2}$ になります。
実際に自分で計算して，
グラフをかいて確認してみてください。

関数 $y=ax^2$ のグラフはテストにもよく出ますが，この 4 つの特徴とグラフのかき方・読み方をおさえておけば大丈夫！
しっかり復習しておきましょう！

3 関数 $y=ax^2$ の値の変化

問 1 (関数 $y=ax^2$ の値の変域)

関数 $y=x^2$ について，x の変域が次のときの y の変域を求めなさい。

(1) $1 \leqq x \leqq 3$

(2) $-2 \leqq x \leqq 3$

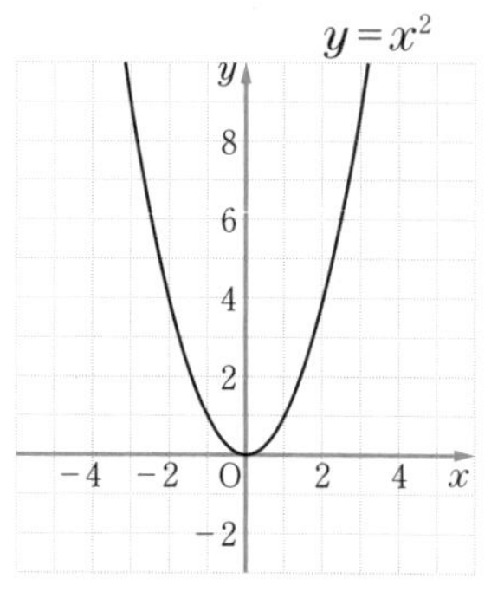

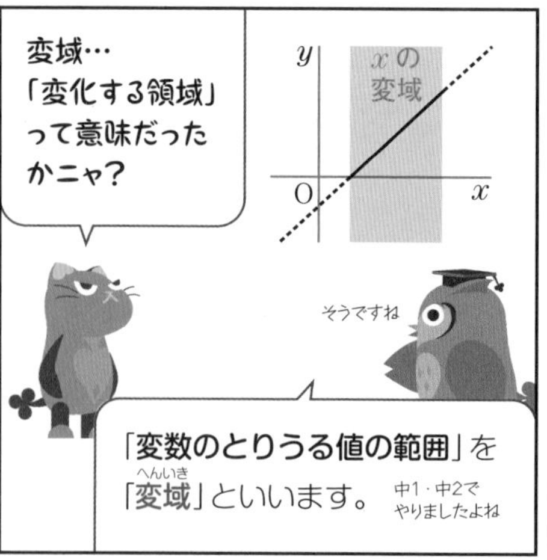

変域…
「変化する領域」
って意味だった
かニャ?
x の
変域
y
O x
そうですね
「変数のとりうる値の範囲」を
「変域(へんいき)」といいます。
中1・中2で
やりましたよね

変(へん)になる領域(いき)ではないワン?
変域
ニャ〜
どんな領域ニャ?

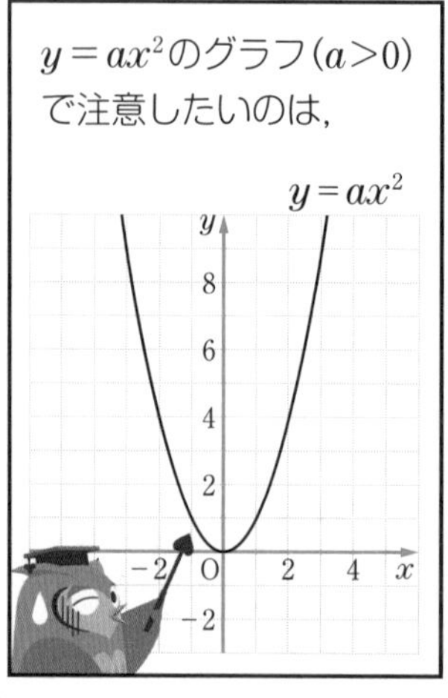

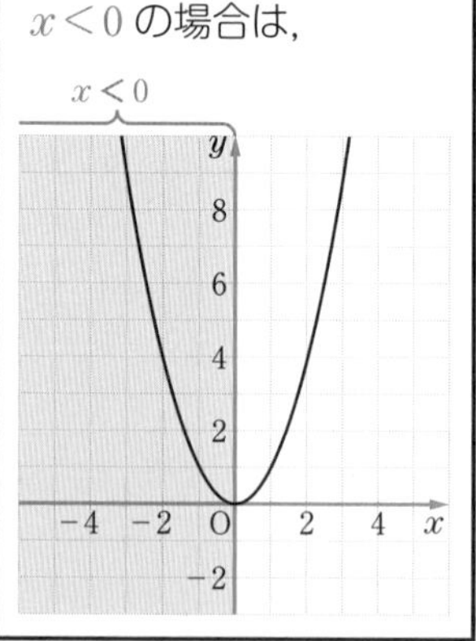

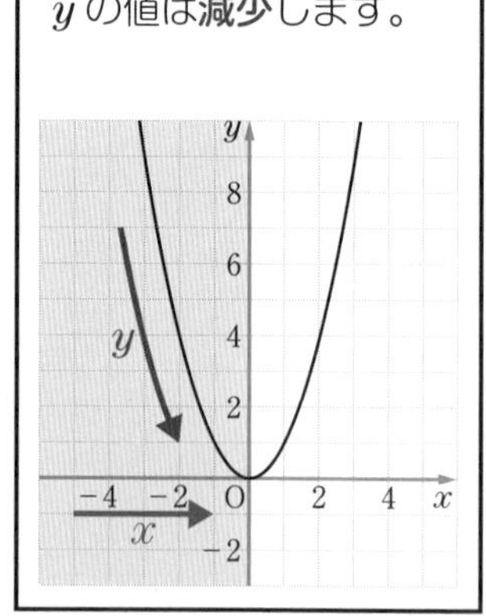

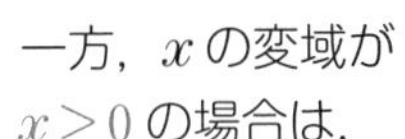

一方，x の変域が
$x>0$ の場合は，

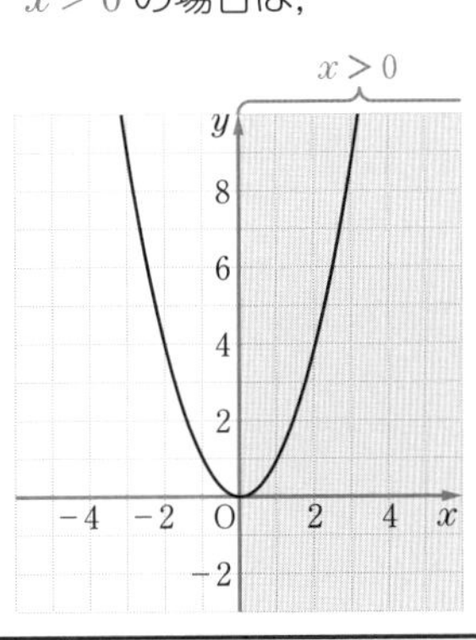

x の値が**増加**するほど
y の値も**増加**します。

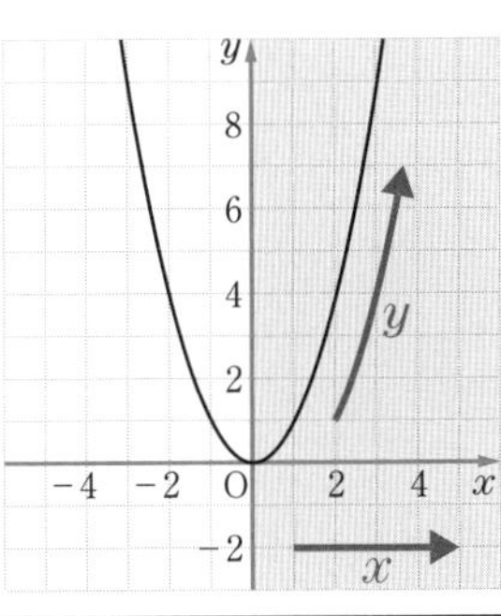

また，$x=0$ のとき，
y は**最小値** 0 をとります。

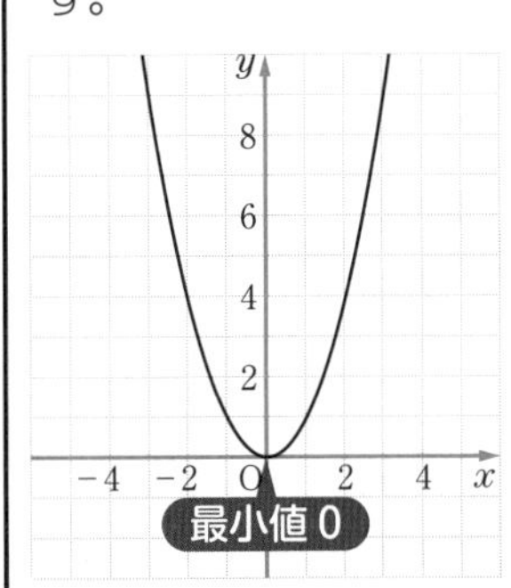

$y=ax^2$ のグラフで
$a<0$ の場合は
どうでしょうか。

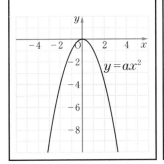

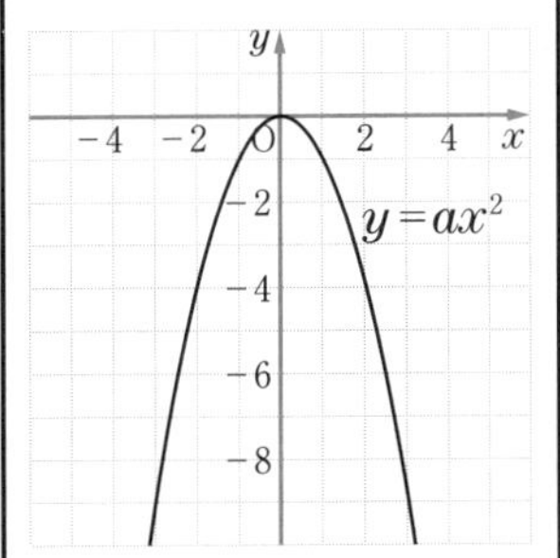

x の変域が
$x<0$ の場合は，

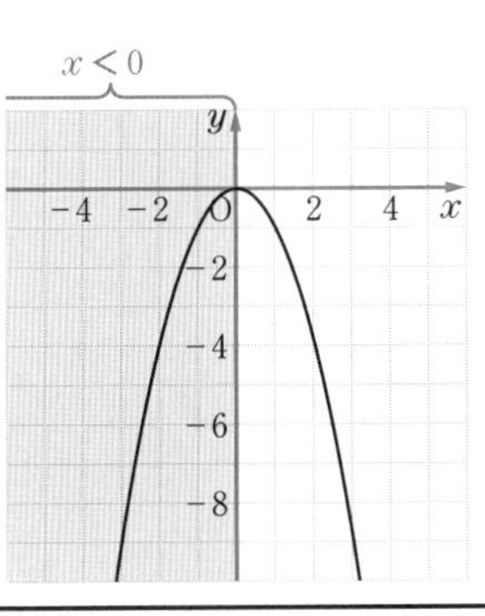

x の値が**増加**するほど
y の値も**増加**しますね。

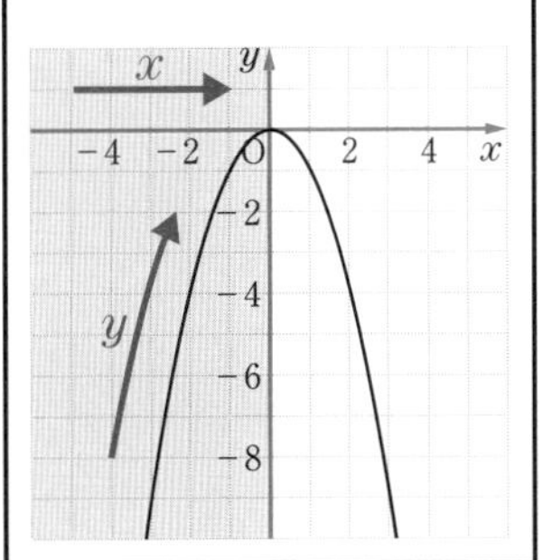

一方，x の変域が
$x>0$ の場合は，

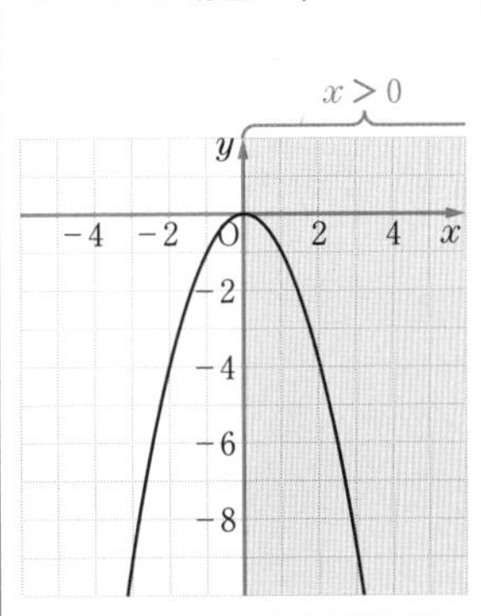

x の値が**増加**するほど
y の値は**減少**します。

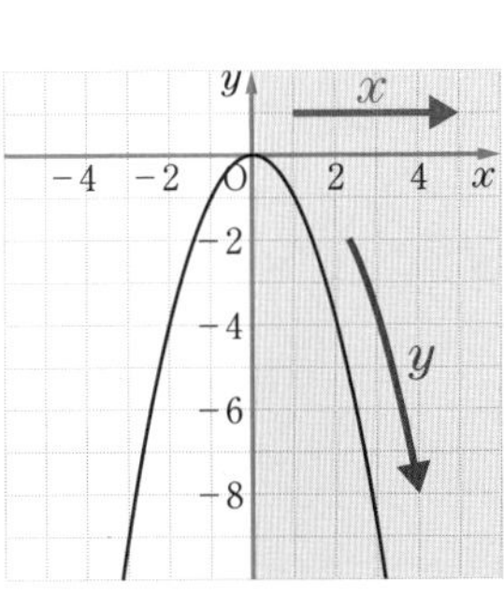

また，$x=0$ のとき，
y は**最大値** 0 をとります。

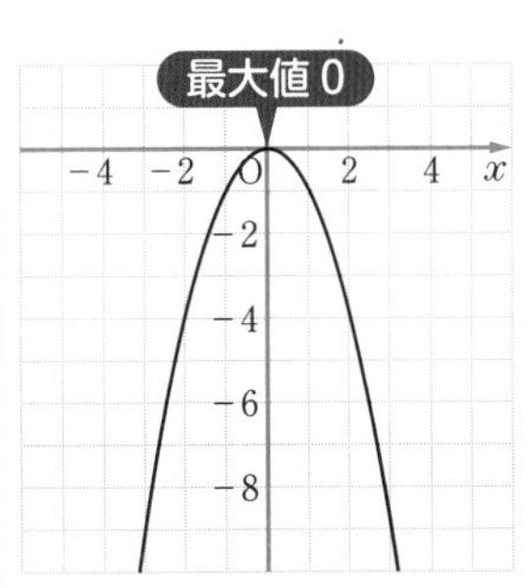

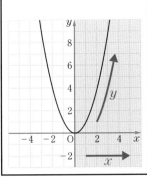

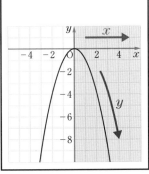

これが関数 $y=ax^2$ の
x の値の変化における
大原則です。
まずはこれをしっか
りおさえてから，
問 1 を考えましょう。

(1)は，x の変域が
$1 \leqq x \leqq 3$ の場合ですね。

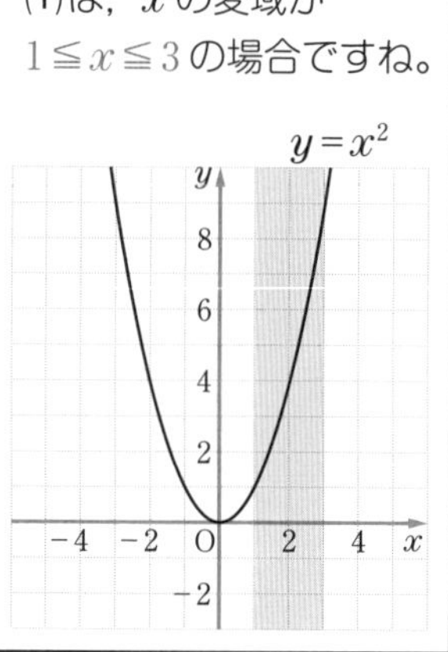

$x=1$ のとき，
$y=1$（最小値）
となります。

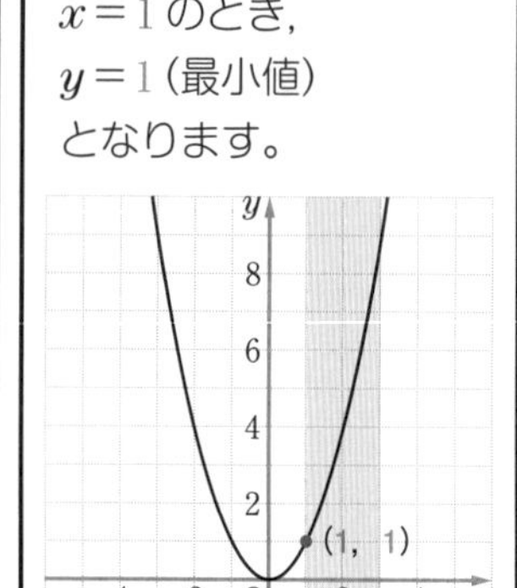

$x=3$ のときは，
$y=9$（最大値）
となります。

(3, 9)
(1, 1)

したがって，y の変域は，
$1 \leqq y \leqq 9$ **答**
となります。

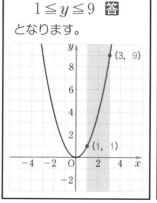

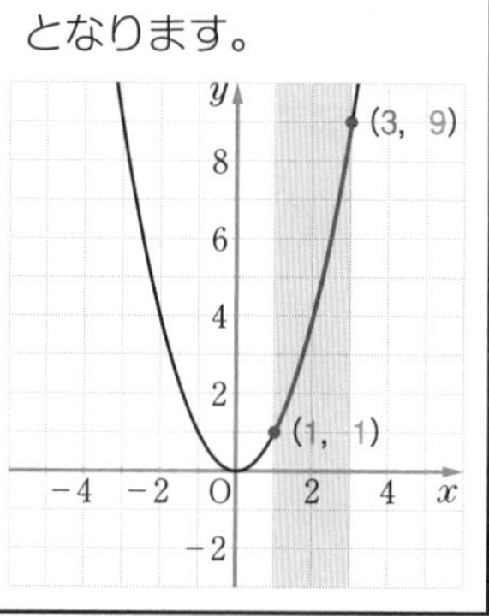

x の最小値・最大値を
関数 $y=x^2$ に代入して
y の最小値・最大値を
求めるわけですね。

中2でやった一次関数と
同じ要領だニャ〜

(2)は，x の変域が
$-2 \leqq x \leqq 3$ の場合です。

$y=x^2$

$x=-2$ のとき，
$y=4$ となります。

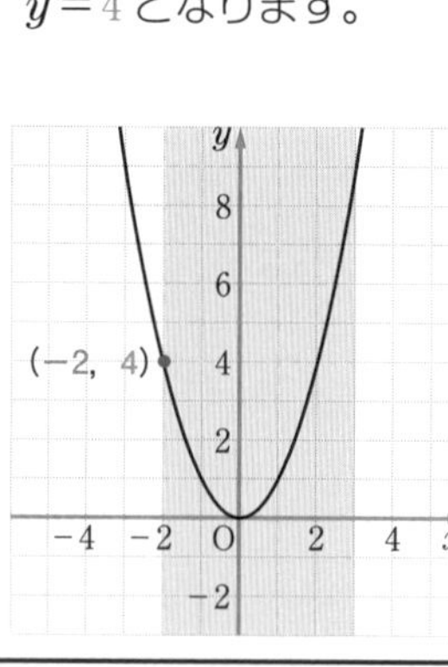

$x=3$ のときは，
$y=9$ となります。

(3, 9)
(−2, 4)

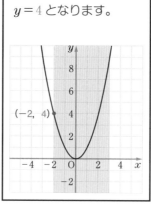

したがって，y の変域は，

$$4 \leqq y \leqq 9$$

となり…

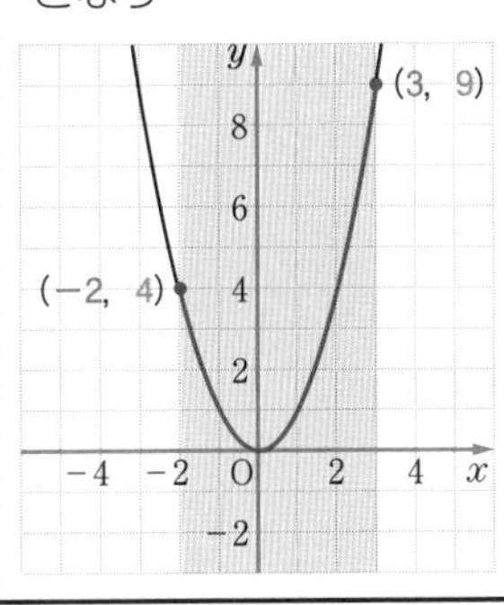

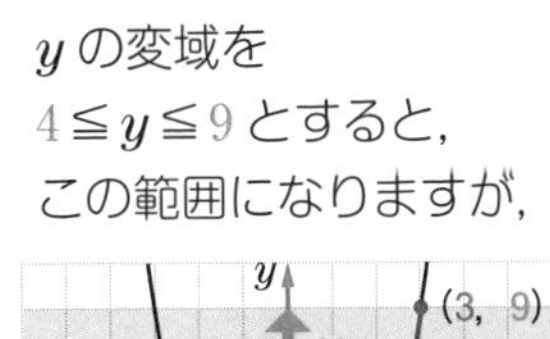

y の変域を

$4 \leqq y \leqq 9$ とすると，

この範囲になりますが，

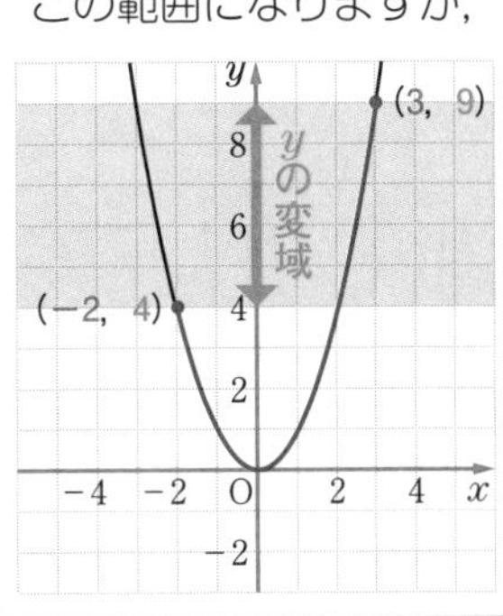

変域とは，**変数のとりうる値の（最大の）範囲**。つまり，最小値と最大値の間の範囲のことです。

y の最小値は 0 なので，

※y は 0 にもなりうる。

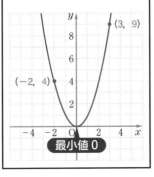

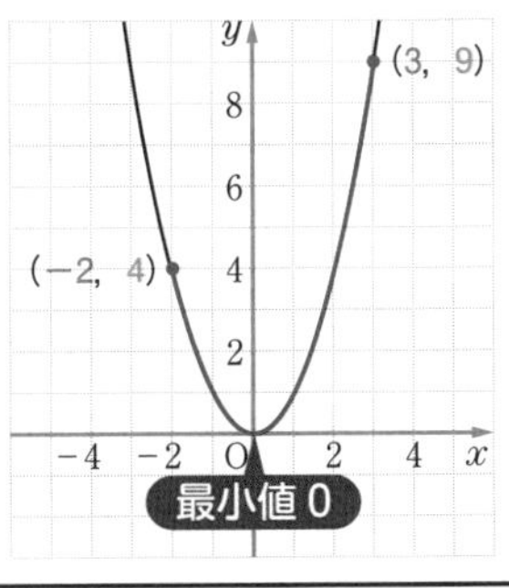

y の変域は，

$$0 \leqq y \leqq 9$$ **答**

となります。

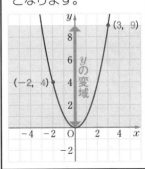

このように，x の変域が原点をまたぐ場合，y の最小値・最大値をまちがえて答えてしまうことがあるので，要注意です。

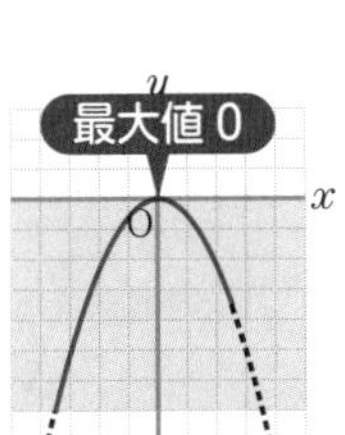

ニャるほど…
最小値・最大値は
必ず原点（＝0（ゼロ））に
なるニョね…

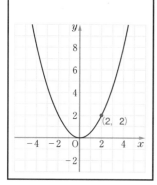

問2 (変化の割合)

関数 $y=\frac{1}{2}x^2$ について，x の値が次のように増加するときの変化の割合を求めなさい。

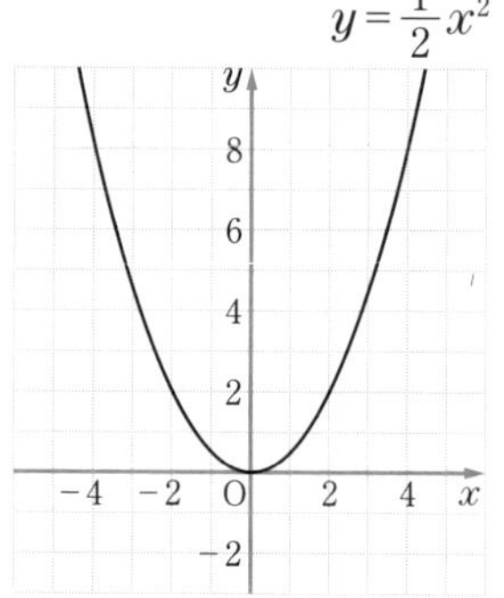

(1) 2 から 4 まで

(2) 0 から 2 まで

(3) −4 から −2 まで

MEMO **変化**(へんか)**の割合**(わりあい)

x の増加量に対する y の増加量の割合。
x の増加量に対して y が何倍増加するのかを表したもの。

yが上

$$\text{変化の割合} = \frac{y\text{の増加量}}{x\text{の増加量}}$$

(1)を考えましょう。
$x=2$ のとき，
$y=2$ になります。

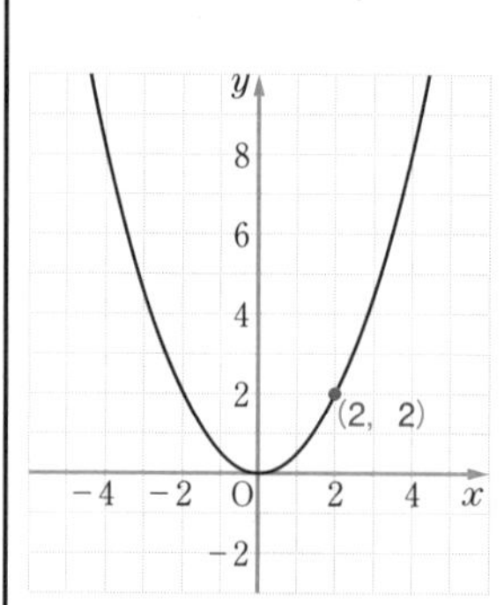

x は 2 から 4 まで増加しますよ。
$x=4$ になると，
$y=8$ になります。

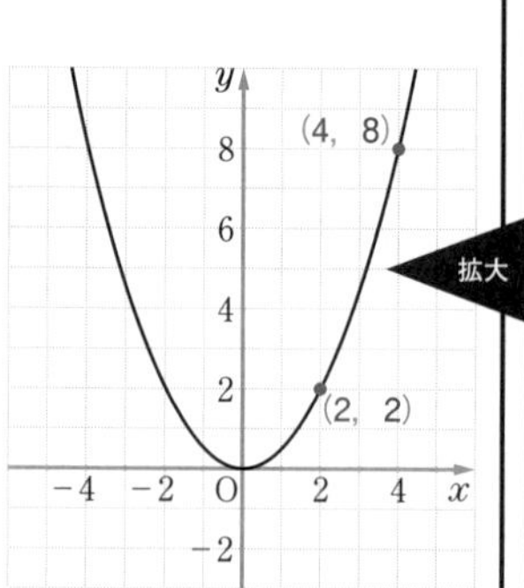

x の増加量が 2 であるのに対して，y の増加量は 6 ですね。

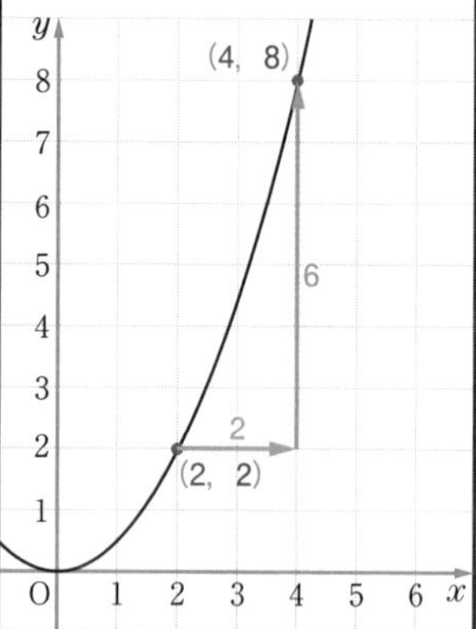

したがって，
変化の割合は

$$\frac{y\text{の増加量}}{x\text{の増加量}}=\frac{6}{2}$$
$$=3$$ 答

x の増加量に対して
y は 3 倍増加することを表しています。

(2)を考えましょう。
$x=0$ のときは，
$y=0$ になりますね。

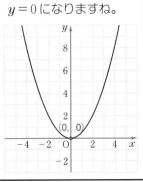

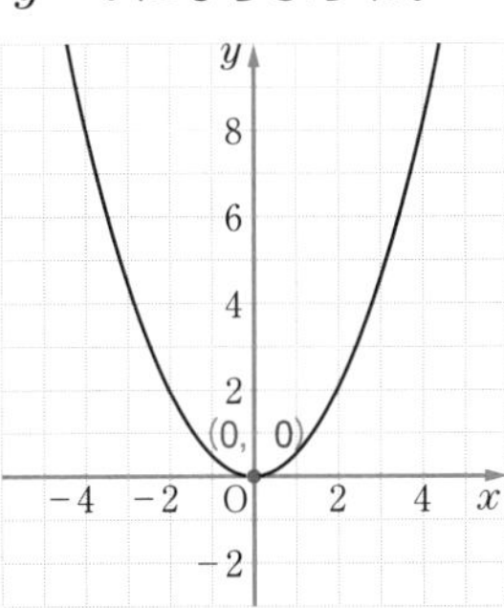

$x=2$ になると，
$y=2$ になります。

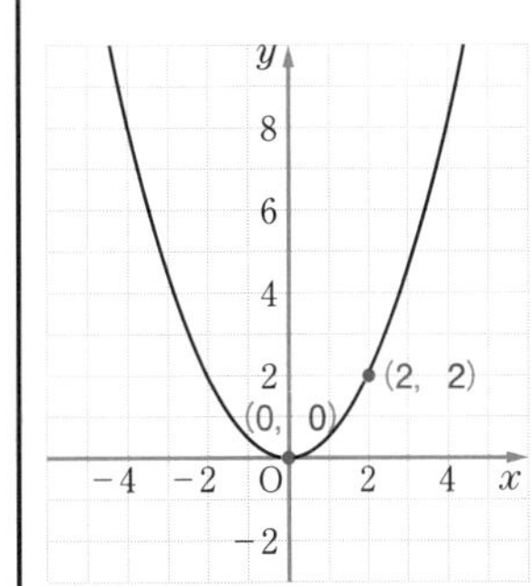

x の増加量 2 に対して，
y の増加量は 2 です。

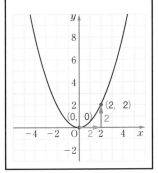

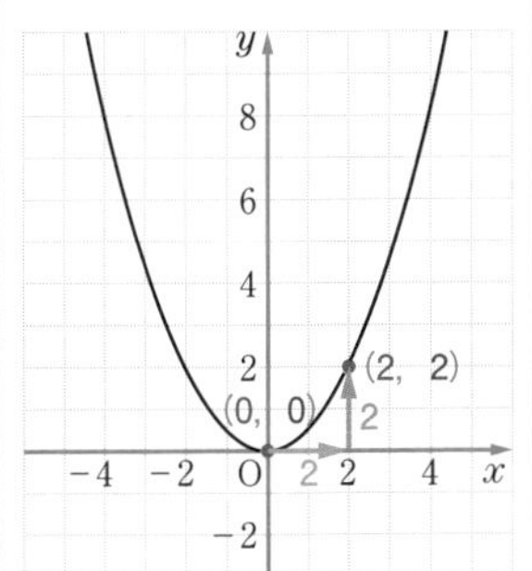

したがって，
変化の割合は

$$\frac{y\text{の増加量}}{x\text{の増加量}}=\frac{2}{2}$$
$$=1$$ 答

y の増加量は，x の増加量と同じ（1 倍）であることを表しています。

(3)を考えましょう。
$x=-4$ のときは，
$y=8$ になりますね。

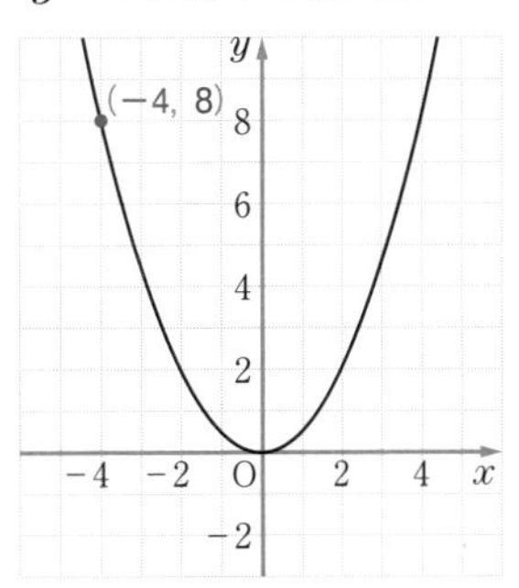

$x=-2$ になると，
$y=2$ になります。

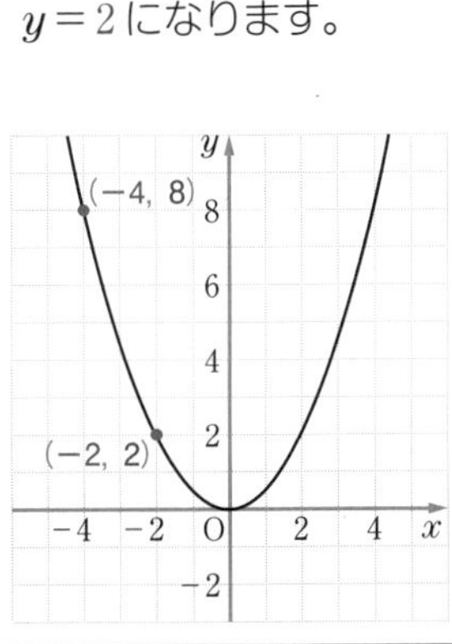

x の増加量 2 に対して，
y の増加量は −6 です。

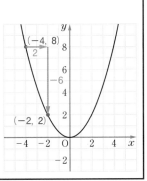

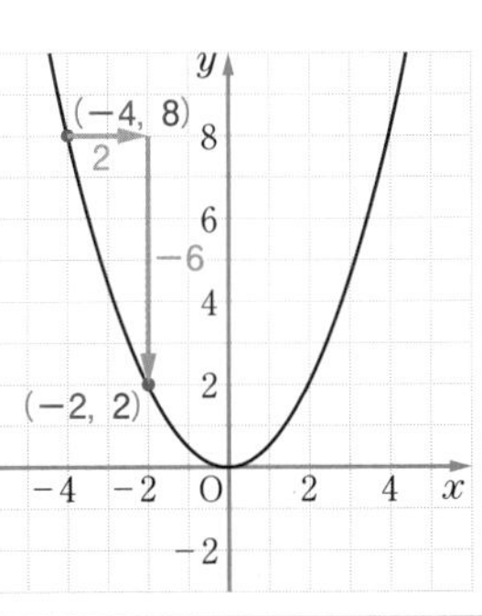

したがって，
変化の割合は

$$\frac{y\text{の増加量}}{x\text{の増加量}}=\frac{-6}{2}$$
$$=-3$$ 答

y の増加量は，x の増加量の −3 倍であることを表しています。

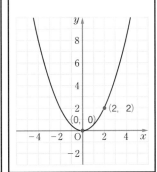

中２の「一次関数」では，「**変化の割合（＝傾き）**」は**一定の値**になることを学習しましたね。

〈一次関数の式〉

$$y = ax + b$$

a：傾き ＝ 変化の割合 $\left(\dfrac{y\text{の増加量}}{x\text{の増加量}}\right)$

b：切片

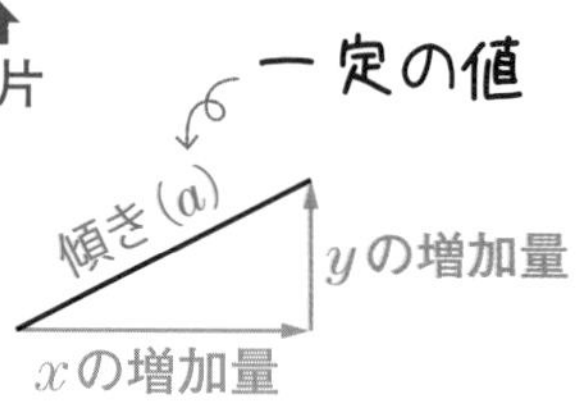

それに対して，関数 $y=ax^2$ では，**変化の割合は一定の値にならない**ことが，**問２**からわかりました。注意しましょう。

問３　（関数 $y=ax^2$ と一次関数のグラフの関係）

右の図のような関数 $y=x^2$ のグラフ上の２点 A(1，1)，B(3，9) を考えます。これについて，次の問いに答えなさい。

(1) x の値が１から３まで増加するときの変化の割合を求めなさい。

(2) ２点 A，B を通る直線の式を求めなさい。

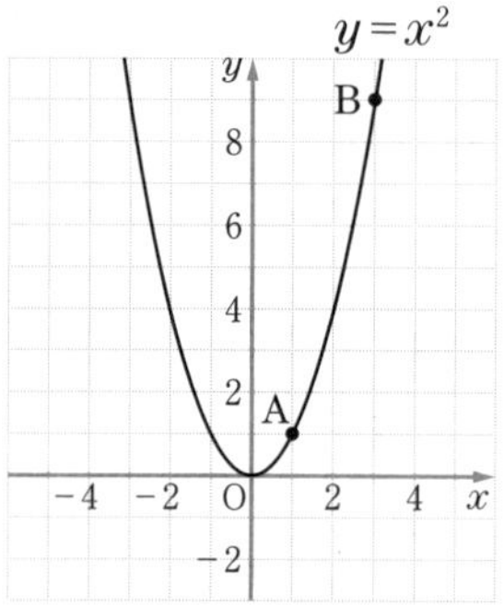

(1)を考えましょう。
x の値が１から３まで２増加すると，

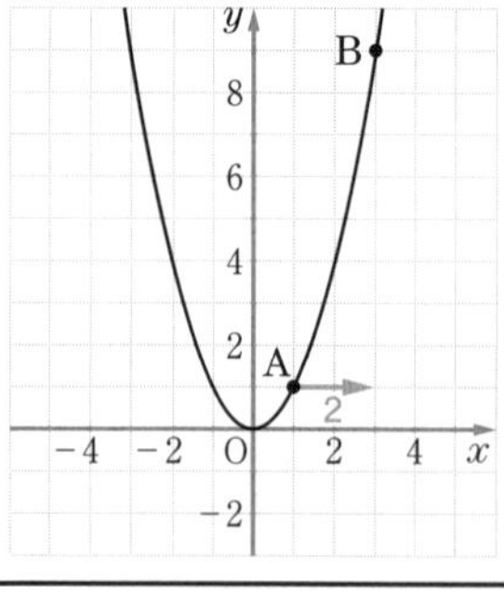

y の値は１から９まで８増加しますね。

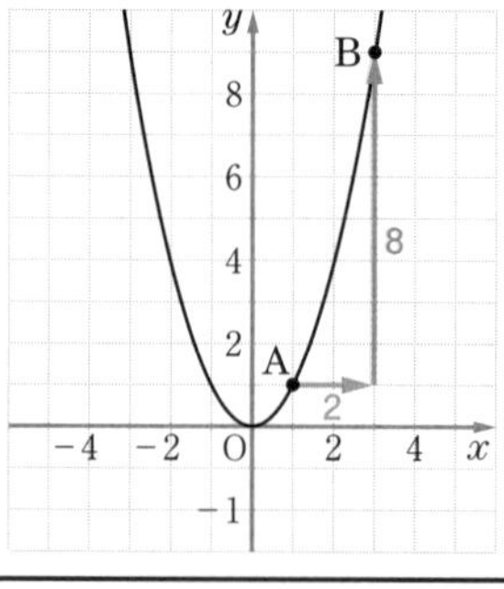

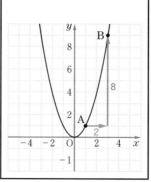

したがって，変化の割合は

$$\frac{y\text{の増加量}}{x\text{の増加量}} = \frac{8}{2}$$

$$= 4$$ 答

x の増加量に対して y は４倍増加することを表しています。

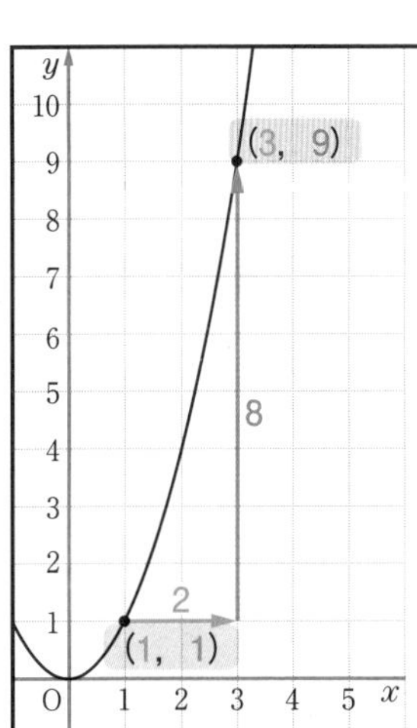

ちなみに，x，y の増加量は，

変化後の座標－変化前の座標

という計算で求められます。覚えておきましょう。

$$\frac{y\text{の増加量}}{x\text{の増加量}} = \frac{9-1}{3-1} = \frac{8}{2}\ (=4)$$

変化後の座標　変化前の座標

(2)を考えましょう。
「2点A，Bを通る直線の式」なので，
一次関数 $y=ax+b$ になりますね。

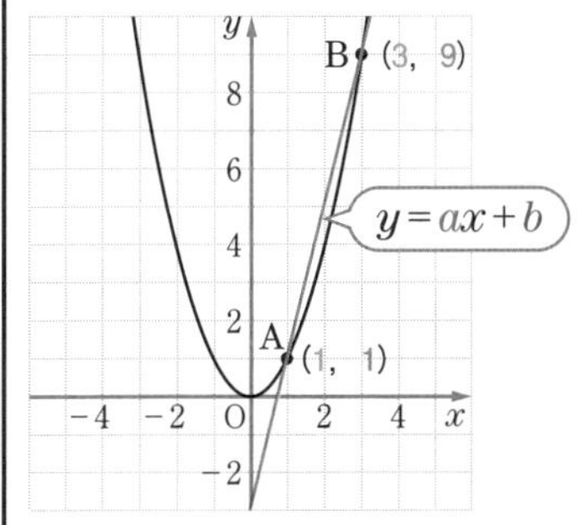

(1)より，2点A，B間の**変化の割合**（＝**傾き**）は4なので，求める直線の式は，
$y=4x+b$ とおけます。

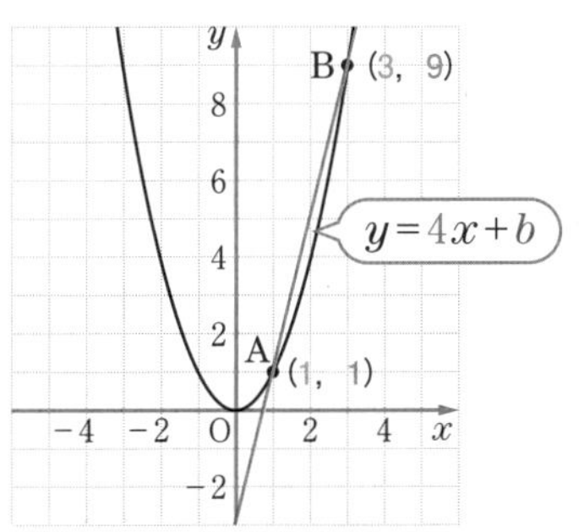

直線 $y=4x+b$ は
点A（1，1）を通るので，
$x=1$，$y=1$
を代入すると，

$$1=4\times1+b$$
$$b=-3$$

切片は－3だとわかりました。

※点B（3，9）を代入してもよい（結果は同じになる）。

したがって，
求める直線の式は，

$$y=4x-3$$ 答

となります。

一次関数は**直線**ですが，
$y=ax^2$（二次関数）は
放物線になります。
両者のグラフの
特徴やちがいを
しっかりおさえて
おきましょうね。

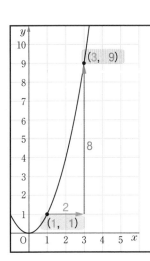

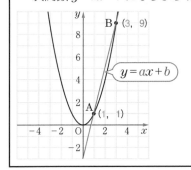

4 関数 $y=ax^2$ の利用

問 1 （制動距離）

ある条件では，自動車が毎時 40km の速さで走ると，空走距離は 12m，制動距離は 10m となります。このとき，次の問いに答えなさい。

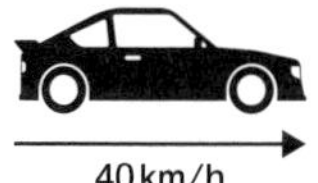

(1) 毎時 x km の速さで走るときの制動距離を y m として，y を x の式で表しなさい。

(2) 毎時 80km の速さで走るときの空走距離，制動距離，停止距離を求めなさい。

(3) 制動距離が 160m となるときの，自動車の速さを求めなさい。

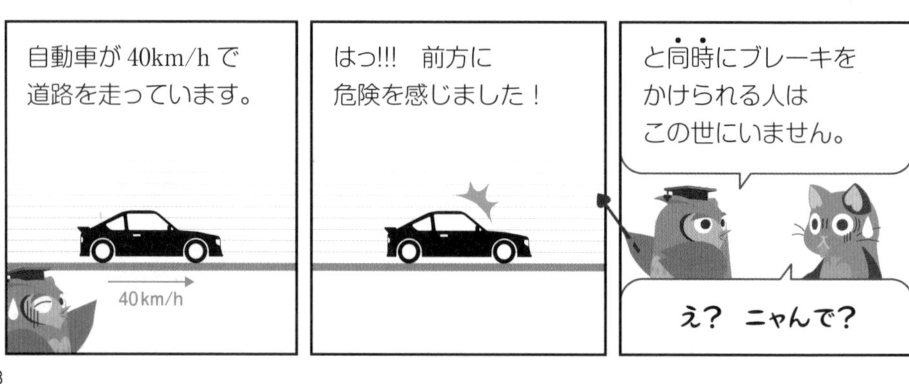

脳が危険を感じてから，足を動かして，ブレーキを踏むまでの間に，
ほんの一瞬かもしれませんが，空白の時間が必ず生まれてしまうんです。

ブレーキ
空白の時間長すぎニャい？
思考が完全に停止してるニャ…

空白の時間にも，車は走り続けます。よって，
危険を感じてからブレーキがきき始めるまでの間に，
そのままの速度で走ってしまう距離があるんですね。
この距離を「**空走距離**」というんです。

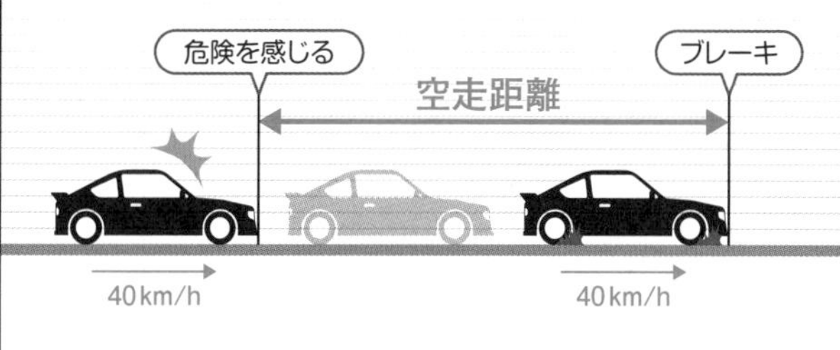

さらに，車はすぐには止まれません。
ブレーキがきき始めてから停止するまでに走る距離が生じます。

この，ブレーキがきき始めてから停止するまでに走った距離を「**制動距離**」*といいます。そして，**空走距離**と**制動距離**を合わせた距離を「**停止距離**」といいます。
問 1 は，下図のような場面だと考えましょう。

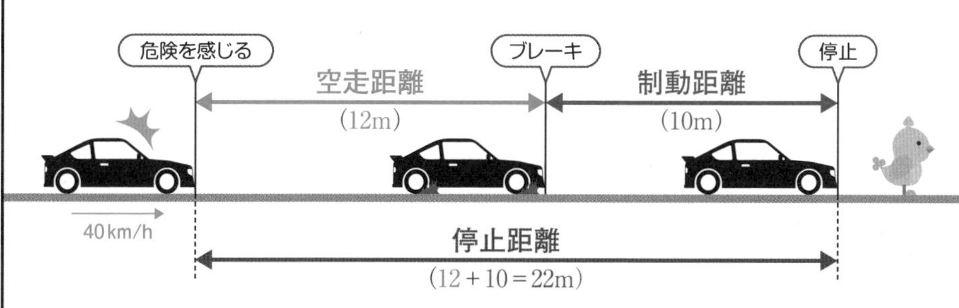

＊「制」は「制御する，おさえる」という意味。動きを制御するまでの距離（＝制動距離）と覚える。

一般に，**空走距離**は「速さ」に**比例**します。
空走距離の区間は，ふつうに走っている場合と同じ速度ですからね。

※速ければ速いほど，それに比例して距離がのびる。

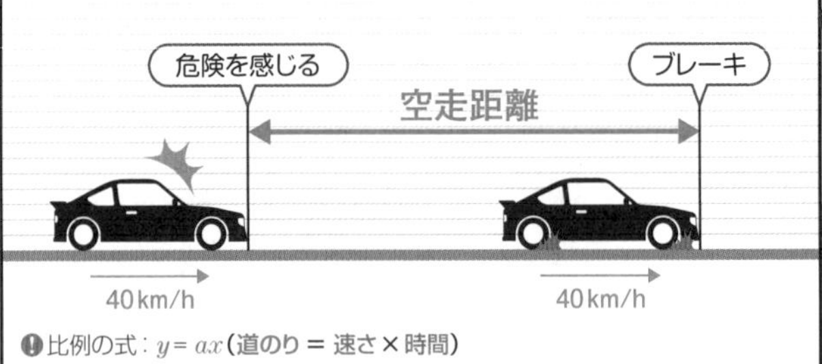

❗比例の式：$y=ax$（道のり ＝ 速さ × 時間）

一方，**制動距離**は「速さ**の 2 乗**」に**比例**します。

「速さの 2 乗」に比例？どーゆーことニャ？

速さを x (km/h)，
制動距離を y (m)*
としましょう。

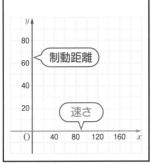

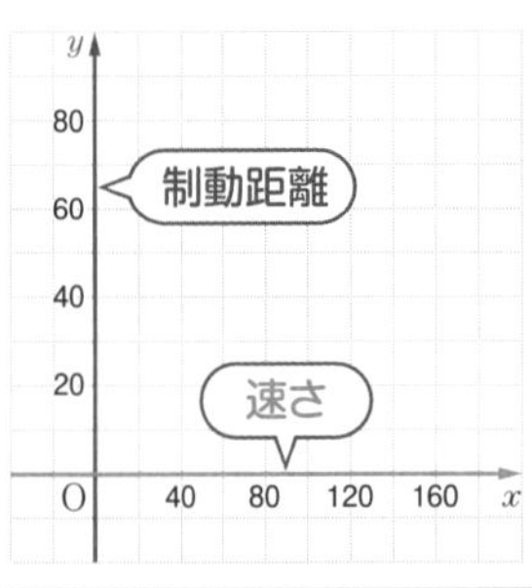

x が 2 倍になると，
y は 2 の **2 乗** (=4) 倍
になります。

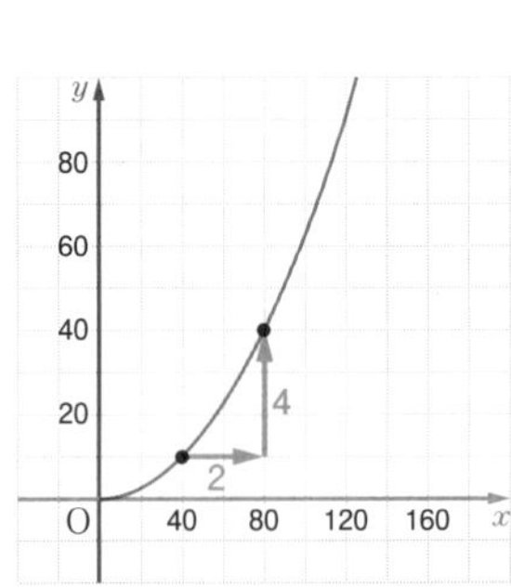

x が 3 倍になると，
y は 3 の **2 乗** (=9) 倍
になります。

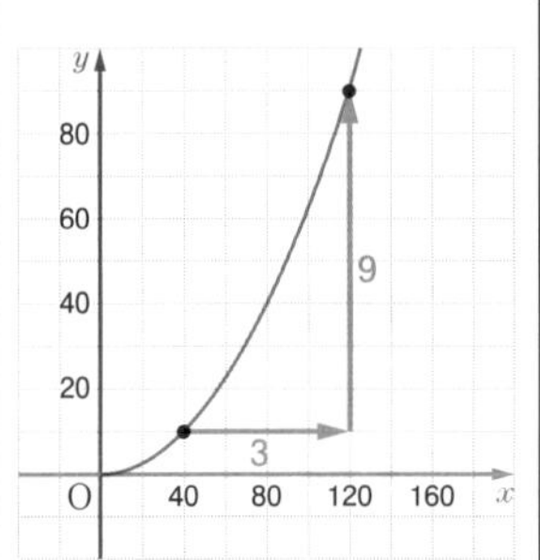

つまり，一般に，
制動距離 y と**速さ** x の関係は，
2 乗に比例する関数の式

$$y=ax^2$$

で表すことができるんです。

※比例定数 a は状況によって異なる。

(1)を考えましょう。
問 1 は，「自動車が毎時 40 km の速さで走ると，…制動距離は 10 m」となる状況なので，
$x=40$，$y=10$ を $y=ax^2$ に代入します。

$$10=a\times 40^2$$

$$a=\frac{1}{160}$$

よって，**制動距離** y と**速さ** x の関係は，

$$y=\frac{1}{160}x^2$$ 

*x (km/h) と y (m) の単位はちがっていてもよい（合わせる必要はない）。

(2)を考えましょう。**空走距離**は**速さ**に**比例**します。
「毎時 40 km の速さで走ると空走距離は 12 m となる」という設定なので，

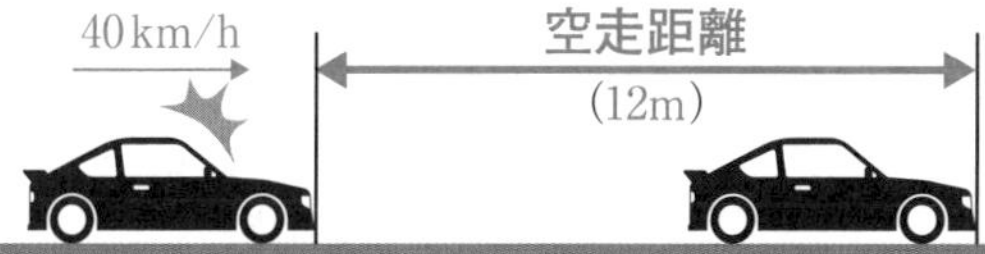

速さが毎時 80 km (＝毎時 40 km の 2 倍) になると，
空走距離もそれに**比例**して 2 倍 ($12\times2=24$ m) になります。

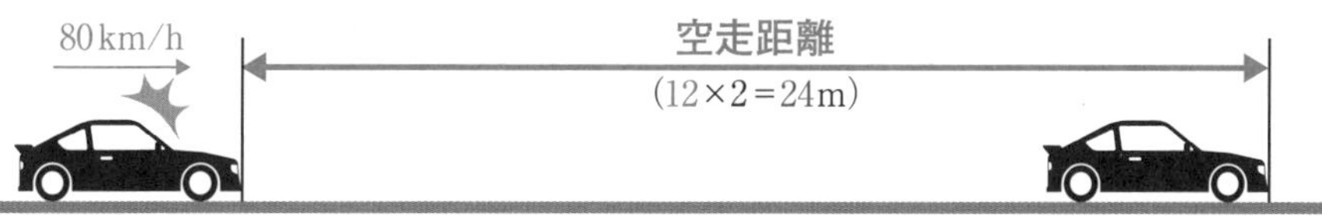

問 1 の**制動距離** y と**速さ** x の関係は，

$$y=\frac{1}{160}x^2$$

で表されるので，$x=80$ を代入すると，

$$y=\frac{1}{160}\times80^2$$

$$y=40\,(\mathrm{m})$$

空走距離 (24 m) と**制動距離** (40 m) を
合わせたのが**停止距離**なので，

$$24+40=64\,(\mathrm{m})$$

空走距離 24m 答
制動距離 40m 答
停止距離 64m 答

(3)を考えましょう。

$$y=\frac{1}{160}x^2$$

に $y=160$ を代入すると，

$$160=\frac{1}{160}x^2$$

計算を進めると，

$$x^2=160^2$$

$x>0$ なので，

$$x=160$$

毎時 160 km 答

交通事故現場では，
こうやって**制動距離**を
もとに自動車の**速度**を
推定したりするんですよ。

Chapter 4 関数 $y=ax^2$ 4 関数 $y=ax^2$ の利用

問2 (物体の落下)

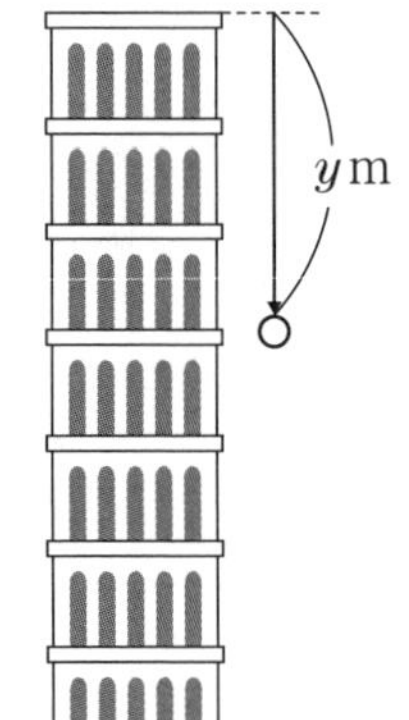

高い塔の上から物を落とすとき，落ち始めてから x 秒間に落ちる距離を ym とすると，y は x の 2 乗に比例することが知られている。このとき，次の問いに答えなさい。

(1) 落ち始めてから 3 秒間で 45m 落ちるとき，y を x の式で表しなさい。

(2) 落ち始めてから 5 秒間では，何 m 落ちるか。

(3) 180m の高さから物を落とすとき，地面に着くまでに何秒かかるか。

…y は x の 2 乗に比例することが知られている？ …知らんがニャ！

ボクたちには全く知られていないワン！

「物体の落下」も，関数 $y = ax^2$ で表すことができる現象の典型例です。イタリアの科学者ガリレオによってあきらかにされたんですよ。

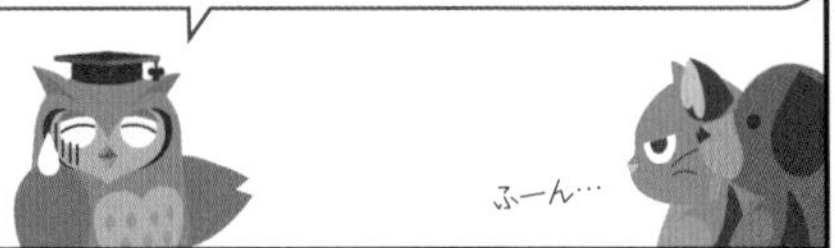

(1)を考えましょう。
y は x の 2 乗に比例するので，比例定数を a とすると，

$$y = ax^2$$

という関係式で表せます。

「3 秒間で 45m 落ちる」ので，この式に $x=3$，$y=45$ を代入すると，

$$45 = a \times 3^2$$

$$a = \frac{45}{9} = 5$$

したがって，y を x の式で表すと，

$y = 5x^2$ 答

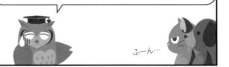

(2)を考えましょう。
(1)より，**問2**の y と x の関係式は，

$$y=5x^2$$

になることがわかりました。

「落ち始めてから5秒間」なので，
この式に $x=5$ を代入すると，

$$y=5\times5^2$$
$$=125$$

したがって，

125m 答

(3)を考えましょう。
今度は落ちる距離 y が180mと
決まっている場合ですね。

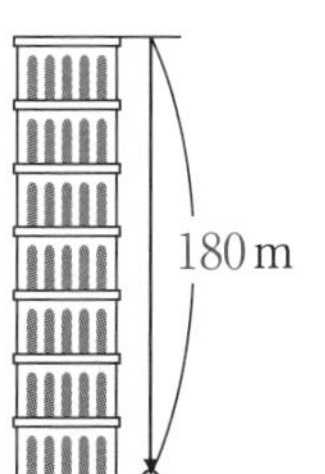

$y=5x^2$ に $y=180$ を代入すると，

$$180=5x^2$$
$$x^2=\frac{180}{5}=36$$

$x>0$ なので，

$$x=6$$

6秒 答

このように，

① 問題文から，y を x の式で表す。（$y=ax^2$ の a を求める）

② いろいろな場合の値を式に代入して求める。

という手順で解くパターンが多いので，しっかり理解しておきましょう。

問3　(振り子の長さと往復時間)

1往復するのにx秒かかる振り子の長さをymとすると，おもりの重さやふれ幅に関係なく，$y=\frac{1}{4}x^2$という関係になることが一般に知られている。

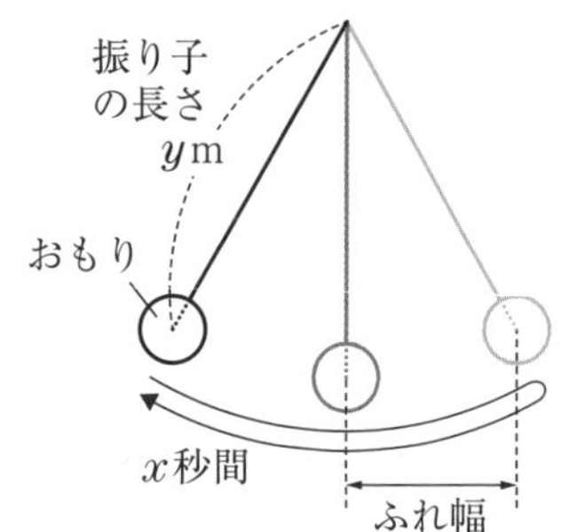

(1) 1往復するのに4秒かかる振り子の長さを求めなさい。

(2) 長さが16mの振り子が，1往復するのにかかる時間を求めなさい。

どういうことニャ?

すべての振り子に

$$y=\frac{1}{4}x^2$$

という関係が成り立つということです。

例えば，1往復に2秒かかる振り子があるとしましょう。

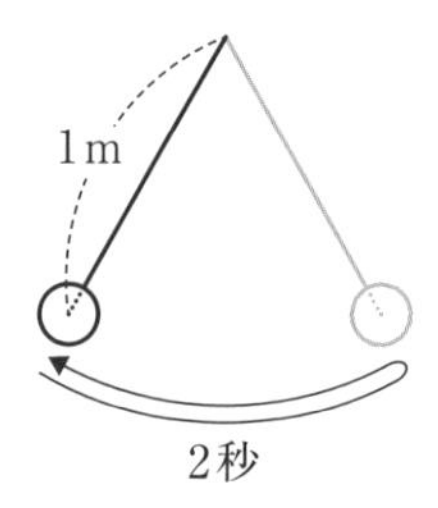

おもりを重い鉛に変えても，1往復に2秒かかるのは変わりません。

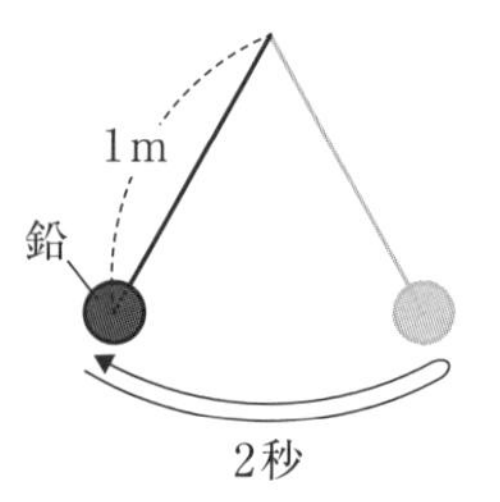

…ふぁ!?
重い方が速くなるんじゃないニョ?

そう思いきや，変わらないんです。落下や振り子の速度に，**物体の重さは関係ない**んですね。

そこで，今度はふれ幅を大きくしてみました。

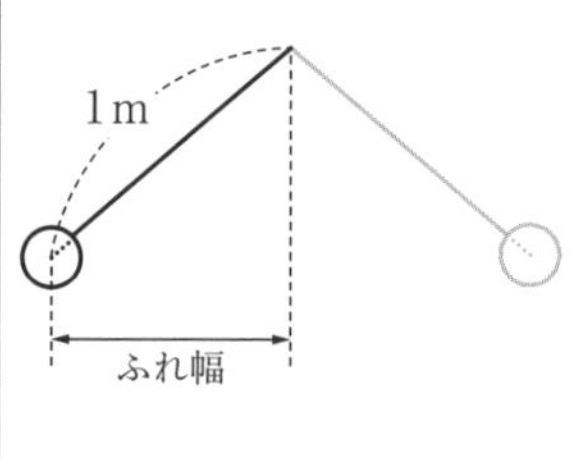

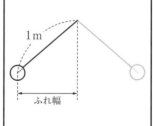

ところが，なんと，1往復に2秒かかるのは変わらないんです。

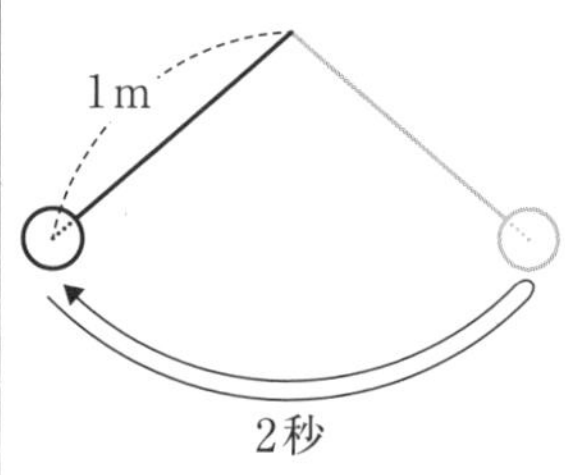

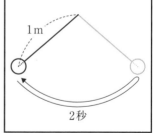

おもりの移動距離は長くなっても，おもりの移動速度が上がる※ため，1 往復にかかる時間は変わらないというわけですね。

※高い位置にあるおもりは，位置エネルギーが高まるため速度が上がる。

1 往復の時間に関わるのは，振り子の長さです。振り子の長さが長くなるほど，1 往復にかかる時間も長くなります。

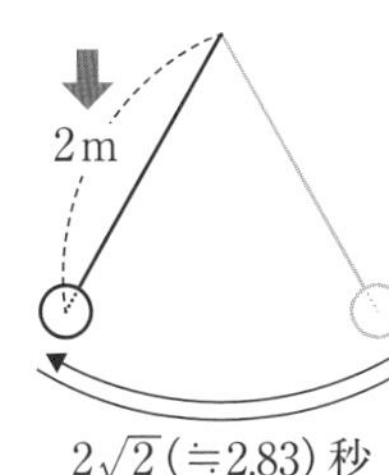

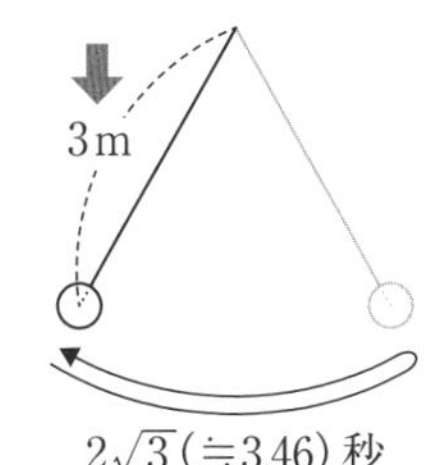

(1)を考えましょう。
1 往復に 4 秒かかる振り子の長さ y を求める問題です。

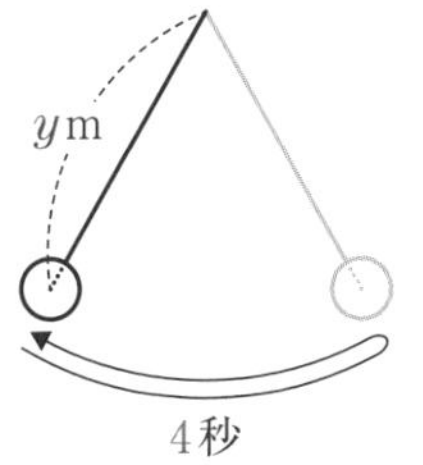

すべての振り子には

$$y=\frac{1}{4}x^2$$

という関係が成り立つので，

この式に $x=4$ を代入しましょう。

$$y=\frac{1}{4}\times 4^2$$

$$y=4$$

4m 答

(2)を考えましょう。
長さ 16m の振り子が 1 往復する時間 x（秒）を求める問題です。

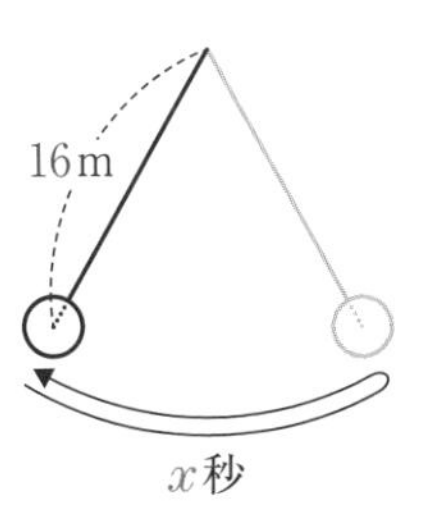

$y=\frac{1}{4}x^2$ に $y=16$ を代入すると，

$$16=\frac{1}{4}x^2$$

$$64=x^2$$

$x>0$ なので，

$$x=\sqrt{64}$$

$$x=8$$

8秒 答

はい，関数 $y=ax^2$ を利用した典型問題を 3 つやりました。
問題文から y を x の式で表すことができるかどうかがカギです。

たくさん練習しましょうね!!

5 いろいろな関数

問 1 （いろいろな関数）

ある 9km の区間を運行するバス会社が，A 社，B 社の 2 社ある。右の図は，A 社の運賃をグラフで表したもので，始発地点から 3km までの運賃は 220 円，6km までは 270 円，9km までは 320 円となっている。このとき，次の問いに答えなさい。

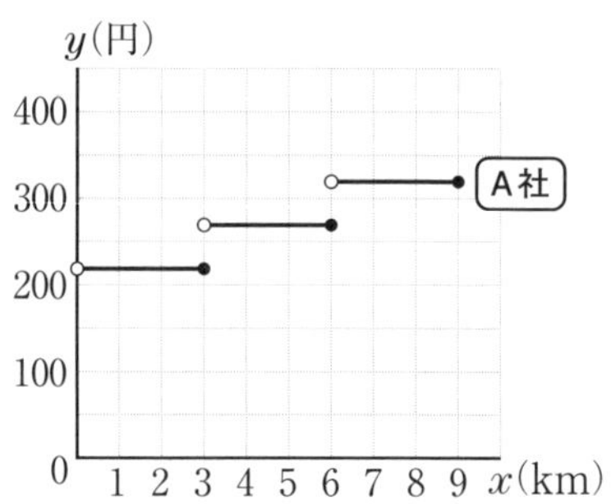

(1) 始発地点から 3.5km のところにある A 社のバス停までの運賃はいくらか。

(2) B 社の運賃は，始発地点から 3km までは 150 円，5km までは 200 円，7km までは 300 円，9km までは 350 円である。この B 社のグラフを図中にかき入れなさい。

(3) 次の選択肢①～⑥は，始発地点からの距離である。A 社の運賃が B 社の運賃よりも安くなるものを**すべて**選びなさい。

① 4km　② 5km　③ 6km
④ 7km　⑤ 8km　⑥ 9km

私たちの日常には，いろいろな関数が使われています。
問 1 の場合も，y は x の関数になります※が，このように，グラフは階段状になることもあるんですね。

関数のグラフは直線や放物線だけじゃないニョね…

(1)を考えましょう。x が 3.5km のところの y の値を読み取ります。

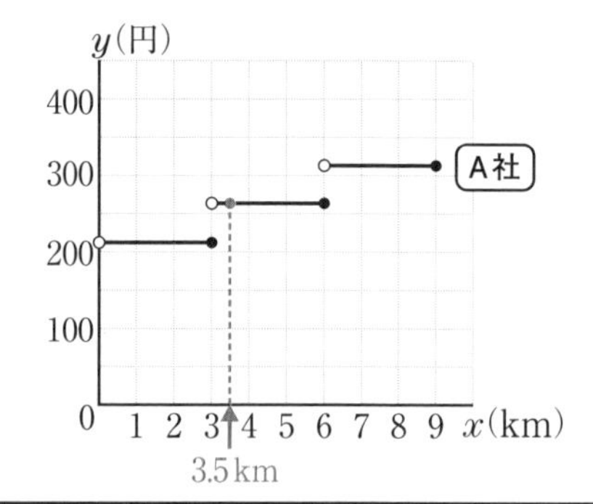

※変数 x の値を決めると，それにともなって変数 y の値もただ 1 つに決まるとき，「y は x の関数である」という。

グラフより，始発地点から 3.5kmのところは 270 円となります。

270 円 答

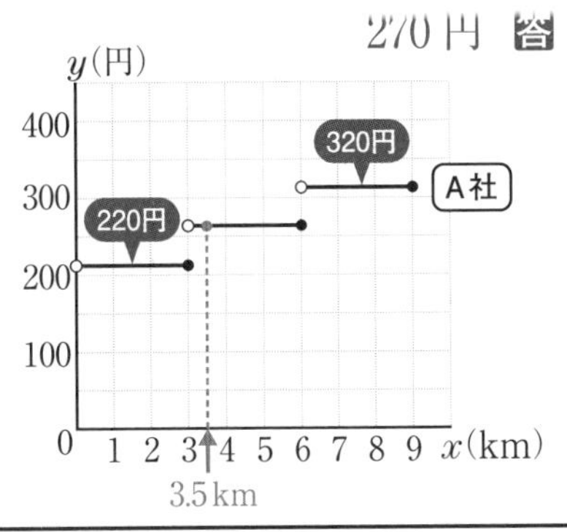

(2)を考えましょう。B 社では，始発地点から 3km までの区間は 150 円。

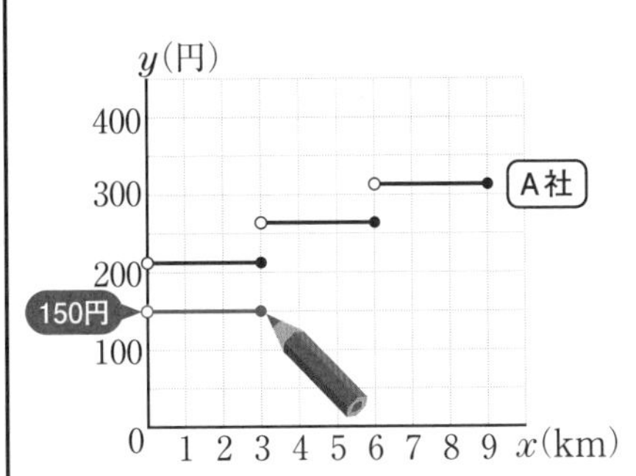

同じように，それぞれの区間を図にかけば OK です。

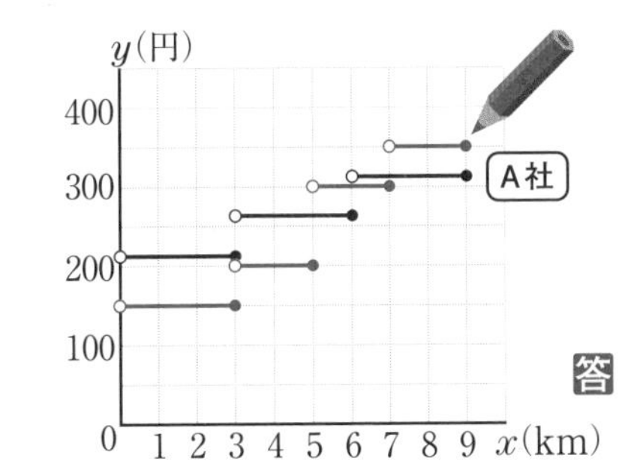

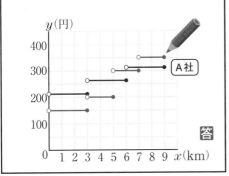

答

(3)を考えましょう。
まず，4km の地点では，**A 社**よりも **B 社**の運賃の方が安いですよね。

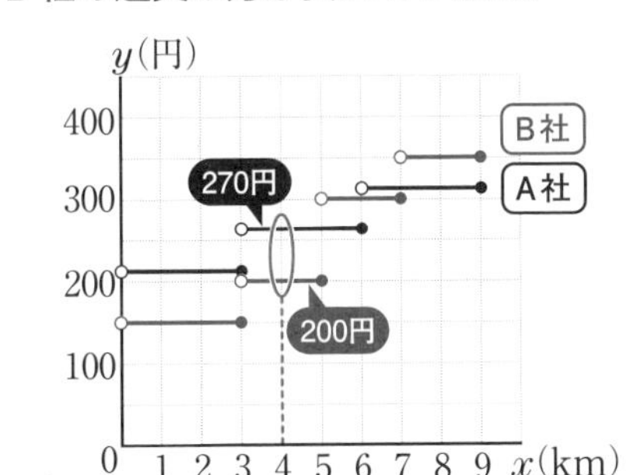

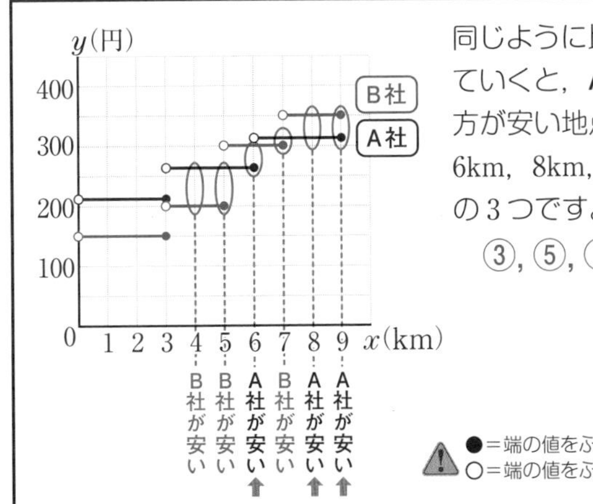

同じように比較していくと，**A 社**の方が安い地点は，6km，8km，9km の 3 つです。

③，⑤，⑥ 答

●＝端の値をふくむ
○＝端の値をふくまない

「いろいろな関数」では，グラフの読み取りをしっかりできるようにしておきましょう。
では，これで「関数」の章は終わりです。

Chapter 4 関数 $y=ax^2$ 5 いろいろな関数

高校入試問題にチャレンジ！

関数 $y=ax^2$【実戦演習】

問1

〈秋田県〉

y は x の2乗に比例し，
$x=3$ のとき，$y=-36$ である。
このとき，y を x の式で表しなさい。

問2

〈大阪府〉

下図において，m は $y=\frac{1}{3}x^2$ のグラフを表す。
m 上の点Aの x 座標は2である。

① Aの y 座標を求めなさい。

② m について，x の変域が $-4 \leqq x \leqq 3$ のときの y の変域を答えなさい。

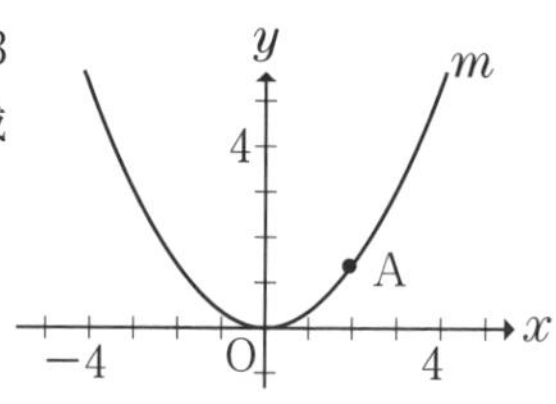

問3

〈東京都立進学指導重点校〉

関数 $y=ax^2$ で，
x の変域が $-2 \leqq x \leqq 1$ のとき，
y の変域は $-2 \leqq y \leqq 0$ である。
このとき，a の値を求めよ。

問4

〈新潟県〉

関数 $y=x^2$ について，
x が a から $a+5$ まで増加するとき，
変化の割合は7である。
このとき，a の値を答えなさい。

問5

〈兵庫県〉

関数 $y=ax^2$ のグラフ上に点(2，3)がある。次の問いに答えなさい。

(1) a の値を求めなさい。

(2) 次の（ア）と（イ）にあてはまる数をそれぞれ求めなさい。

［関数 $y=ax^2$ において，x の変域が $b \leqq x \leqq 2$ のときの y の変域は $0 \leqq y \leqq 3$ である。このとき，b の値の範囲は（ア）$\leqq b \leqq$（イ）である。］

(3) 関数 $y=ax^2$ において，x の変域が $-4 \leqq x \leqq 3$ のときの y の変域と，関数 $y=cx^2$ において、x の変域が $-2 \leqq x \leqq 3$ のときの y の変域とが等しいとき，c の値を求めなさい。

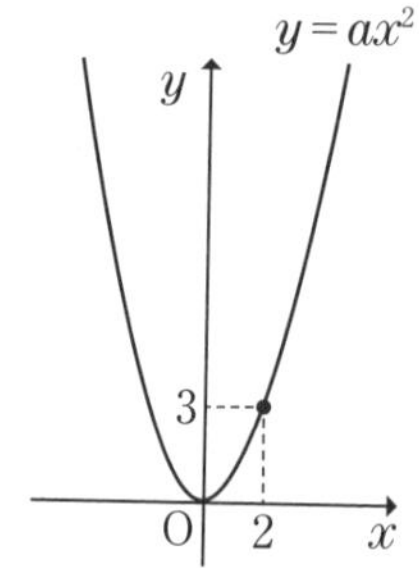

$y=ax^2$ とおいてみたり，自分でグラフをかけるようになることが大切です。自分で問題を解くときも，必ずグラフをかく習慣を身につけましょう。

答1

y は x の2乗に比例するから，
$y=ax^2$ とおく。
$x=3$，$y=-36$ を代入すると，
$-36=9a$ より $a=-4$
よって，$y=-4x^2$ 答

答2

① $y=\frac{1}{3}x^2$ に $x=2$ を代入して，$y=\frac{4}{3}$ 答
② $-4 \leqq x \leqq 3$ は下図の赤線部分。y の値は，$x=-4$ のとき最大値 $\frac{16}{3}$，$x=0$ のとき最小値 0 をとるから，y の変域は $0 \leqq y \leqq \frac{16}{3}$ 答

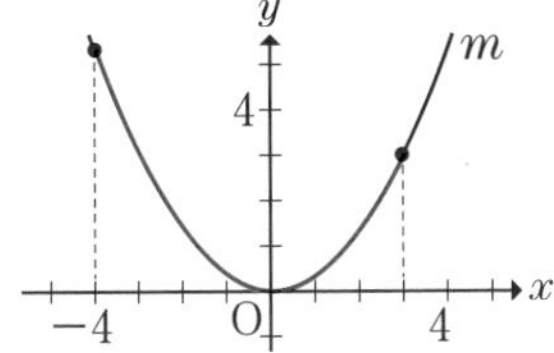

答3

$a>0$ ならば，$y \geqq 0$ なので，$a<0$。
$y=ax^2$ に $x=-2$，$y=-2$ を代入すると，

$-2=4a$

$a=-\frac{1}{2}$ 答

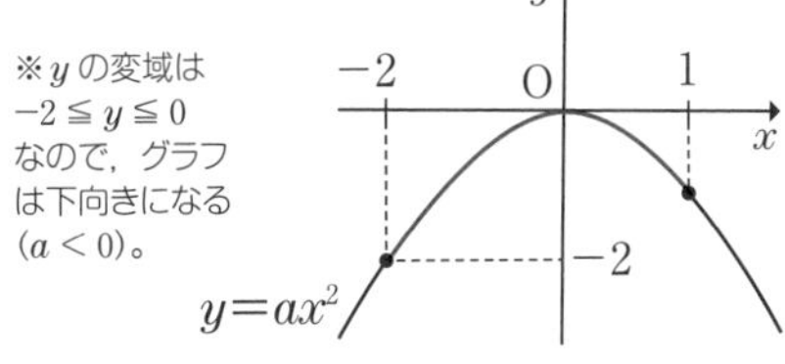
※ y の変域は $-2 \leqq y \leqq 0$ なので，グラフは下向きになる $(a<0)$。

答4

変化の割合は $\frac{(y\text{の増加量})}{(x\text{の増加量})}$ であるから，

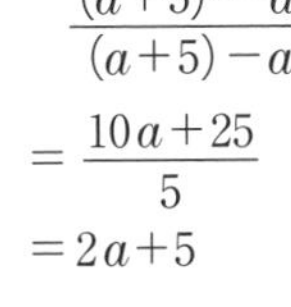

$\frac{(a+5)^2-a^2}{(a+5)-a}$

$=\frac{10a+25}{5}$

$=2a+5$

これが7なので，

$2a+5=7$

$a=1$ 答

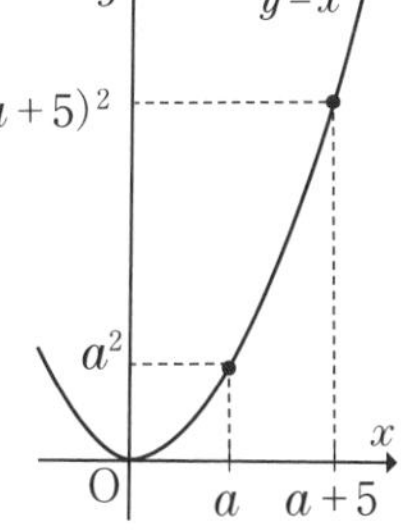

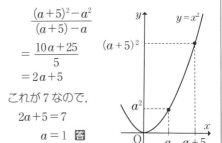

答5

(1) $y=ax^2$ が点 $(2,\ 3)$ を通るので，$3=4a$ より，$a=\frac{3}{4}$ 答

(2) $y=\frac{3}{4}x^2$ において，$x=-2$ のとき $y=3$，$x=0$ のとき $y=0$ だから，$-2 \leqq b \leqq 0$ 答

※ $-2 \leqq b \leqq 2$ とすると，x の変域が例えば $1 \leqq x \leqq 2$ となる（y が0にならない）場合も出てきてしまうので不可。

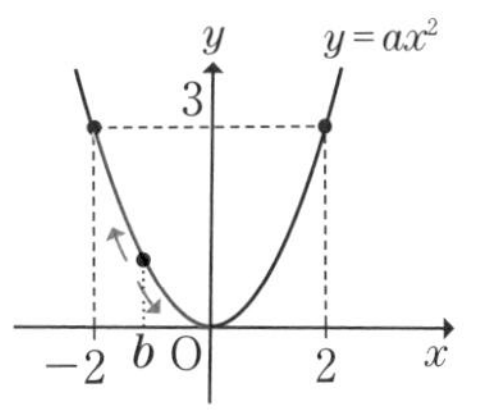

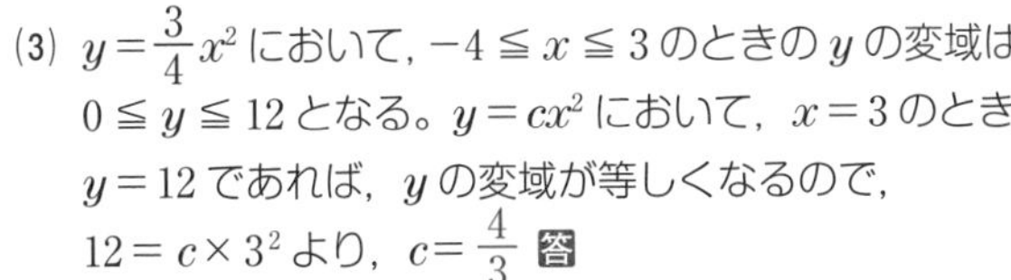

(3) $y=\frac{3}{4}x^2$ において，$-4 \leqq x \leqq 3$ のときの y の変域は $0 \leqq y \leqq 12$ となる。$y=cx^2$ において，$x=3$ のとき $y=12$ であれば，y の変域が等しくなるので，
$12=c \times 3^2$ より，$c=\frac{4}{3}$ 答

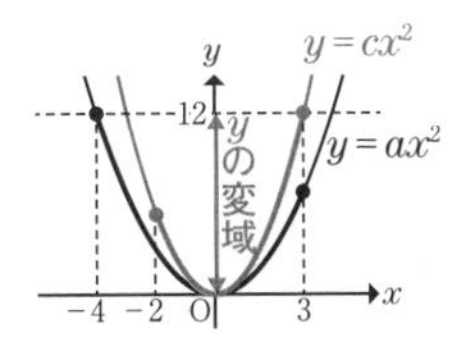

COLUMN-4

放物線

この章で学んだとおり，二次関数がえがく曲線は「放物線」といわれています。放物線は日常生活のいたるところにあります。野球のホームランボール，バスケットボールのシュート，ホースからまかれる水の軌道などもすべて放物線です。物を空中に投げたときに物が動いていく道筋が放物線なんです。

家にCS放送やBS放送のパラボラアンテナがあるなら，改めてその形を確認してみてください。信号を受ける面がゆるくカーブしていると思います。そのカーブも実は放物線です。「パラボラ」とは「放物線」という意味なのです（実際の形は放物線ではなく放物線を対称軸の周りに回転させた「回転放物面」ですが）。ちなみに，過去の東京大学の入試問題で，この「回転放物面」の方程式についての問題が出題されたこともありました。

中学生には少し高度な話になりますが，パラボラアンテナの特性，すなわち放物線の特徴の話をしましょう。光源から出た光を平面鏡に当てるところを想像してください。この場合，光源から出た光は平面鏡に反射したあと，四方八方に広がっていくので遠ざかるほど光の明るさが弱くなります。それに対して，放物線の焦点とよばれるところを光源として焦点から出た光を放物面に当てるとどうなるでしょう。入射角と反射角が等しいことから，光は放物面に当たったあと平行光線となります。その結果，遠ざかっても光の明るさは変わりません。パラボラアンテナで電波を受信する場合，この逆路を考えれば，垂直に入射した波をすべて焦点という1点に集めることができますね。パラボラアンテナや自動車のヘッドライト，反射型望遠鏡には，このような放物線の特徴が利用されています。

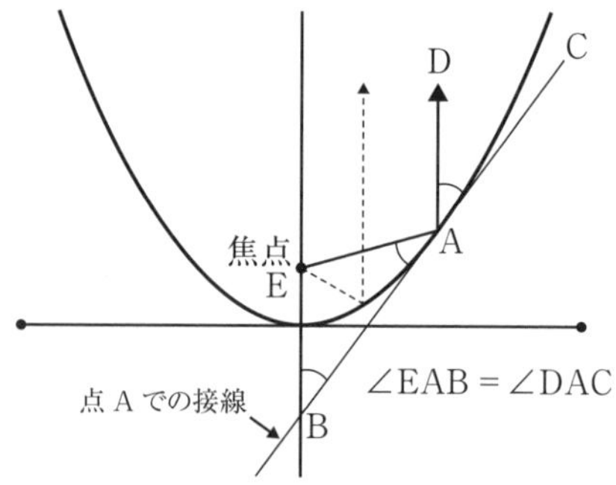

（文：沖田一希）

中3 図形

Chapter 5

相似な図形

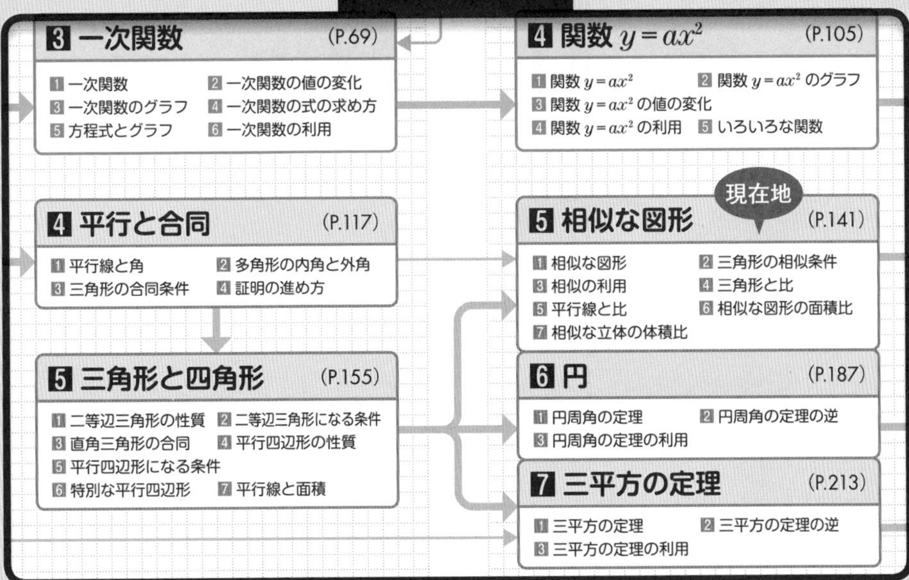

「相似」とは，縮小コピー，拡大コピーの関係です。高校受験でも頻出かつ得点差がつきやすい単元なので，神経を集中して学んでください。

証明問題では，2つの三角形が1点でつながった「蝶々型（ちょうちょう）」，大きな三角形の中に小さな三角形がある「マトリョーシカ型」，補助線として平行線などをひく必要のある「隠れ相似型」などが頻出。よく出るパターンを演習しておきましょう。

1 相似な図形

さあ，ここからは「図形」の分野です。
まずは「**相似**」について学びましょう。

そうじ？

そうじは得意だワン！
いつもやらされてるワン
それは「掃除」ニャ！
字がちがうニャ!!

さて，ここに，
ある図形があります。

この図形の**形を変えない**で，一定*の割合で**大きく**することを「**拡大する**」といいます。
拡大した図形を「**拡大図**」といいます。

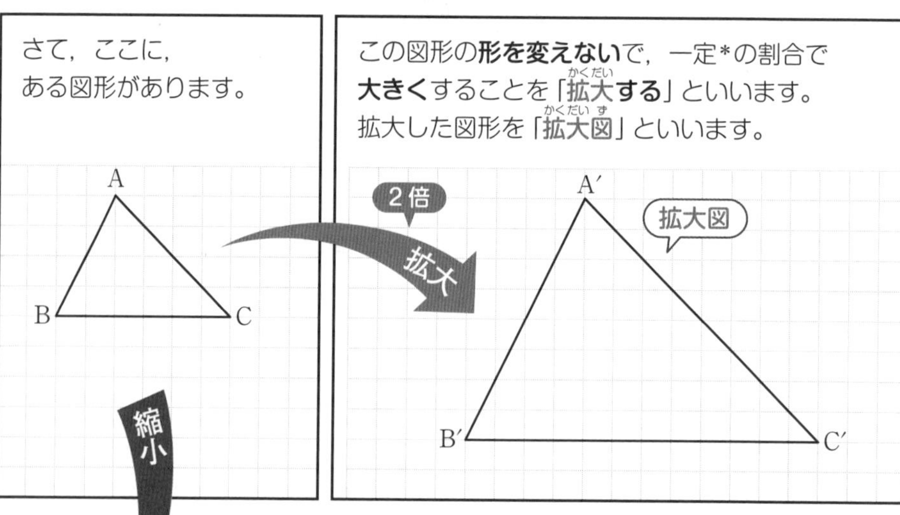

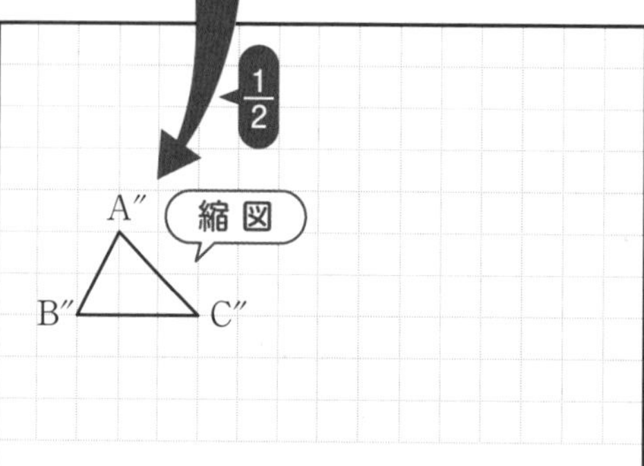

逆に，形を変えずに一定の割合で**小さく**することを「**縮小する**」といいます。
縮小した図形を「**縮図**」といいます。

そして，このようにしてできた図形（拡大図や縮図）は，もとの図形と「**相似**」であるというんです。

*一定（いってい）…1つに決まっていて変わらないこと。つまり，「これ」と決めたら途中で変えないこと。

ちなみに，もとの図形と同じ形の拡大図や縮図であれば，どんなに**回転**していても**裏返し**になっていても，**相似**である関係に変わりはありません。

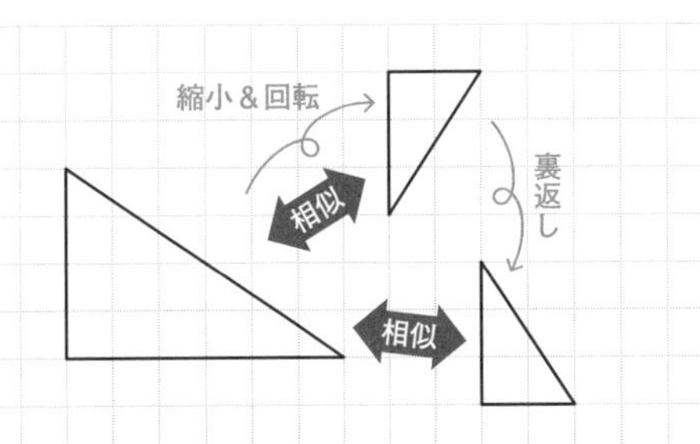

そう。「合同」と同じように，**裏返し（＝線対称移動）**になっていても，形が同じなら「相似」なんですよ。

方眼（ほうがん）**のマス目**を参考にしながら，左ページの△ABCと△A′B′C′を見比べると，**対応する辺の長さ**はそれぞれ2倍になっていますよね。

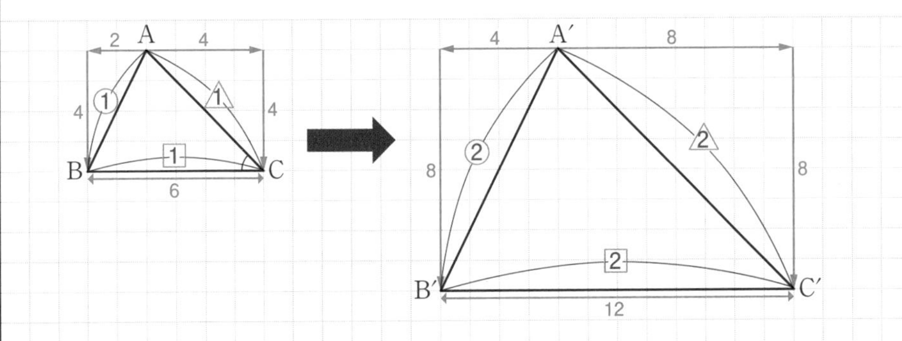

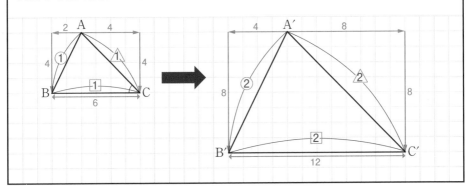

つまり，**対応する辺の長さの比**が，すべて「1：2」になっているんです。

$$AB : A'B' = 1 : 2$$

$$BC : B'C' = 1 : 2$$

$$AC : A'C' = 1 : 2$$

※△ABCとその縮図である△A″B″C″の場合，対応する辺の長さの比はすべて「$1 : \frac{1}{2}$（＝2：1）」となる。

このように，相似な2つの図形で**対応する線分の長さの比**を「**相似比**（そうじひ）」といいます。

Chapter 5 相似な図形 1 相似な図形

拡大・縮小されたとき，「辺の長さ」は変わるけど，「角の大きさ」は変わらないニャ？

そうなんです！
相似な図形は「形は同じ」なので，**対応する角の大きさは常に等しい**んです。

まとめると，相似な図形には，次のような性質があります。
相似は ∽ という記号で表しますから，あわせておさえておきましょう。

相似な図形の性質

POINT

❶ 対応する線分の長さの比はすべて等しい。

❷ 対応する角の大きさはそれぞれ等しい。

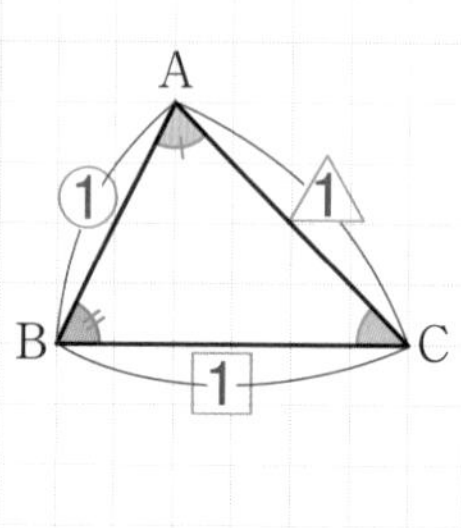

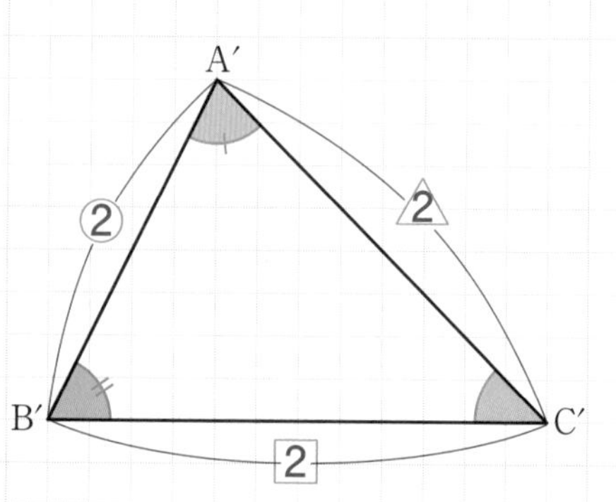

相似な図形は，記号 ∽ を使って次のように表す。

$$\triangle ABC \backsim \triangle A'B'C'$$

（対応する頂点は同じ順に並べて書く）

※相似の記号∽は，英語の Similar（似ている，類似した）の頭文字 S を横にしたものといわれている。

ちなみに，相似な図形の対応する点どうしを通る直線が，
すべて１点Ｏに集まり，

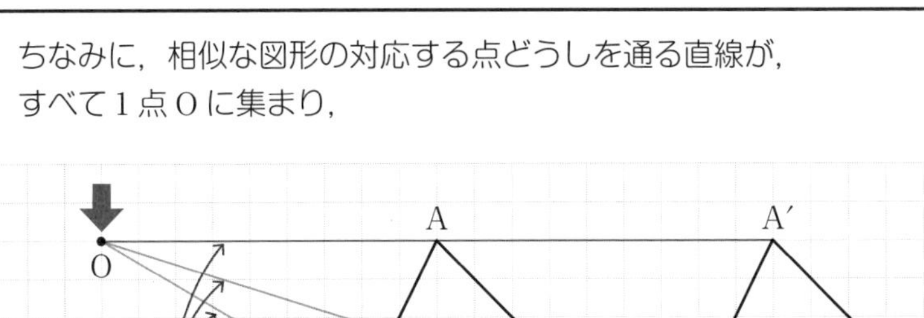
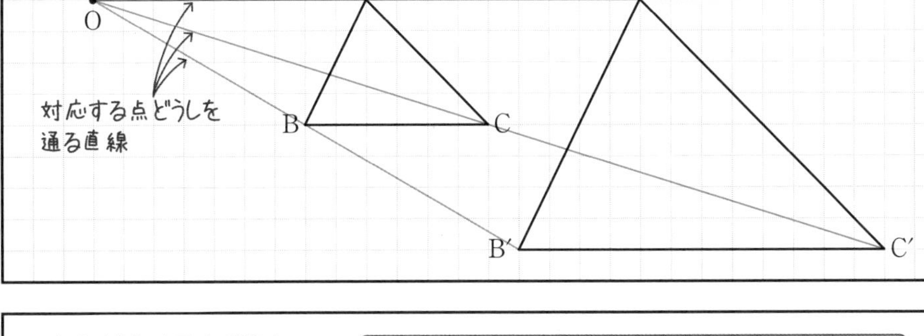

Ｏから対応する点どうしの**距離の比が等しい**とき，

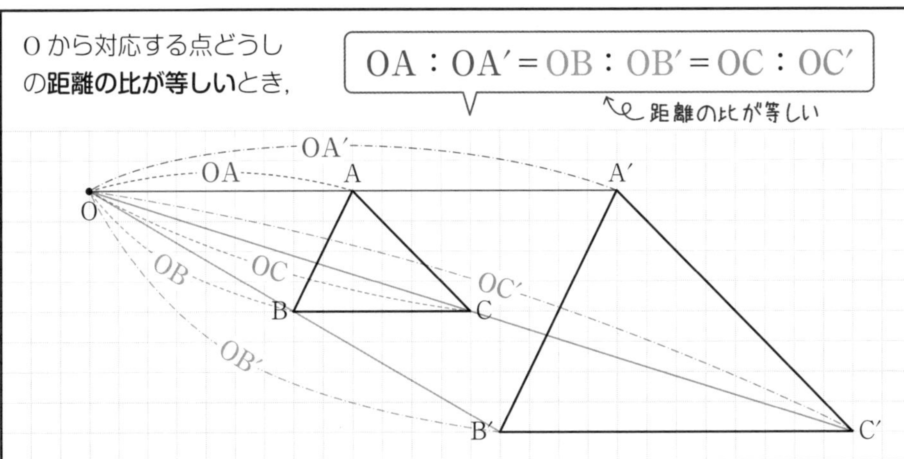

それらの図形は，点Ｏを**相似の中心**として，「**相似の位置にある**」といいます。*

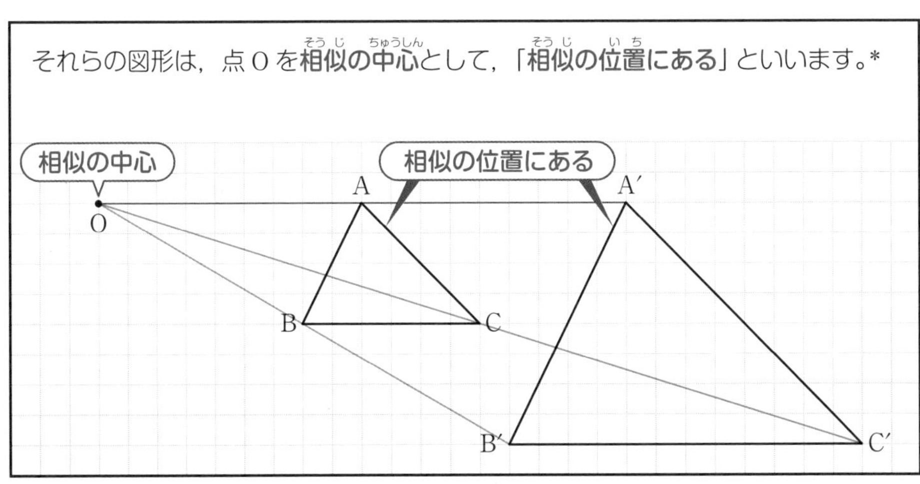

*相似なのかどうか不明な２つの図形でも，相似の位置にあることがわかれば，相似であるといえる。

この「相似の中心」の
点Ｏの位置は
決められているニャ？

相似な図形があれば，
自然と相似の中心の
位置は決まります。

逆にいうと，相似な図形は，
必ずどこかを「**相似の中心**」として，
拡大したり，縮小したり，回転したり，
裏返しになったりしているわけです。

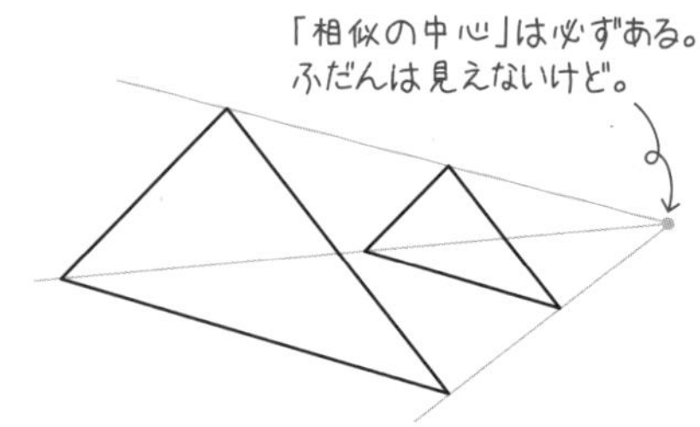

「相似の中心」は必ずある。
ふだんは見えないけど。

ですから，例えば，相似の中心をO として，△ABC を 2 倍に拡大した△DEF をかけといわれたら，

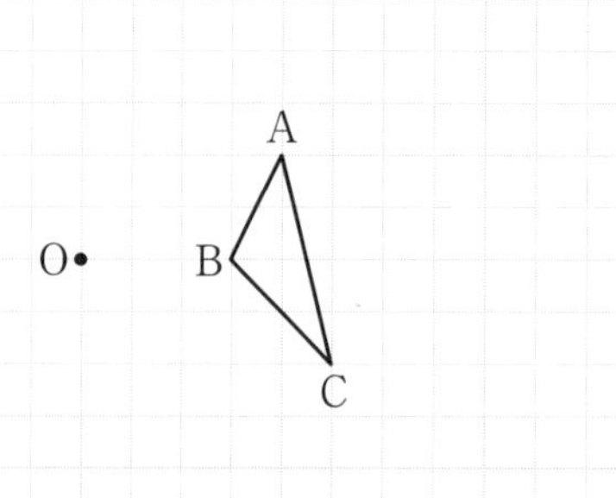

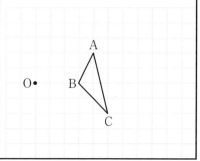

O から対応する点どうしの**距離の比**が等しく 1：2 になる（2 倍になる）位置に点 D，E，F をとればいいんです。

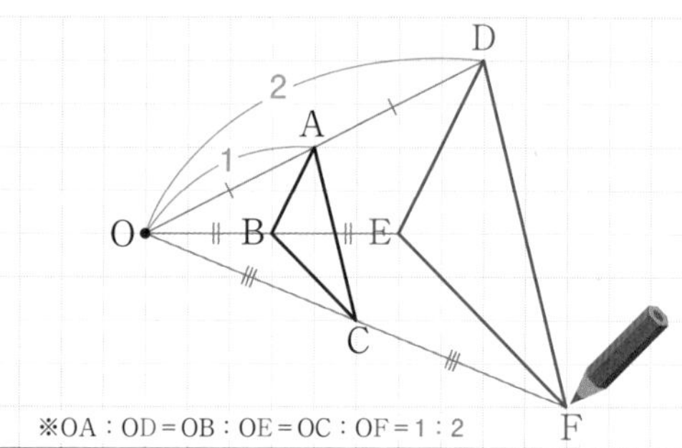

※OA：OD＝OB：OE＝OC：OF＝1：2

また，相似の中心をO として，四角形ABCD を $\frac{1}{2}$ に**縮小**した四角形EFGH をかく場合は，O から対応する点どうしの**距離の比**が等しく 2：1 になる（$\frac{1}{2}$ になる）位置に点E，F，G，H をとればいいんです。

O からの距離の比が，拡大・縮小の比率に反映されるわけですね。

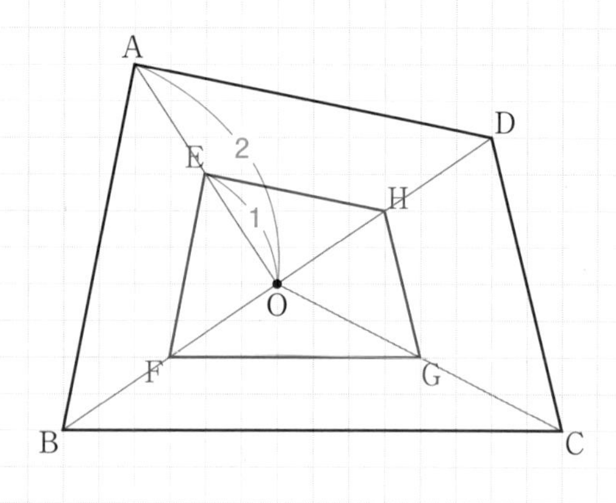

※OA：OE＝OB：OF＝OC：OG＝OD：OH＝2：1

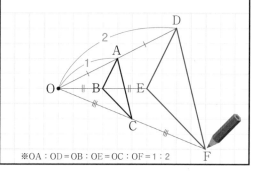

問1 (相似な図形①)

右の図で，△ABC∽△DEF であるとき，次の問いに答えなさい。

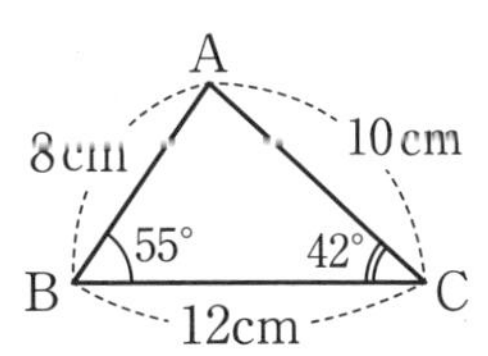

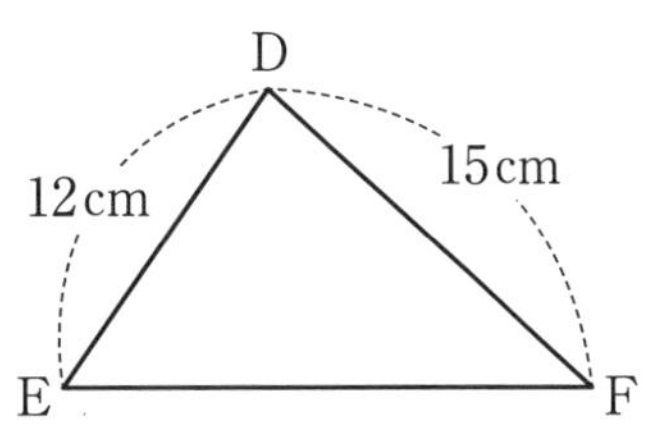

(1) △ABC と△DEF の相似比を求めなさい。

(2) 辺 EF の長さを求めなさい。

(3) ∠D の大きさを求めなさい。

相似の問題は，最初に，**対応する線分**はどれなのかを確認するところから始めましょう。

(1)は，相似比を求める問題ですね。

△ABC∽△DEF

だから，対応する線分は

AB：DE

BC：EF

CA：FD

となります。

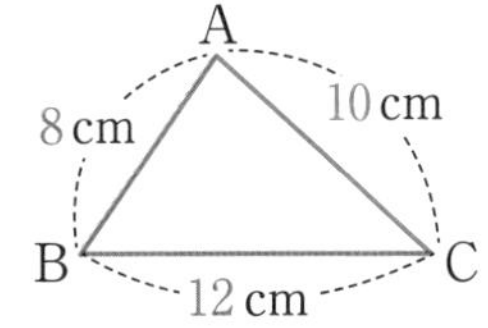

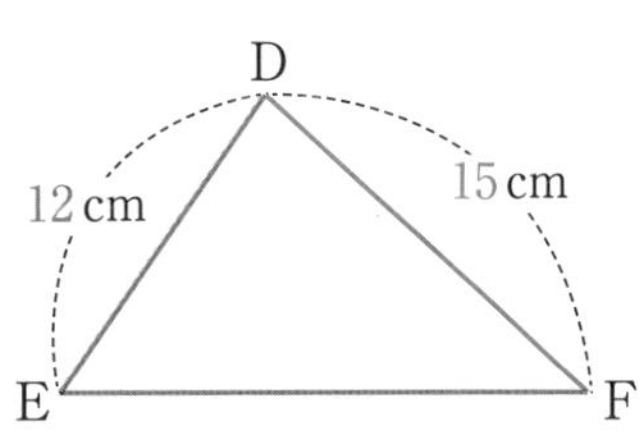

長さがわかっている部分について，対応する線分の長さの比をそれぞれかくと，

AB：DE＝ 8：12

CA：FD＝10：15

となります。

※EF は長さが不明なので無視。

さらに，

AB：DE＝ 8：12＝2：3

CA：FD＝10：15＝2：3

と，どちらも 2：3 になりますね。

対応する線分の長さの比はすべて等しいので，△ABC と△DEF の相似比は，

2：3 

となります。

(2)を考えましょう。
相似な図形では，対応する線分の長さの比はすべて等しいので，
線分 EF の長さを x とおくと，

$$BC : EF = 12 : x = 2 : 3$$

となります。

対応する線分の比なので，8 : 12 や 10 : 15 でも OK！

この比例式を解けば，答えが出ます。

$$12 : x = 2 : 3$$

$$2x = 3 \times 12$$

$$2x = 36$$

$$x = 18$$

18 cm 答

❗比例式の性質（$a : b = m : n$ ならば $an = bm$）

(3)を考えましょう。
三角形の内角の和は 180°なので，

$$\angle A + 55^\circ + 42^\circ = 180^\circ$$

$$\angle A = 180^\circ - 97^\circ$$

$$\angle A = 83^\circ$$

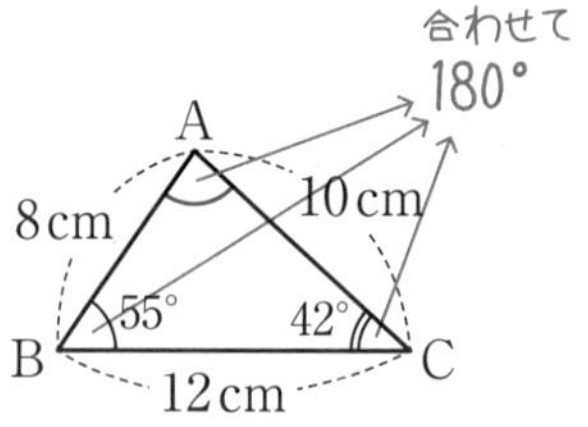

相似な図形では，対応する角の大きさはそれぞれ等しいので，∠A に対応する∠D の大きさも，83°になります。

83° 答

問2 （相似な図形②）

右の図において，
四角形 ABCD ∽ 四角形 EFGH
であるとき，辺 BC と辺 GH の長さをそれぞれ求めなさい。

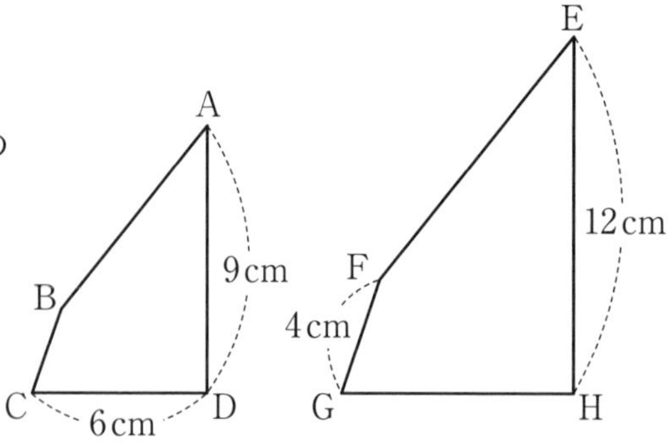

相似な図形では，**対応する辺の両方の長さ**がわかるところが１つでもあれば，相似比がわかるんですよ。

この２つの図形で，対応する線分の長さが**両方**ともわかる辺は，DA と HE だけですね。

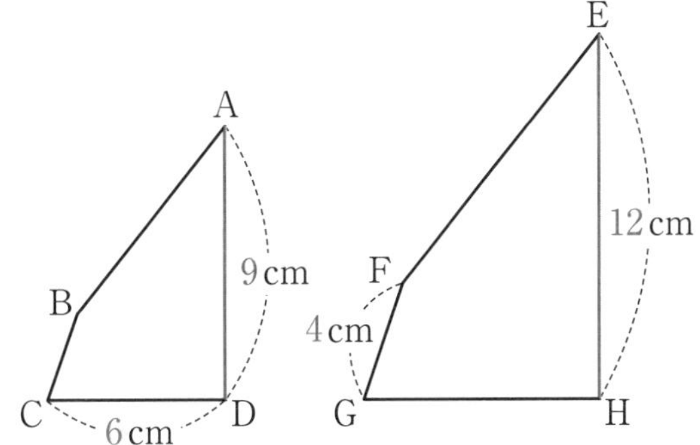

この比を計算すると，

$$DA : HE = 9 : 12$$
$$= 3 : 4$$

相似比は 3：4 だとわかります。

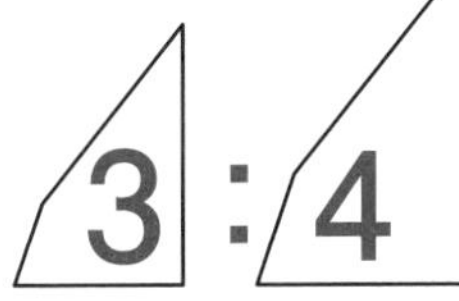

BC＝x cm とすると，
FG＝4 cm より，

$$x : 4 = 3 : 4$$
$$4x = 12$$
$$x = 3$$

したがって，
辺 BC の長さは，
3 cm **答**
となります。

CD＝6 cm だから，
GH＝y cm とすると，

$$6 : y = 3 : 4$$
$$3y = 24$$
$$y = 8$$

したがって，
辺 GH の長さは，
8 cm **答**
となります。

相似比と，片方の辺の長さがわかれば，もう片方の，ナゾの辺の長さもわかるわけニャ？

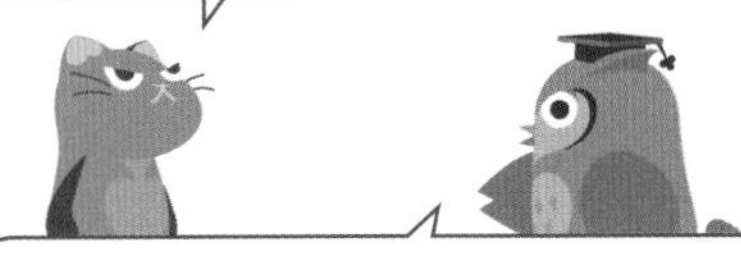

そのとおりです！
こういう問題は，対応する辺の長さが**両方**わかる部分が必ずありますから，そこから相似比を出せばいいんですね。

相似な図形は，
テストで超頻出の重要項目です。
相似な図形の性質をはじめ，
相似の意味やイメージをしっかりおさえておいてくださいね。

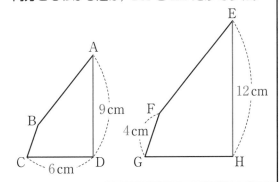

2 三角形の相似条件

2つの三角形が「相似」なのかわからないとき，**相似**になるための条件（相似であると決定してよい場合）というのが，3つあるんです。

これは，中2で学んだ**三角形の合同条件**とよく似ているので，まずはそこから復習しましょう。

三角形の合同条件

（2つの三角形は，次のどれかが成り立つとき合同である）

❶ 3組の辺がそれぞれ等しい。 合同条件❶

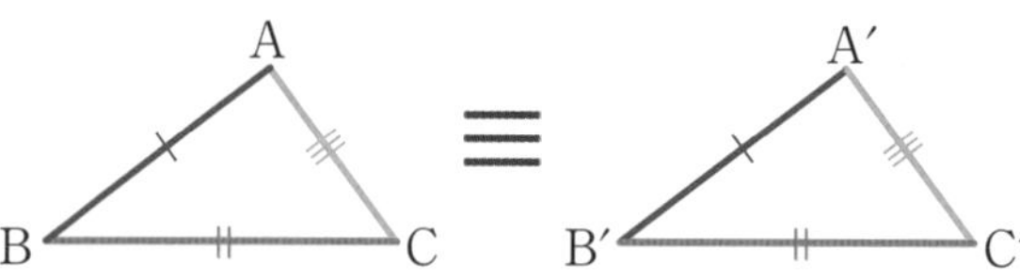

$$\begin{cases} AB = A'B' \\ BC = B'C' \\ CA = C'A' \end{cases}$$

❷ 2組の辺とその間の角がそれぞれ等しい。 合同条件❷

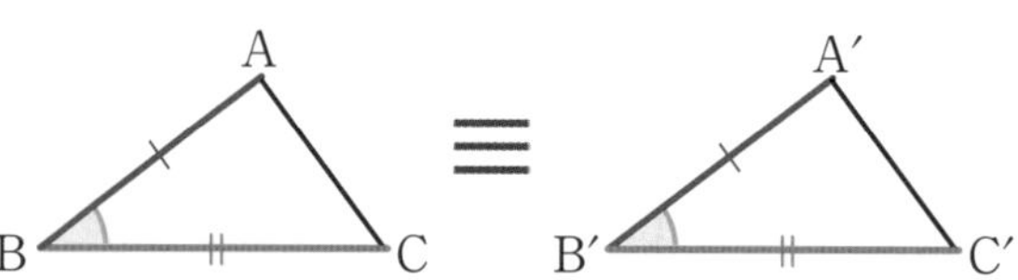

(例) $\begin{cases} AB = A'B' \\ BC = B'C' \\ \angle B = \angle B' \end{cases}$

❸ 1組の辺とその両端の角がそれぞれ等しい。 合同条件❸

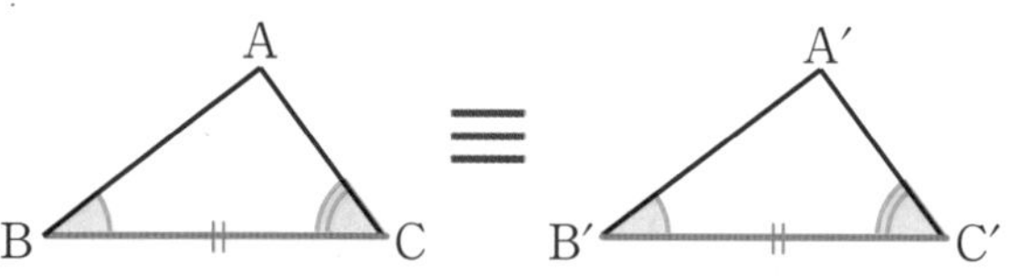

(例) $\begin{cases} BC = B'C' \\ \angle B = \angle B' \\ \angle C = \angle C' \end{cases}$

あ，これは
なんとなく
覚えてるワン！
「証明」で
何度も使ったから
覚えているニャ！

三角形の合同条件が完璧でない人は，しっかり復習しておいてくださいね。

そして，これが「**三角形の相似条件**」です。この3つのうち，どれか1つでも成り立てば「相似である」といえますからね。「**三角形の合同条件**」と比べながら見ると覚えやすいですよ。

三角形の相似条件

(2つの三角形は，次のどれかが成り立つとき相似である)

❶ 3組の辺の比がすべて等しい。

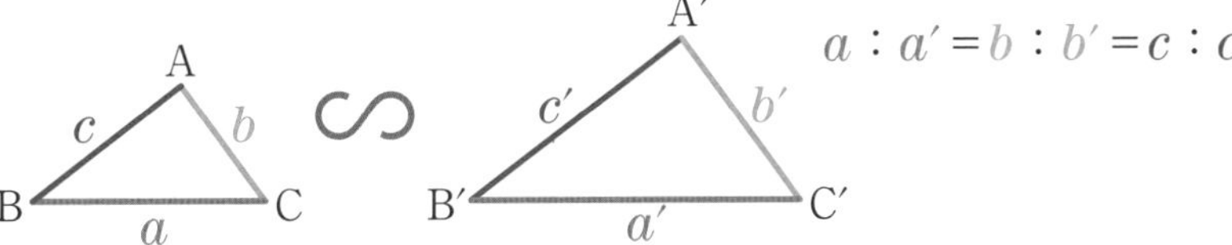

❷ 2組の辺の比とその間の角がそれぞれ等しい。

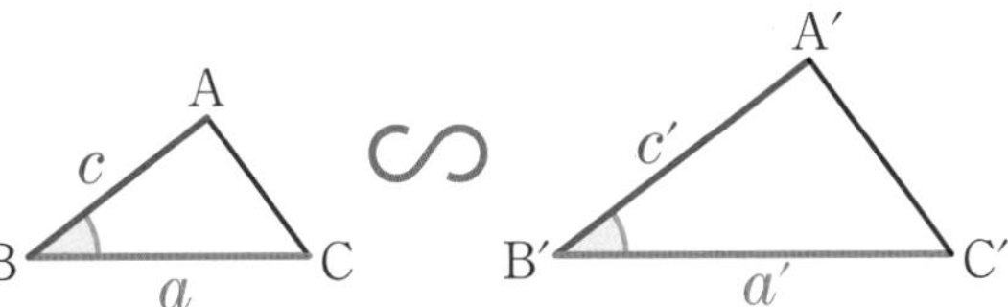

(例) $\begin{cases} a : a' = c : c' \\ \angle B = \angle B' \end{cases}$

❸ 2組の角がそれぞれ等しい。

相似条件❸

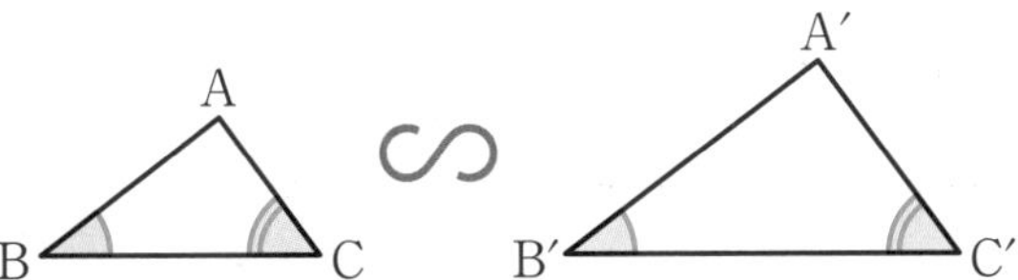

(例) $\begin{cases} \angle B = \angle B' \\ \angle C = \angle C' \end{cases}$

条件の❶と❷は，
「辺（の長さ）」が
「辺の比」に変わった
だけニャ？

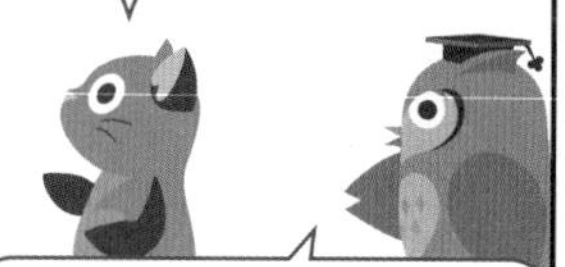

そう！　相似なので，
辺の**長さ**じゃなくて，
辺の**比***が重要なんです。

辺のヒヒ？
なんでヒヒが
出てくるワン？

比は ヒヒ じゃないニャ!
あほニャの？

あと，条件の❸は，
「1組の辺」がなくなって
「2組の角」だけに
なってニャい？

よく気づきました！
相似では「辺の**長さ**」は
どうでもいいからです。

三角形の内角の和は 180°ですから，
2つの角が決まれば，もう1つの角
も自動的に決まりますよね。

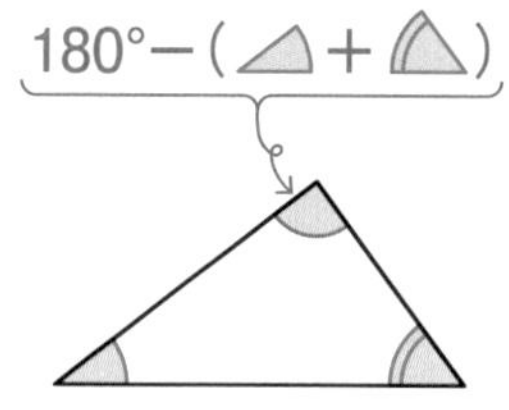

つまり，三角形では，2つの角が等し
ければ，常に**3つの角すべてが等しい**
ことになるんです。

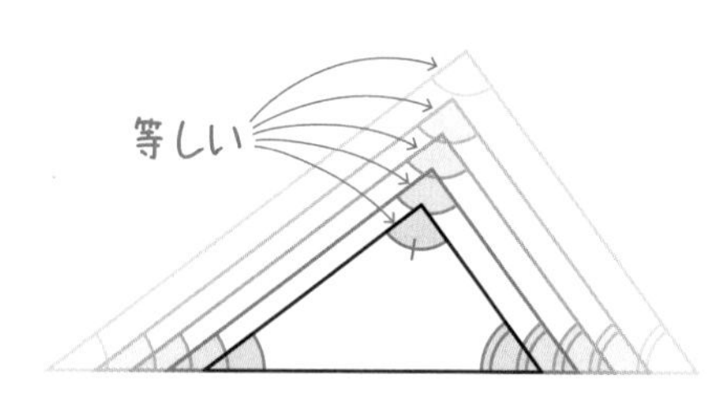

これは，**相似な図形の性質の❷**，
「**対応する角の大きさはそれぞれ等しい**」
にあてはまりますよね。
だから，**相似である**といえるわけです。

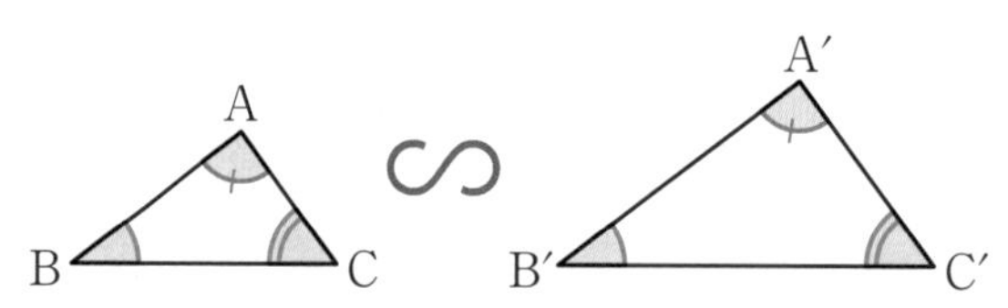

※3つの角が等しくても，「合同である」とはかぎらないので注意。

では，問題を解きながら，
この三角形の相似条件を
1つ1つ確認していきま
しょう！

*比（ひ）…二つの数 a，b があるとき，a と b の割合（a が b の何倍であるかの関係）を表したもの。$a:b$ と表す。

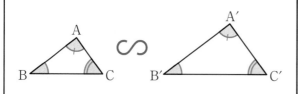

問1 (相似条件)

下のそれぞれの図で，相似な三角形を記号∽を使って表しなさい。
また，そのときに使った相似条件をいいなさい。

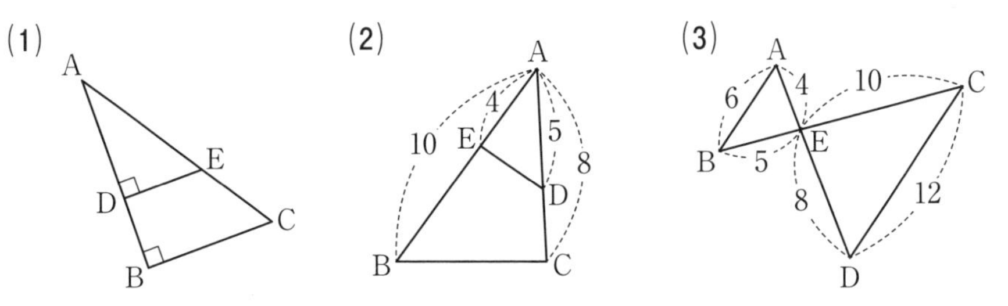

(1)の図にある「三角形」は，
△ABC と △ADE ですね。

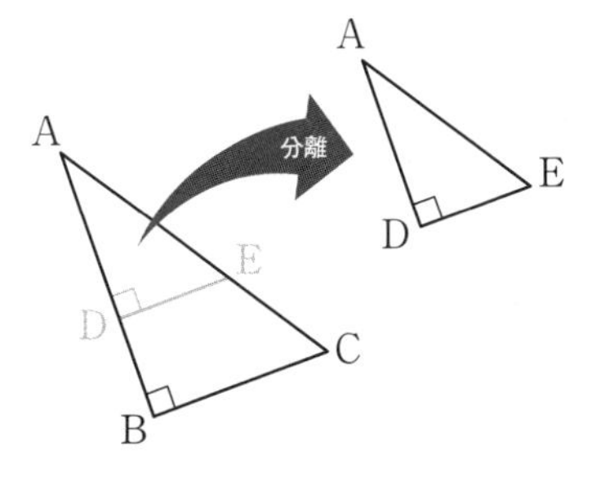

相似な図形かどうかは，
向きをそろえて考えると，対応する
辺や角がわかりやすくなります。
図には「辺の長さ」がかいてないので，
「角」で考えましょう。

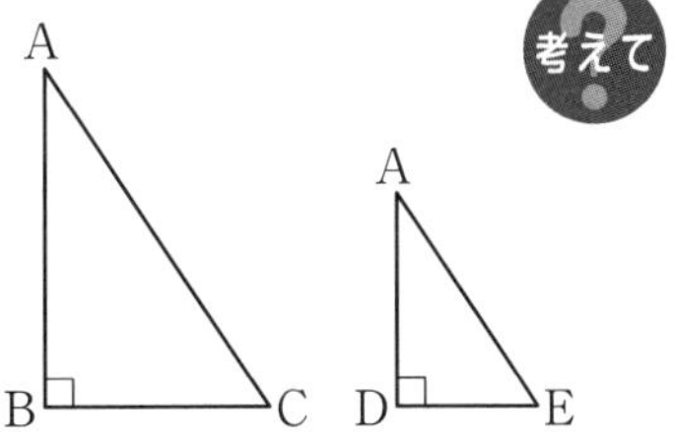

∠A は共通なので等しく，
∠B と∠D は同じ直角なので，
　∠A = ∠A，∠B = ∠D
となります。

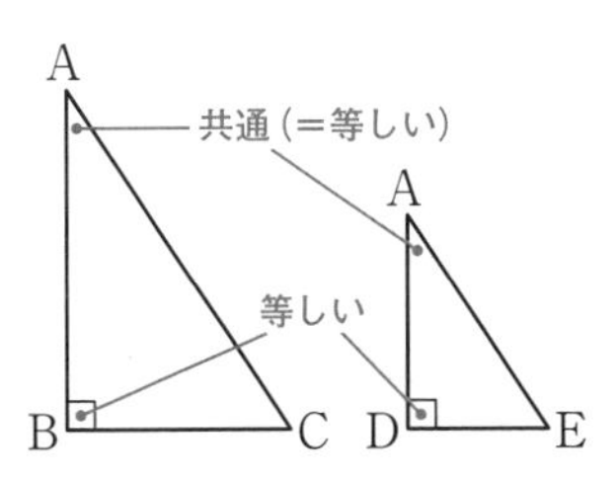

これは，**三角形の相似条件❸**，
「2 組の角がそれぞれ等しい」
にあてはまりますね。

したがって，求める答えは，

△ABC∽△ADE

相似条件：2 組の角がそれぞれ等しい。 答

となります。

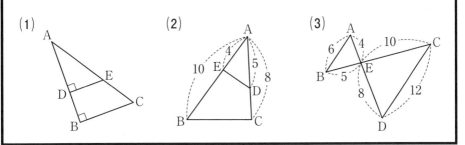

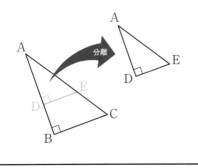

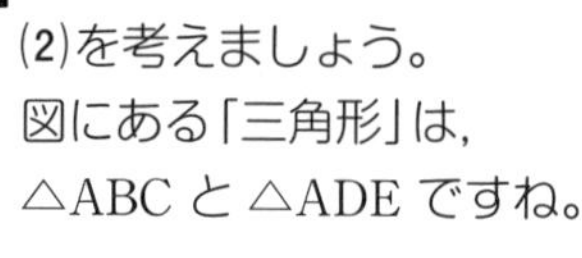

(2)を考えましょう。
図にある「三角形」は，
△ABC と △ADE ですね。

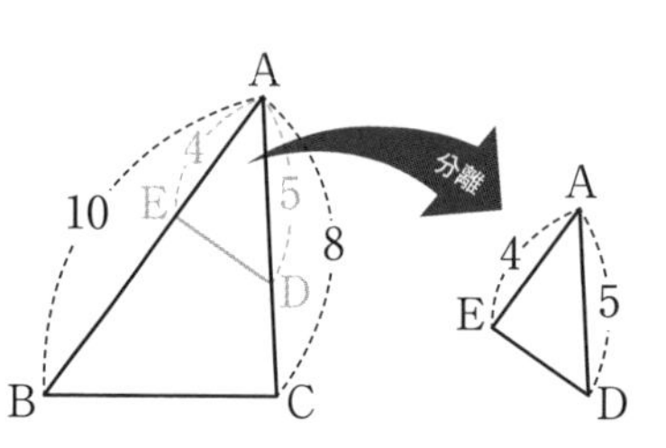

△ADE を，左右反転させて，
少し回転させると，△ABC と向きが
そろってわかりやすくなりますね。

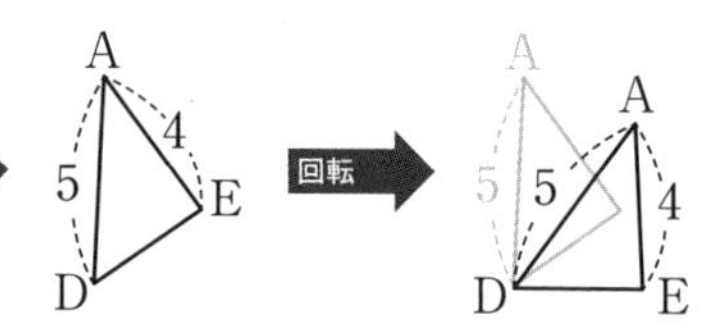

図には「辺の長さ」がかいてあるので，
「辺の比」を考えてみましょう。

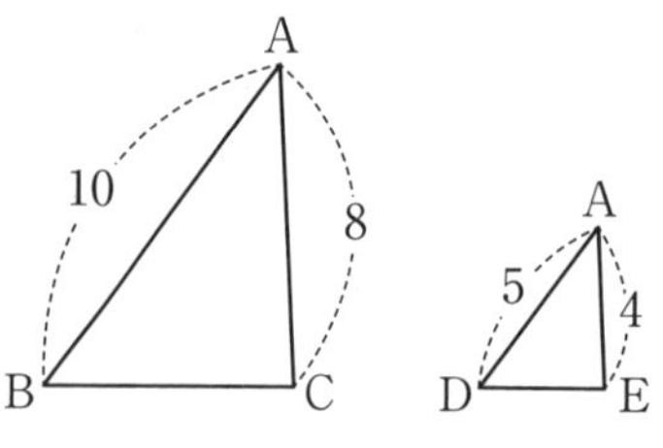

対応する辺の長さを比べてみると，

AB：AD＝10：5＝2：1

AC：AE＝ 8 ：4＝2：1

となります。

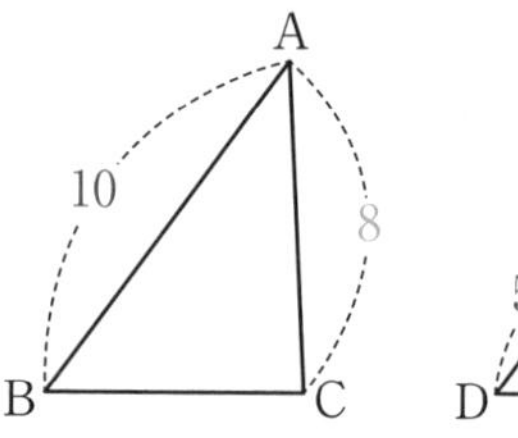

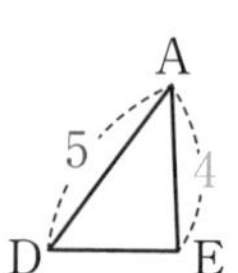

また，∠A は共通なので，

∠BAC＝∠DAE

です。

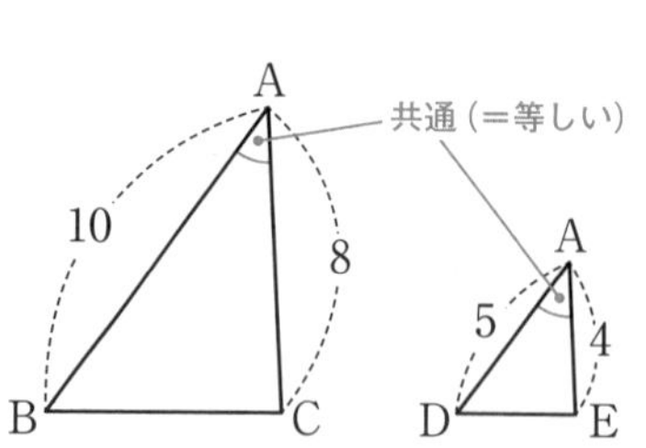

これは，**三角形の相似条件❷**に
あてはまるので，求める答えは，

△ABC∽△ADE

相似条件：2 組の辺の比とその
間の角がそれぞれ等しい。 答

となります。

(3)を考えましょう。
図にある「三角形」は，
△ABE と △DCE ですね。

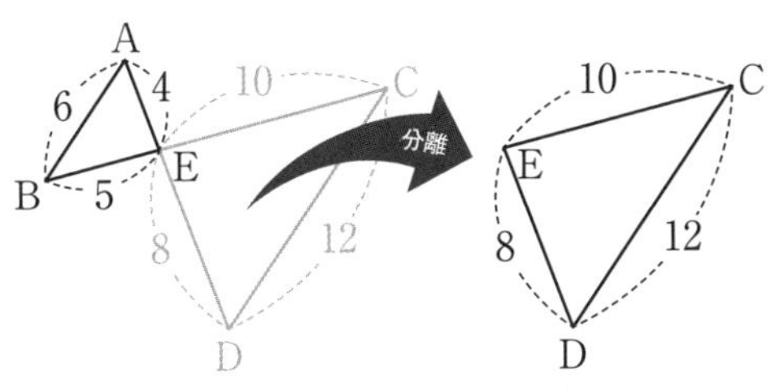

△DCE を回転させ，

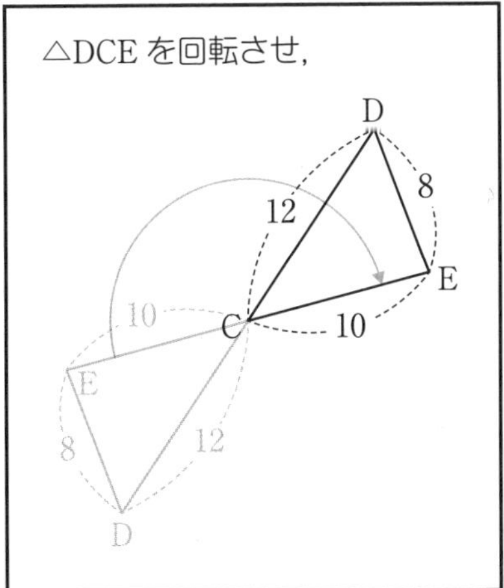

△ABE と △DCE の
向きをそろえて考えましょう。
対応する辺の長さを比べてみると，

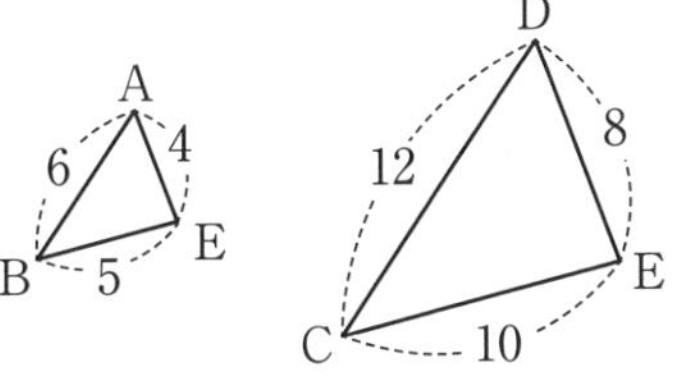

AB：DC＝6：12＝1：2
BE：CE＝5：10＝1：2
EA：ED＝4：8 ＝1：2
となります。

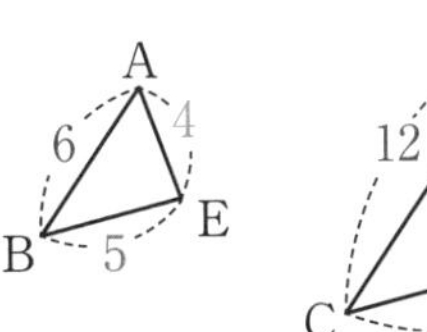

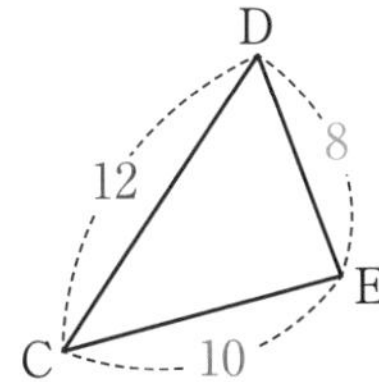

これは，**三角形の相似条件❶**に
あてはまるので，求める答えは，

△ABE∽△DCE
相似条件：3 組の辺の比がそれぞれ等しい。 答

となります。

※AD や BC が「直線」であるとはいえないため，「対頂角が等しい」ことによる三角形の相似条件❷は使えないので注意。

このように，相似だと思われる三角形を見つけたら，向きをそろえて考え，対応する辺の比や角が等しくないか，1 つずつチェックすればいいんですね。

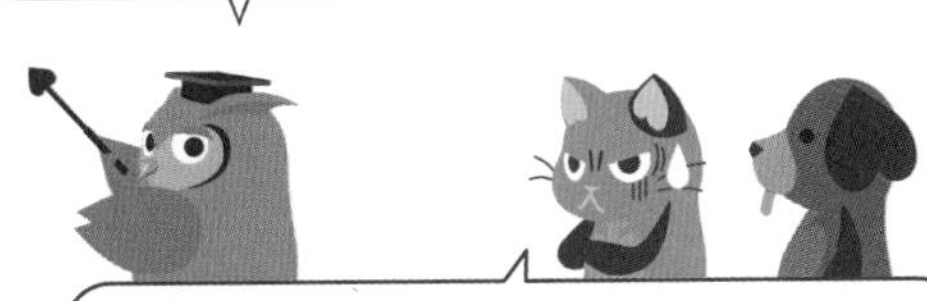

向きをそろえて考えるのが難しいニャ…
△ABC とかの名前を書く順番もまちがえそうだニャ…

問2 （相似条件と証明）

∠C＝90°の三角形 ABC で，点 C から辺 AB に垂線 CD をひく。このとき，次の問いに答えなさい。

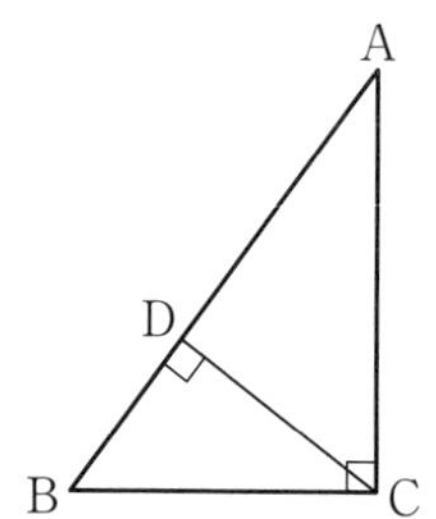

(1) △ABC∽△CBD となることを証明しなさい。

(2) AB＝5cm，AC＝4cm，BC＝3cm のとき，CD の長さを求めなさい。

ふぁ!? 出た!
久しぶりの「証明」ニャ!?
どうやるんだったニャ?

相似について考えるときは，まず，向きをそろえて考えましょう。

(1)は，△ABC と △CBD の相似を証明する問題ですね。向きをそろえて考えます。このイメージ，大丈夫ですか？

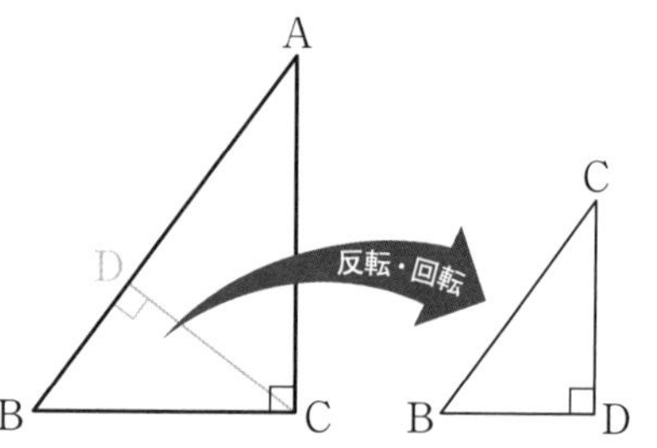

問題文にある「仮定」より，

∠ACB＝∠CDB＝90°

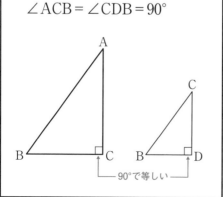

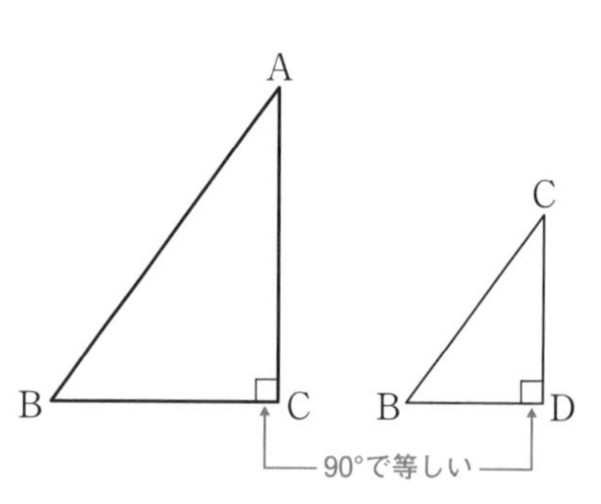

また，∠B は共通で等しいので，

∠ABC＝∠CBD

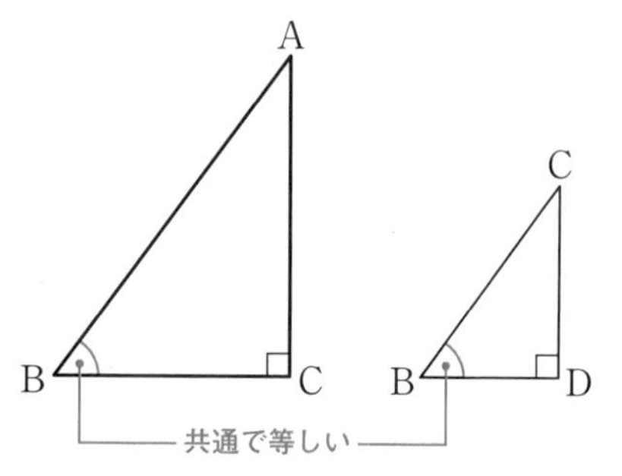

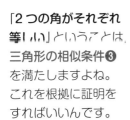

「2つの角がそれぞれ等しい」ということは，**三角形の相似条件❸**を満たしますよね。これを根拠に証明をすればいいんです。

証明

△ABC と △CBD において，

仮定より，

$\angle ACB = \angle CDB = 90^\circ$ ……①

また，∠B は共通 ……②

①，②より，2 組の角がそれぞれ等しいので，

△ABC ∽ △CBD  答

(2)では，まずそれぞれの線分の長さを図にあてはめてみましょう。

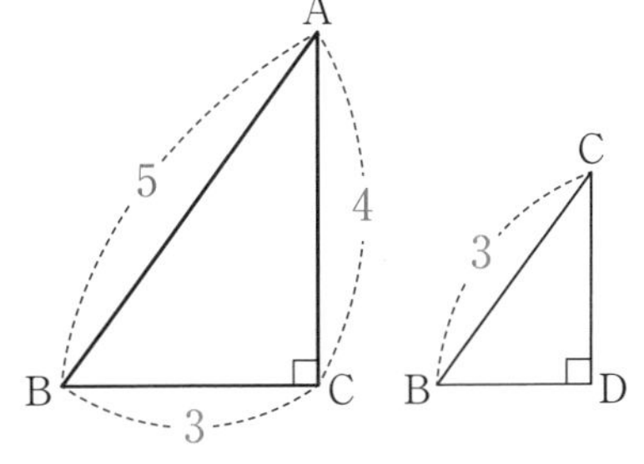

対応する線分の長さの比は等しいので，

AB：CB＝AC：CD

この比例式に各辺の長さを代入して計算すると，

5：3＝4：CD

5×CD＝12

CD＝2.4

2.4 cm $\left(\dfrac{12}{5}\text{ cm}\right)$ 答

❶比例式の性質（$a:b=m:n$ ならば $an=bm$）

相似な図形は，**対応する線分の長さの比はすべて等しい**ため，このように**比例式**にして答えを求めることが多いんです。

ニャるほど…
数学的に考える感じニャ…

図形の証明では，対象になる図形を抜き出して，向きをそろえてかくと，辺や角の対応がわかりやすくなります。少し手間ですが，確実に解くために必ず実行しましょう。

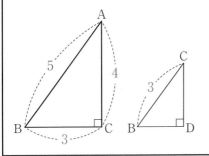

3 相似の利用

問1 （相似の利用①）

下の図で，池をはさんだ2地点A，B間の距離を求めるのに，A，Bを見通せる地点Cを決めました。CA＝16m，CB＝20m，∠ACB＝83°となるとき，次の問いに答えなさい。

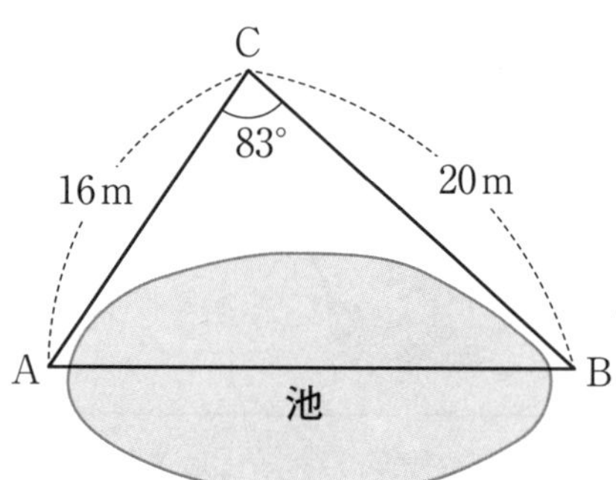

(1) △ABCの縮図△A′B′C′を，C′A′＝4cmとなるようにかきなさい。

(2) △ABCの縮図△A′B′C′を利用して，A，B間のおよその距離を求めなさい。

実生活では，池をはさんだ2点間の距離を測るのは大変ですよね。ところが，**相似を利用**することで，簡単にわかってしまうんです。

(1)を考えましょう。
△ABCの**縮図**△A′B′C′を，C′A′＝4cmとなるようにかけという問題ですね。

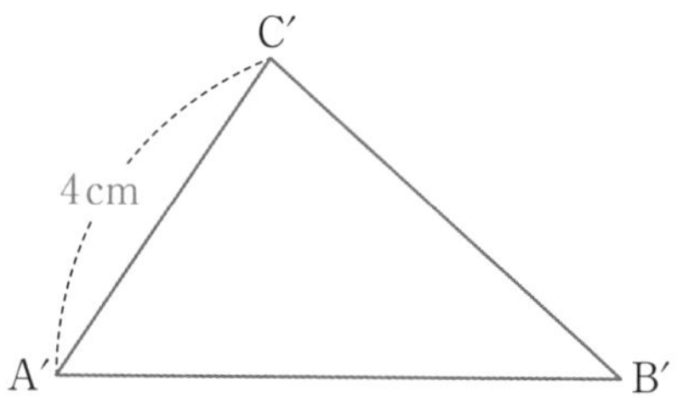

「縮図」はもとの図形と**相似**なので，

$$\triangle ABC \backsim \triangle A'B'C'$$

相似比は，CA＝16m＝1600cm，C′A′＝4cmより，

$$CA : C'A' = 1600 : 4$$
$$= 400 : 1$$

となります。

これより，C′B′の長さを求めると，CB＝20m＝2000cmなので，

$$CB : C'B' = 400 : 1$$
$$2000 : C'B' = 400 : 1$$
$$2000 \times 1 = C'B' \times 400$$
$$C'B' = 5\ (\text{cm})$$

C′A′＝4cm,

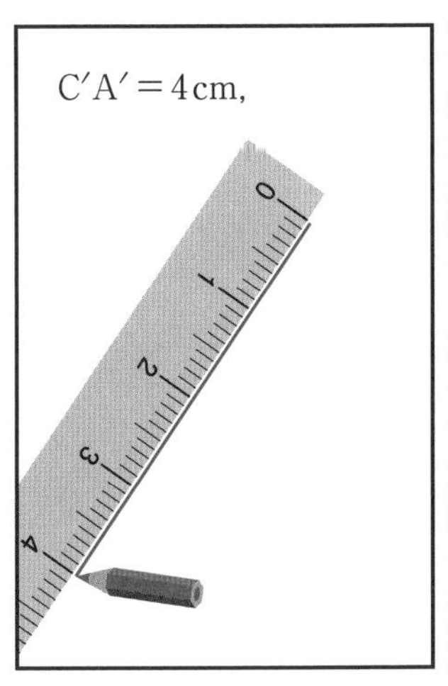

∠A′C′B′＝83°,
C′B′＝5cm
となるように
縮図をかくと,

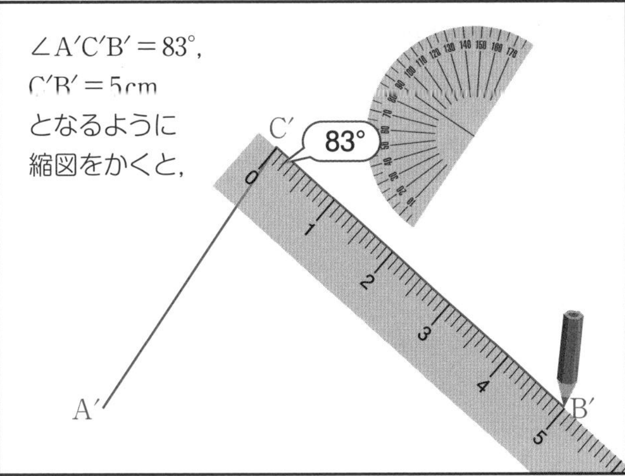

このような図になります。
これが，実際の大きさの 400 分の 1 の縮図です。

C′
83°
4cm
5cm
A′
B′
答

(2)では,
この縮図から,
A′B′間の長さを
ものさしで
測ってください。
およそ 6cm に
なりますよね。

△ABC と△A′B′C′の相似比は
400：1 なので,

AB：A′B′＝400：1

A′B′は 6cm なので,

AB：6＝400：1

となります。

これを計算すると,

AB：6＝400：1

AB×1＝6×400

AB＝2400（cm）

2400cm＝24m なので,
AB 間の距離は,

およそ 24m 答

となります。

※6cm×400（倍）=2400cm と計算しても OK。

下の図のように，高さ 2m の鉄棒 AB の影 BC の長さが 1.5m のとき，木の影 EF の長さは 4.5m であった。この木の高さ DE を求めなさい。

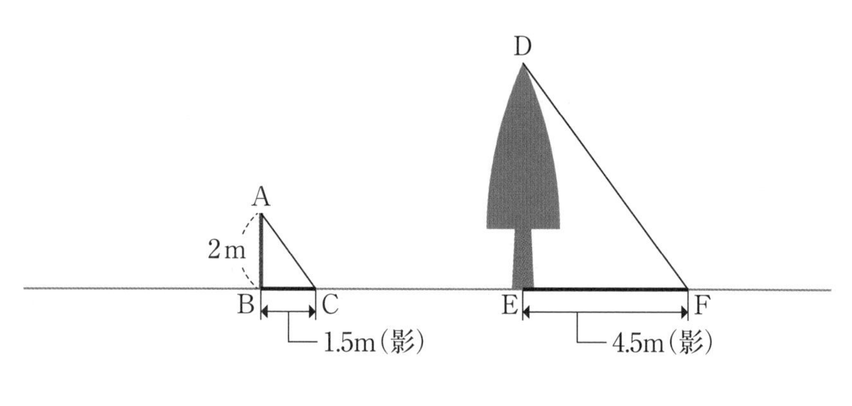

…木の高さ？
これも相似を使って
求めるニャ？
これは簡単だワン！

30mm だワン！（原寸）
いや，絶対ちがうニャ！
なんで鉄棒より低いニャ？

太陽光の地上に対する角の大きさは，どこでも等しくなります。

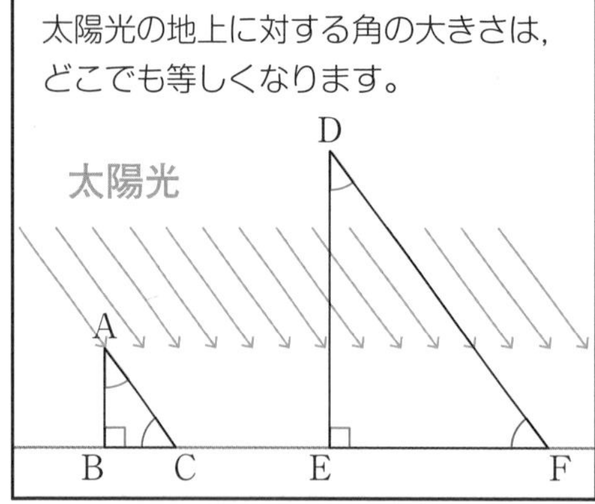

したがって，2 組の角（直角もふくめると 3 組の角）が等しいので，

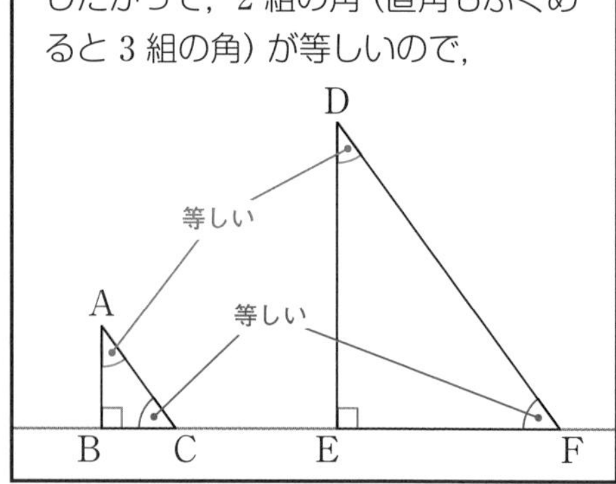

△ABCと△DEFは**相似**となります。
この相似関係を利用しましょう。

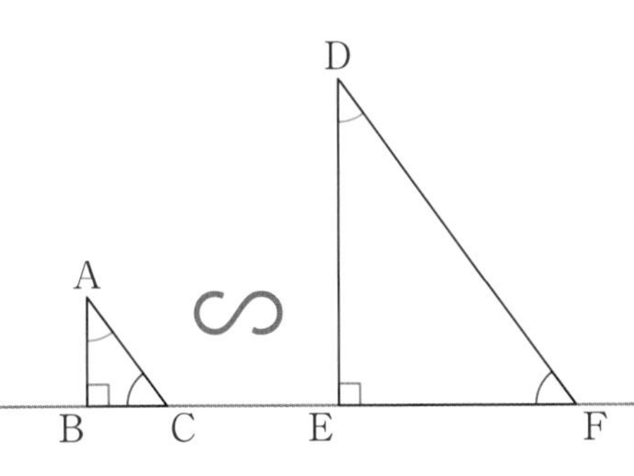

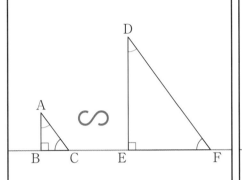

求めたい高さDEをxmとおくと，

$$AB : x = BC : EF$$

$$2 : x = 1.5 : 4.5$$

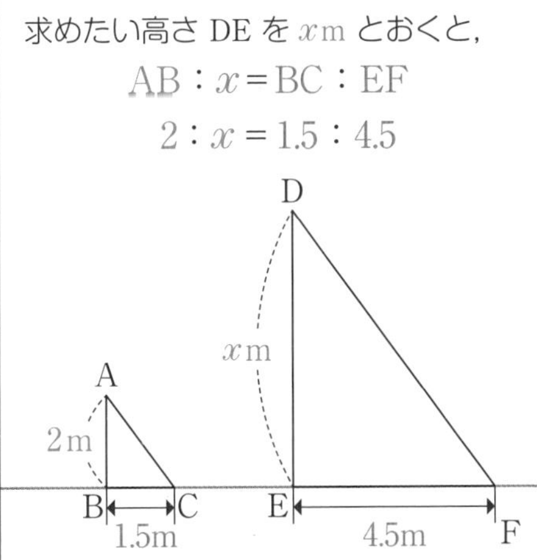

これを計算すると，

$$2 : x = 1.5 : 4.5$$

$$1.5x = 2 \times 4.5$$

$$1.5x = 9$$

$$x = 6$$

したがって，
木の高さDEは，

6m **答**

となります。

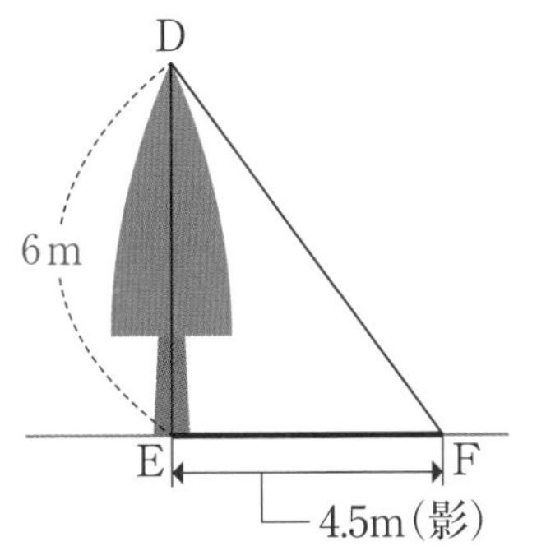

別解

BC＝1.5m，EF＝4.5mより，

$$BC : EF = 1.5 : 4.5$$

$$= 1 : 3$$

△ABCと△DEFの相似比は
1：3となるので，
AB＝2mより，

$$2 : DE = 1 : 3$$

$$DE = 6m$$ **答**

このように，直接測ることの難しい距離や長さでも，相似を利用することで簡単に求められるわけですね。
最近多い「思考力を問う問題」でも，この相似な図形の考え方はよく使われますので，しっかり覚えておきましょう。

4 三角形と比

問 1 （三角形と比）

右の図で，DE // BC とします。このとき，次の(1)，(2)となることをそれぞれ証明しなさい。

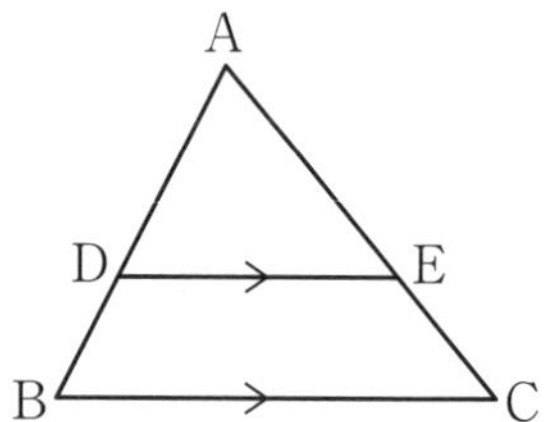

(1) △ADE ∽ △ABC

(2) AD：DB＝AE：EC

出た!!! 恐怖の「証明しなさい」ニャ…!
どうすればいいのかわからんやつニャ!

平行な 2 直線があるときは，**平行線の性質**を考えることで，正解が見えてくることが多いんですよ。

2 直線に 1 直線が交わるとき，2 直線が平行ならば，**同位角**や**錯角**は等しい。この平行線の性質を使って，相似の条件をそろえましょう。

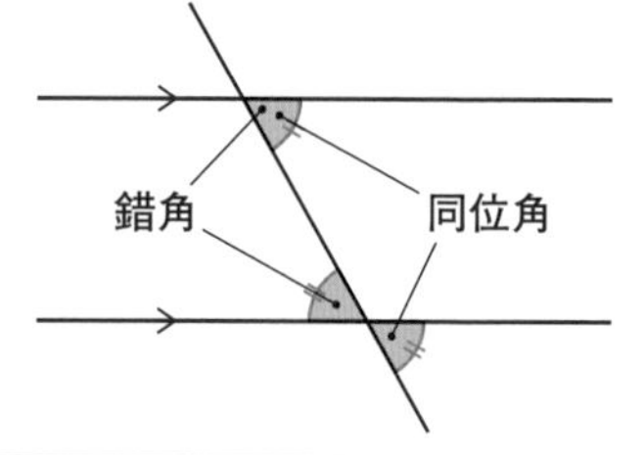

(1)を考えましょう。DE // BC より，

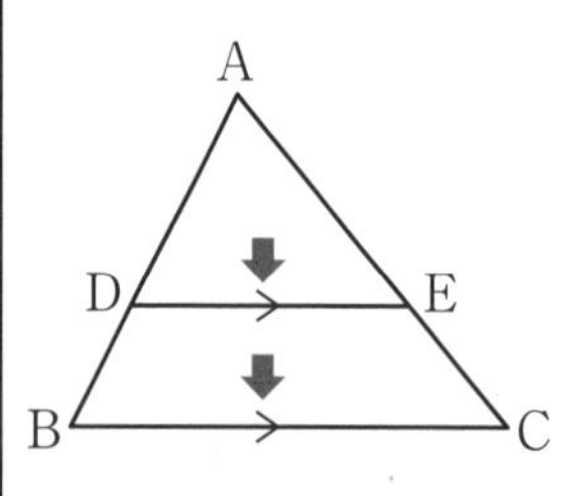

平行線の同位角は等しいので，

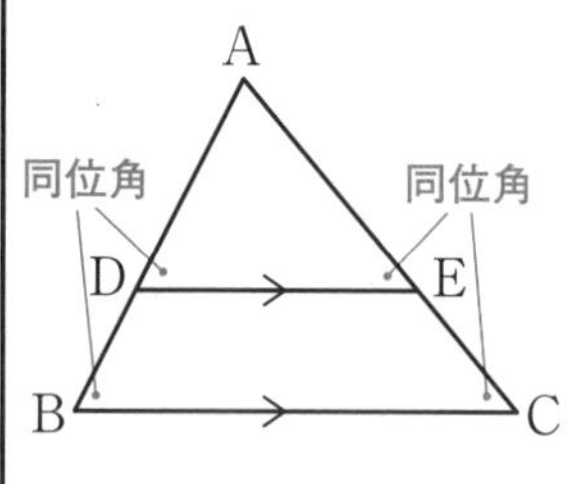

∠ADE＝∠ABC
∠AED＝∠ACB

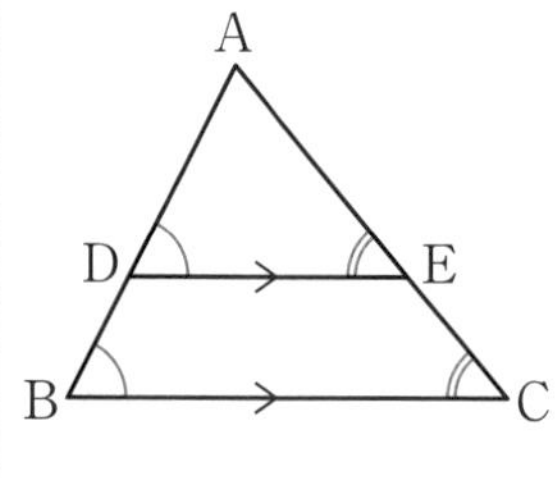

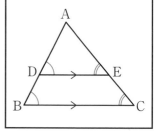

「2組の角がそれぞれ等しい」ということは，**三角形の相似条件❸**を満たしますよね。これを根拠に証明をすればいいんです。

※①・②のどちらかを「共通な角だから，∠DAE=∠BAC」にしてもよい。

証明

△ADE と △ABC において，
DE // BC より，
平行線の同位角は等しいので，
　∠ADE = ∠ABC　……①
　∠AED = ∠ACB　……②
①，②より，
2組の角がそれぞれ等しいので，
　△ADE ∽ △ABC　**答**

相似な図形は，対応する線分の長さの比はすべて等しいので，
AD：AB＝AE：AC＝DE：BC
となることをおさえておきましょう。

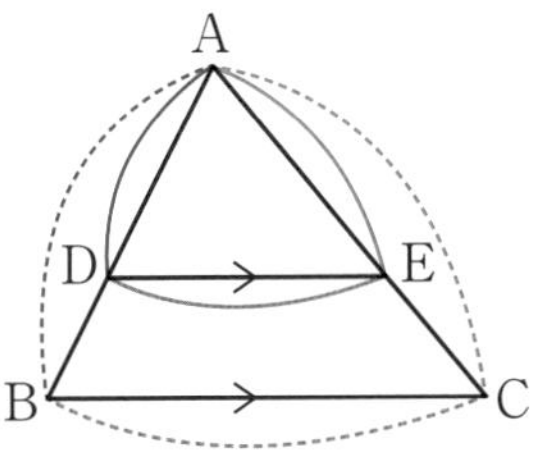

(2)は，(1)とはちがって，
AD：DB＝AE：EC
となることを証明する問題です。

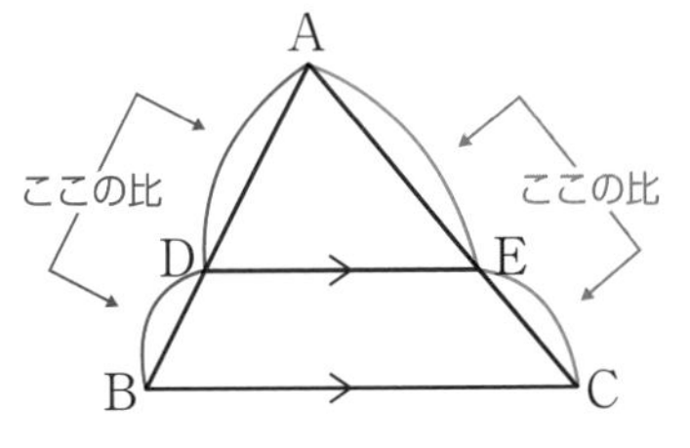

そうなんです。
これを証明するのは結構難しいので，ヒントを出しましょう。

まず，点 E を通り，辺 AB に平行な直線をひき，

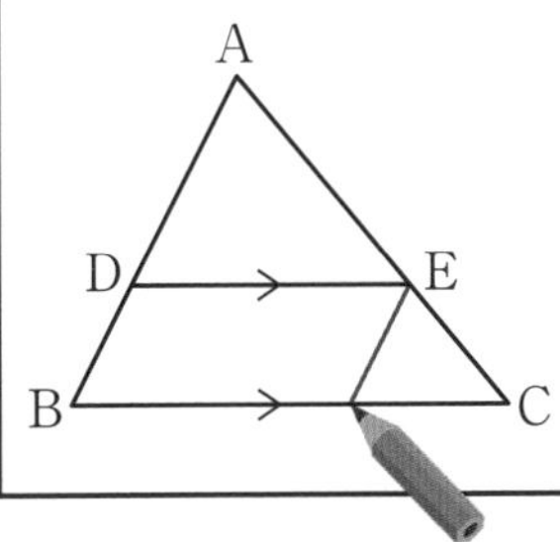

辺 BC との交点を F とします。これで考えてみてください。

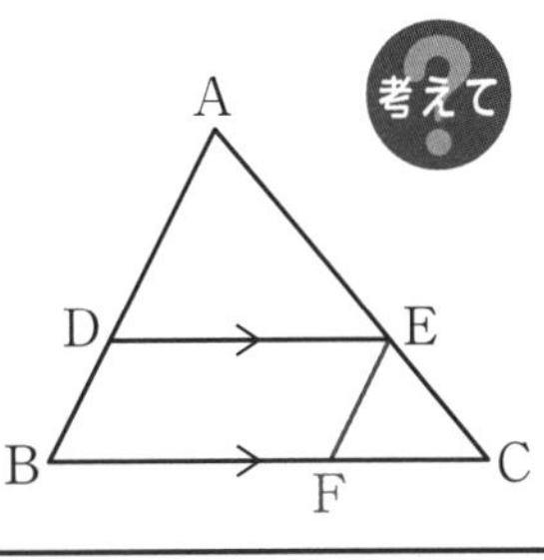

さあ，いいですか？
今回も，2つの三角形の**相似**を根拠として，証明を展開していきますからね。

平行な2直線に**1直線**が交わっているのをイメージすると，

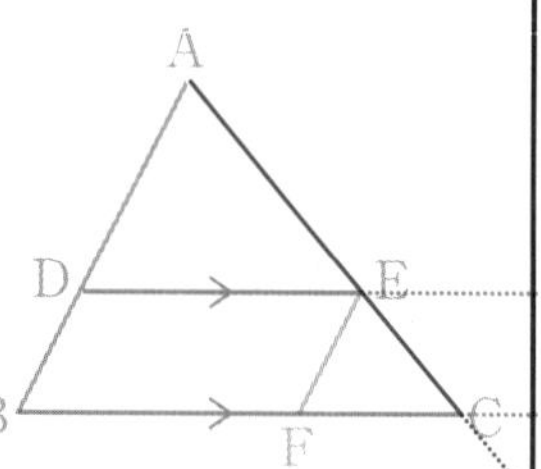

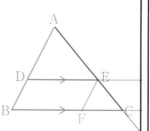

同位角は等しいので，

∠AED＝∠ECF

となります。

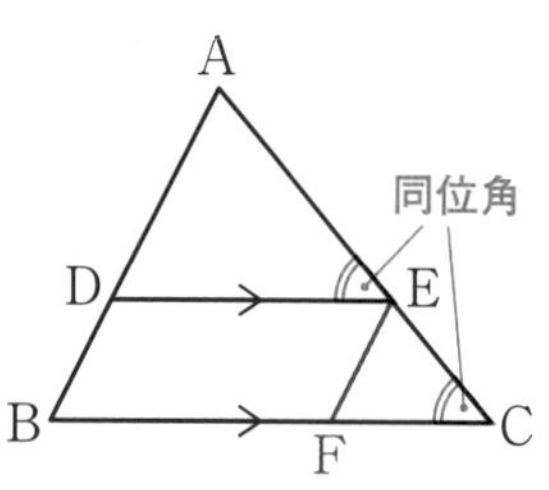

また別の視点から，
平行な2直線に**1直線**が交わっているのをイメージすると，

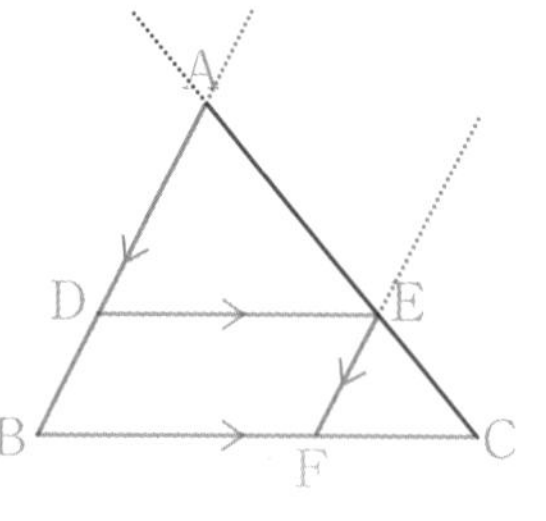

同位角は等しいので，

∠DAE＝∠FEC

となります。

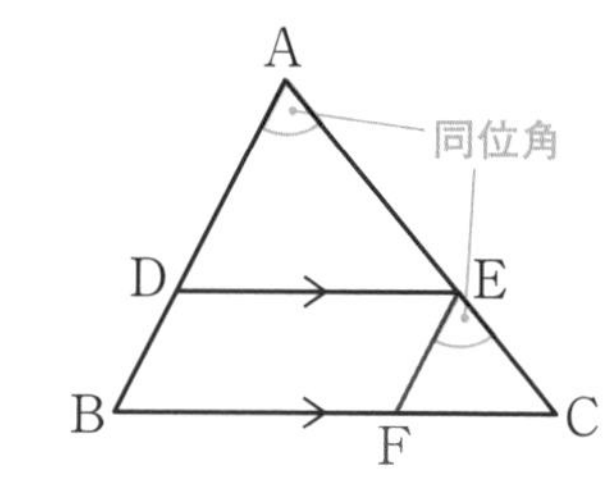

2組の角がそれぞれ等しいので，

△ADE∽△EFC

となります。

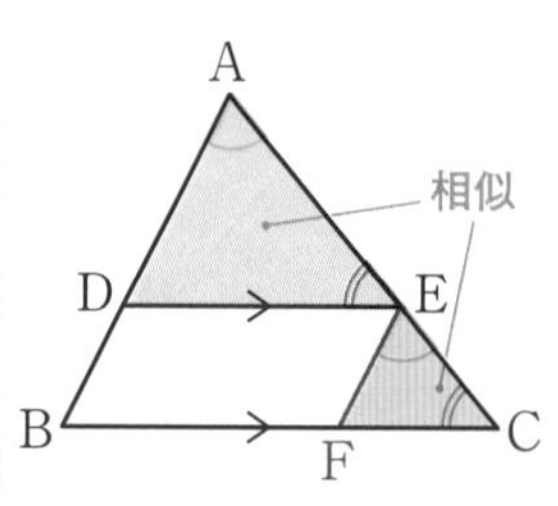

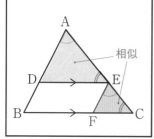

相似な図形の対応する線分の長さの比はすべて等しいので，

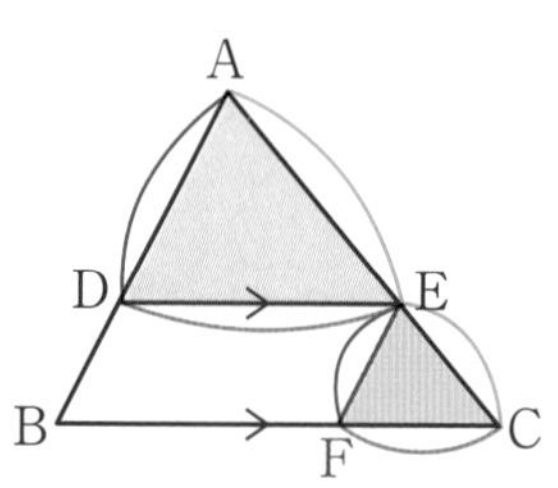

AD：EF＝AE：EC
が成り立ちます。

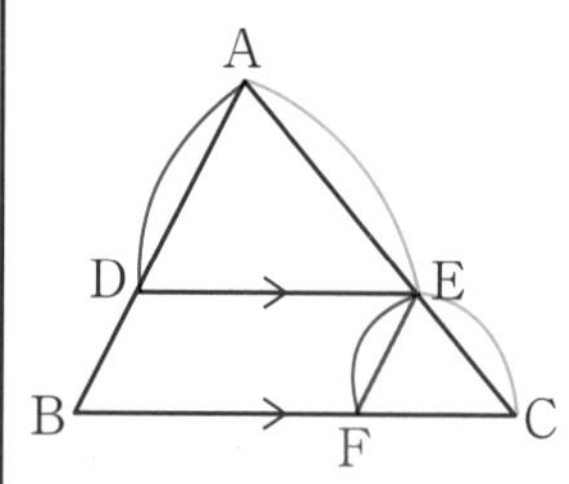

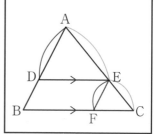

…EF？
AD：DB＝AE：EC
を証明するんじゃないニョ？

そう！
よく気づき
ました！

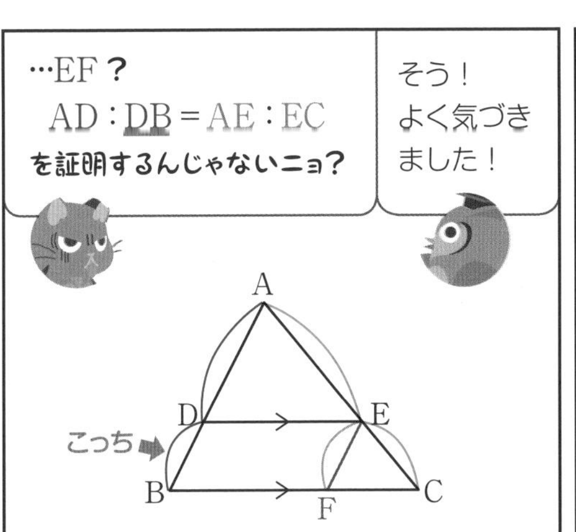

ここで使うのが，
平行四辺形の性質の１つ，
「2組の対辺はそれぞれ等しい」
です。

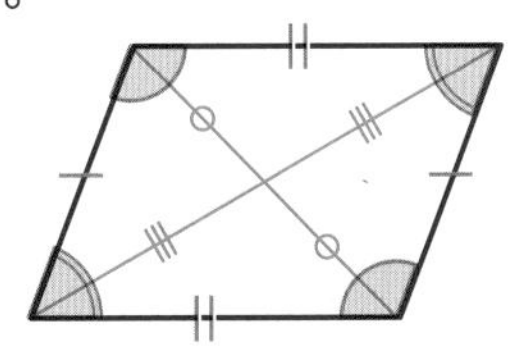

❶ 平行四辺形の性質
➡ ❶ 2 組の対辺はそれぞれ等しい。
❷ 2 組の対角はそれぞれ等しい。
❸ 対角線はそれぞれの中点で交わる。

四角形 DBFE は
平行四辺形ですから，
EF＝DB
となりますよね。

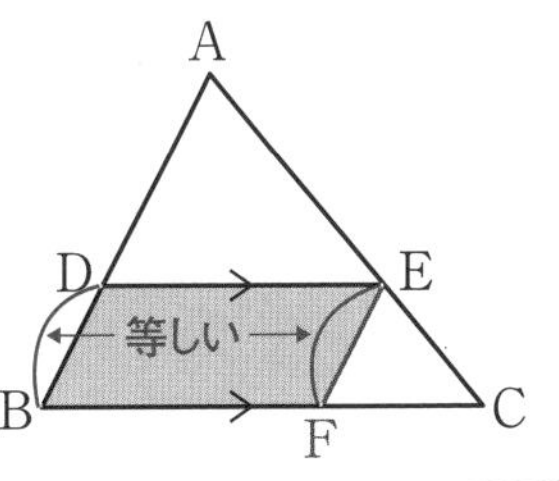

したがって，
AD：EF＝AE：EC
⬇
AD：DB＝AE：EC
も成り立つんです。

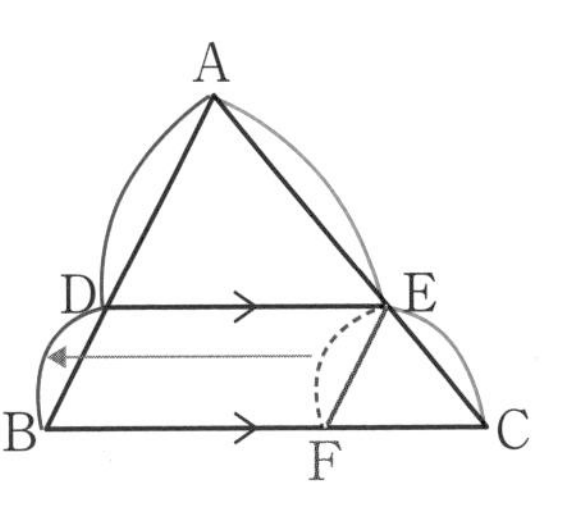

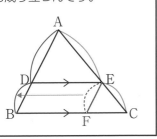

このような筋道と根拠をもとに，
証明を展開していきましょう。

証明

点 E を通り，辺 AB に平行な直線をひき，辺 BC との交点を F とする。
△ADE と△EFC で，
平行線の同位角は等しいので，
DE // BC より，
∠AED＝∠ECF　…… ①
AB // EF より，
∠DAE＝∠FEC　…… ②
①，②より，2 組の角がそれぞれ等しいので，
△ADE ∽ △EFC
よって，AD：EF＝AE：EC
四角形 DBFE は平行四辺形なので，
EF＝DB
したがって，AD：DB＝AE：EC

Chapter 5 相似な図形 4 三角形と比

こんな証明がいちから
できるわけないニャ!
ネコをニャメてんニョ!?

まあまあ

これは，次の「定理」が
成り立つ理由を説明する
ためのものですから，
できなくても大丈夫です。

とにかく，
三角形の中に，
1 つの辺に平行な直線
があるときは，

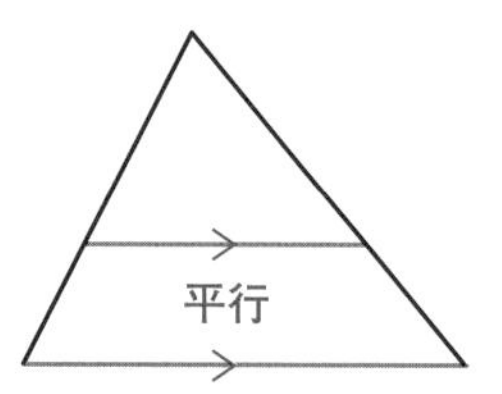
平行

各辺の**長さの比**は，
次のように
等しくなるんだよ，
ということを
覚えておいてください。
特に❷は要注意ですよ。

三角形と比の定理

△ABC の辺 AB，AC 上の点をそれぞれ D，E とするとき，

❶ DE // BC ならば

AD : AB = AE : AC = DE : BC

❷ DE // BC ならば

AD : DB = AE : EC

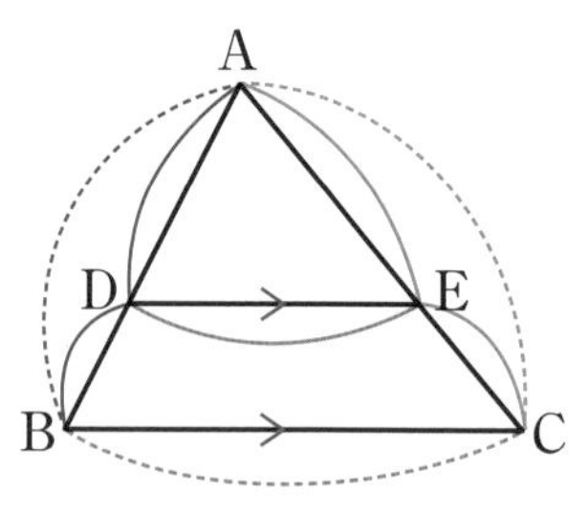
A
D
E
B
C

また，ある定理の仮定と結論を入れかえたものを，その定理の「**逆**」といいますが，
三角形と比の定理は，「**逆**」も成立するんです。

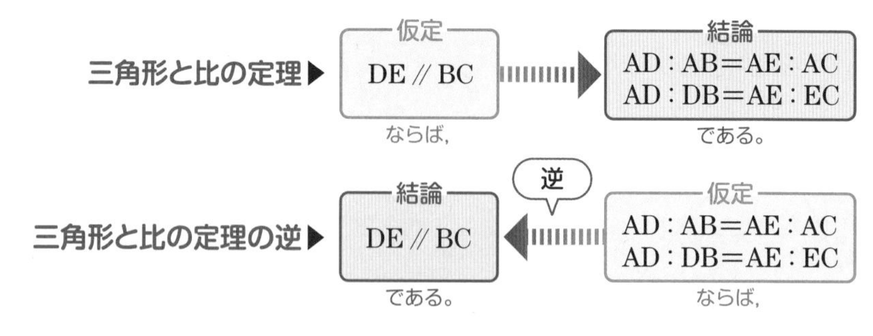
三角形と比の定理▶
仮定
DE // BC
ならば，
結論
AD : AB＝AE : AC
AD : DB＝AE : EC
である。
三角形と比の定理の逆▶
結論
DE // BC
である。
逆
仮定
AD : AB＝AE : AC
AD : DB＝AE : EC
ならば，

つまり，△ABC で，
AD：AB = AE：AC
となるように，

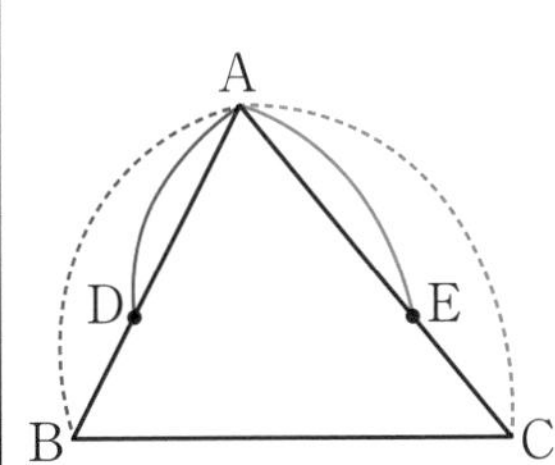

もしくは，
AD：DB = AE：EC
となるように，
点 D，E をとると，

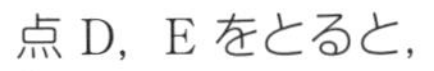

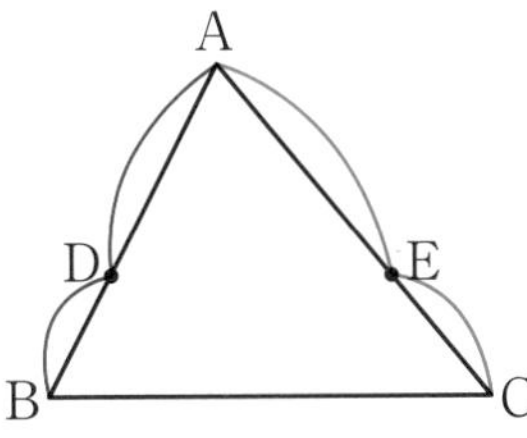

DE // BC
となる。
…が**成立する**ということです。

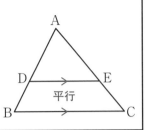

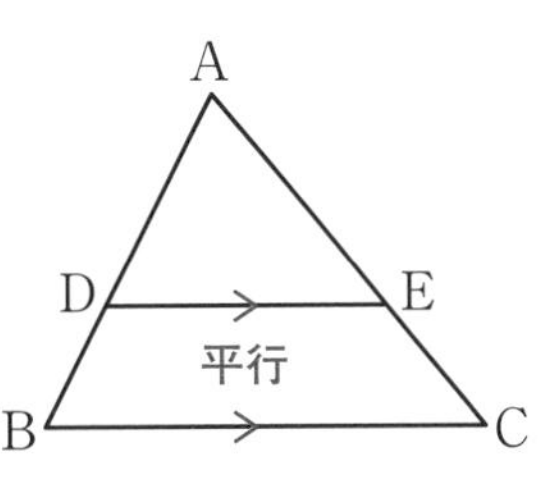

三角形と比の定理の逆

△ABC の辺 AB，AC 上の点をそれぞれ D，E とするとき，

❶ AD：AB = AE：AC　ならば
DE // BC

❷ AD：DB = AE：EC　ならば
DE // BC

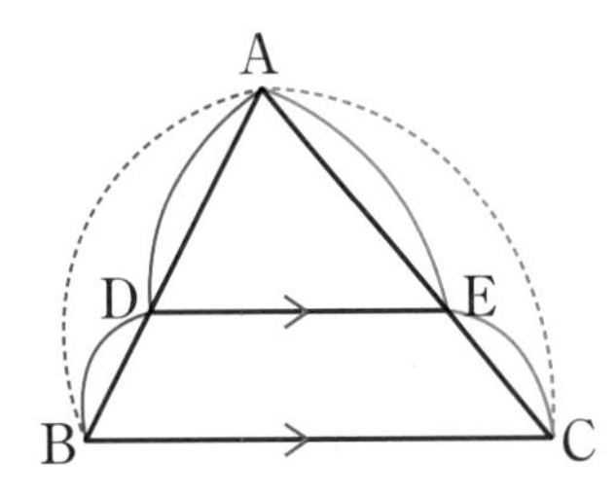

この「逆」が成り立つことの証明は次のとおりです。サッと目を通して，とにかく，**三角形と比の定理は「逆」も成り立つ**ことをおさえておいてくださいね。

証明

△ADE と△ABC において，
仮定より，AD：AB = AE：AC　…①
共通な角より，∠DAE = ∠BAC …②
①，②より，2 組の辺の比とその間の角がそれぞれ等しいので，
　△ADE∽△ABC
対応する角はそれぞれ等しいので，
　∠ADE = ∠ABC
同位角が等しいので，DE // BC

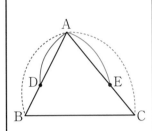

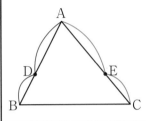

問2 (中点連結定理)

右の図で，△ABC の辺 AB，AC の中点をそれぞれ M，N とすると

$$MN \parallel BC,\ MN = \frac{1}{2}BC$$

となることを証明しなさい。

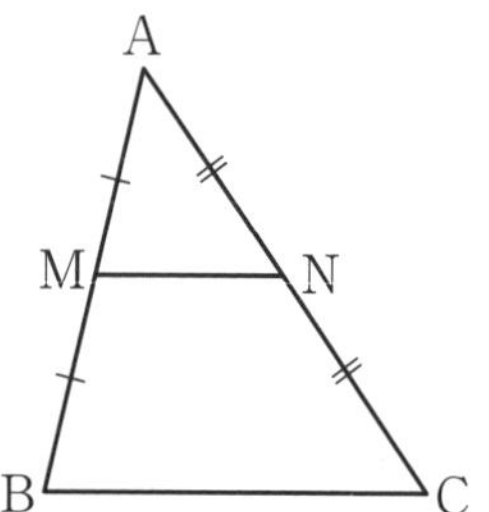

△AMN と△ABC において，仮定より，

AM：AB＝1：2

AN：AC＝1：2

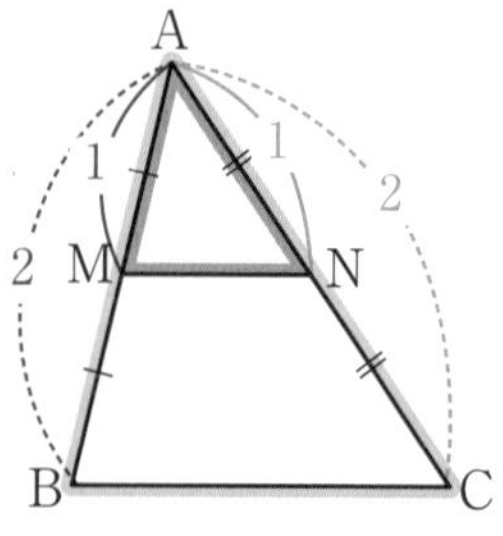

∠A は共通なので，

∠MAN＝∠BAC

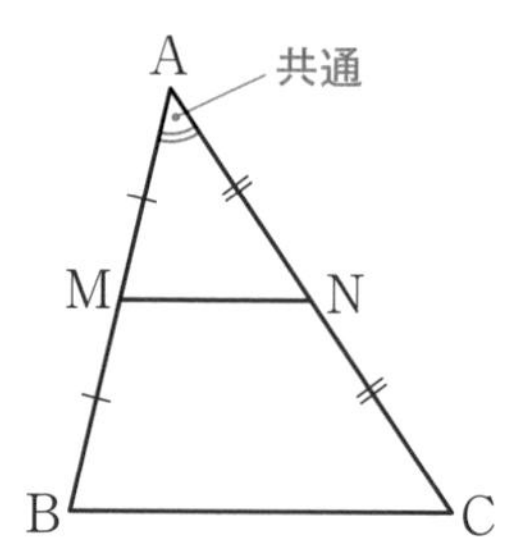

2 組の辺の比とその間の角がそれぞれ等しいので，

△AMN∽△ABC

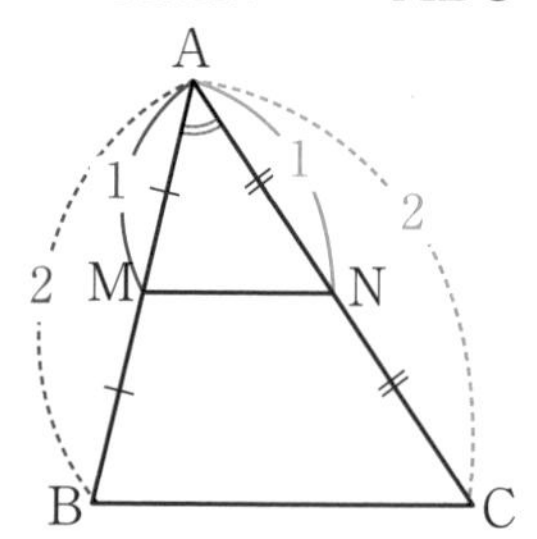

相似な図形の対応する角は等しいので，

∠AMN＝∠ABC

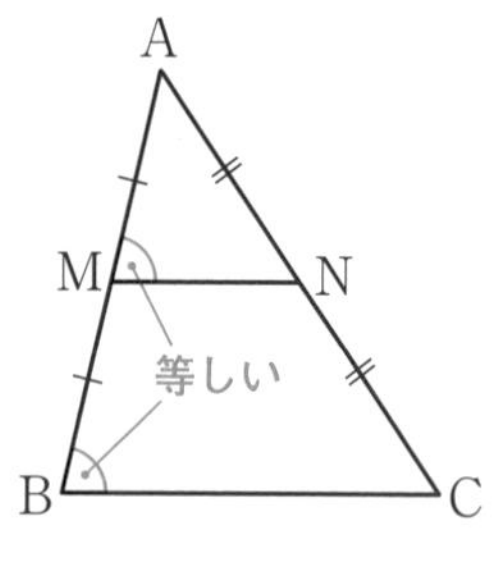

同位角が等しいので，

MN // BC

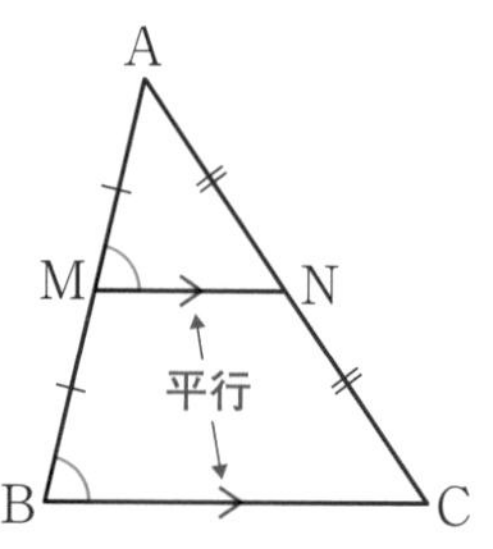

相似比*は 1：2 なので，

MN：BC＝1：2

$$MN = \frac{1}{2}BC$$

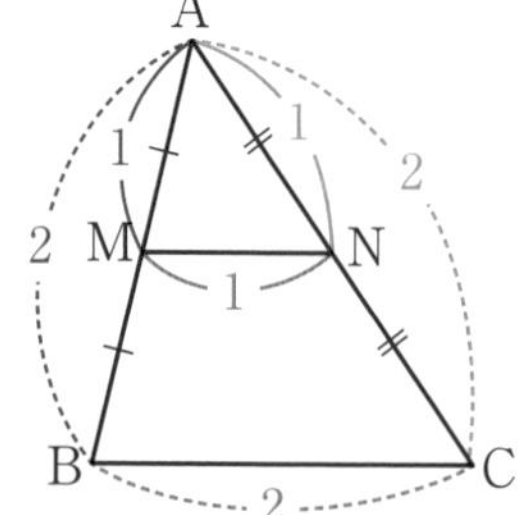

*相似比…相似な図形で，対応する線分の長さの比のこと。

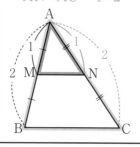

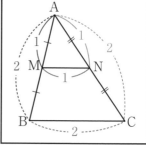

このような流れで，証明を展開していきましょう。

証明

△AMN と△ABC において，

仮定より， AM：AB＝1：2

AN：AC＝1：2

よって，

AM：AB＝AN：AC＝1：2 ……①

共通な角なので，

∠MAN=∠BAC ……②

①，②より，2 組の辺の比とその間の角がそれぞれ等しいので，

△AMN∽△ABC

相似な図形の対応する角は等しいので，

∠AMN＝∠ABC

同位角が等しいので，MN // BC

①より，相似比は 1：2 なので，

MN：BC＝1：2

よって，$MN=\frac{1}{2}BC$ 答

別解

① **三角形と比の定理の逆**（AM：MB＝AN：NC ならば，MN // BC）を使う。
② **平行線の性質**（2 直線が平行ならば，同位角は等しい）を使う。
③ **三角形の相似**（2 組の角がそれぞれ等しい）を示す。
④ 相似比 1：2 を根拠に，$MN=\frac{1}{2}BC$ を示す。

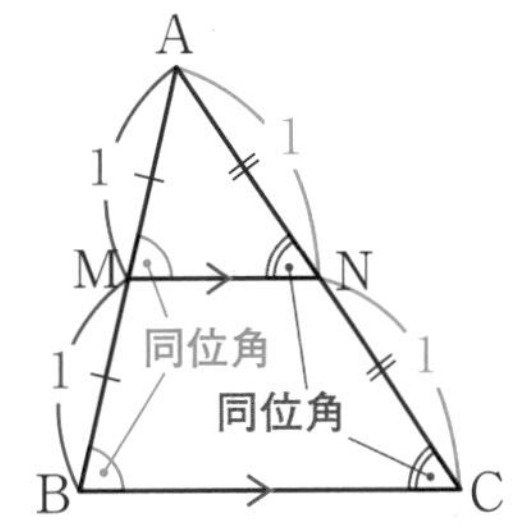

このことから，
次の定理も成り立ちます。
最後にこれをおさえて
おきましょう。

POINT

中点連結定理（ちゅうてんれんけつていり）

定理

△ABC の辺 AB，AC 上の中点をそれぞれ M，N とすると，次の関係が成り立つ。

$$MN \,//\, BC,\quad MN=\frac{1}{2}BC$$

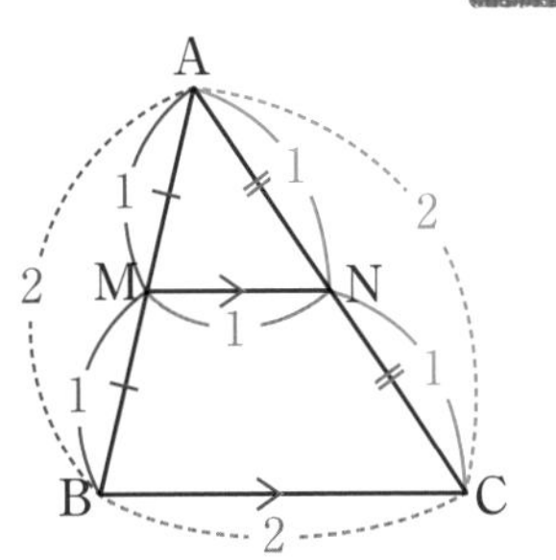

END

Chapter 5 相似な図形 4 三角形と比

5 平行線と比

問 1 (平行線と比①)

右の図で，3 直線 a，b，c は $a /\!/ b /\!/ c$ です。この 3 直線が，直線 ℓ とそれぞれ点 A，B，C で交わり，直線 ℓ' とそれぞれ点 A′，B′，C′で交われば，AB：BC＝A′B′：B′C′となることを証明しなさい。

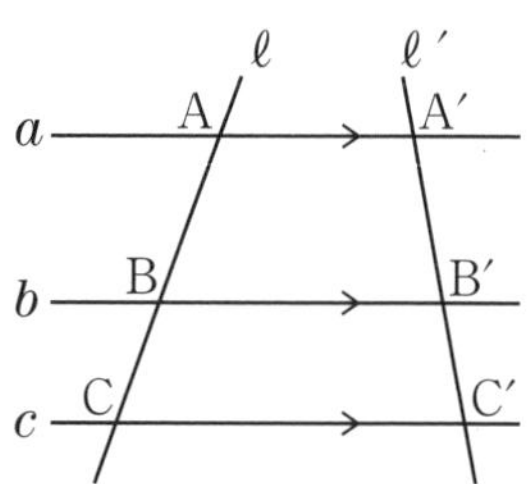

実はこれ，前回やった**三角形と比の定理（❷）**を使って証明できるんです。

まず，平行な 2 直線があります。

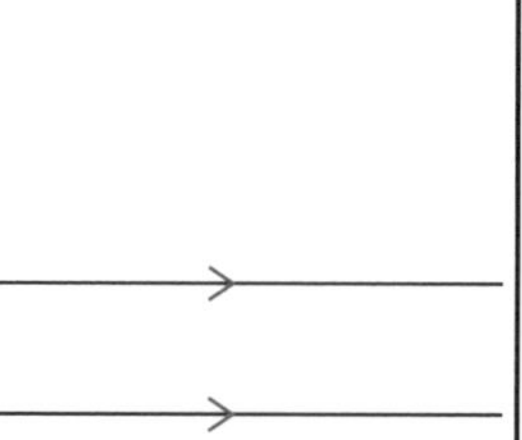

1 点から出る 2 つの線分が，平行な 2 直線に交わりました。

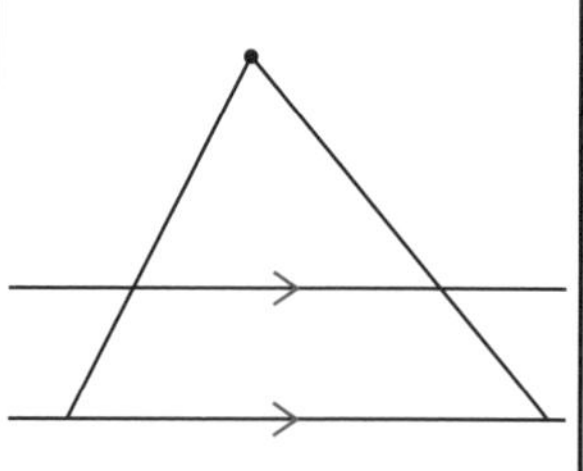

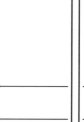

このとき，下図の「□：○」と「△：◎」は等しくなるんですよ，というのが，三角形と比の定理なんですね。

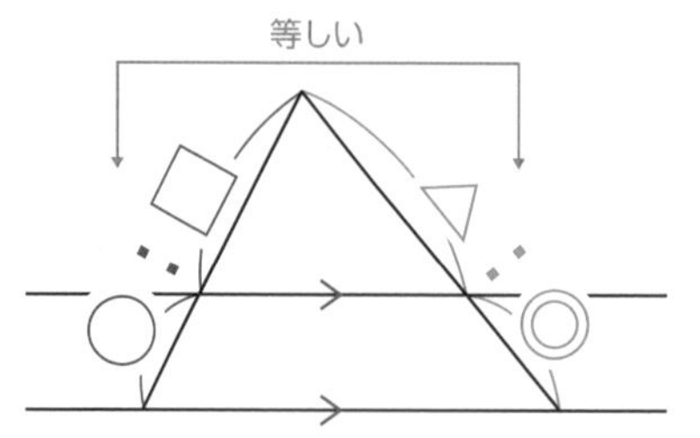

この定理を使うために，まず点 A を通り直線 ℓ'に平行な直線 m をひき，直線 b，c との交点を D，E とします。

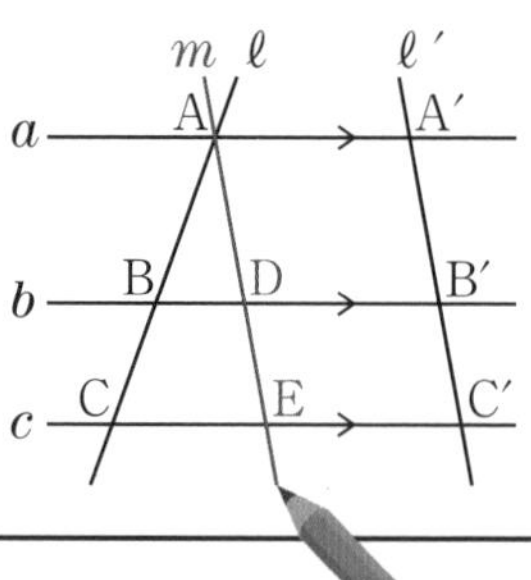

すると，△ACE で，三角形と比の定理が使えますよね。

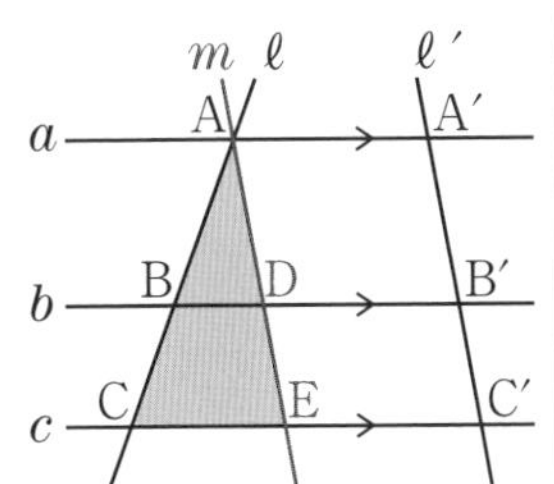

△ACE で，BD // CE であるから，AB : BC = AD : DE

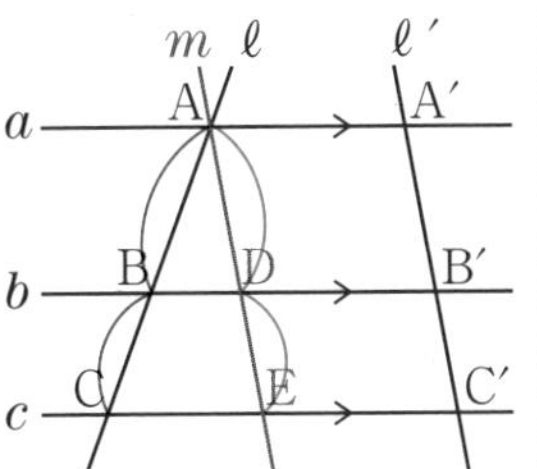

また，四角形 ADB′A′ と四角形 DEC′B′は，どちらも**平行四辺形***ですよね。

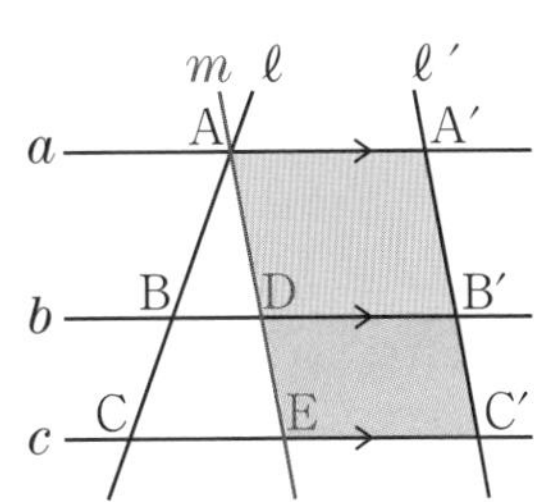

平行四辺形では「**2 組の対辺はそれぞれ等しい**」ので，AD = A′B′，DE = B′C′

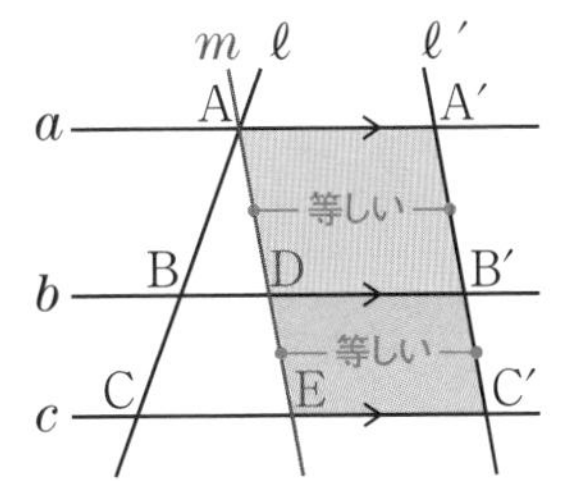

したがって，

AB : BC = AD : DE

↓

AB : BC = A′B′ : B′C′

となります。

このような論理で，証明を展開しましょう。

証明

点 A を通り，直線 ℓ′に平行な直線 m をひき，直線 b，c との交点を，それぞれ D，E とする。
△ACE で，BD // CE であるから，

AB : BC = AD : DE　… ①

四角形 ADB′A′と四角形 DEC′B′はどちらも平行四辺形なので，

AD = A′B′，DE = B′C′　… ②

①，②から，

AB : BC = A′B′ : B′C′

答

ニャるほど…自分で直線をひいて定理をあてはめるニョね…

平行な 3 つの直線に 2 つの直線が交わるとき，次の定理が成り立つんです。

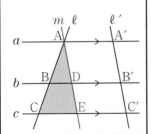

平行線と比

定理

平行な 3 つの直線 a, b, c が，
直線 ℓ とそれぞれ A, B, C で交わり，
直線 ℓ' とそれぞれ A′, B′, C′で交わるとき，
次の関係が成り立つ。

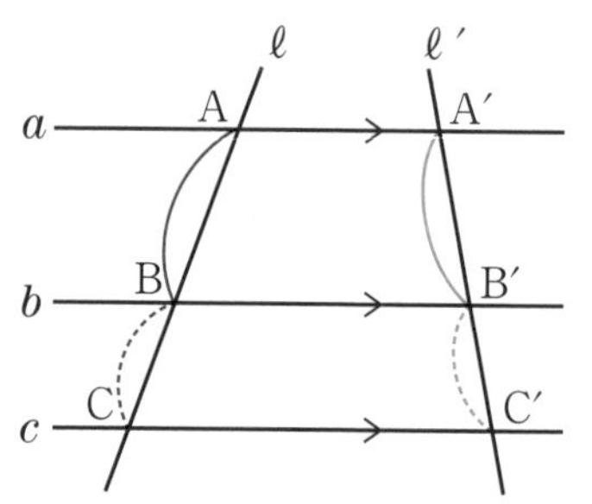

$$AB : BC = A'B' : B'C'$$

※AB：A′B′ = BC：B′C′ と
AB：AC = A′B′：A′C′ も成り立つ

問2 （平行線と比②）

下の図で，直線 ℓ，m，n が平行であるとき，x の値を求めなさい。

(1)

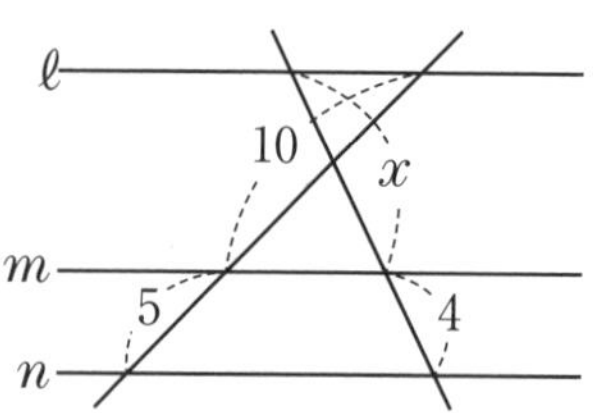

(2)

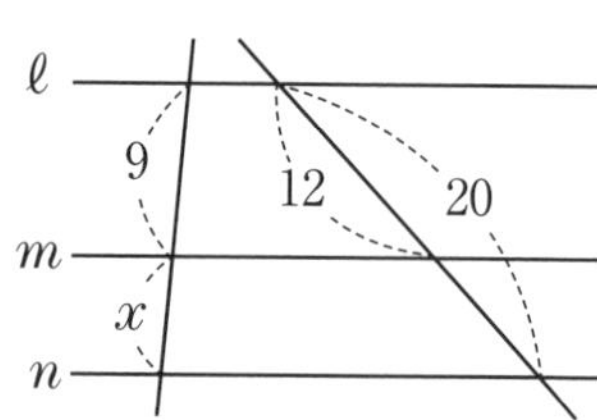

さあ，これはもう簡単ですよね。先程学んだ「**平行線と比**」の定理にそれぞれの線分の値をあてはめれば，x の値が求められます。

(1)を解きましょう。

$$x : 4 = 10 : 5$$

$$x \times 5 = 4 \times 10$$

$$5x = 40$$

$$x = 8$$ 答

※10 は 5 の 2 倍なので，x も 4 の 2 倍だと考えてもよい。

(2)を解きましょう。

$$9 : x = 12 : 8$$

$$9 \times 8 = x \times 12$$

$$72 = 12x$$

$$x = 6$$ 答

※20 − 12 = 8 より。

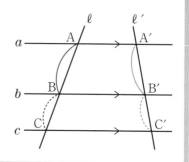

問3 （三角形の角の二等分線の性質）

右の図の△ABC で，∠A の二等分線と辺 BC との交点を D とするとき，AB：AC＝BD：DC となることを証明しなさい。

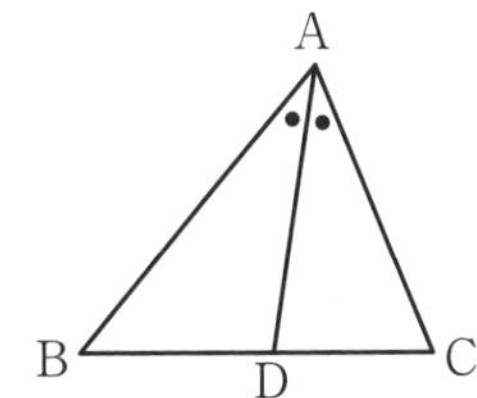

AB：AC の比と，BD：DC の比。この 2 つの比が等しいことを証明せよ，という問題ですね。

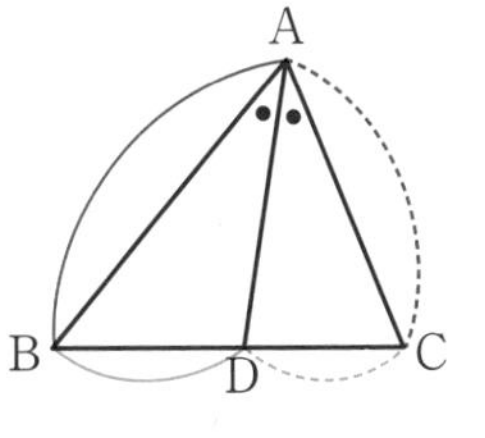

…ん？　三角形と比の定理とか，その逆とか，中点連結定理とか，平行線と比の定理とか，いろんな定理が全くあてはまらなくニャい？

そう，「このまま」では，どんな定理もあてはまらず，らちがあかないんですよね。

そういうときに試してほしいのが，この 3 枚のカード*です！

変なカードが急に出てきたニャ!?

平行線　▶どこかの線分に平行な線をかく。

延長線　▶どこかの線分を延長した線をかく。

▶どこかの頂点を結ぶ対角線をかく。

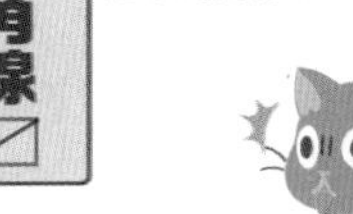

図形の問題は，このカードのどれかを使う（または組み合わせて使う）と解ける場合が結構多いんですよ。

今回は**平行線**と**延長線**のカードを使いますよ。

*教科書などにはない，本書オリジナルのカードです。図形問題で困ったときに使えるものだと覚えておきましょう。

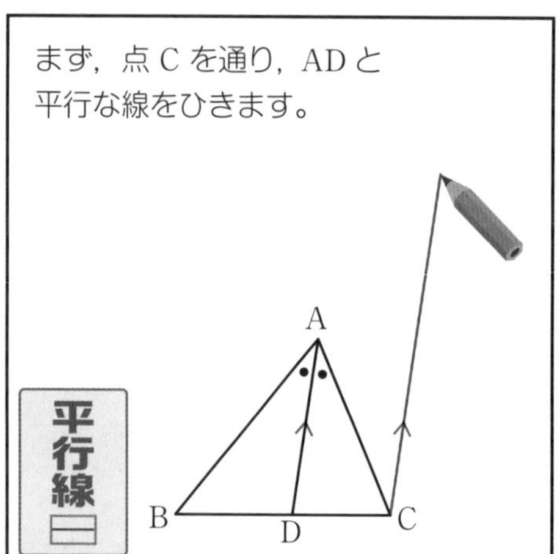
まず，点 C を通り，AD と
平行な線をひきます。
A
B
D
C
平行線

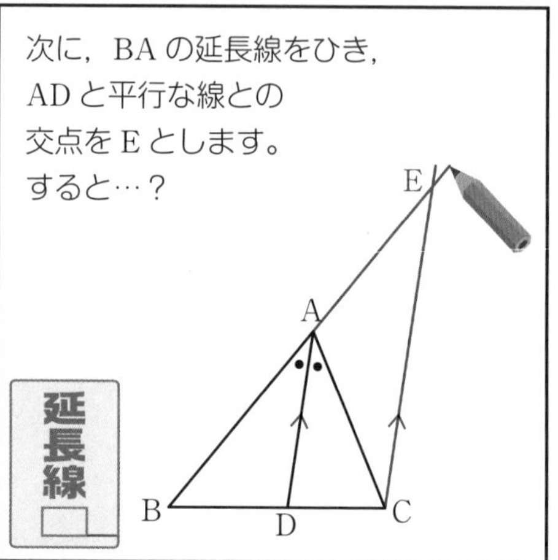
次に，BA の延長線をひき，
AD と平行な線との
交点を E とします。
すると…？
E
A
B
D
C
延長線

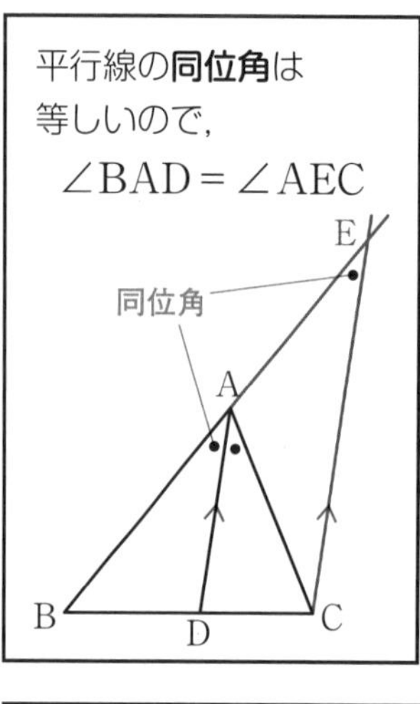
平行線の**同位角**は
等しいので，
∠BAD＝∠AEC
E
同位角
A
B
D
C

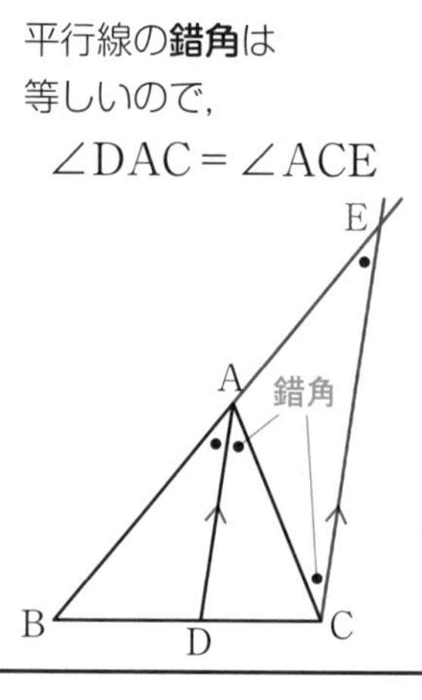
平行線の**錯角**は
等しいので，
∠DAC＝∠ACE
E
A
錯角
B
D
C

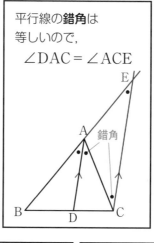

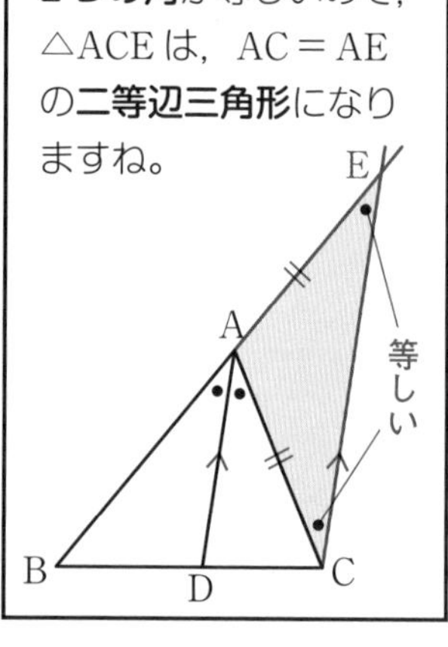
2 つの角が等しいので，
△ACE は，AC＝AE
の**二等辺三角形**になり
ますね。
E
A
等しい
B
D
C

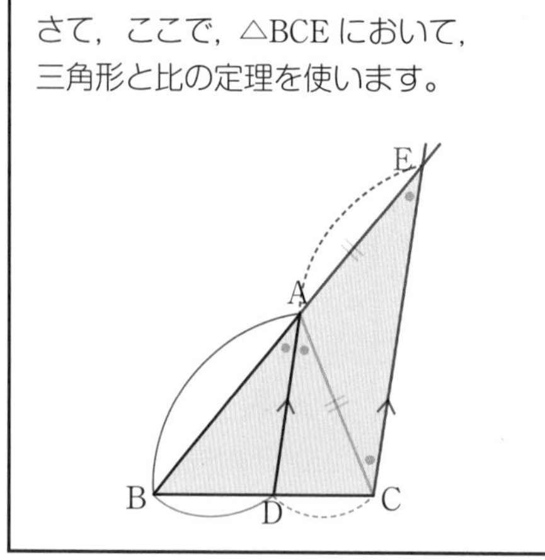
さて，ここで，△BCE において，
三角形と比の定理を使います。
E
A
B
D
C

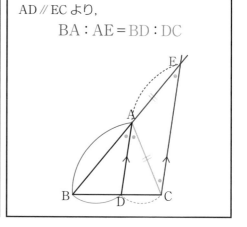

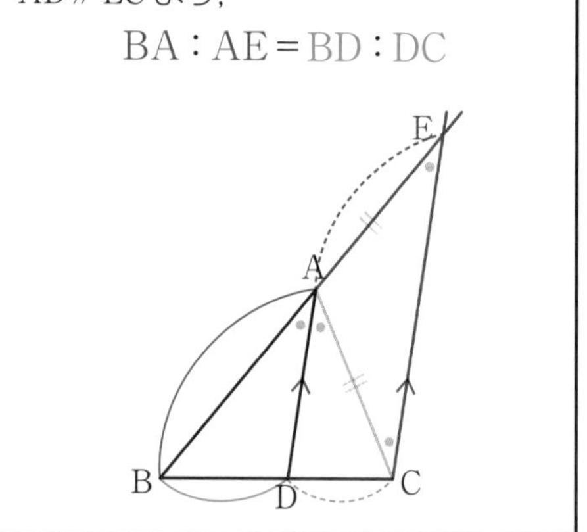
AD // EC より，
BA：AE＝BD：DC
E
A
B
D
C

△ACE は**二等辺三角形**なので,

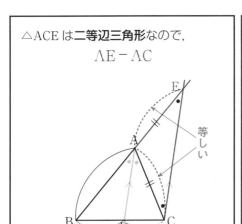

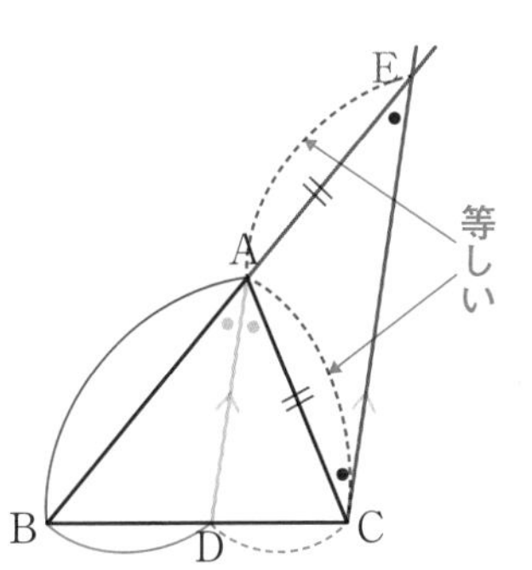

したがって,

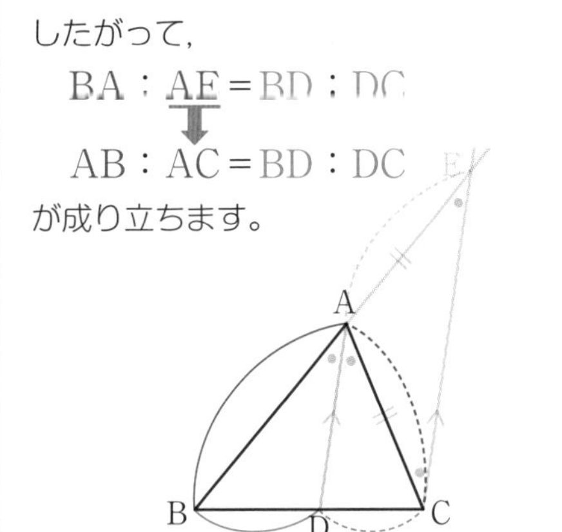

が成り立ちます。

このような流れで，証明を展開していきましょう。

証明

点 C を通り, AD に平行な直線をひき,
BA の延長との交点を E とする。
仮定より，角の二等分線なので,

∠BAD = ∠DAC　　……①

AD // EC より，同位角は等しいので,

∠BAD = ∠AEC　　……②

AD // EC より，錯角は等しいので,

∠DAC = ∠ACE　　……③

①, ②, ③より，∠ACE = ∠AEC
2 つの角が等しいので,
△ACE は二等辺三角形となる。
よって，AC = AE　　……④
△BCEにおいて，三角形と比の定理より,

BA：AE = BD：DC　　……⑤

④, ⑤より,

AB：AC = BD：DC

答

△ABC で,
∠A の二等分線と
辺 BC との交点を
D とすると,
AB：AC＝BD：DC
となる。
これを「**三角形の角の二等分線の性質**」といいます。

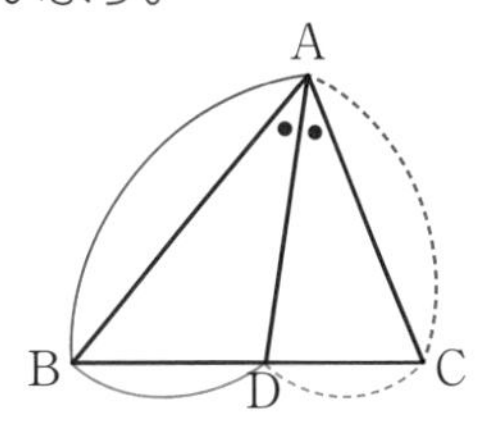

平行線と比の定理は,
三角形と比の定理と
あわせて，しっかり
覚えておきましょう。

6 相似な図形の面積比

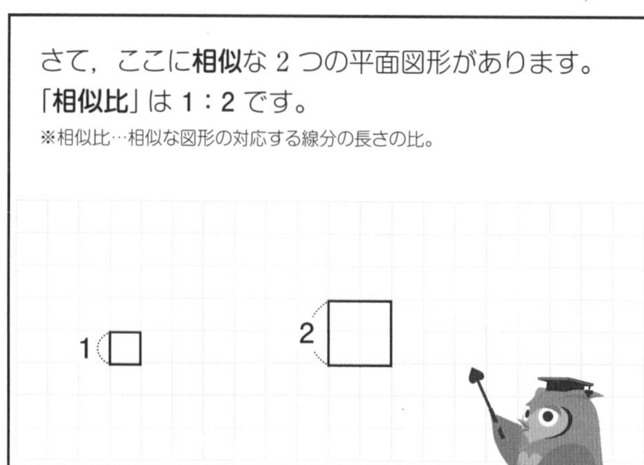
さて，ここに**相似**な 2 つの平面図形があります。
「**相似比**」は **1：2** です。
※相似比…相似な図形の対応する線分の長さの比。
1
2

掃除機（そうじき）？
「相似比（そうじひ）」だニャ！
あほニャの？

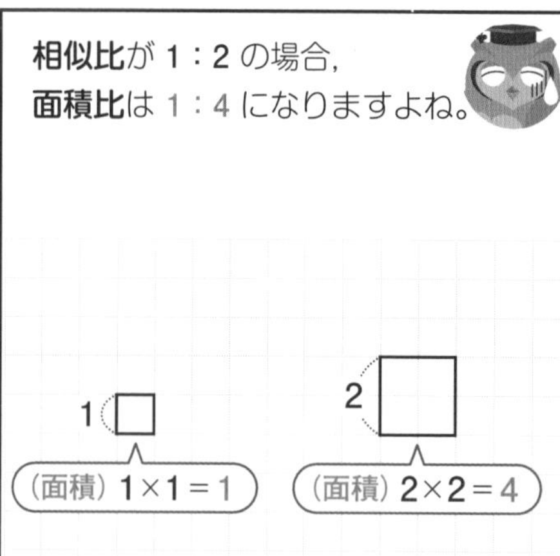
相似比が 1：2 の場合，
面積比は 1：4 になりますよね。
1
2
（面積）1×1＝1
（面積）2×2＝4

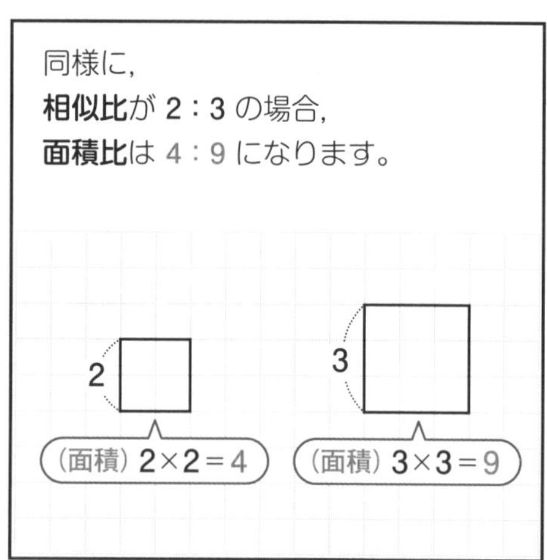
同様に，
相似比が 2：3 の場合，
面積比は 4：9 になります。
2
3
（面積）2×2＝4
（面積）3×3＝9

1 辺が 2 倍になると，面積は 2×2＝4 倍になるニョね…
そう。面積は「縦×横」なので，**面積比**は結局，**相似比**を「**2 乗**」した値になるんですよね。

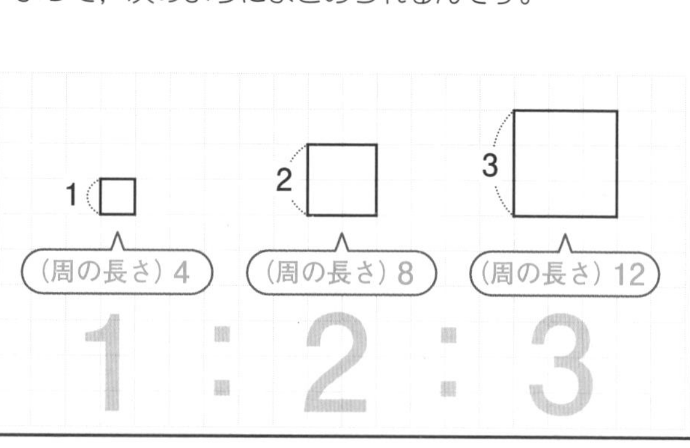
一方，周の長さの比は，常に「**相似比と同じ**」です。
よって，次のようにまとめられるんです。
1
2
3
（周の長さ）4
（周の長さ）8
（周の長さ）12
1：2：3

相似な図形の面積比

相似な 2 つの平面図形で,

相似比が $m:n$ ならば,
面積比は $m^2:n^2$ である。

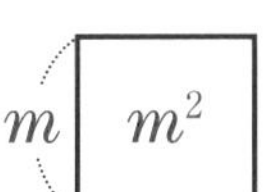

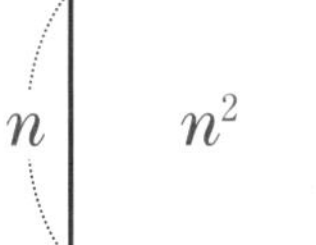

※相似な平面図形では，**面積比は相似比の 2 乗**に等しい。
(周の長さの比は相似比に等しい)

問 1 (相似な図形の相似比と面積比①)

右の図の△ABC∽△DEF において，相似比は 2:3 である。このとき，次の問いに答えなさい。

(1) △ABC と△DEF の面積を a，h を使ってそれぞれ表しなさい。

(2) △ABC と△DEF の面積比を求めなさい。

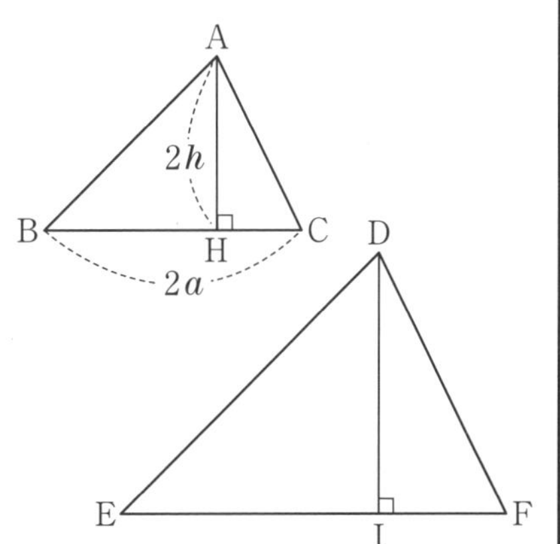

はい，相似な図形の面積比は，本当に $m^2:n^2$ になるのか？
問題を通じて確認していきますよ。

(1)を考えましょう。
三角形の面積は，

底辺 × 高さ × $\frac{1}{2}$

で求められますから，

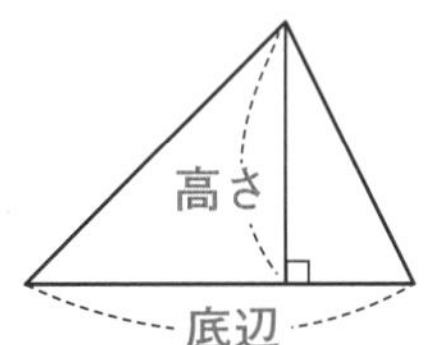

△ABC の面積は，

$2a \times 2h \times \frac{1}{2}$
$=2ah$

と表すことができます。

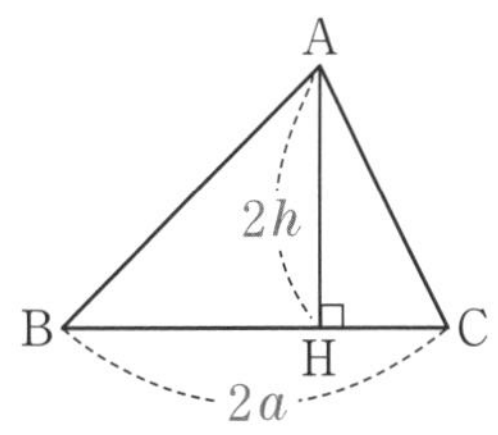

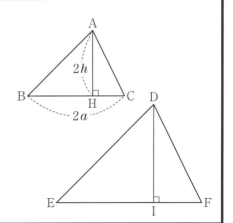

△DEF の底辺と高さは不明ですが，
△ABC と△DEF の相似比は 2：3 ですから，
△DEF の底辺 EF は，

$$2a : EF = 2 : 3$$
$$2a \times 3 = EF \times 2$$
$$6a = 2EF$$
$$EF = 3a$$

となります。

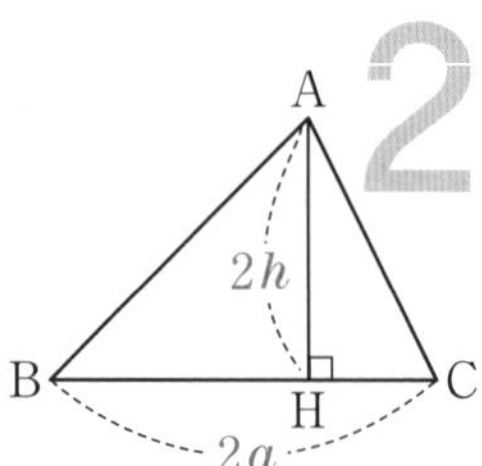

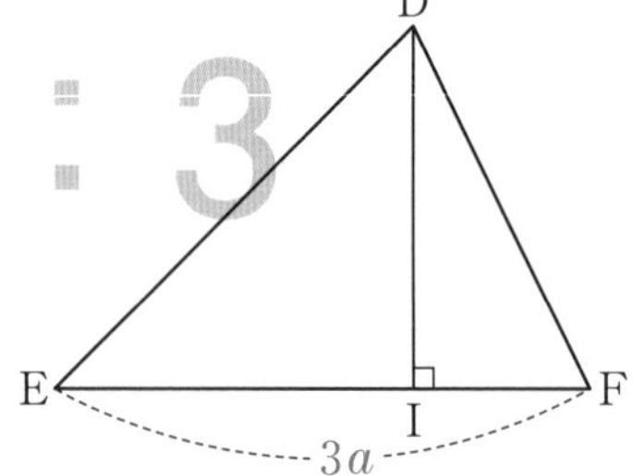

同じように，△DEF の高さ DI は，

$$2h : DI = 2 : 3$$
$$2h \times 3 = DI \times 2$$
$$6h = 2DI$$
$$DI = 3h$$

となります。

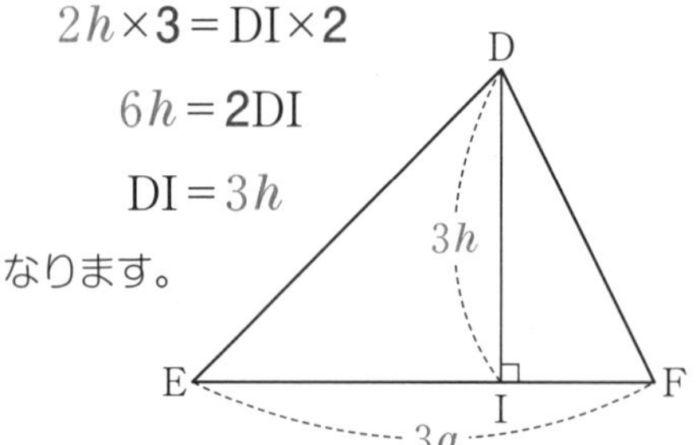

したがって，△DEF の面積は，

$$\triangle DEF = 3a \times 3h \times \frac{1}{2}$$
$$= \frac{9}{2}ah$$

と表せます。

$$\triangle ABC = 2ah$$
$$\triangle DEF = \frac{9}{2}ah$$ 

(2)を考えましょう。
△ABC と△DEF の面積比は，

$$2ah : \frac{9}{2}ah$$

となりますよね。

比を簡単にするため，
前項と後項に $\frac{2}{ah}$ をかけると，

※比 a：b の a を「前項」，b を「後項」ともいう。

$$\left(2ah \times \frac{2}{ah}\right) : \left(\frac{9}{2}ah \times \frac{2}{ah}\right)$$
$$= \left(2\cancel{ah} \times \frac{2}{\cancel{ah}}\right) : \left(\frac{9}{\cancel{2}}\cancel{ah} \times \frac{\cancel{2}}{\cancel{ah}}\right)$$
$$= 4 : 9$$

となります。
やはり，面積比は相似比（2：3）の 2 乗
（$2^2 : 3^2 = 4 : 9$）になるということですね。

△ABC：△DEF＝4：9 答

問2　（相似な図形の相似比と面積比②）

下の２つの円について，周の長さの比，および面積の比をそれぞれ求めなさい。

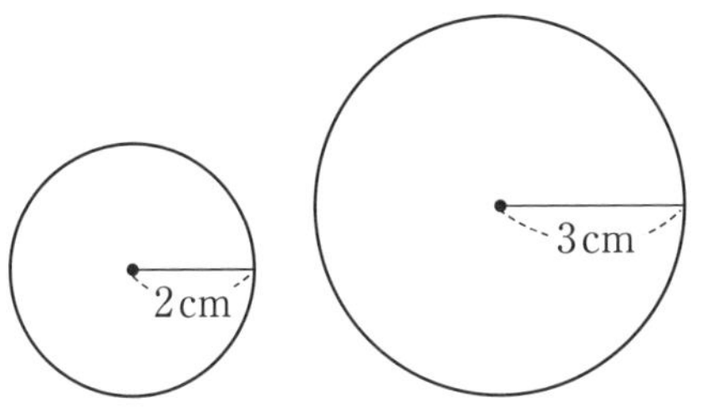

半径の異なる円は「相似な図形」ですよね。したがって，**相似な図形の面積比**があてはまるんですよ。

半径 r の円周の長さ ℓ，面積 S は，

$$\ell = 2\pi r$$
$$S = \pi r^2$$

でしたね。

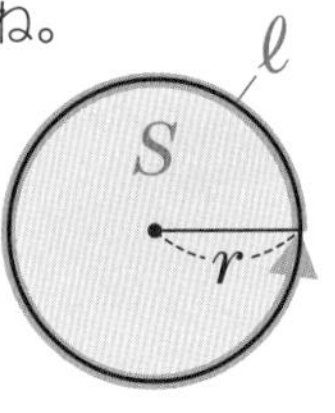

よって，円周の長さと面積は，このようになります。

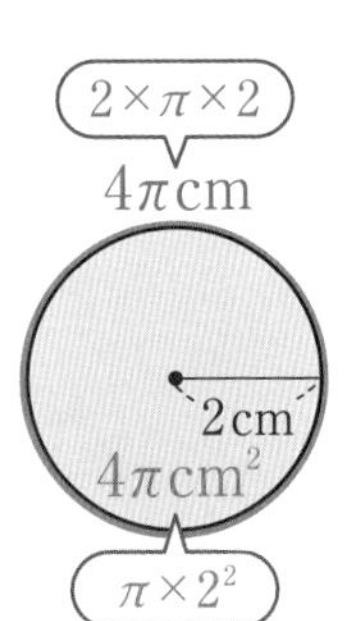

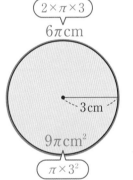

したがって，
周の長さの比は，

$4\pi : 6\pi = 2 : 3$ **答**

面積比は，

$4\pi : 9\pi = 4 : 9$ **答**

となります。

…あ！　面積比は相似比（2：3）の2乗（2^2×3^2＝4：9）になってるニャ！

周の長さの比は相似比（2：3）と同じだワン！

相似比が $m : n$ ならば，面積比は $m^2 : n^2$ である。覚えておきましょう。

END

7 相似な立体の体積比

問 1 **（相似な立方体の体積比）**

1 辺の長さが a の立方体の積み木で，下の図のように相似な 2 つの立方体 P，Q を作った。立方体 P，Q について，表面積の比と体積比をそれぞれ求めなさい。

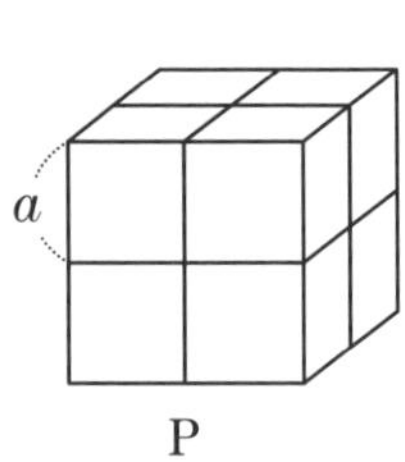

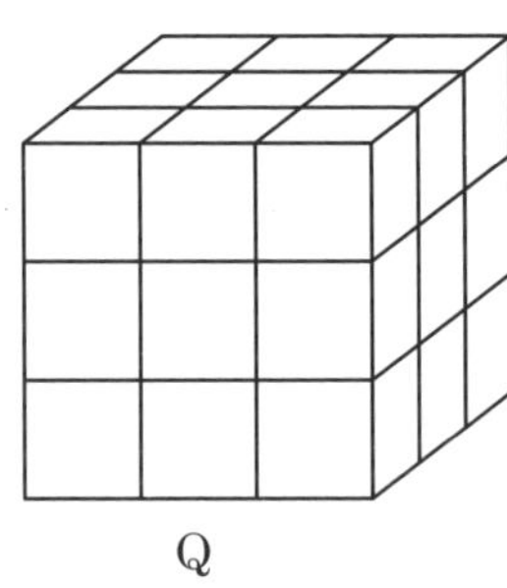

立方体でも「相似」な図形とかいうニャ!?
そう。いうんです!

空間図形でも，平面図形と同じように，1 つの立体を全く形を変えずに拡大・縮小したものは，もとの立体と「**相似**」だといえるんです。

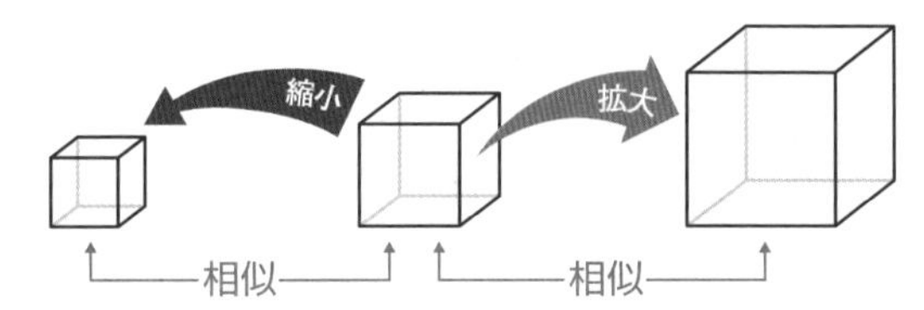

例えば，立方体 A と，A の 1 辺を **2 倍**に拡大した B があります。

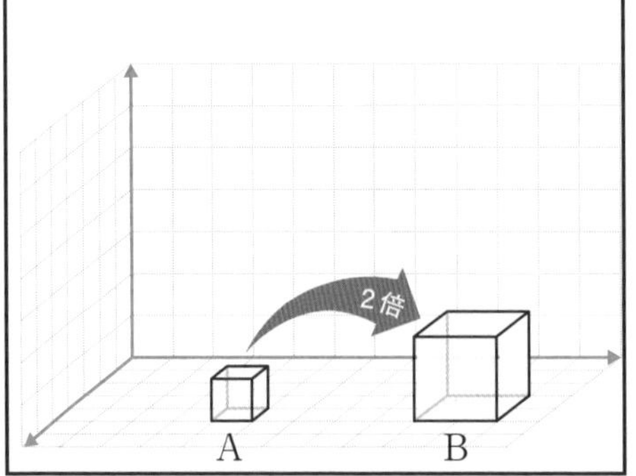

この 2 つの立方体は「相似」であり，「**相似比**」は 1：2 です。

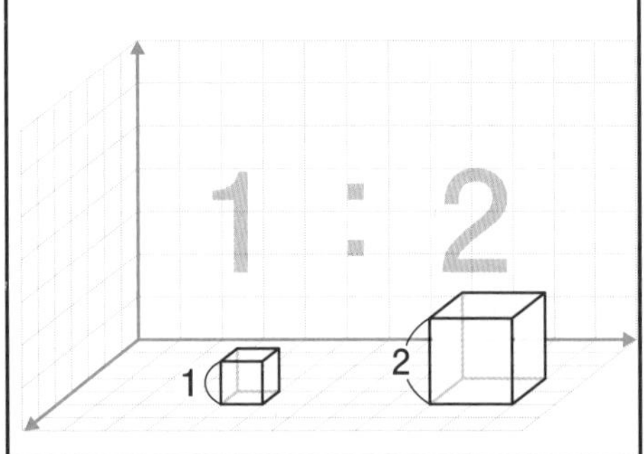

Aの体積を，

1×1×1＝1

だとすると，

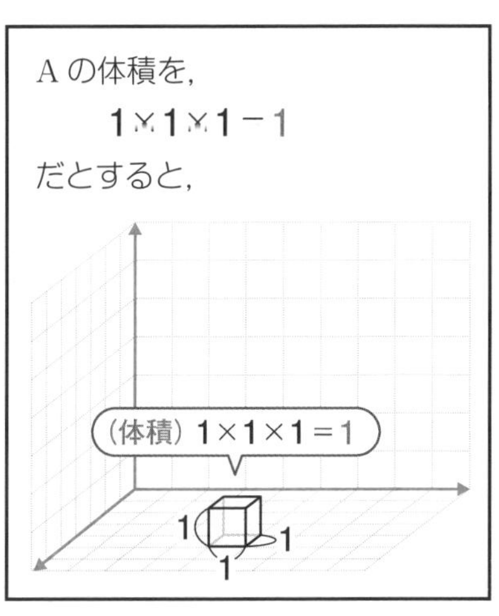

Aの1辺を**2倍**にしたBの体積は，

2×2×2＝8

となります。

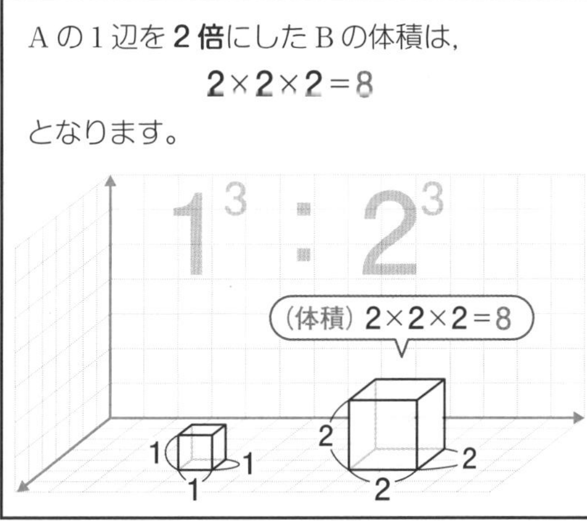

2次元の**面積**は，1辺が2倍になると

2倍×2倍＝4倍

になりますが，

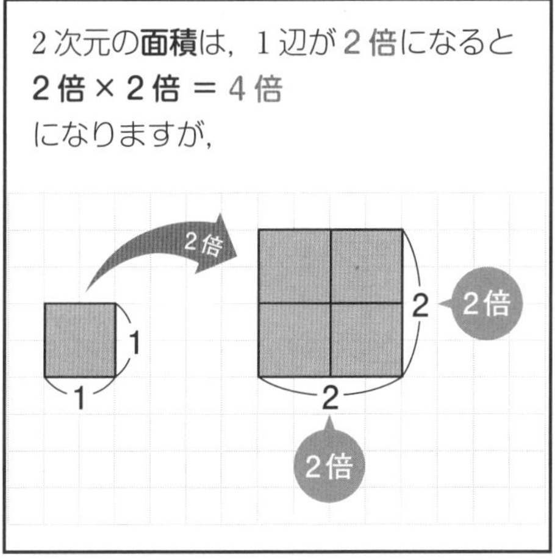

3次元の**体積**は，1辺が2倍になると

2倍×2倍×2倍＝8倍

にもなるわけですね。

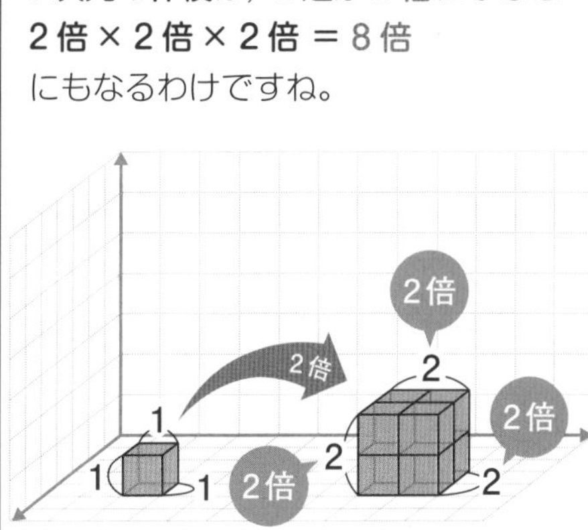

体積は「**縦**×**横**×**高さ**」なので，**体積比**は結局，**相似比**を「**3乗**」した値になるんですね。

ですから，**問1**の立方体PとQのように，**相似比**が2：3の場合は，**体積比**は8：27になります。

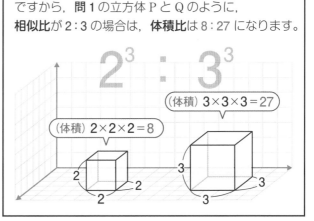

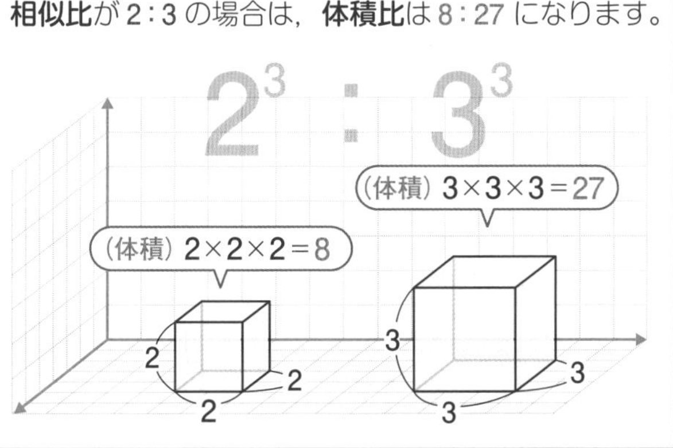

一方，「**表面積の比**」は「相似な図形の面積比」と同じですから，相似比の「**2 乗**」と等しくなります。

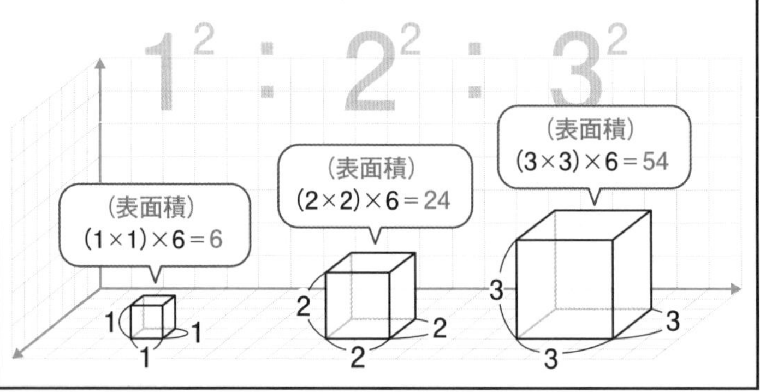

したがって，相似な立体の体積比は，次のようにまとめられます。

相似な立体の体積比

POINT

相似な 2 つの空間図形で，

相似比が $m:n$ ならば，
体積比は $m^3:n^3$ である。

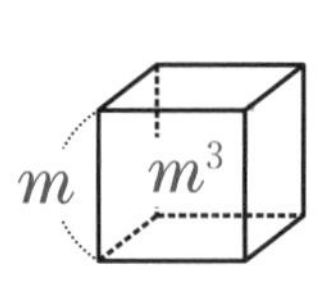

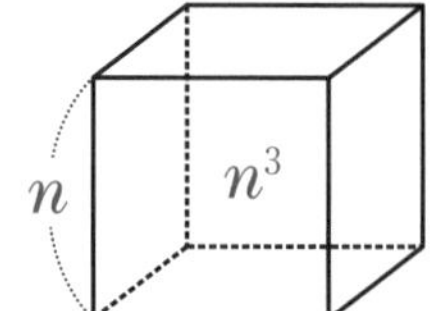

※相似な立体（空間図形）では，**体積比は相似比の 3 乗**に等しい。
（**表面積の比**は相似比の **2 乗**に等しい）

さて，**問 1** で確認しましょう。
立方体 P の 1 辺の長さは $2a$ ですから，1 つの面の面積は，

$$2a\times2a=4a^2$$

となります。

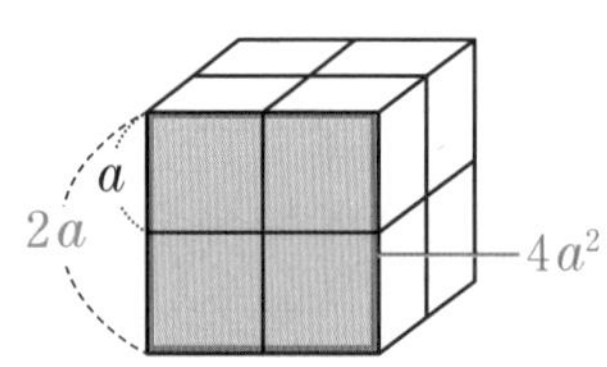

立方体 Q の 1 辺の長さは $3a$ ですから，1 つの面の面積は，

$$3a\times3a=9a^2$$

となります。

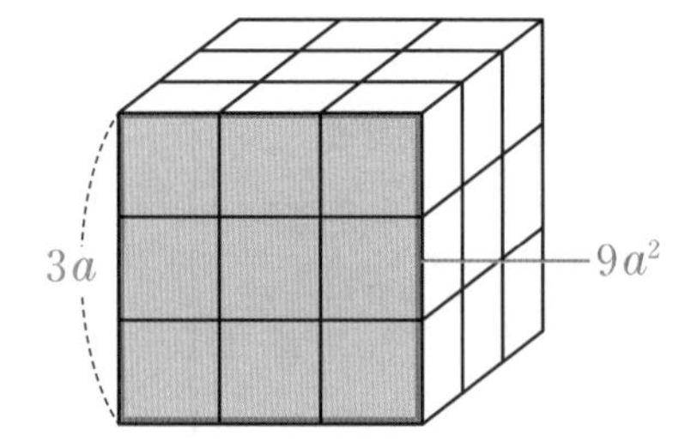

立方体は 6 つの面があるので，
立方体 P の表面積は，

$$4a^2 \times 6 = 24a^2$$

立方体 Q の表面積は，

$$9a^2 \times 6 = 54a^2$$

となります。

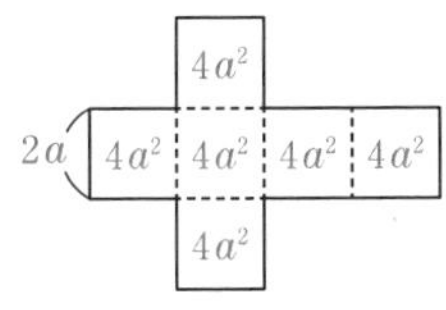

したがって，**表面積の比**は，

$$24a^2 : 54a^2 = 4 : 9$$ 答

となります。
相似比 (2：3) の **2 乗**と等しいですね。

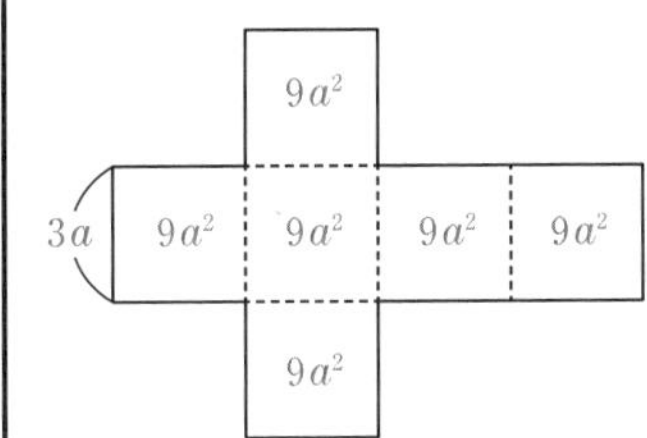

立方体 P の体積は，

$$2a \times 2a \times 2a = 8a^3$$

立方体 Q の表面積は，

$$3a \times 3a \times 3a = 27a^3$$

したがって，**体積比**は，

$$8a^3 : 27a^3 = 8 : 27$$ 答

となります。
相似比 (2：3) の **3 乗**と等しいですね。

したがって，**体積比**は，

$$8a^3 : 27a^3 = 8 : 27$$ 答

となります。
相似比 (2：3) の **3 乗**と等しいですね。

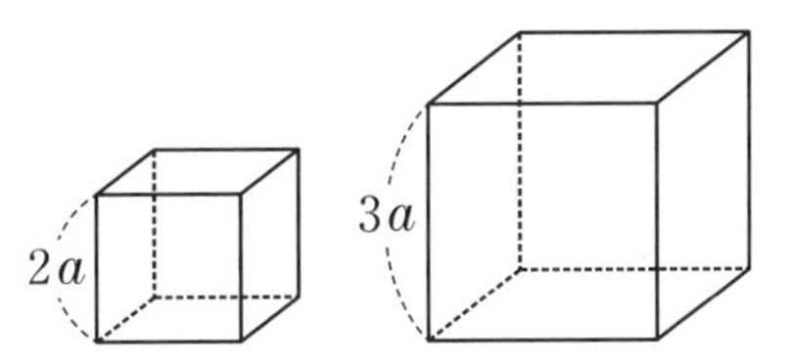

三角錐や球などのあらゆる立体で，
体積比は相似比の **3 乗**になります。

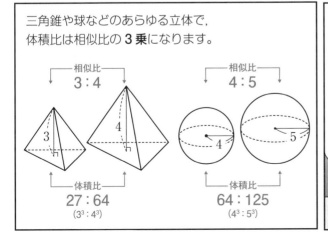

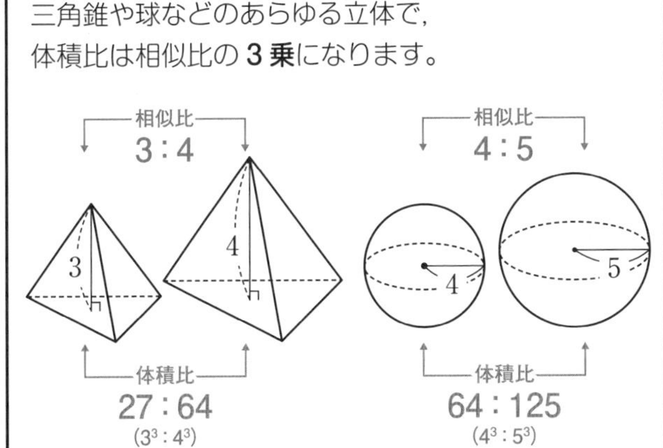

図をかかなくても，
きちんと比例式を
つくって計算すれば，
表面積や体積は
求められます。
しっかりと応用できる
ようにしましょう！

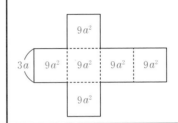

高校入試問題にチャレンジ！

相似な図形【実戦演習】

問1

〈岩手県〉

右の図で，DE // BC のとき，線分 DE の長さを求めなさい。

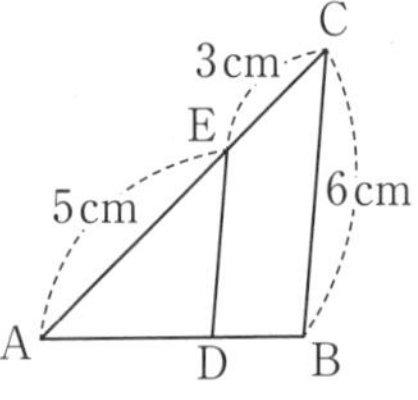

問2

〈長野県〉

図のように，BC，DE，FG は平行で，FB = 12cm，GE = 4cm，EC = 6cm の△ABC がある。このとき，FD の長さを求めなさい。

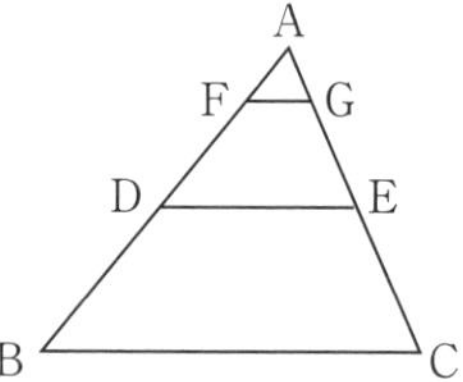

問3

〈兵庫県〉

図の△ABC において，D，E はそれぞれ辺 AB，AC 上の点で，DE // BC，AD : DB = 2 : 1 である。
△ADE の面積が $12cm^2$ のとき，
△ABC の面積は何 cm^2 か，求めなさい。

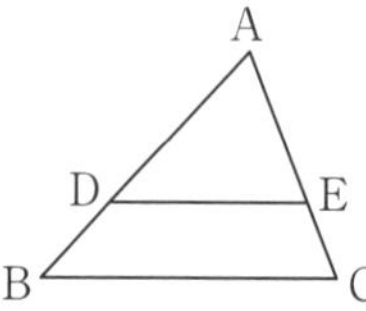

問4

〈鳥取県〉

下の図において，△AED ∽ △ABC であることを証明しなさい。

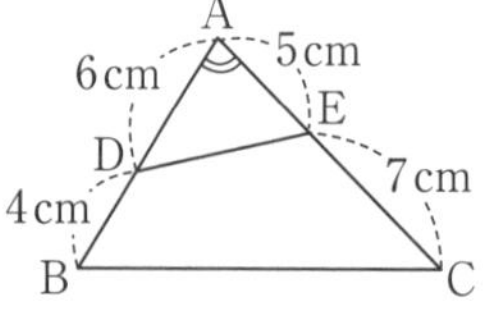

問5

〈徳島県〉

図のように，AB = 4cm，CA = 2cm，∠A = 90°の直角三角形 ABC がある。辺 AB の中点を D とし，辺 AB の垂直二等分線と∠A の二等分線との交点を E とする。線分 DE と辺 BC との交点を F，線分 AE と辺 BC との交点を G とし，(1)〜(3)に答えなさい。

(1) 線分 DF の長さを求めなさい。
(2) △ADE の面積を求めなさい。
(3) △ACG ∽ △EFG を証明しなさい。

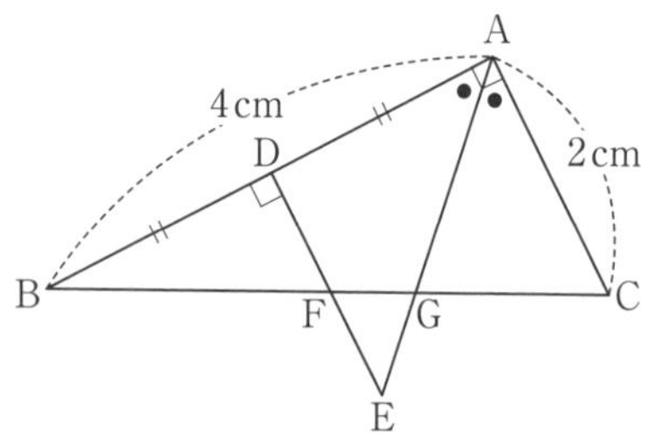

求めたい未知数をxなどでおいてみましょう。自分で図を書き，長さや角度，補助線を書き込んでいくと，相似な図形を見つけやすくなります。

答1

DE＝$x$cm とおく。DE // BC より
2組の同位角がそれぞれ等しいので，

△ADE∽△ABC

よって，

$x:6=5:8$

$8x=30$

$x=\frac{15}{4}$cm 答

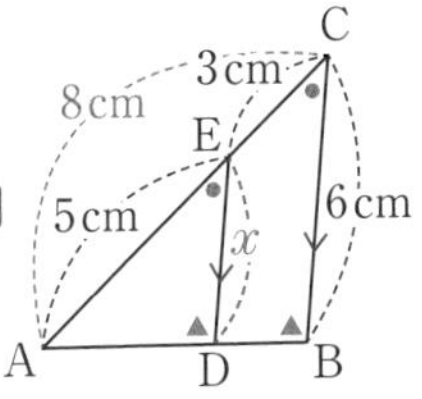

答2

FD＝$x$cm とおく。
平行線と比の定理より，

FD：FB＝GE：GC

$x:12=4:10$

$10x=48$

$x=\frac{24}{5}$ cm 答

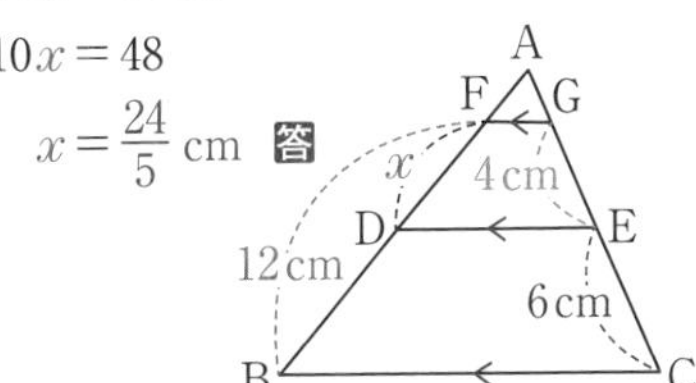

答3

△ABC の面積を$x$cm^{2}とおく。
△ADE∽△ABC で
相似比は 2：3 だから，
面積比は $2^2:3^2=4:9$
したがって，

$12:x=4:9$

$4x=108$

$x=27$cm^2 答

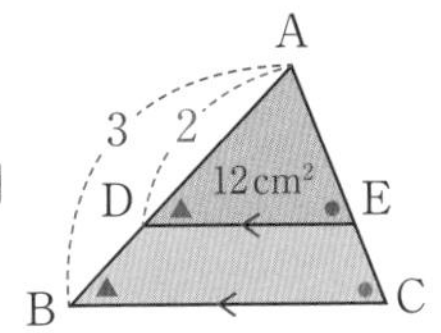

答4

△AED と△ABC において，

AE：AB＝5：10＝1：2

AD：AC＝6：12＝1：2

よって，AE：AB＝AD：AC …①
また，∠EAD＝∠BAC（共通） …②
①，②より，2組の辺の比とその間の角がそれぞれ等しいので，

△AED∽△ABC　（証明終了）答

答5

(1) △ABC∽△DBF なので，

DF：DB＝AC：AB

DF：2＝2：4

DF＝1cm 答

(2) △ADE は DA＝DE の直角二等辺三角形なので，求める面積は，

△ADE＝$2\times2\times\frac{1}{2}$＝2cm^2 答

(3) △ACG と△EFG において，
対頂角は等しいので，

∠AGC＝∠EGF …①

また，AC // FE より，錯角は等しいので，

∠CAG＝∠FEG …②

①，②より，2組の角がそれぞれ等しいので，△ACG∽△EFG（証明終了）答

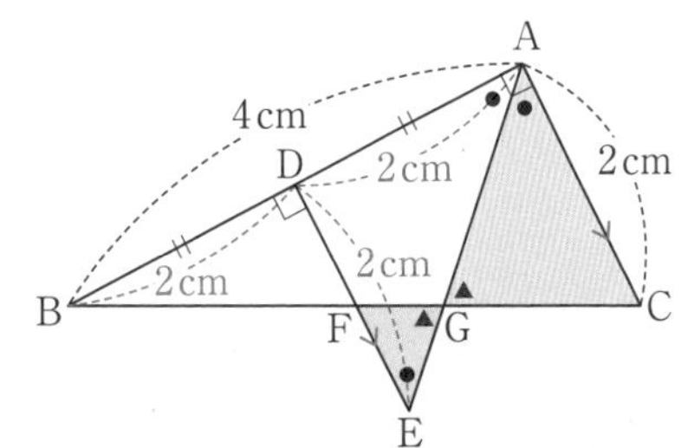

COLUMN-5

フラクタル図形

20世紀の初頭，スウェーデンのコッホが考案した「コッホ雪片」という図形があります。まず，正三角形をかいて，正三角形の各辺をそれぞれ3等分し，辺を分割した2点を頂点とする正三角形をえがく作図を無限にくり返すことによってつくることができる図形です。コッホ雪片の周の長さは永遠にのびていきますが，面白いことにその面積は常に一定で，最初にえがいた正三角形の1.6倍です。

一般的に，複雑な形状をしているように見える図形でも，拡大すればするほど細部の複雑さはなくなってなめらかな形になるものですが，コッホ雪片はどんなに拡大してもなめらかになることなく，同じ形状をもち続けます。このような図形のことを「フラクタル図形」*とよびます。

フラクタル図形は自然界にいっぱい存在します。雪の結晶，雲，海岸，樹木の枝分かれ，貝殻や人の肺組織や腸の内壁構造など自然界の様々な場所でフラクタル図形を見つけることができます。激しい閃光を走らせる稲妻(いなづま)もフラクタルの一種です。稲妻の枝分かれした細部を拡大すると放電によるさらなる稲妻の形状が見て取れます。スーパーで売られているブロッコリーもフラクタルの形状です。

実はこれらのフラクタル図形を見ていると安らぎを覚えたり何かしらの刺激が前頭葉に入ることが研究であきらかになっているそうです。ぜひ，ネットでフラクタル図形を検索してじっと眺めてみてください。きっと気持ち良くなってくるはずです。

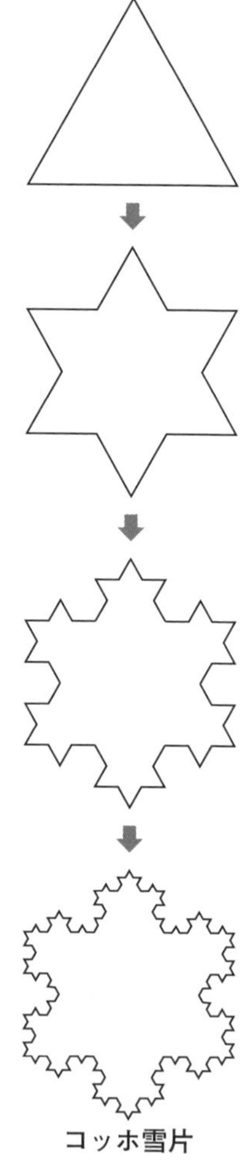

コッホ雪片

*全体と部分が同じ形をしていることがフラクタル図形の特徴で，この特徴のことを「自己相似性」という。　(文：沖田一希)

中3　図形

Chapter

6

この単元の位置づけ

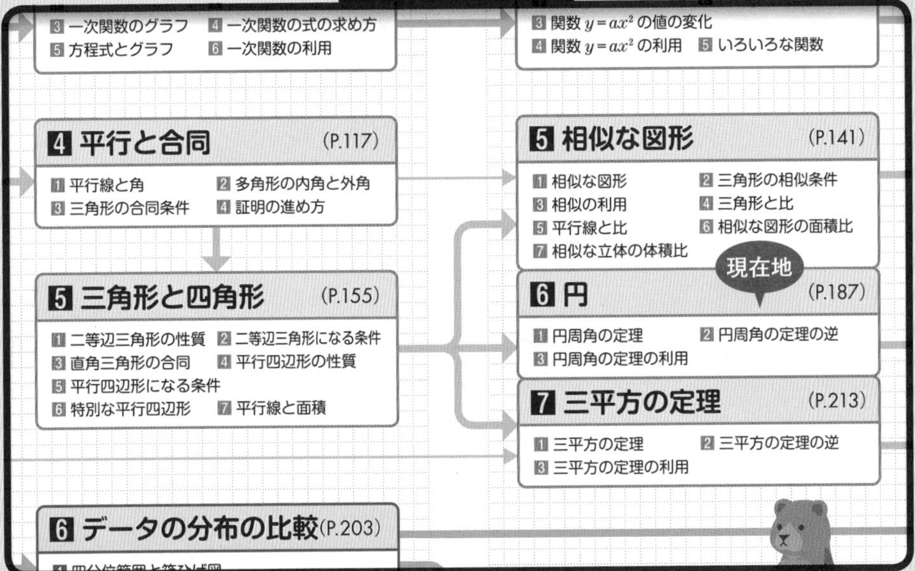

中１では円のおうぎ形の基本を学びましたが，ここではさらにくわしく円の性質を学びます。ポイントは，①円周角は中心角の半分，②直径の円周角は直角，③同じ弧の長さの円周角は等しい，④円周角の定理の逆，⑤円外の１点から引いた接線の長さは等しい，の５つ。証明問題は「二等辺三角形」と「外角の定理」の利用がコツです。「習うより慣れよ」で演習をくり返しましょう。

1 円周角の定理

問1 （円周角の定理）

下の図で，$\angle x$ の大きさをそれぞれ求めなさい。

(1)

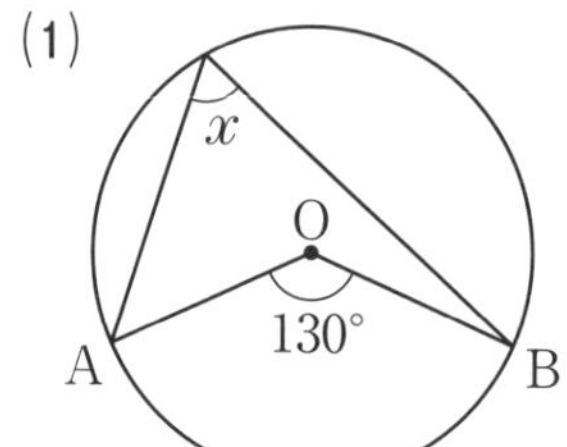

(2)

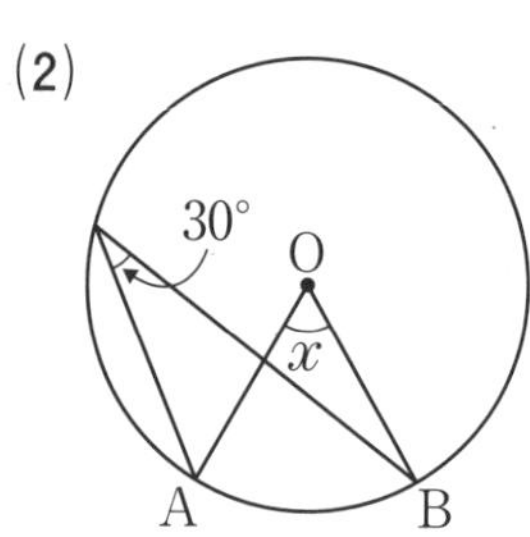

中1で学んだとおり，円周上の2点をA，Bとするとき，

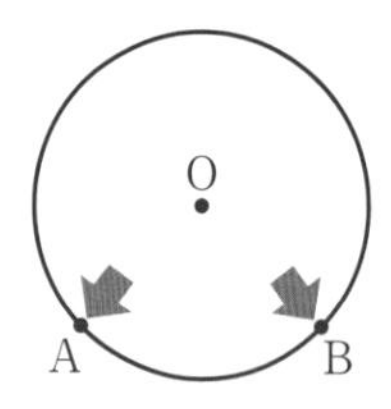

※点A，Bの位置はどこでもよい。

AからBまでの円周の部分を「**弧AB**」といい，$\overset{\frown}{AB}$ とかきます。

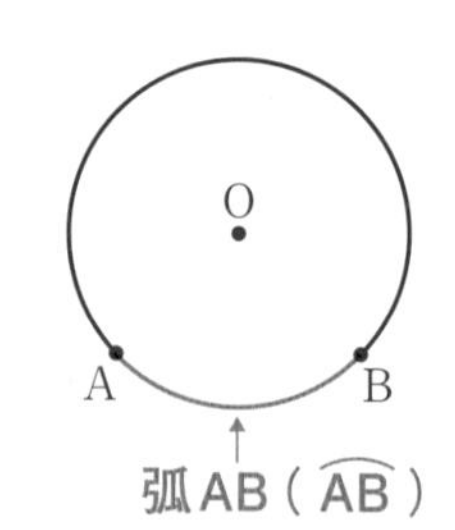

さて，$\overset{\frown}{AB}$を除いた**円周上**（のどこか）に点Pをとり，

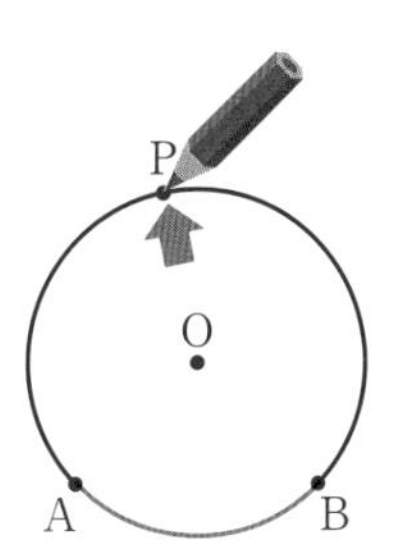

点PとAを直線で結び，

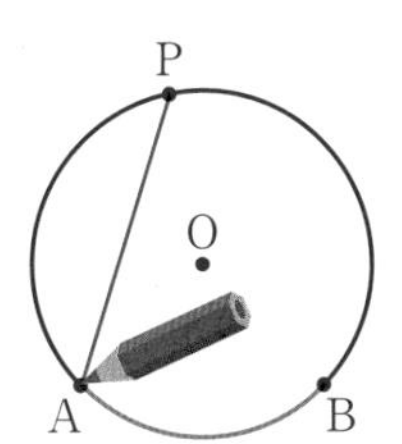

点PとBも直線で結びます。

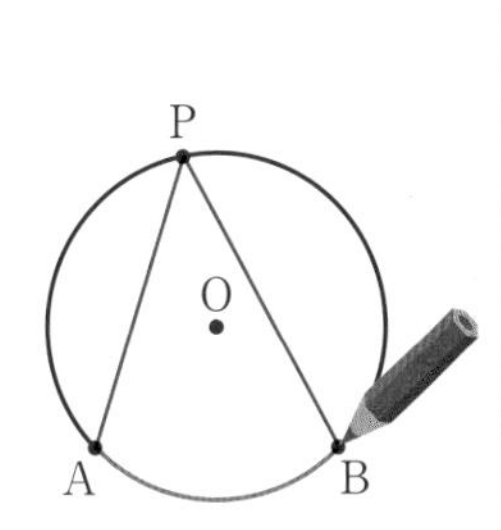

このときにできる∠APBのことを，「**$\overset{\frown}{AB}$に対する円周角**（えんしゅうかく）」というんです。

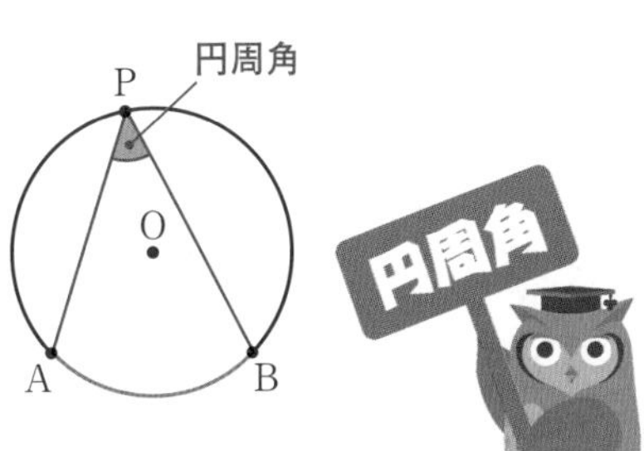

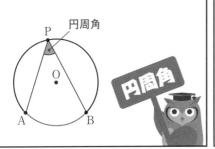

また逆に，$\overset{\frown}{AB}$のことを，「**円周角∠APBに対する弧**（こ）」といいます。

※対する…2つのものが向かい合う。対応する。

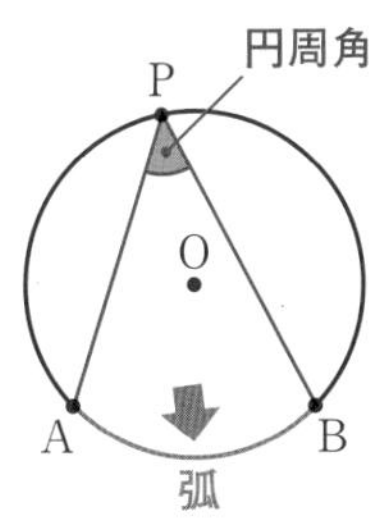

ちなみに，円周上の2点A，Bと，中心Oを**半径**で結んだとき，

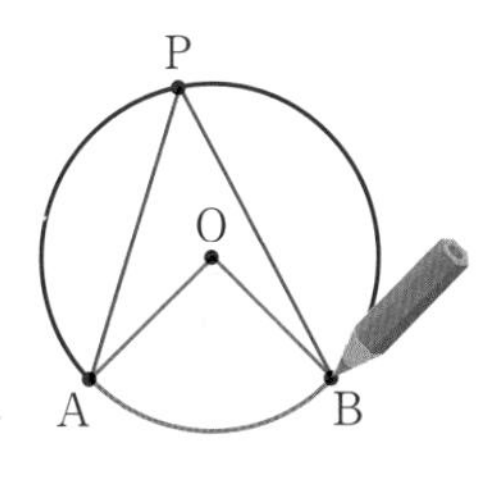

このときにできる角は（$\overset{\frown}{AB}$に対する）**中心角**（ちゅうしんかく）というんですよね。

中1で学びました

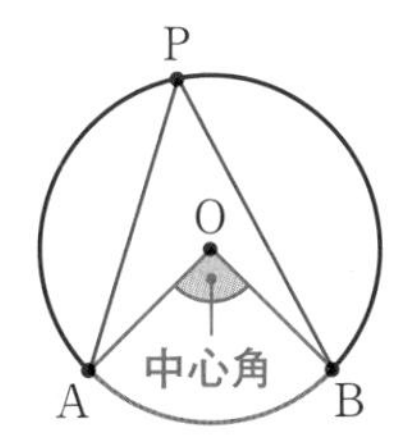

点Pはどこにあってもいいニャ？

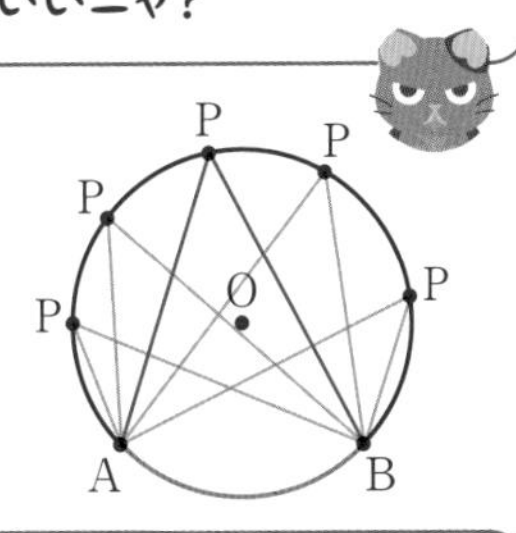

$\overset{\frown}{AB}$を除く円周上ならどこでもOKです！

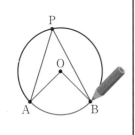

なお，不思議なことに，
点Pが円周上のどこにあっても，
$\overset{\frown}{AB}$に対する**円周角**∠APB（▲）の大きさは，常に変わらないんです。

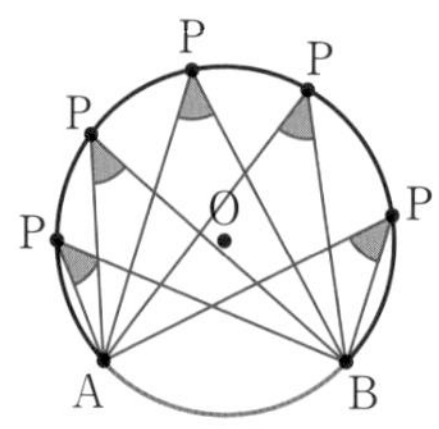

さらに不思議なことに，
円周角の大きさは，常に「（同じ弧に対する）**中心角**の**半分**」になるんですよ。

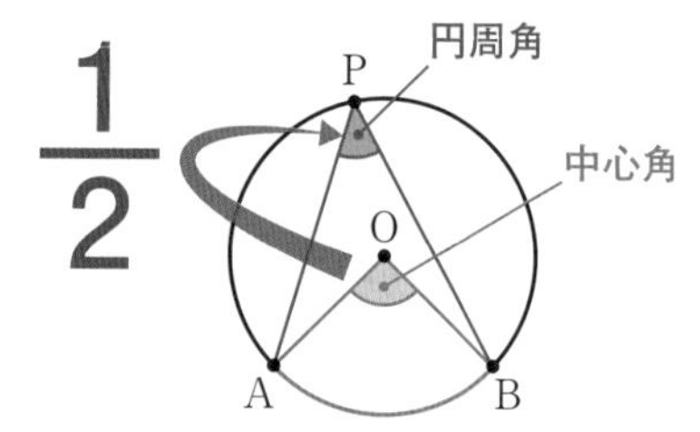

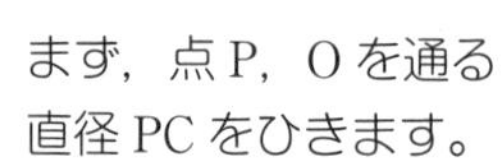

まず，点P，Oを通る直径PCをひきます。

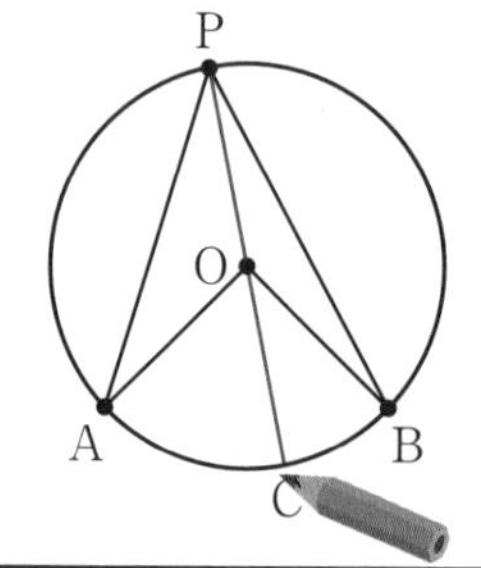

円の**半径**はどこも同じ長さですから，

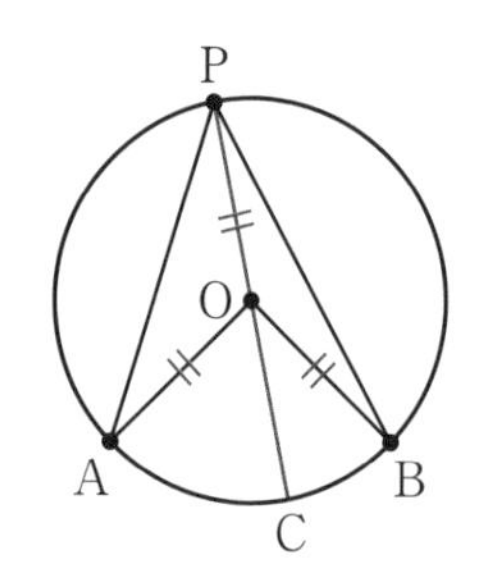

△OPAと△OPBは，
どちらも**二等辺三角形**になります。

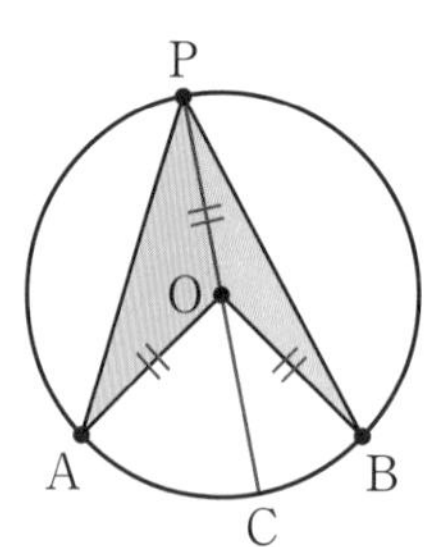

二等辺三角形は，**「底角」が等しい**という性質があります。

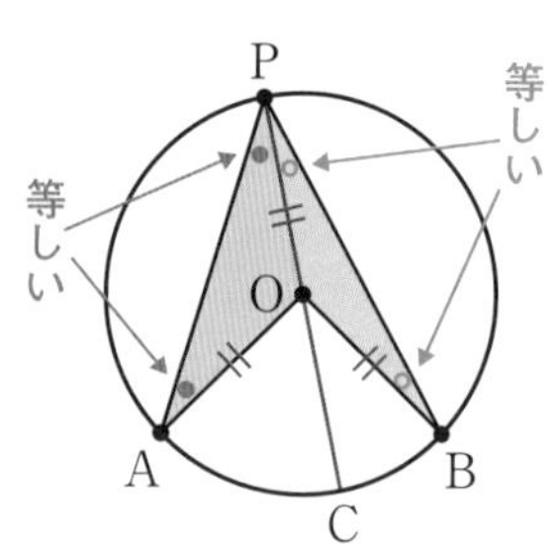

ここで，**三角形の外角の性質**（三角形の外角は，そのとなりにない２つの内角の和に等しい）を使います。

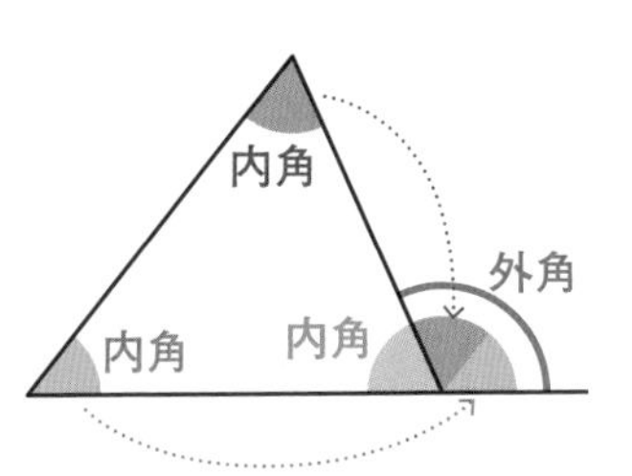

この図で考えると，三角形の**外角**はここです。

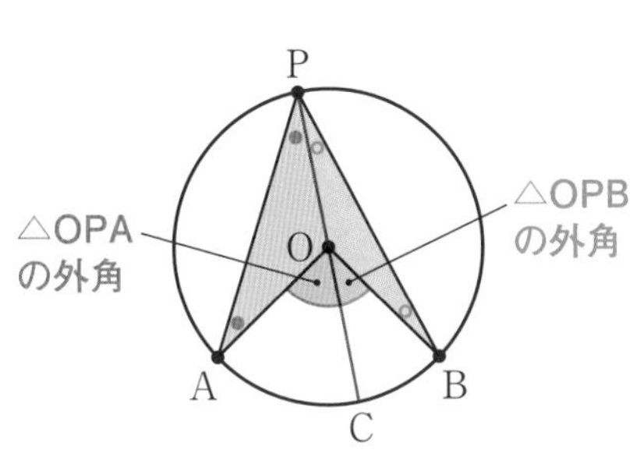

三角形の外角の性質から，∠AOC は「● が２つ」の大きさになりますよね。

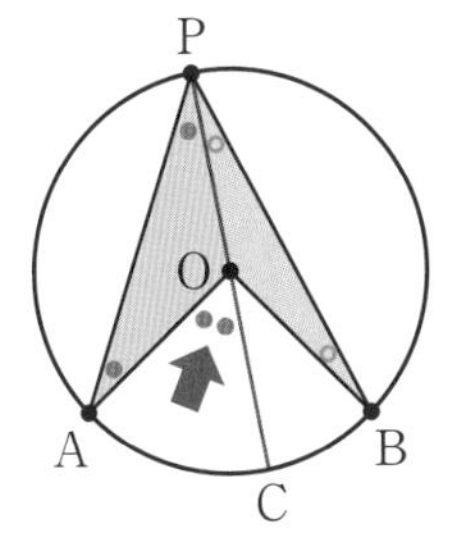

同じように，∠BOC は「○ が２つ」の大きさです。

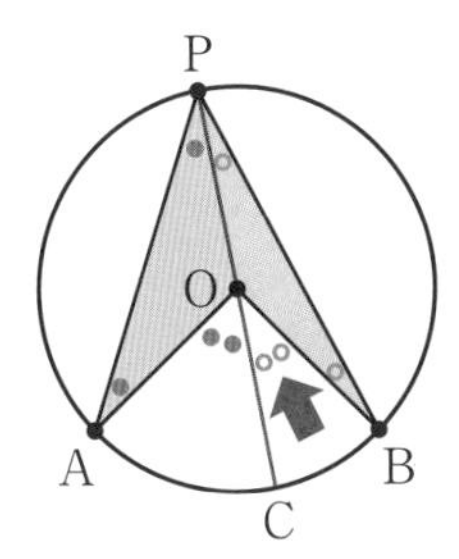

∠AOB は
● ● ○ ○
であるのに対して，

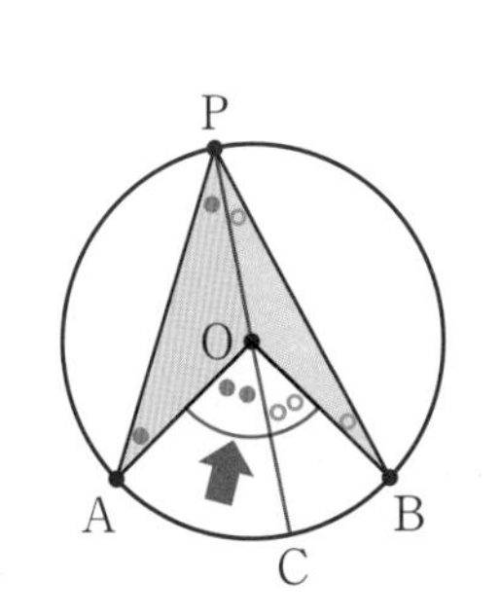

∠APB は
● ○
ですから，∠AOB の**半分**の大きさですね。

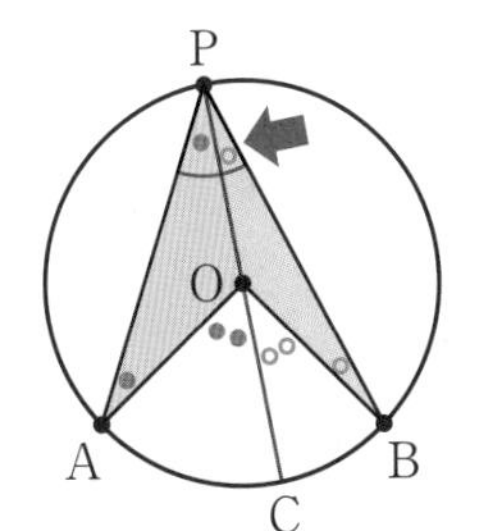

したがって，

$$\angle APB = \frac{1}{2}\angle AOB$$

となります。

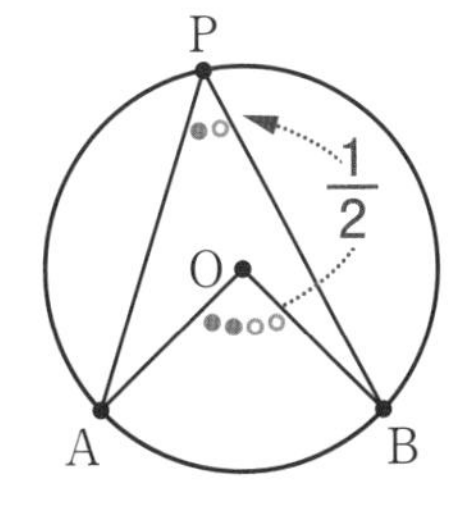

Chapter 6 円 1 円周角の定理

これで，**円周角**の大きさは，**中心角の半分**になることが証明できましたね。これは，点Pが（$\overset{\frown}{AB}$を除く）円周上のどこにあっても成り立つ「定理」なんです。

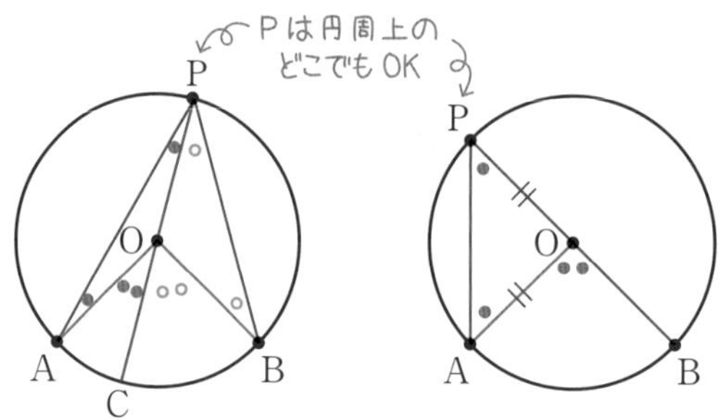

ですから，例えば，点Pがこのような位置にあっても，

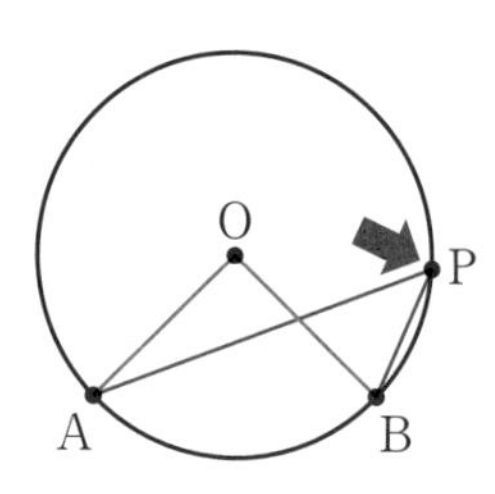

点P，Oを通る直径をひくと，△OAPと△OBPは二等辺三角形になります。

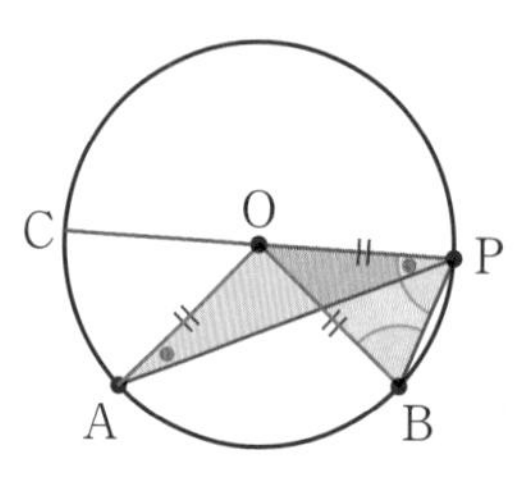

△OAPの底角は等しいので，外角∠AOCは
●　●＝●×2
になります。

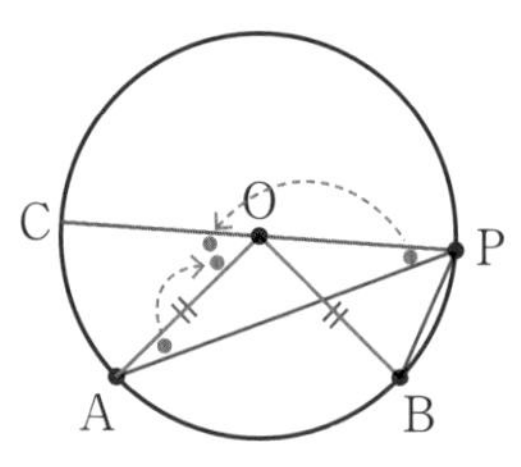

△OBPの底角は等しいので，外角∠BOCは
◤＋◤＝◤×2
になります。

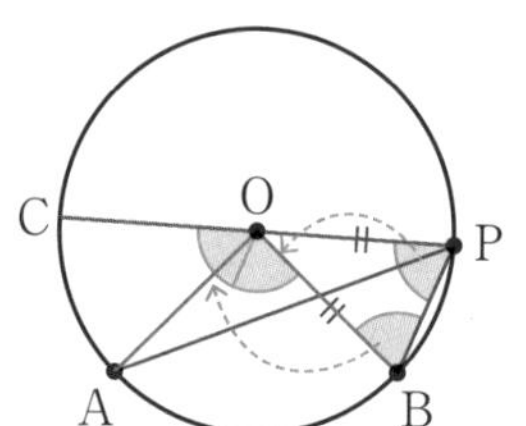

∠APBは（◤－●）となり，∠AOBは（◤×2－●×2）＝2（◤－●）となります。

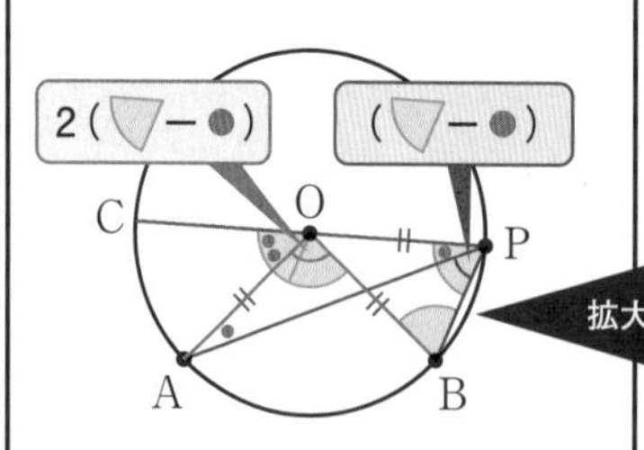

つまり，**円周角**は**中心角**の**半分**になるわけです。この定理を「**円周角の定理**」といいます。

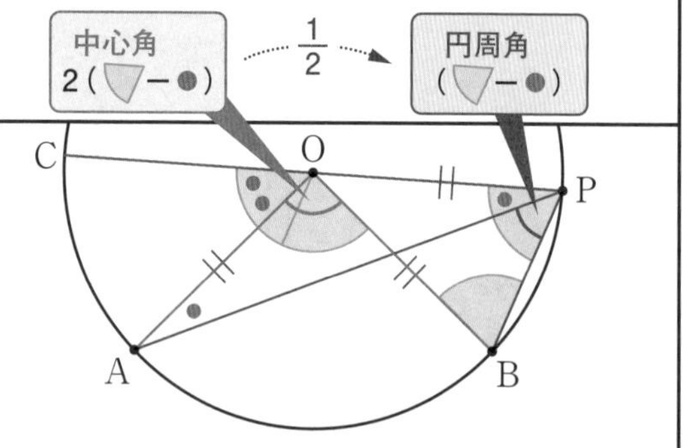

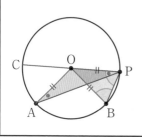

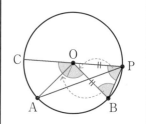

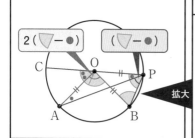

円周角の定理

1つの弧に対する円周角の大きさは一定であり，その弧に対する中心角の半分である。

$$\angle APB = \frac{1}{2}\angle AOB$$

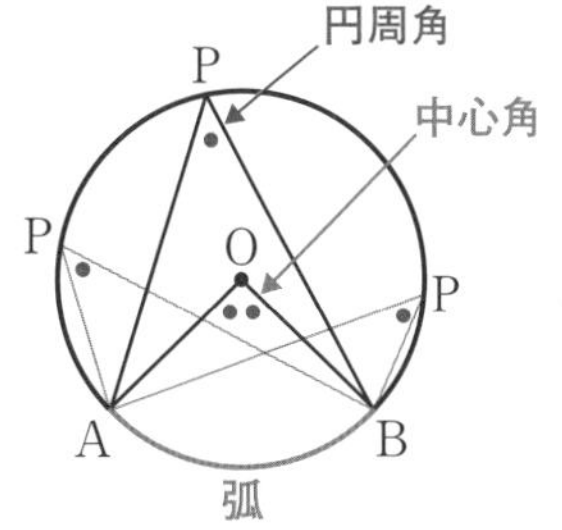

(1)を考えましょう。
$\angle x$ は $\overset{\frown}{AB}$ の**円周角**ですよね。

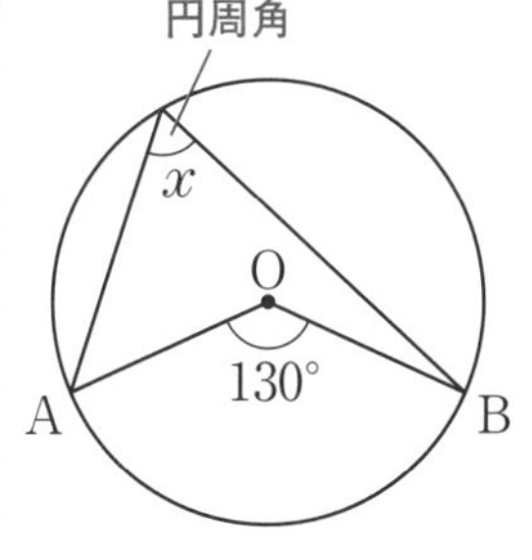

円周角の定理より，**円周角**は**中心角**の**半分**の大きさなので…？

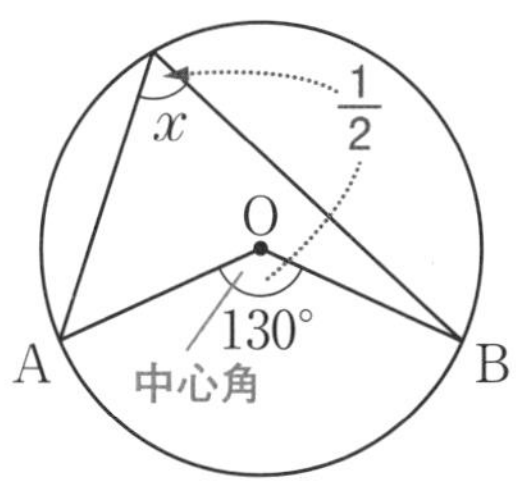

$130 \times \frac{1}{2} = 65$
だから，
$\angle x = 65°$ 答
だニャ!

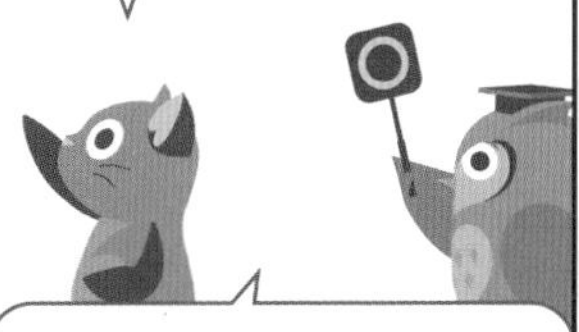

そのとおり正解！

ボクの方が先に正解したワン！

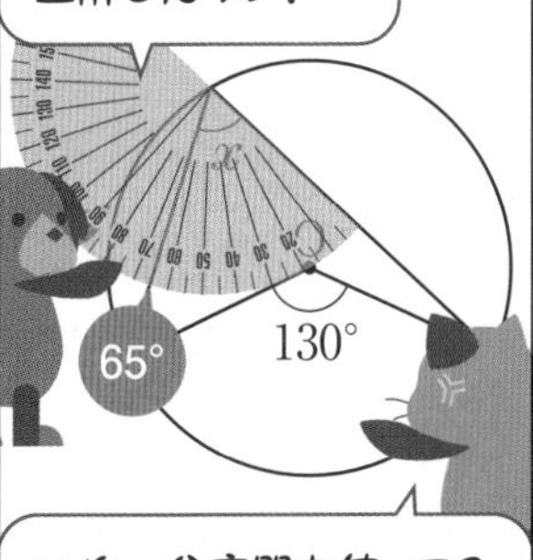

いや，分度器を使ってる時点で失格だニャ！

(2)を考えましょう。
$\angle x$ は $\overset{\frown}{AB}$ の**中心角**で，$\overset{\frown}{AB}$ の**円周角**が30°となっていますね。

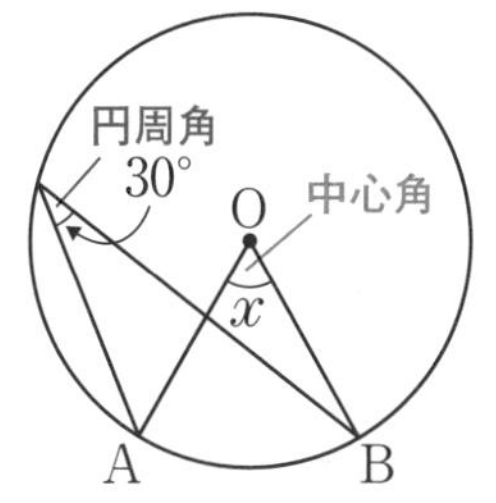

したがって，
円周角の定理より，

$$30° = \frac{1}{2} \times \angle x$$

$$\frac{1}{2} \times \angle x = 30°$$

$$\angle x = 30° \times 2$$

$$= 60°$$ 答

となります。

問2 （直径と円周角）

下の図で，線分 AB が直径であるとき，$\angle x$ の大きさを求めなさい。

(1)

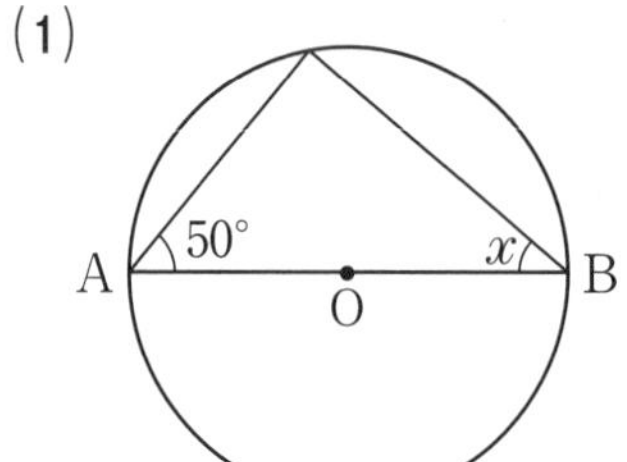

(2)

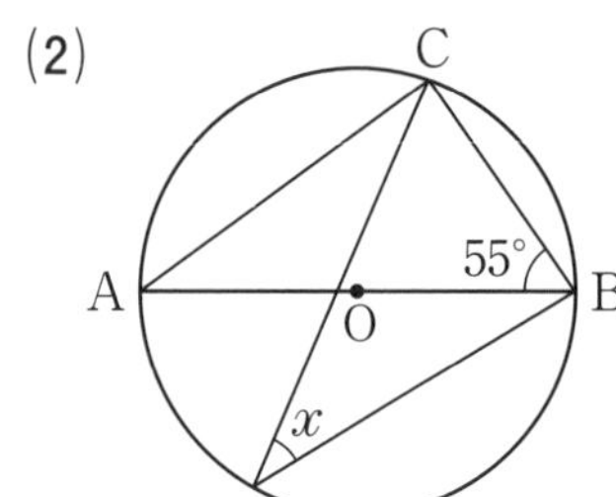

「AB が直径」
というのは，
先程学んだこの図が，

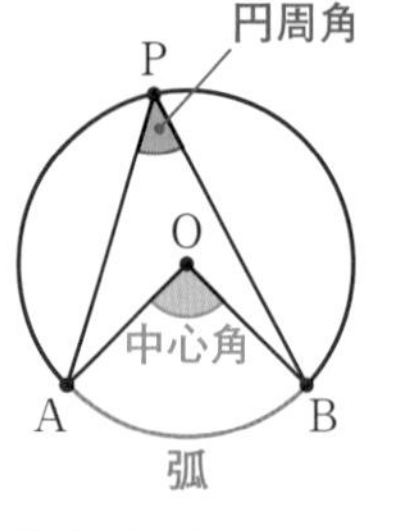

このように変わった
だけなんです。
直径がつくる中心角は
180°となります。

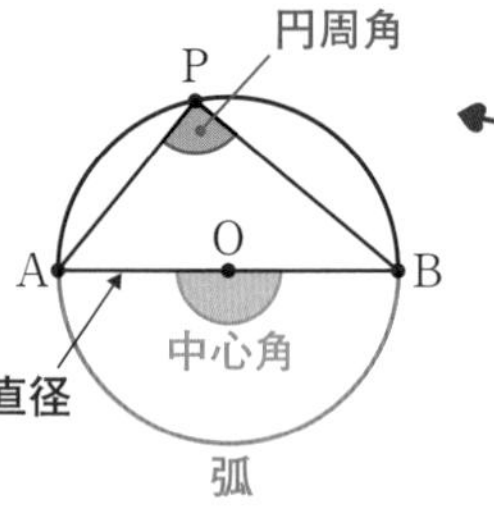

さらに，**円周角**は
中心角（180°）の
半分ですから…？

円周角は必ず「90°」に
なるニャ…!?

正解！

直径と円周角

（円周角の定理の特別な場合）

半円の弧に対する円周角は直角である。

（線分 AB を直径とする円の周上に A，B と異なる点 P をとれば，$\angle APB = 90°$ である。）

※逆に「円周角である $\angle APB = 90°$ ならば，線分 AB は直径になる」ともいえる。

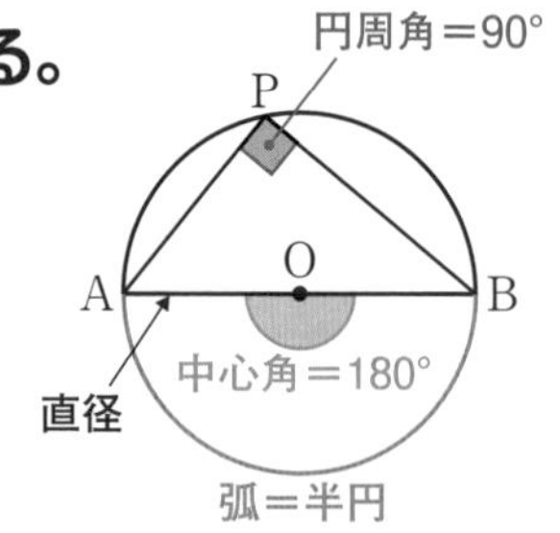

(1)を考えましょう。
線分 AB が直径で,
$\overset{\frown}{AB}$ は半円の弧
ですから,

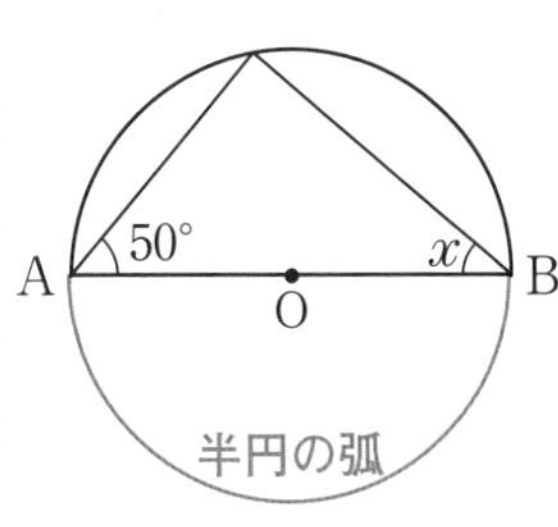

これに対する円周角は
直角 (90°) になります。

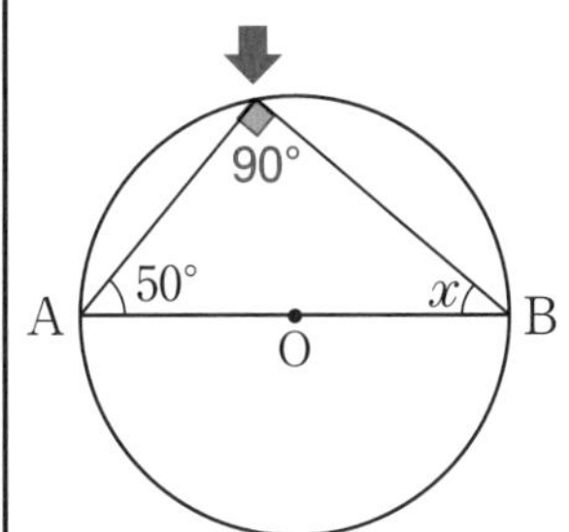

三角形の内角の和は
180°ですから,

$\angle x = 180° - (50° + 90°)$
$= 180° - 140°$
$= 40°$

$\angle x = 40°$ **答**

とわかります。

(2)を考えましょう。
まず, 半円の弧に対する円周角は**直角 (90°)** になります。

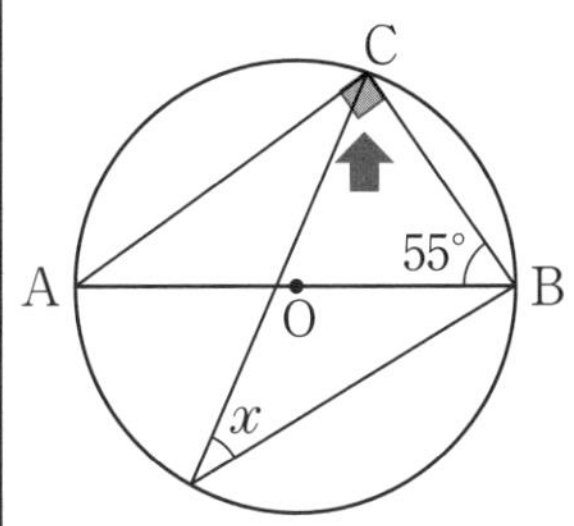

$\overset{\frown}{BC}$ に注目すると,
$\angle x$ は**円周角**です。

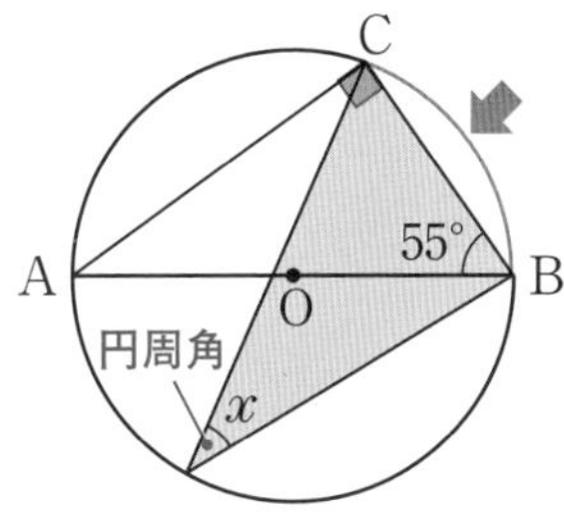

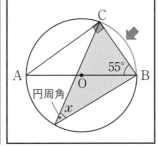

また, 見方を変えると,
$\angle CAB$ も, 同じ $\overset{\frown}{BC}$ の
円周角ですよね。

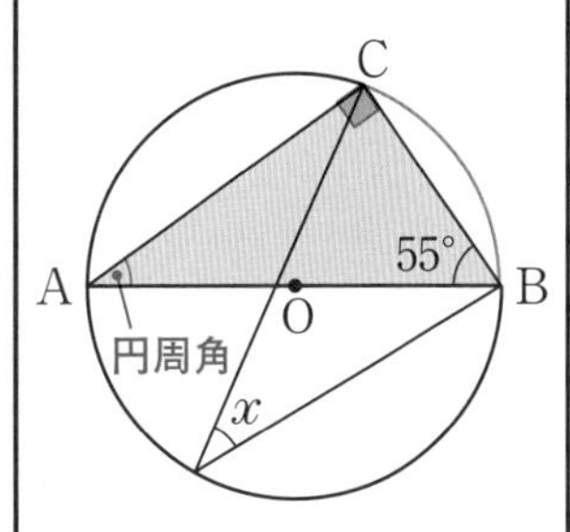

1つの弧に対する円周角の大きさは**一定**なので,

$\angle CAB = \angle x$

となります。

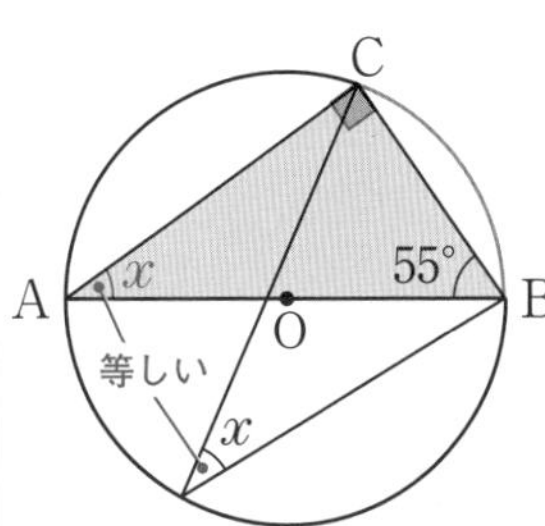

三角形の内角の和は
180°ですから,

$\angle x = 180° - (55° + 90°)$
$= 180° - 145°$
$= 35°$

$\angle x = 35°$ **答**

とわかります。

このように, 様々な
角度から, 弧と円周角
の対応を考えられる
ようになりましょうね。

ニャるほど…
三角形の内角・外角の性質
もよく使うニョね…

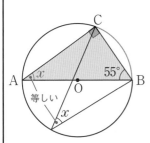

問3 **(円周角と弧)**

右の図で，$\overset{\frown}{AB}=\overset{\frown}{CD}$ であるとき，
$\angle x$ の大きさを求めなさい。

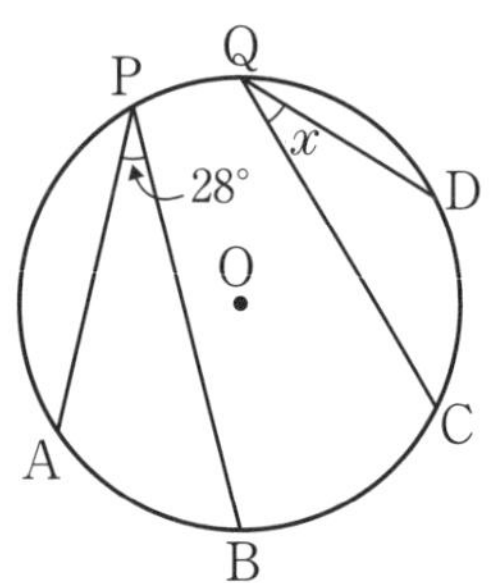

1つの円で，**中心角の等しいおうぎ形の弧の長さや面積は等しい。**
(おうぎ形の弧の長さと面積は**中心角に比例**する)
この性質は中1で学びました。

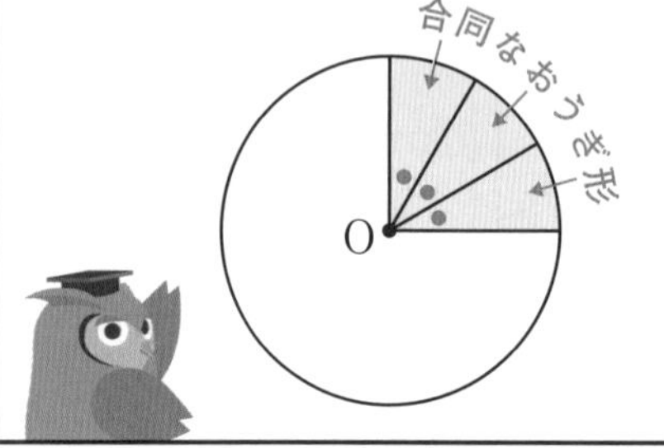

これは逆に，
等しい弧に対する中心角は等しい
(弧の長さが等しければ，中心角も等しい)
ともいえるんです。

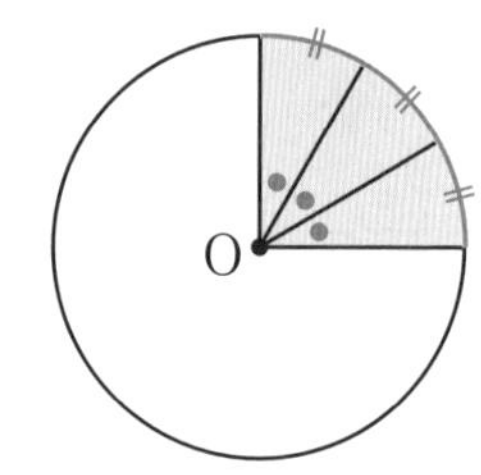

この性質を利用するために，
点Oと4点A，B，C，Dを
それぞれ結びます。

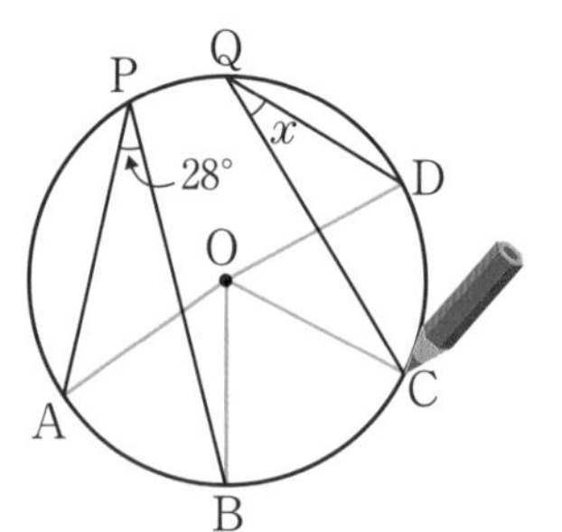

$\overset{\frown}{AB}=\overset{\frown}{CD}$ より，
等しい弧に対する中心角は等しいので，

$\angle AOB=\angle COD$

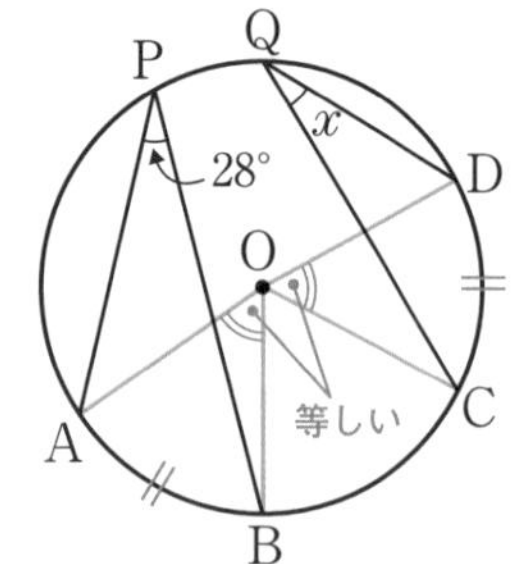

円周角の定理より，

$\angle APB = \dfrac{1}{2}\angle AOB$

等しい

$\angle CQD = \dfrac{1}{2}\angle COD$

したがって，

$\angle APB = \angle CQD$

$\angle APB = 28°$ なので，

$\angle x = 28°$ 答

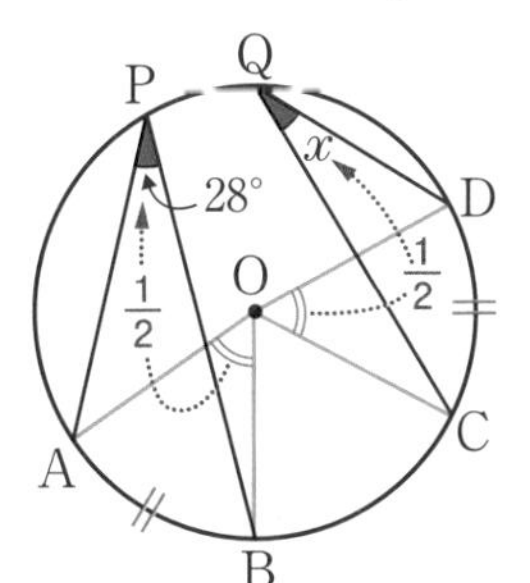

これで，弧の長さが等しければ円周角も等しくなることが確認できましたね。ここから，次のことがいえます。

円周角と弧

定理

1 つの円において，

❶ 等しい円周角に対する弧は等しい。

❷ 等しい弧に対する円周角は等しい。

※等しい弧に対する弦も等しい。

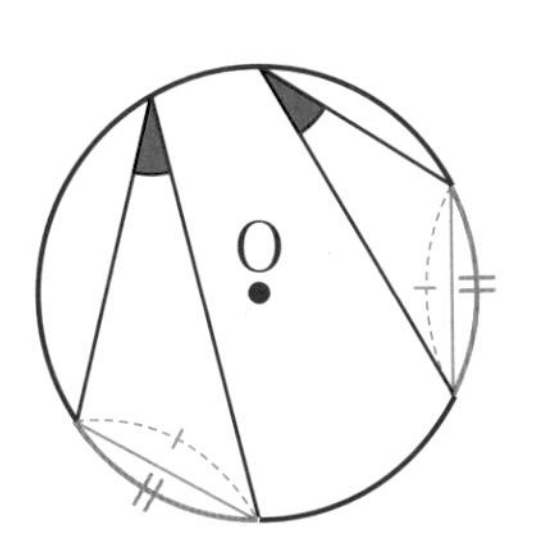

この定理によると，例えば，1 つの円で弧の長さが 2 : 3 の場合，円周角の大きさも 2 : 3 になる（比例関係にある）んですね。覚えておきましょう。

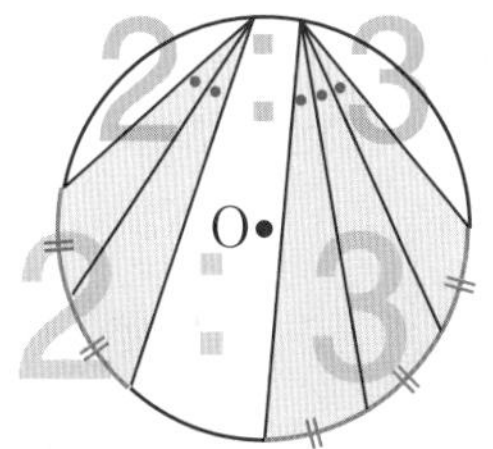

さあ，今回は円周角に関する 3 つの定理を学びました。ただ，これは基礎の基礎。この定理を応用して，様々な問題を解けるよう，練習しましょうね。

2 円周角の定理の逆

問1 （円周角の定理の逆①）

下図の(1)〜(3)のように，点 P が円 O の周上，内部，外部にあるとき，$\angle$APB と $\angle a$ の大小関係について適切なものをそれぞれ選びなさい。

㋐ $\angle APB > \angle a$　　㋑ $\angle APB < \angle a$　　㋒ $\angle APB = \angle a$

(1)
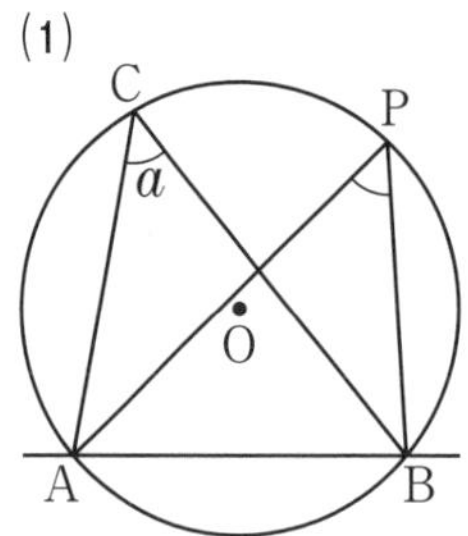

点 P が円 O の「周上」にある場合

(2)
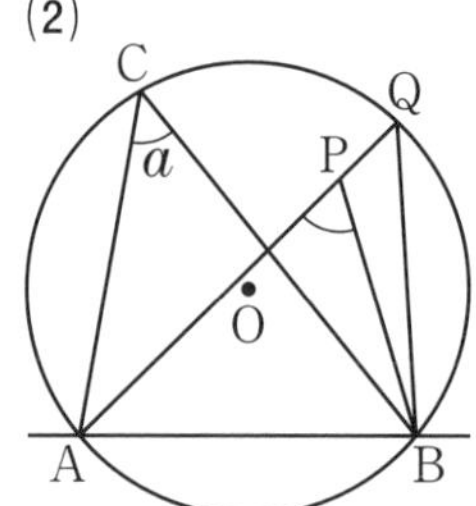

点 P が円 O の「内部」にある場合

(3)
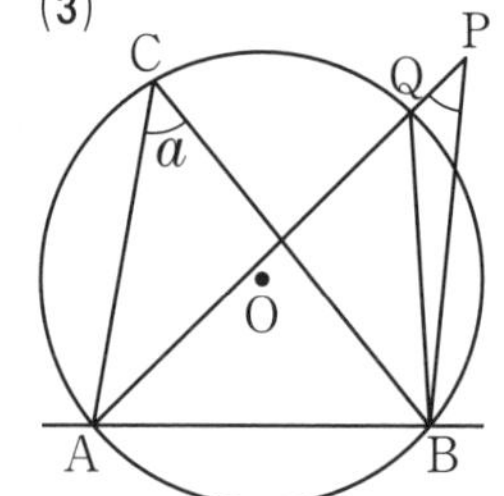

点 P が円 O の「外部」にある場合

…円周角の定理を使うと…
(1)は「同じ」だとわかるけど，
(2)・(3)は……？

そうですね。
1つ1つ
説明して
いきましょう。

点 O を**中心**とする，O から**同じ距離**にある無数の点の集まりが「**円**」です。

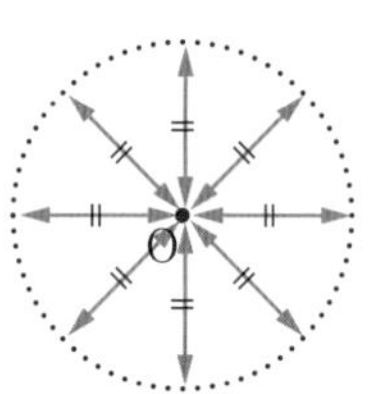

また，円周角の定理より，円の一部（$\overset{\frown}{AB}$ 以外の部分）は，2 点 A，B に対して $\angle$APB の大きさが一定（同じ）になる点 P の集まりであるとも考えられます。

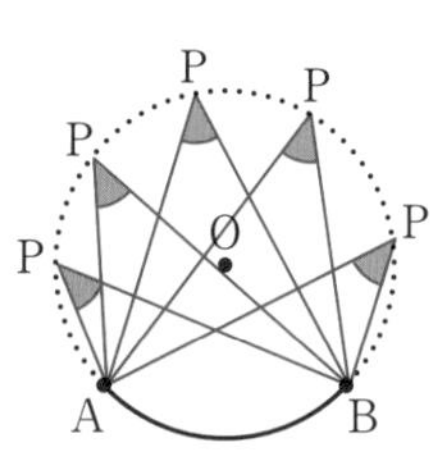

こうした円の性質をふまえて，**問 1** を考えていきましょう。

(1)は，点 P が円 O の「周上」にある場合です。

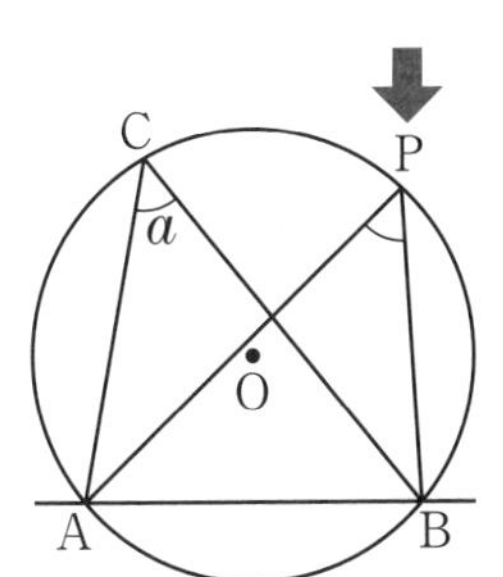

$\angle a$ と $\angle$APB は，弧 AB に対する円周角ですから，**円周角の定理**があてはまりますね。

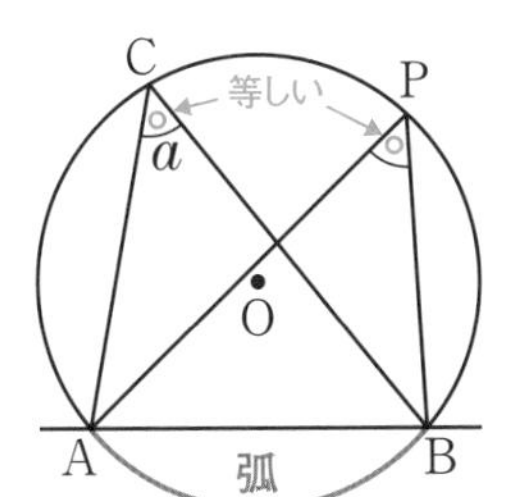

したがって，円周角の定理より，

㋒ $\angle APB = \angle a$ 答

が正解となります。

(2)は，点 P が円 O の「内部」にある場合です。

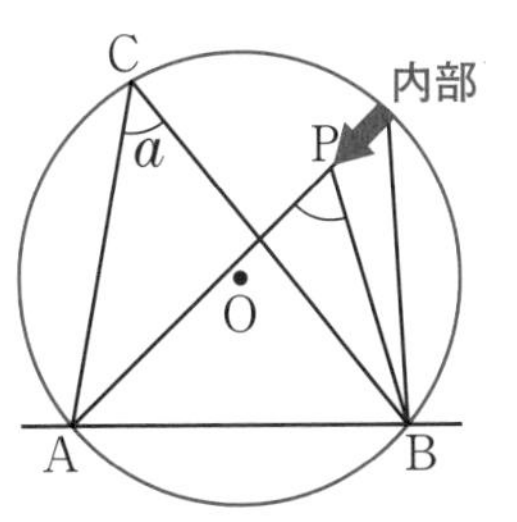

ここは，△PBQ に注目。
三角形の内角と外角の性質から，

$$\angle APB = \angle PQB + \angle PBQ$$

となりますね。

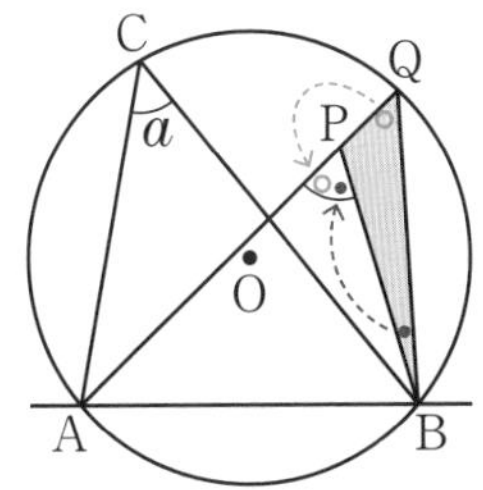

円周角の定理より，$\angle a = \angle PQB$ なので，

$$\angle APB = \angle a + \angle PBQ$$

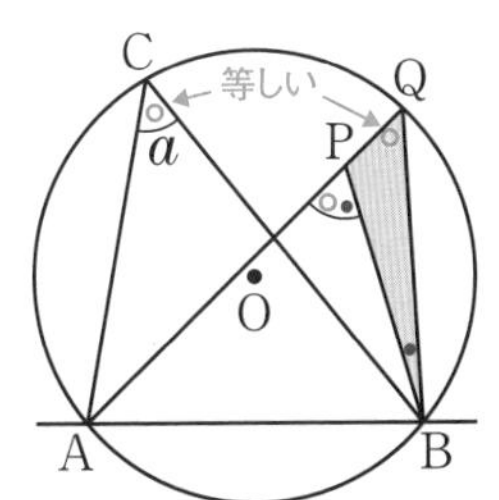

$\angle$APB は
$\angle a$ に $\angle$PBQ をたした大きさになるので，

㋐ $\angle APB > \angle a$ 答

「三角形の外角は，そのとなりにない 2 つの内角の和に等しい」という性質は重要なので，覚えておきましょう。

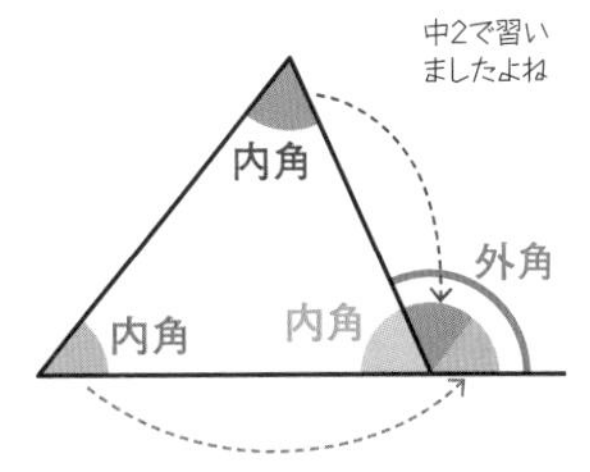

(3)は，点 P が円 O の「外部」にある場合です。

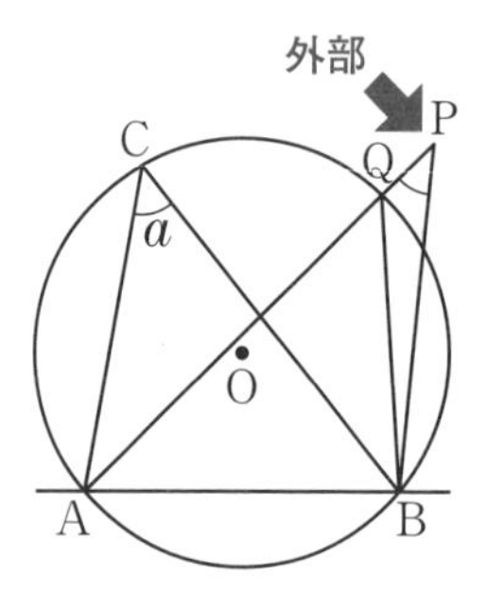

△PBQ に注目すると，内角と外角の性質から，

$$\angle AQB = \angle APB + \angle PBQ$$

$$\angle APB = \angle AQB - \angle PBQ$$

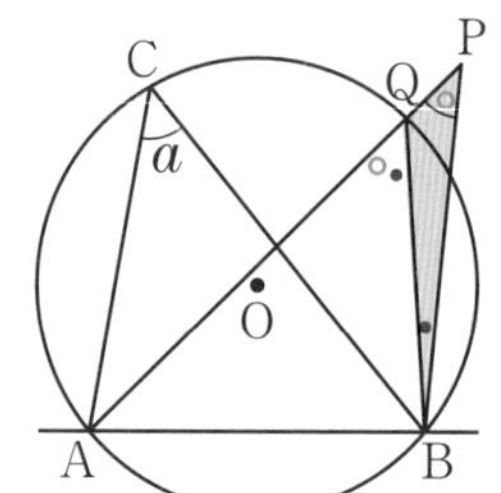

円周角の定理より，$\angle a = \angle AQB$ なので，

$$\angle APB = \angle a - \angle PBQ$$

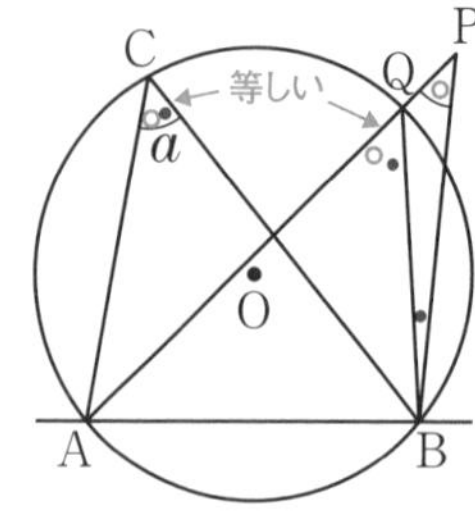

$\angle APB$ は $\angle a$ から $\angle PBQ$ をひいた大きさになるので，

㋑ $\angle APB < \angle a$ 答

要するに，点 P が円 O の「周上」にあるときだけ

$\angle APB = \angle a$

になるってことニャ？

そう，そして，その「逆もまたしかり」ということです。

4 点 A，B，C，P があります。

2 点 C，P が，

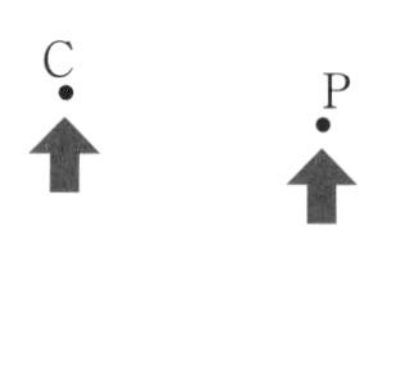

直線 AB の「同じ側」にあって，

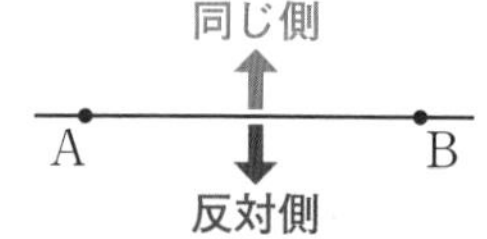

∠APB＝∠ACB
ならば,

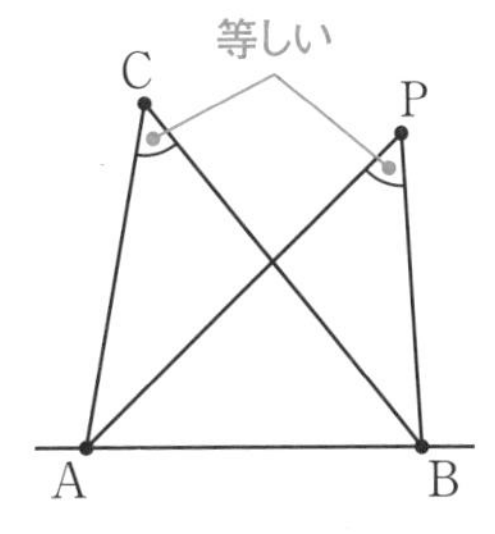

この 4 点は
同じ円周上にある。

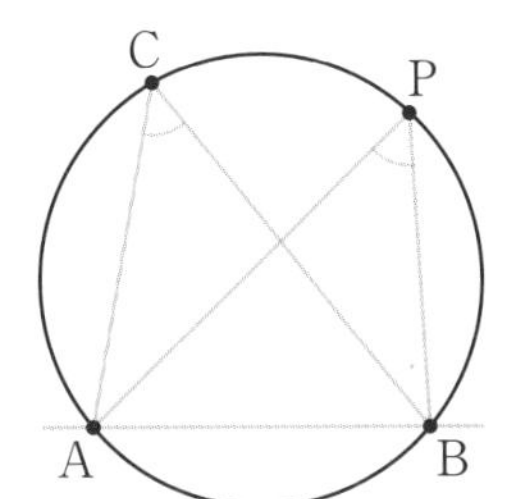

このような
「円周角の定理の逆」が
成り立つわけです。

円周角の定理の逆

定理　POINT

4 点 A，B，C，P について，
2 点 C，P が
直線 AB の同じ側にあって
∠APB ＝ ∠ACB ならば，
この 4 点は同じ円周上にある。

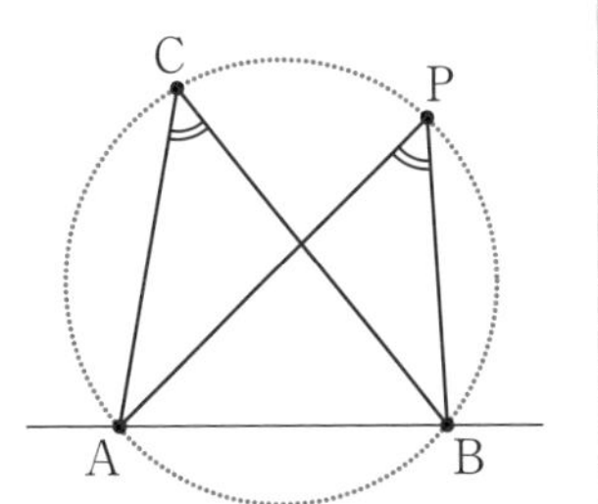

2 点 C，P が
直線 AB をはさんだ
位置（**反対側**）にない
ということです。

もし，点 P が，
直線 AB について
点 C と**同じ側**では
なく**反対側**にある
場合，たとえ
∠APB＝∠ACB
だとしても，
同じ円周上には
きませんよね。
だから「**同じ側**」という
条件が必要*なわけです。

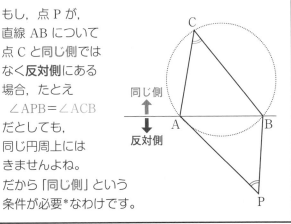

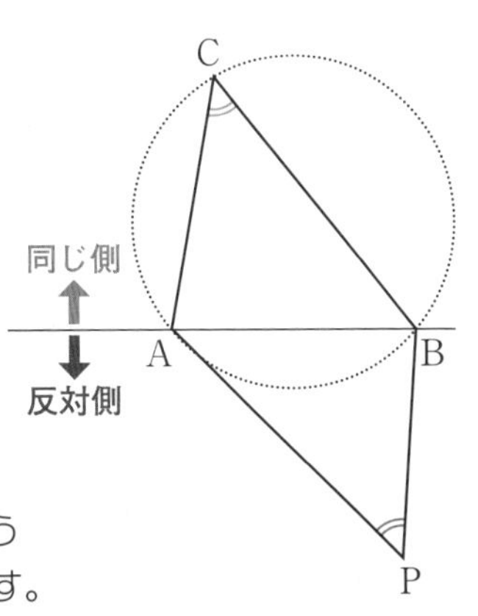

*直線 AB が円の「直径」である場合は例外。

問2 **（円周角の定理の逆②）**

右の図の△ABC は，AB＝AC の二等辺三角形です。∠B, ∠C の角の二等分線と辺 AC，AB との交点をそれぞれ D，E とするとき，4 点 B，C，D，E が同じ円周上にあることを証明しなさい。

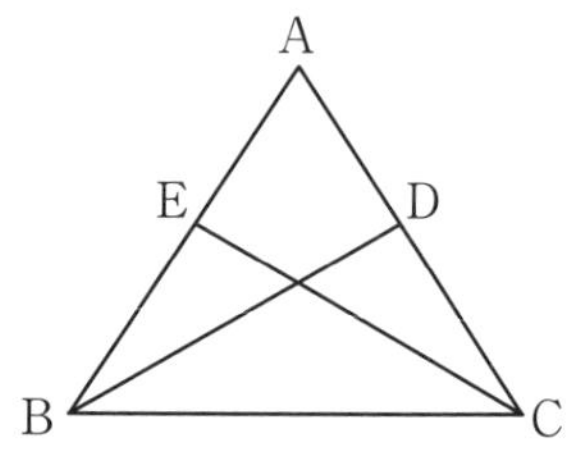

…これも結局，●とか▲が等しいことを証明すればいいんじゃないニョ？

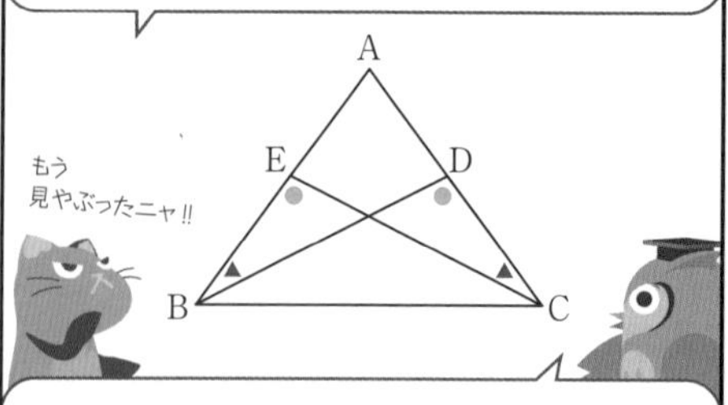

すばらしい着眼点ですね。解答のめぼしをつけるのは大事ですよ。

1 つ 1 つ整理していきましょう。
△ABC は AB＝AC の二等辺三角形であるという仮定から，

∠B＝∠C　　　…①

※二等辺三角形の底角は等しい。

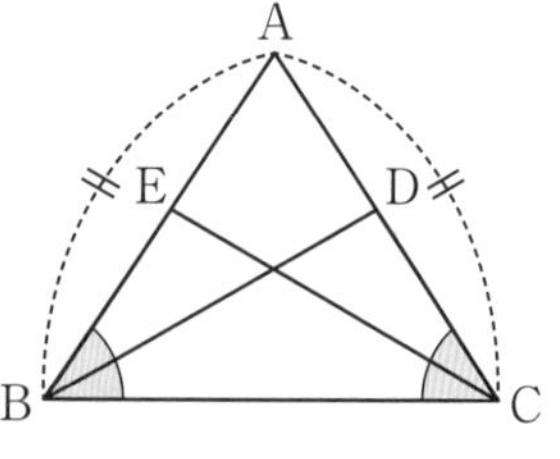

BD は∠B の二等分線なので，

∠ABD＝∠DBC　…②

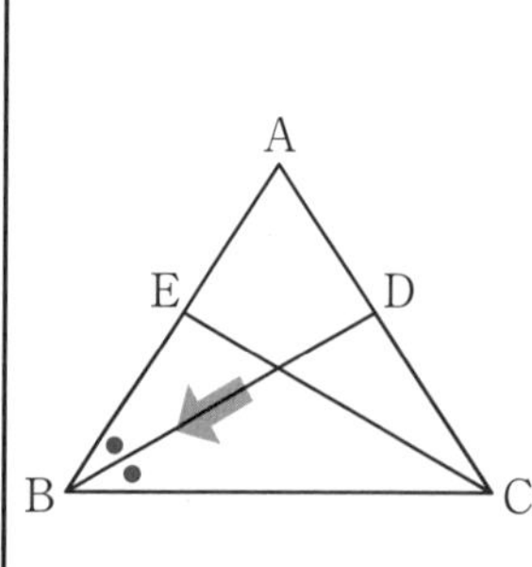

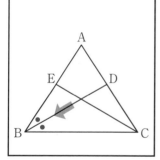

CE は∠C の二等分線なので，

∠ACE＝∠ECB　…③

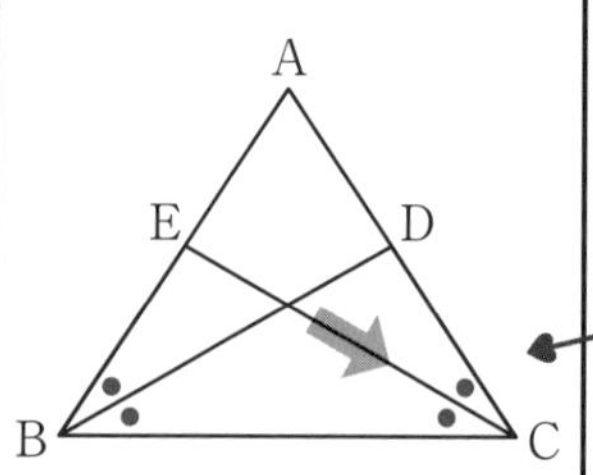

∠B＝∠C ですから，それぞれを二等分した●はすべて等しい角ですよね。

①, ②, ③より,
∠EBD＝∠ECD　…④

円周角の定理の逆により,
4 点 B, C, D, E について,
2 点 B, C が直線 DE の同じ側にあって④となるので, この 4 点は同じ円周上にあります。

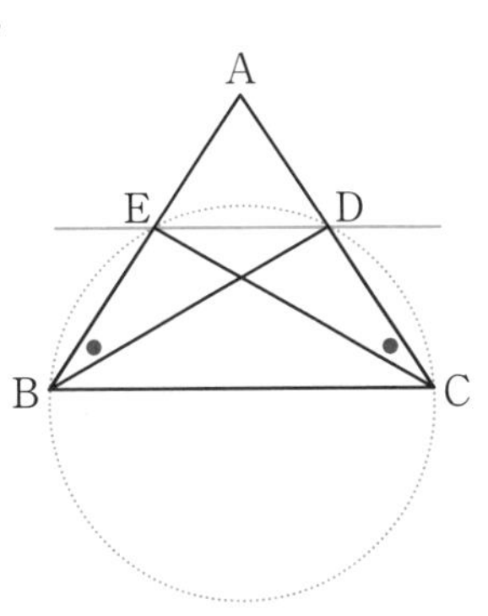

このような筋道と根拠をもとに,
証明を展開していきましょう。

証明

仮定から,

∠B = ∠C　…… ①

BD は∠B の二等分線だから,

∠ABD = ∠DBC　…… ②

CE は∠C の二等分線だから,

∠ACE = ∠ECB　…… ③

①, ②, ③より,

∠EBD = ∠ECD　…… ④

したがって, 円周角の定理の逆により, 4 点 B, C, D, E について, 2 点 B, C が直線 DE の同じ側にあって④となるから, この 4 点は同じ円周上にある。 答

証明の答えをまとめると, 上記のような解答になります。

別解

三角形の内角と外角の性質から,

∠BEC＝∠BDC

（▲＝180°－●×3）

を根拠に証明する。

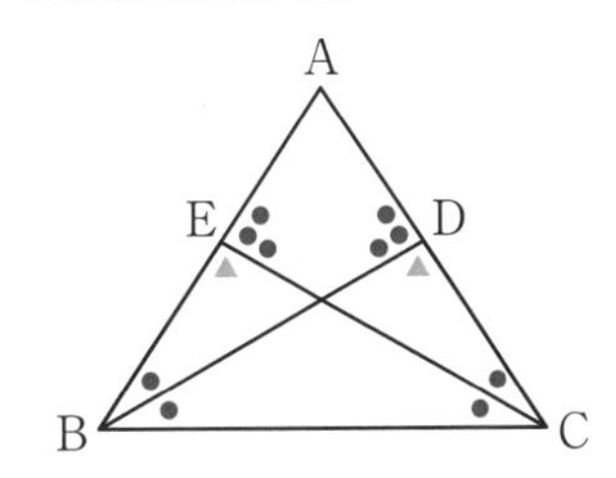

円周角の定理やその逆は,
証明に使う場合も
少なくありません。
最初は難しいと思いますが,
問題に慣れれば大丈夫。
がんばりましょう！

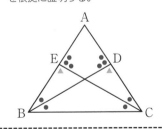

3 円周角の定理の利用

問 1 （円周角の定理の利用①）

右の図のように，∠BAC があります。点 C から辺 AB に垂線をひき，その垂線上に点 P を∠BAC＝∠BPC となるように作図しなさい。

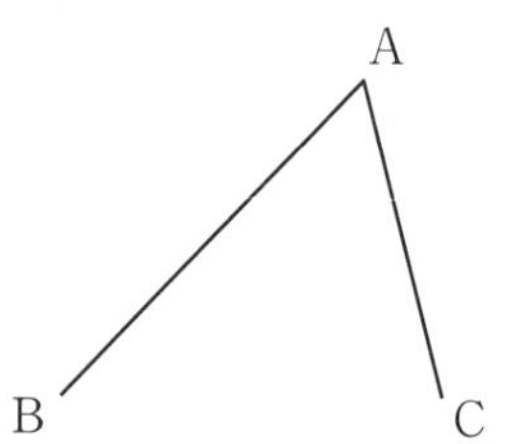

中１でやりましたが，「弦の**垂直二等分線**は，円の**中心**を通る」という円の性質があります。

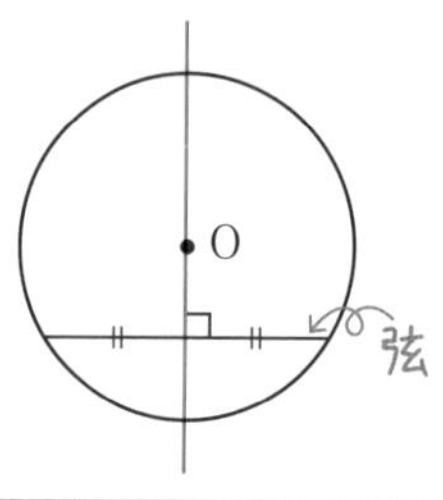

この円の性質から，２つの線分（＝弦）の**垂直二等分線**をひけば，

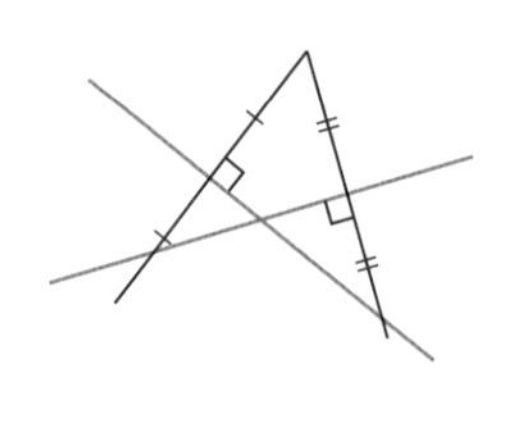

２直線の交点が円の中心 O になるんですね。

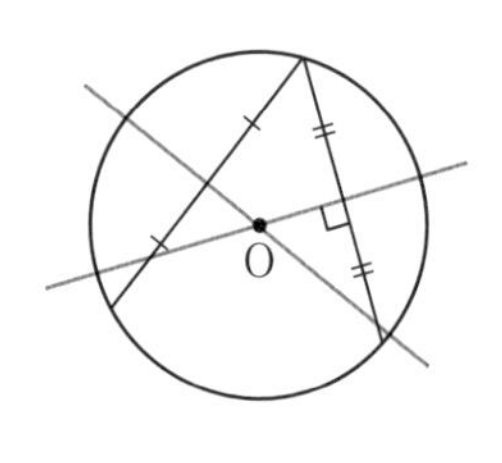

この円の性質と円周角の定理を利用して作図することを考えていきましょう。

…どうやって利用するか全くわからんニャ…？

まず，AB，AC の垂直二等分線をひきます。

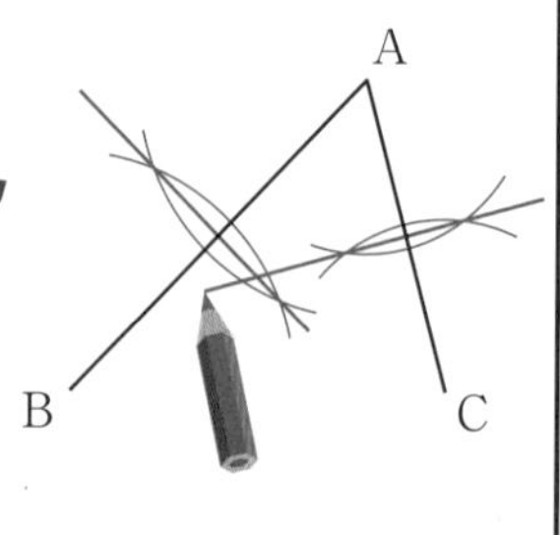

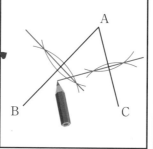

その交点 O を中心とする３点 A，B，C を通る円をかきます。

※点 O は A，B，C すべてとの距離が等しい。

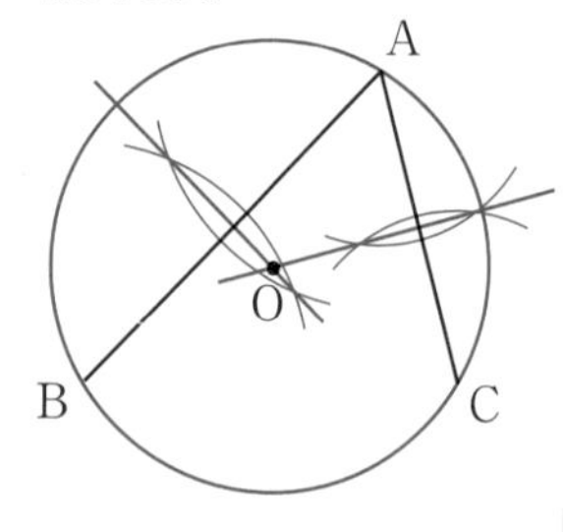

※作図に用いるコンパスと定規の表示は省略し，鉛筆だけで表しています。

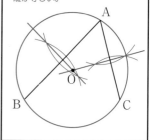

こうすれば，円周角の定理より，点Pを円周上（弧BCを除く部分）のどこにとっても，∠BAC＝∠BPCとなりますよね。

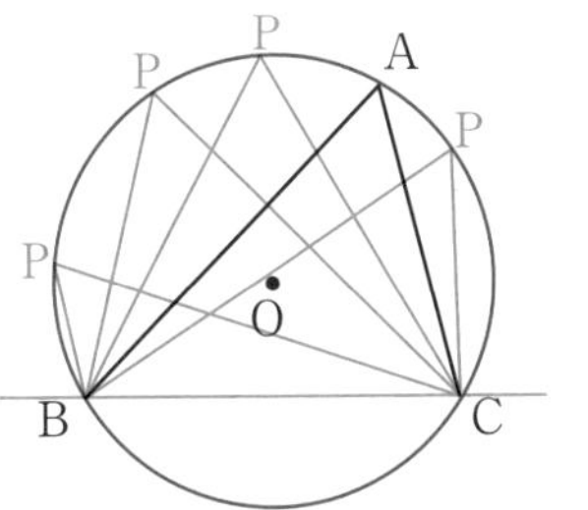

問1は「点Cから辺ABに垂線をひき，その垂線上に点Pを」作図するという条件なので，こういうイメージです。

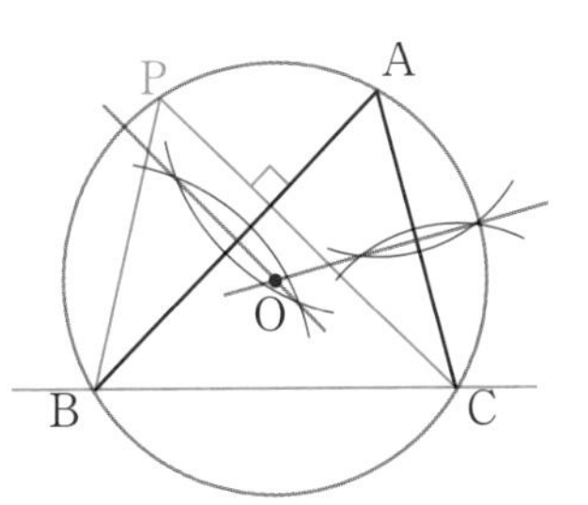

点Cから辺ABに垂線をひき，円Oとの交点を点Pとします。

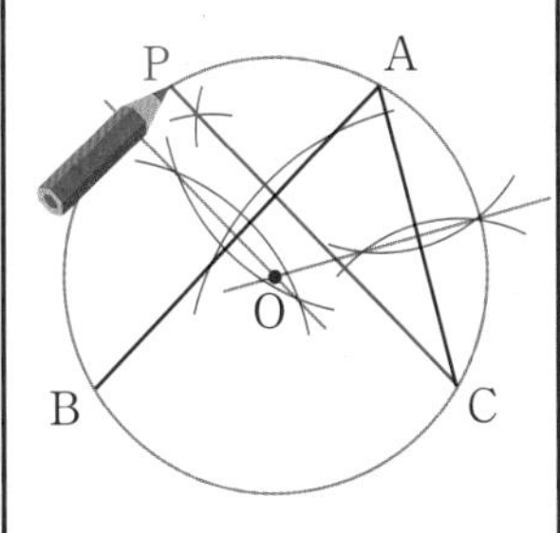

点Pと点Bを直線で結びます。

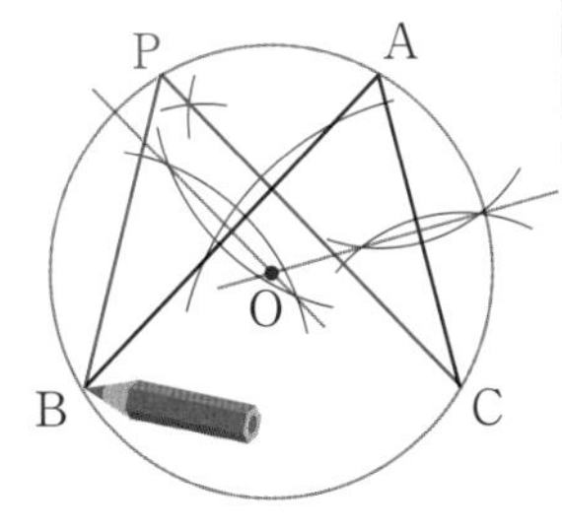

円周角の定理により，

∠BAC＝∠BPC

となりますね。

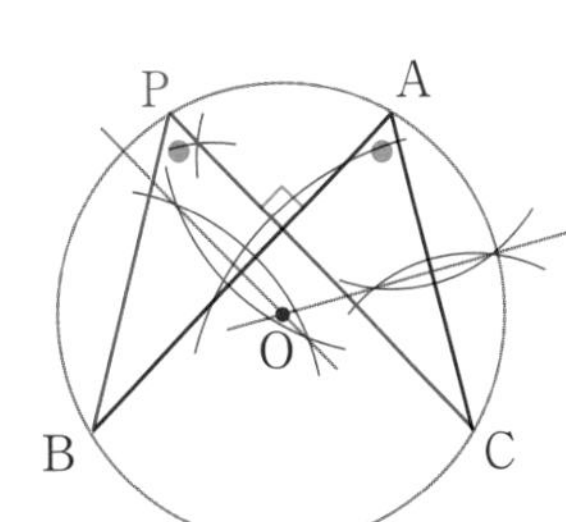

「作図」で用いた線は消さないのが原則なので，答えは下図のようになります。

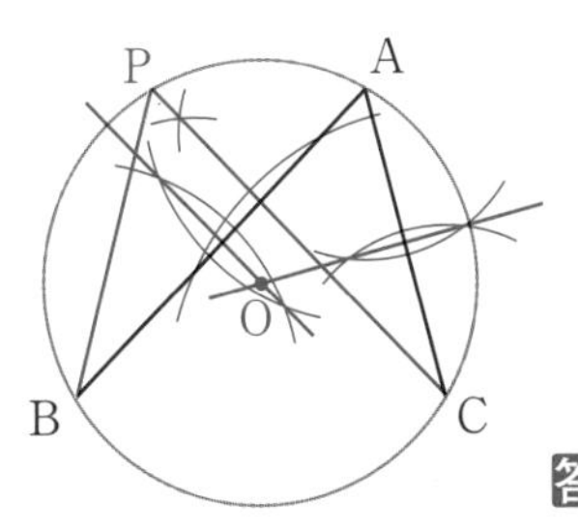

作図の基本をだいぶ忘れてるニャ…
中1でやったことなので，忘れることもありますよね。

作図の方法だけでなく，円の性質やいろいろな定理も，しっかり復習して忘れないようにしましょうね。

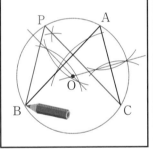

問2 （円周角の定理の利用②）

右の図で，円 O と円外の点 A があたえられているとき，点 A から，この円への接線をすべて作図しなさい。

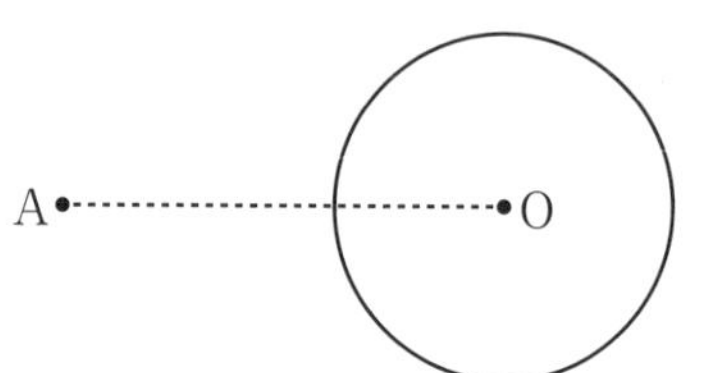

まずは**接線**とは何かをしっかり復習しましょうか。

円の半径（または中心を通る直線）に**垂直**な直線 ℓ が，円周上の **1 点だけ**と重なる（＝接する）とき，この直線 ℓ を**接線**（せっせん）といい，接線と円が接する点を**接点**（せってん）といいます。

※わかりやすいよう，円周を点線で表示。

ℓ
半径
O
拡大
接線
半径
接点
※この 1 点とだけ"ぴったり"と重なっている。

今回は作図をしながら説明します。
線分 AO の垂直二等分線を作図し，線分 AO との交点を M とします。

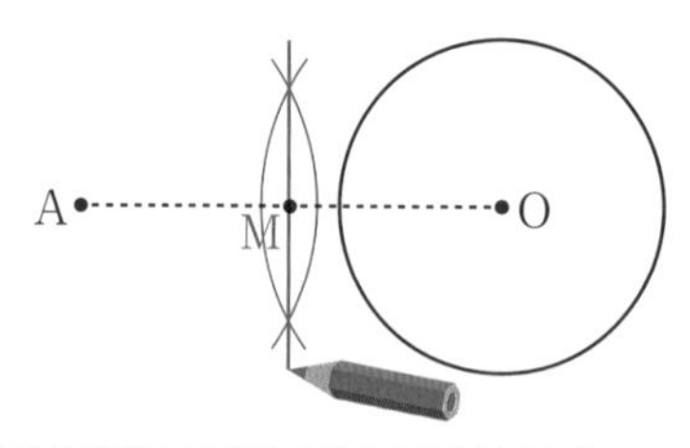

※MO を半径とする円 M の中心を決めるため。

MO を半径とする円 M をかき，
円 O との交点を P，P′ とします。

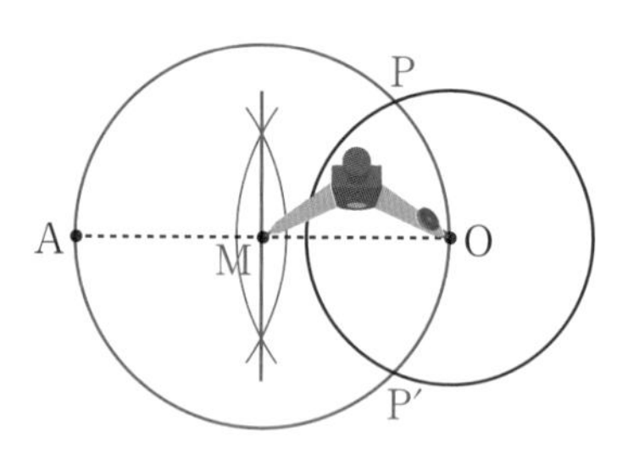

ここで再び，「**直径と円周角**」の定理を思い出してください。「(線分) AD を**直径**とする) 半円の弧に対する**円周角は直角である**」という定理ですね。

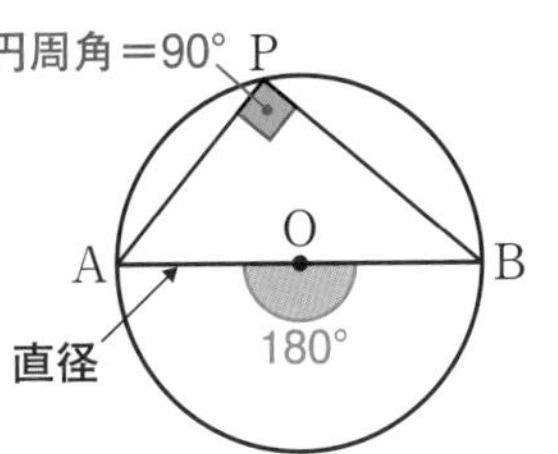

点 A と点 P，P′を結び，
点 O と点 P，P′を結んで考えると，

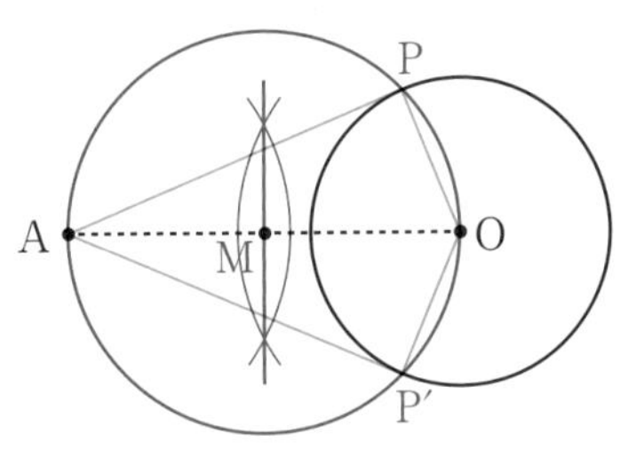

点 P，P′は円 M の円周上にあるので，「**直径と円周角**」の定理より，∠APO と∠AP′O は直角 (90°) となります。

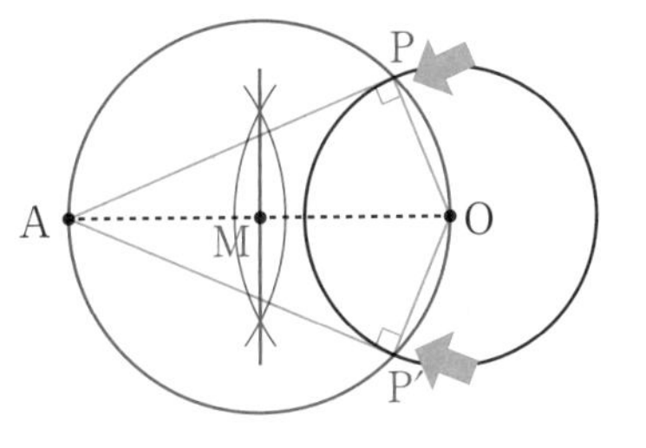

とすると，半直線 AP と AP′は円 O の半径に**垂直**に接するので，円 O の**接線**であるといえます。

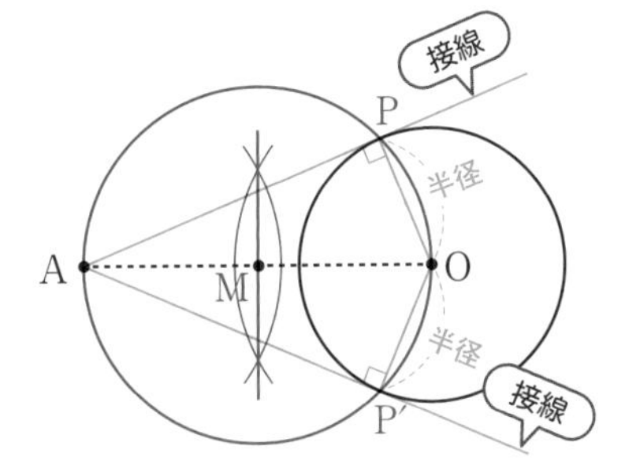

したがって，
半直線 AP，AP′をひけば，
これが答えになります。

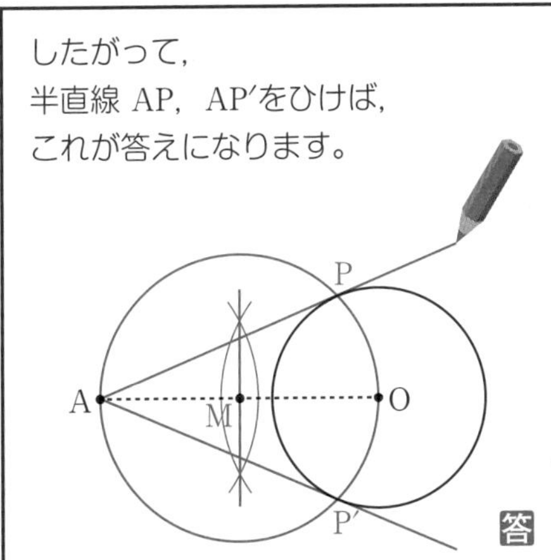

問題文には
「接線を**すべて**作図しなさい」
とあるので，半直線 AP，AP′の
両方をかきましょうね。

…ニャんか，急に難しくなってきたニャ〜…
ネコをニャめてんニョ?

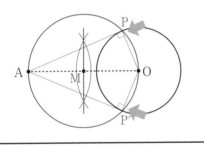

問3　（円周角の定理の利用③）

問2で作図した2本の接線
AP，AP′について，

AP＝AP′

となることを証明しなさい。

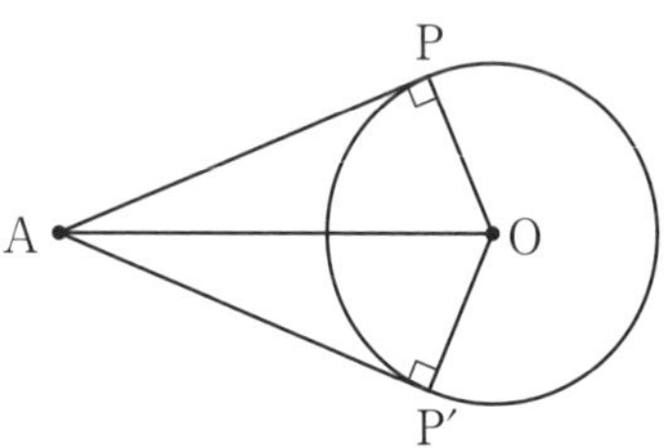

……あ，これは
わかりそうだニャ！
「直角三角形の合同」で
証明すればいいニャ？

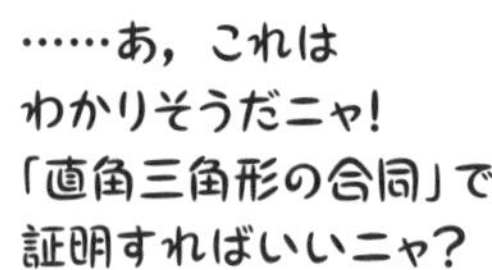

そのとおり正解！

△AOP と △AOP′ が合同であるならば，
対応する線分（または角）は等しいので，
AP＝AP′を証明できますよね。

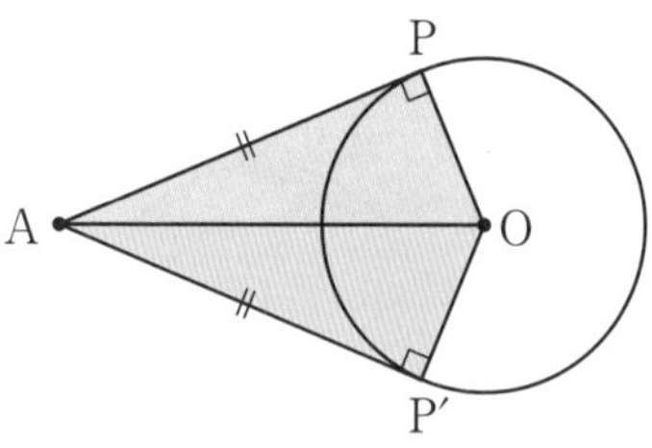

直角三角形は，次のどちらかが成り立つとき合同であるといえます。

直角三角形の合同条件

❶ 斜辺と 1 つの鋭角がそれぞれ等しい。
❷ 斜辺と他の 1 辺がそれぞれ等しい。

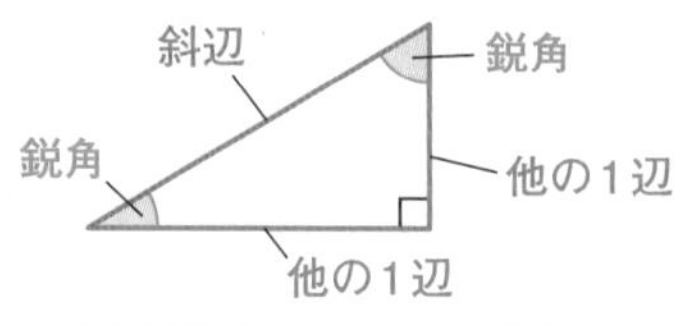

△AOP と △AOP′ は，
直角三角形で
斜辺 OA が共通で，
半径 OP，OP′が等しいですね。

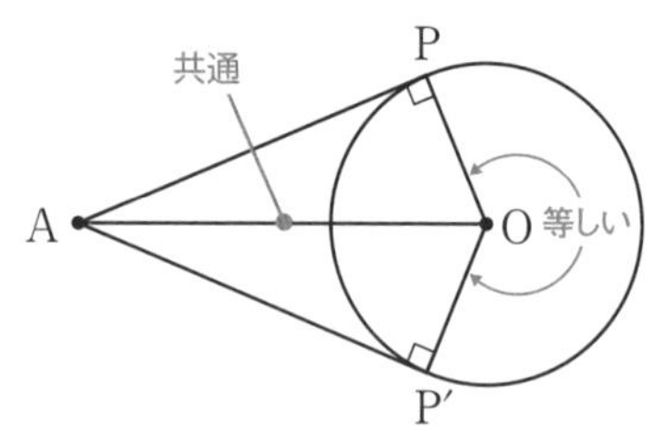

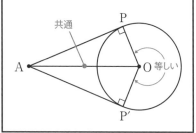

❶【参考】三角形の合同条件…［3 組の辺／ 2 組の辺とその間の角／ 1 組の辺とその両端の角］がそれぞれ等しい。

したがって，
直角三角形の合同条件❷
「斜辺と他の１辺がそれぞれ等しい」があてはまりますね。
これを根拠として
証明しましょう。

△AOPと△AOP′において，
共通な辺なので，OA＝OA ……①
円Oの半径なので，OP＝OP′ ……②
接線は半径と垂直に交わるから，
∠OPA＝∠OP′A＝90° ……③
①，②，③より，直角三角形で，
斜辺と他の１辺がそれぞれ等しいので，
△AOP≡△AOP′
合同な図形の対応する辺は等しいから，
AP＝AP′

この点Aがどこに
あっても２つの接線は
同じ長さになるニャ？

そうなんです！

円外の１点がどこにあろうと，
その円にひいた
２つの接線の長さは
常に等しいんです。
これは「定理」にも
なっているので，
最後にこの定理を
おさえておきましょう。

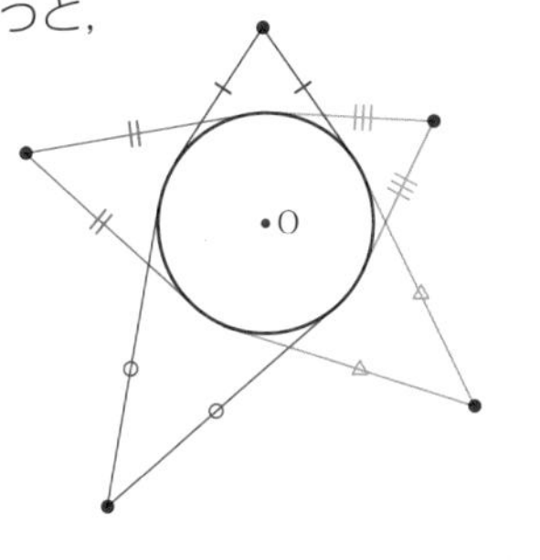

POINT

円外の１点からの接線

**円外の１点から，
その円にひいた
２つの接線の長さは等しい。**

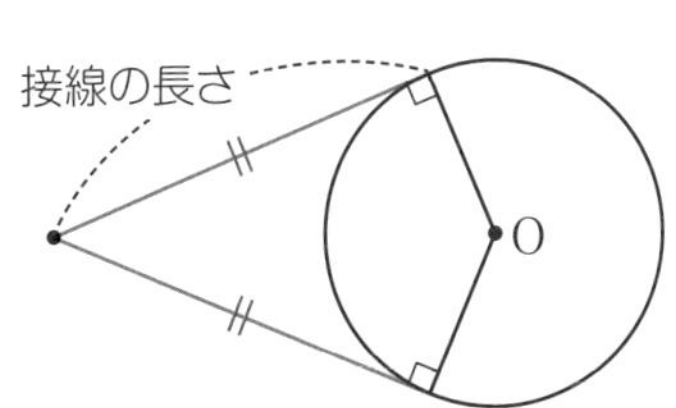

END

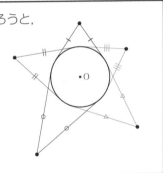

高校入試問題にチャレンジ！

円【実戦演習】

問1

〈山口県〉

図の円Oで，$\angle x$ の大きさを求めなさい。

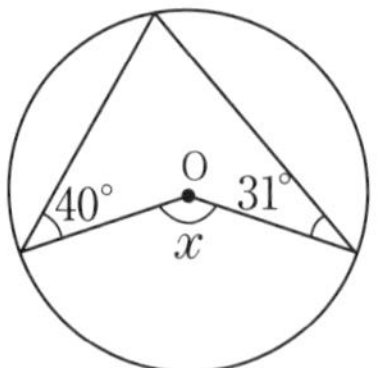

問2

〈岩手県〉

下の図は，円Oで，$\overset{\frown}{AB}$ に対する円周角∠APBを45°になるようにかいたものです。$\overset{\frown}{AB}=2\pi$ cmのとき，円Oの半径を求めなさい。

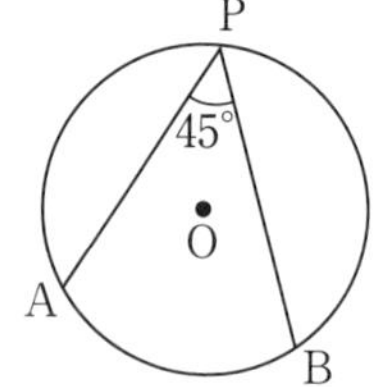

問3

〈鳥取県〉

下の図において，ACが円Oの直径であるとき，$\angle x$ の大きさを求めなさい。

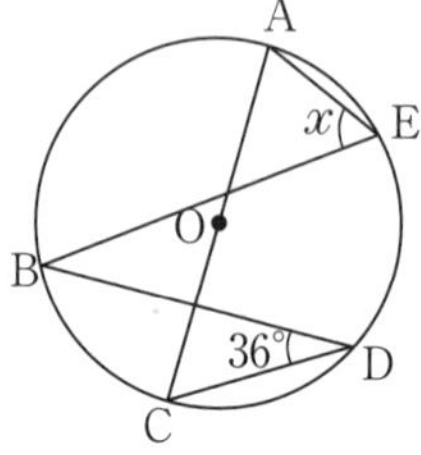

問4

〈愛知県〉

図のA，B，C，Dは円Oの周上の点で，線分BDは直径である。∠CAO = 31°，∠CBO = 67°のとき，∠AOBの大きさは何度か，求めなさい。

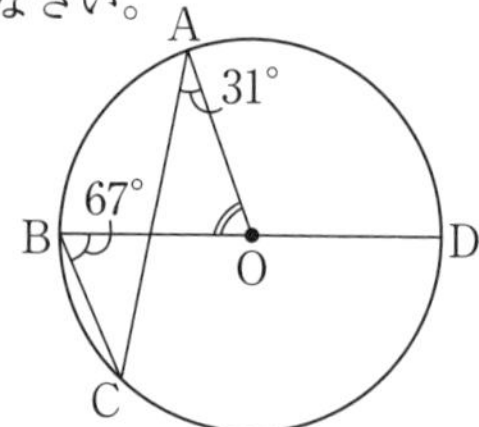

問5

〈宮崎県〉

円Oの円周上に，4点A，B，C，Dがある。$\overset{\frown}{AB}=\overset{\frown}{BC}$，∠BDC = 27°のとき，∠AOCの大きさ x を求めなさい。

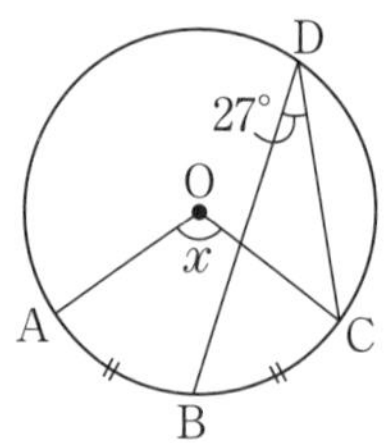

問6

〈鹿児島県〉

下の図の円において，$\overset{\frown}{AB}=\overset{\frown}{BC}=\overset{\frown}{CD}$ で，線分BEと線分ADの交点をFとするとき，△ACE∽△FDEであることを証明せよ。

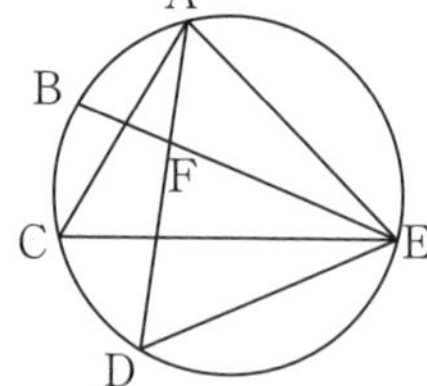

円周角の定理によって角度が求まったり、相似となる図形が見つかります。
図に長さや角度，補助線を書き込み、わかるところからうめていきましょう。

答1

線分 AO をひくと，△OAB，△OAC は二等辺三角形となるので，

∠BAC＝40°＋31°＝71°

中心角は円周角の2倍だから，

$x = 71° \times 2$

$= 142°$ 答

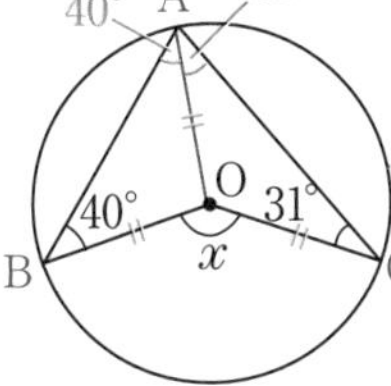

答2

❶ 円周の長さ：$2\pi r$

線分 OA，OB をひくと，中心角は円周角の2倍なので，∠AOB＝90°

OA＝r（半径）とおくと，

$\overset{\frown}{AB} = 2\pi r \times \dfrac{90°}{360°} = \dfrac{\pi r}{2}$ …①

問題文より，

$\overset{\frown}{AB} = 2\pi$(cm) …②

①，②より，

$\dfrac{\pi r}{2} = 2\pi$

$r = 4$cm 答

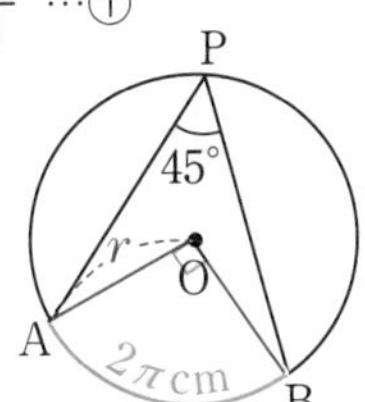

答3

線分 AD をひくと，

どちらも $\overset{\frown}{AB}$ に対する円周角だから，

∠ADB＝∠AEB＝x

AC は円 O の直径だから，

∠ADC＝90°

$x + 36° = 90°$

$x = 54°$ 答

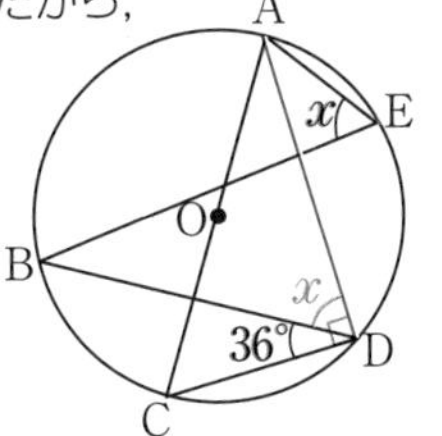

答4

∠ACB＝x とおくと，$\overset{\frown}{AB}$ に対する円周角と中心角の関係より，∠AOB＝$2x$

対頂角（●）は等しいので，

$2x + 31° = x + 67°$

$x = 36°$

よって，

$2x = 36° \times 2$

$= 72°$ 答

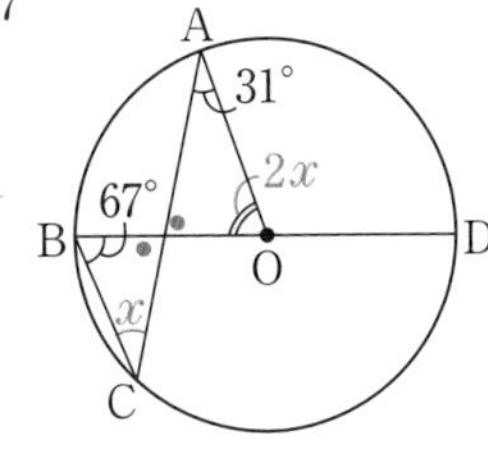

答5

線分 OB をひくと，$\overset{\frown}{BC}$ に対する中心角∠BOC は円周角∠BDC の2倍だから，

∠BOC＝27°×2＝54°

$\overset{\frown}{AB} = \overset{\frown}{BC}$ より，

∠AOB＝∠BOC＝54°

よって，

$x = 54° + 54°$

$= 108°$ 答

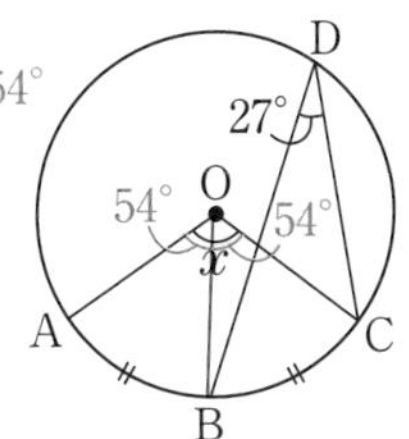

答6

△ACE と△FDE において，

$\overset{\frown}{AE}$ に対する円周角は等しいから，

∠ACE＝∠FDE …… ①

また $\overset{\frown}{AB} = \overset{\frown}{BC} = \overset{\frown}{CD}$ より，

$\overset{\frown}{AC} = \overset{\frown}{BD}$ だから，

∠AEC＝∠FED …… ②

①，②より，2組の角がそれぞれ等しいので，△ACE∽△FDE（証明終了）答

COLUMN-6

度数法と弧度法

小学校・中学校では角度を15°，60°のように表してきました。このような角度の表し方を「度数法（どすうほう）」といいます。高校では図のように半径と弧の長さが等しいときの角度を1 *rad*（ラジアン）と定義する「弧度法（こどほう）」を用いて角度を表すようになります。

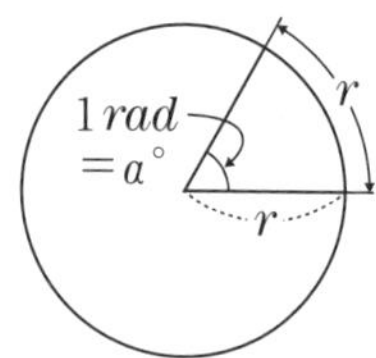

1 *rad*を$a°$とおいて，比例式をつくってみます。$a°$のとき弧の長さはrで，くるりと1周360°のとき円周は$2\pi r$であることから，

$a°:r=360°:2\pi r$ が成り立ちます。これを解くと，

$$a°=\frac{180°}{\pi}\quad\cdots①式$$

$\pi=3.1415926\cdots$を代入してわり算を実行すると，$a°=57.295\cdots°$

1 *rad*を「度数法」で表すと，およそ57.29°であることがわかります。

$1\,rad=a°$なので，①式より，$1\,rad=\dfrac{180°}{\pi}$，分母を払うと，

$$\pi\,rad=180°\quad\cdots②式$$

すなわち，「度数法」は半回転分＝180°となるような角度の表し方であるのに対し，「弧度法」は半回転分＝$\pi\,rad$となるような角度の表し方です。この関係から比例式をつくってみます。$x°$のときθ（シータ） *rad*だとすると，$x°:\theta\,rad=180°:\pi\,rad$ の比例式が成り立ち，これから，

$$x°=\left(\frac{180°}{\pi}\right)\theta\quad\cdots③式$$

が成立します。これが「度数法」から「弧度法」への変換式です。この変換式③を使っておうぎ形の弧の長さlとおうぎ形の面積Sの公式を「弧度法」で表すと，

$$l=2\pi r\times\frac{x°}{360°}=2\pi r\times\frac{1}{360°}\times\left(\frac{180°}{\pi}\right)\theta=r\theta$$

$$S=\pi r^2\times\frac{x°}{360°}=\pi r^2\times\frac{1}{360°}\times\left(\frac{180°}{\pi}\right)\theta=\frac{1}{2}r^2\theta$$

というようにとってもきれいな式になります。実はこの2つの式は高校で習う物理でも活躍する式なんです。

（文：沖田一希）

中3 図形

Chapter 7

三平方の定理

この単元の位置づけ

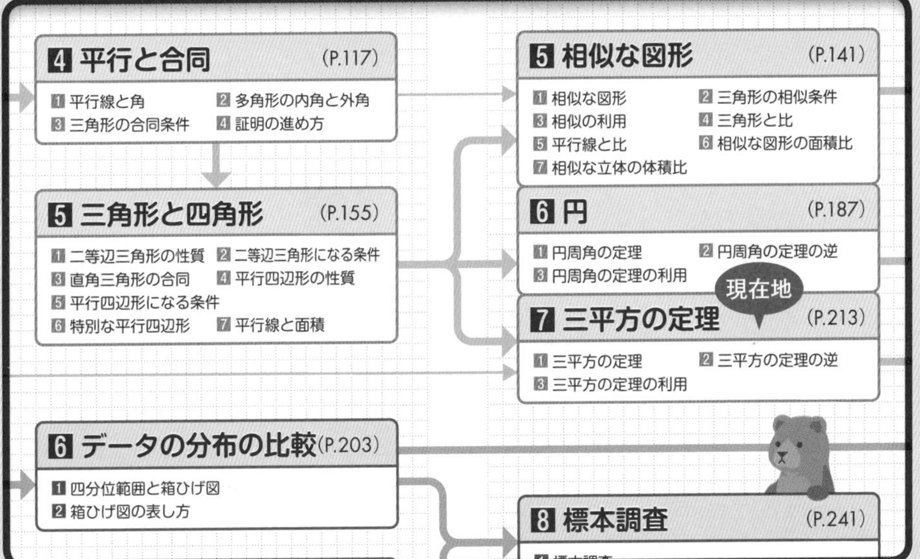

4 平行と合同 (P.117)
1 平行線と角
2 多角形の内角と外角
3 三角形の合同条件
4 証明の進め方
5 三角形と四角形 (P.155)
1 二等辺三角形の性質
2 二等辺三角形になる条件
3 直角三角形の合同
4 平行四辺形の性質
5 平行四辺形になる条件
6 特別な平行四辺形
7 平行線と面積
6 データの分布の比較 (P.203)
1 四分位範囲と箱ひげ図
2 箱ひげ図の表し方
5 相似な図形 (P.141)
1 相似な図形
2 三角形の相似条件
3 相似の利用
4 三角形と比
5 平行線と比
6 相似な図形の面積比
7 相似な立体の体積比
6 円 (P.187)
1 円周角の定理
2 円周角の定理の逆
3 円周角の定理の利用
現在地
7 三平方の定理 (P.213)
1 三平方の定理
2 三平方の定理の逆
3 三平方の定理の利用
8 標本調査 (P.241)

ここでは，紀元前6世紀にピタゴラスが発見した，直角三角形の3辺の比に関する定理について学びます。古代エジプトでは縄と杭（くい）を使って測量を行なっており，3:4:5の割合に縄を折って張ると直角三角形ができることを測量士たちは知っていました。古代エジプト人が理解できていたことを私たちに理解できないはずはありません。がんばりましょう。

I 三平方の定理

問 1 （三平方の定理①）

右の図の三角形 ABC は，
$\angle C = 90^\circ$ の直角三角形である。
$BC = a$，$CA = b$，$AB = c$ とするとき，

$$a^2 + b^2 = c^2$$

の関係が成り立つことを証明しなさい。

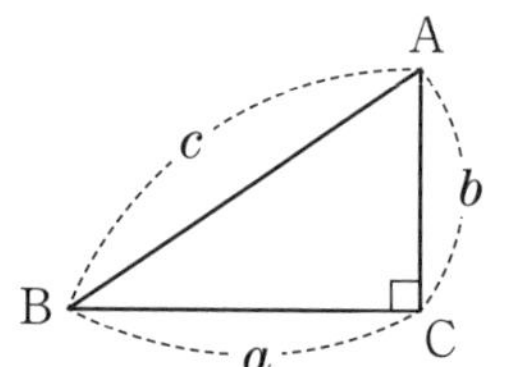

はい，今回の授業では
数学史上最も有名な定理の1つ，
「**三平方の定理**」を
マスターしましょう！

三平の方？（さんぺいのほう）
「さんへいほうの
ていり」です。
三平ってだれニャ…？

1つの直角三角形が
あるとします。

※直角三角形であれば，どんな形でもよい。

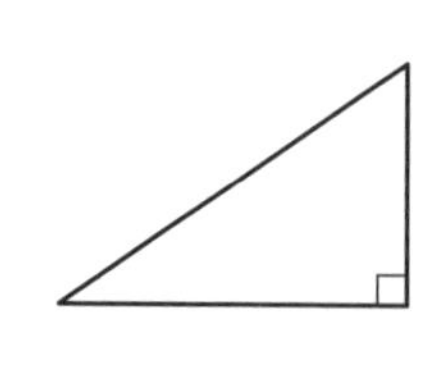

直角の対辺である**斜辺**
の長さを c として，

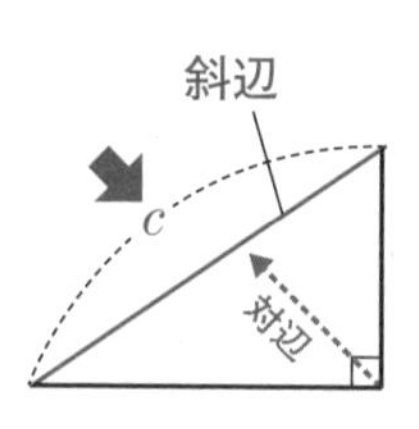

他の2辺の長さを
a，b とします。

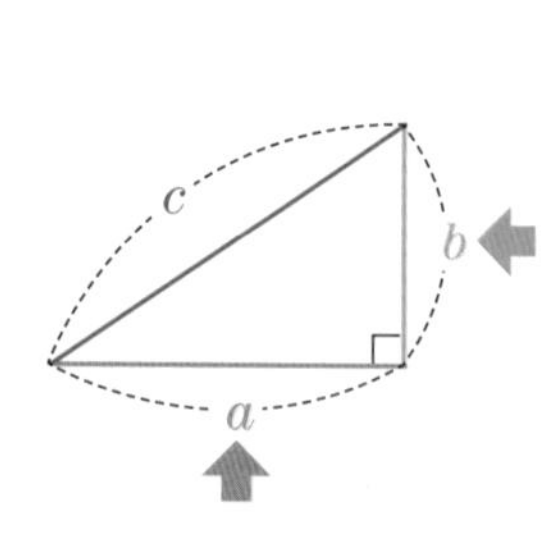

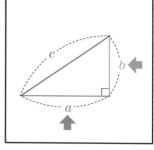

このとき，なんと不思議なことに，
a^2 と b^2 の和が，
c^2 と等しくなるんです！

$$a^2+b^2=c^2$$

これを「三平方の定理(さんへいほう)(ていり)」というんです。
ピタゴラス*さんが発見したので
「ピタゴラスの定理」ともいいます。

*紀元前6世紀に活躍したギリシアの数学者・哲学者。
【参考】平方…2つの同じ数をかけ合わせること。2乗。

三平方の定理
(ピタゴラスの定理)

直角三角形の
直角をはさむ2辺の長さを a，b，
斜辺の長さを c とすると，
次の関係が成り立つ。

$$a^2+b^2=c^2$$

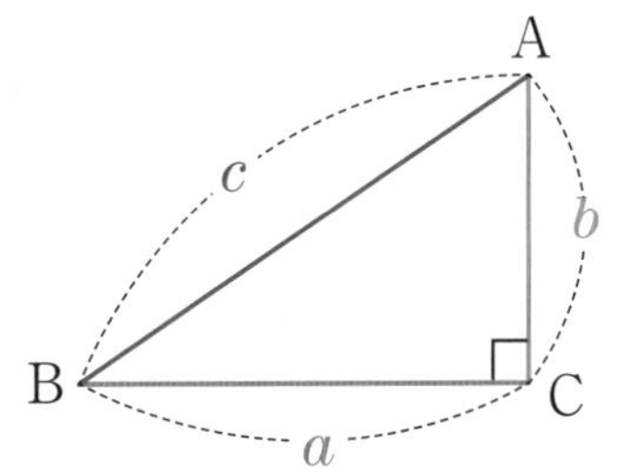

ピタゴラスさんは，
次のような模様を見て，
「面積」の関係から
この定理を発見したと
いわれています。

正方形や，それを半分
にした直角二等辺三角
形が並んでるなあ…

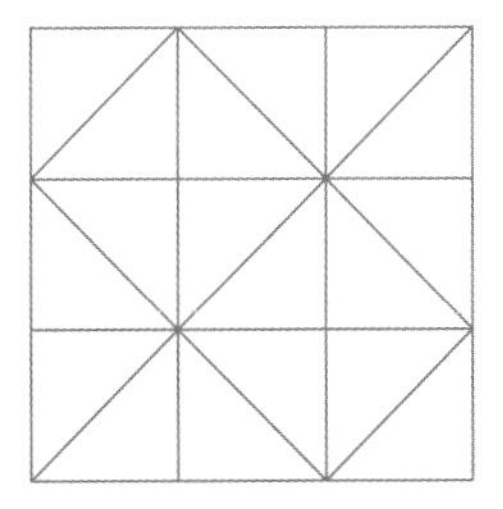

中央に**直角二等辺三角形**があるなあ…

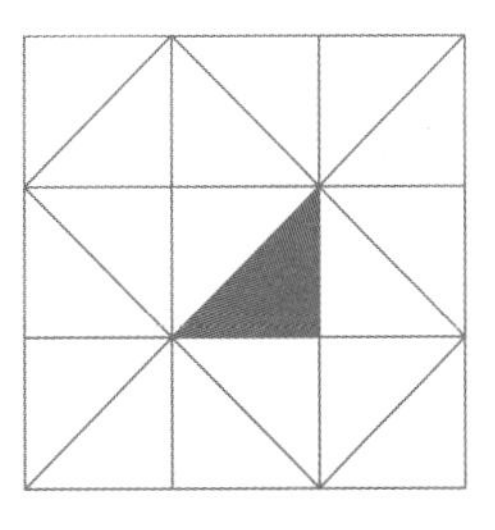

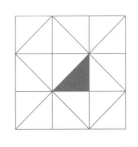

その右側に**正方形**が
あって，

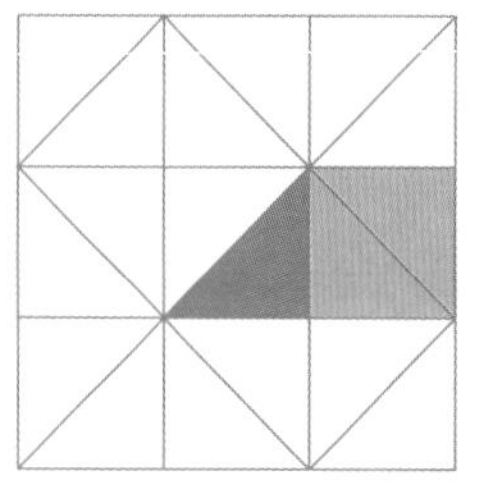

下にも**正方形**が
あるなあ。

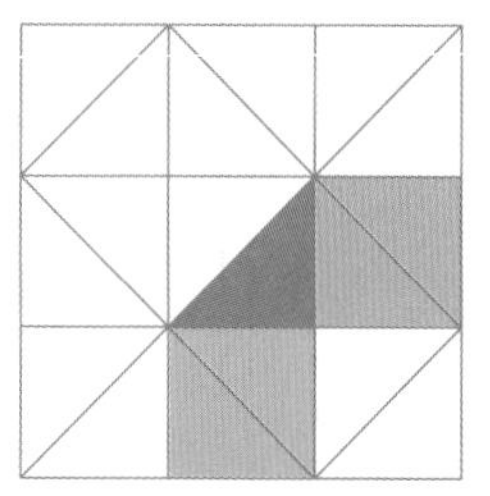

…あれ？
斜辺にも**正方形**が
見えるぞ…？

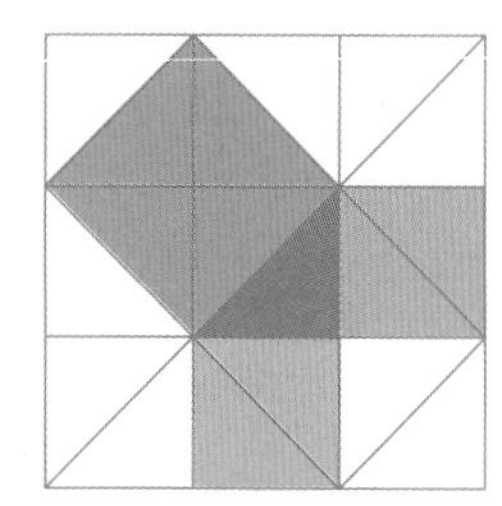

右の**正方形**と
下の**正方形**の面積を
それぞれ **2** とすると，

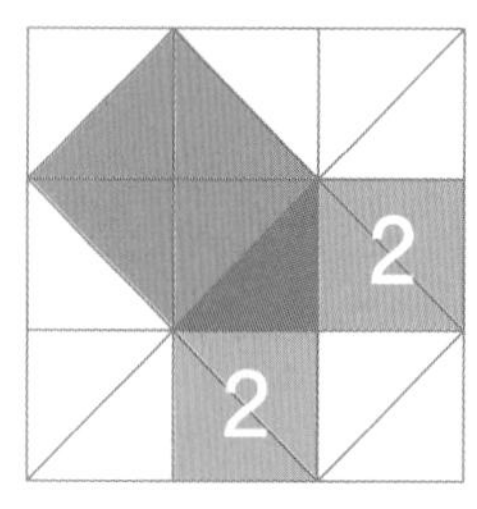

ここの正方形の面積は
8 だから，

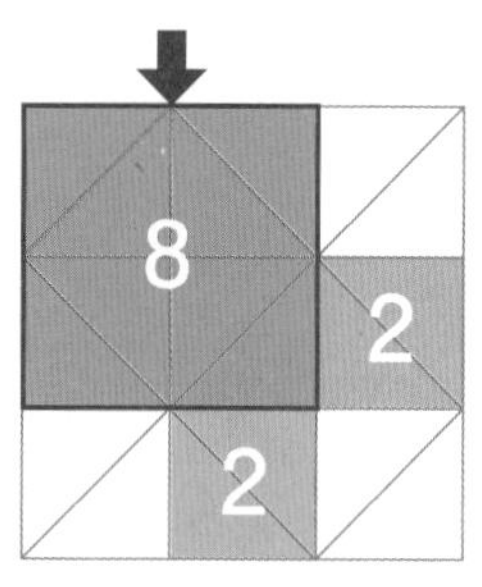

8 から **4**（＝**1**×4）を
ひいて，

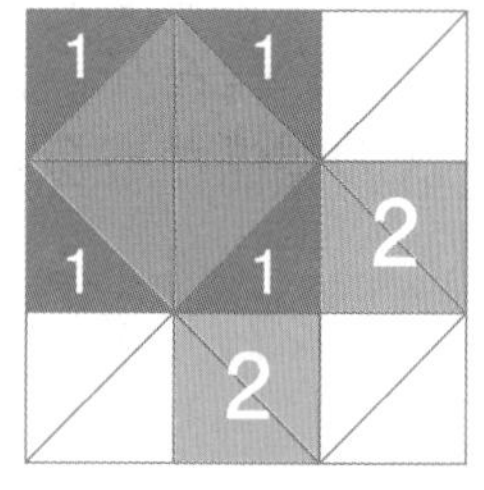

斜辺の**正方形**の面積は
4 になるではないか！

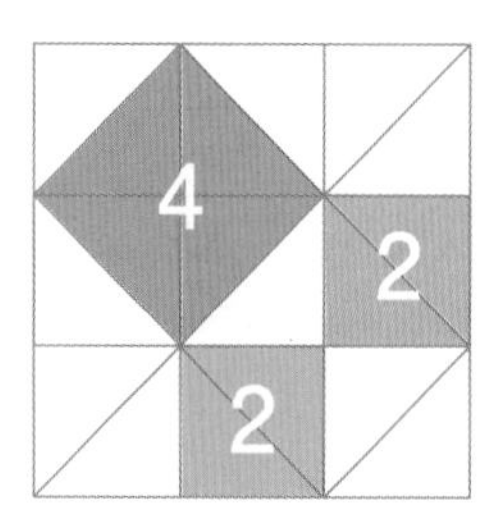

つまり，

$$a^2+b^2=c^2$$

という関係が成り立つ
のではないか？

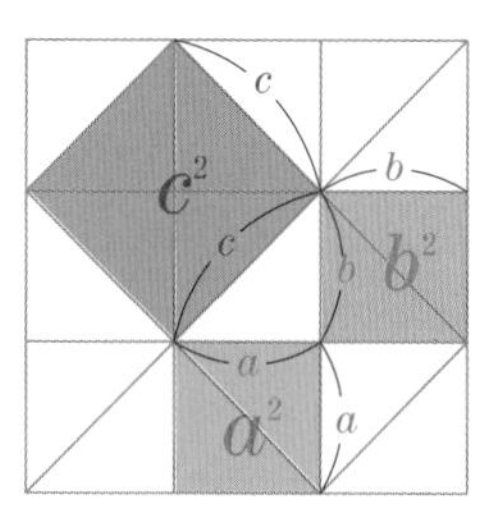

このような感じで，
ピタゴラスの定理が
発見されたわけです。

ニャるほど…
天才は見方や考え方が
ふつうじゃないニョね…

◆の四隅に合同な◢が
4つできるというのが
ポイントです。

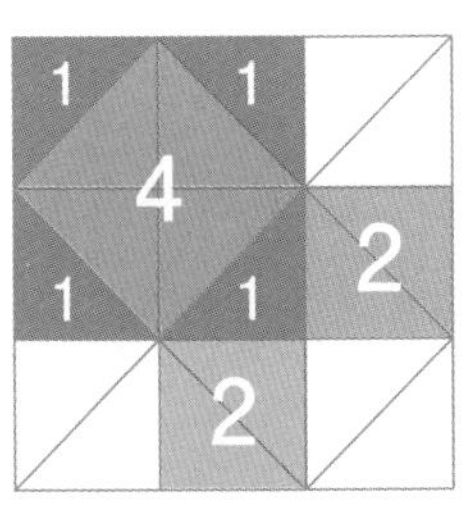

ちなみに，この定理は，a と b の長さが異なる直角三角形にもあてはまります。

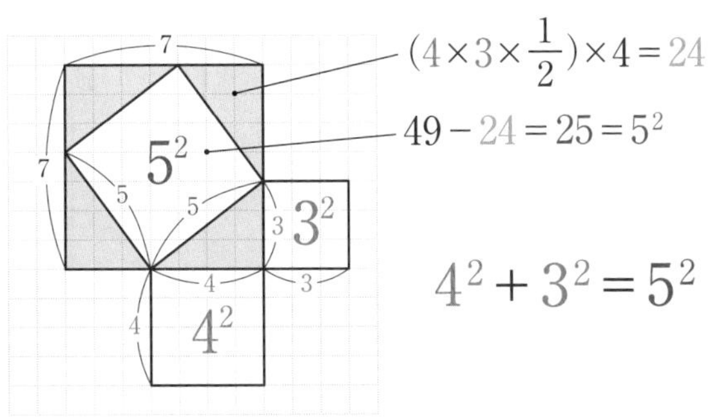

はい，これをふまえて，
問1を考えましょう。

$$a^2+b^2=c^2$$

の関係が成り立つことを証明しなさい
という問題ですね。

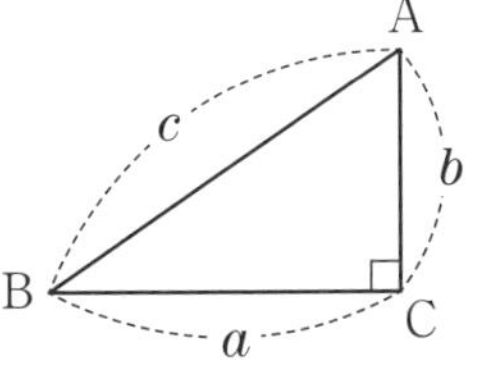

ピタゴラスがすでに証明してるんじゃないニョ？
ピタゴラスを疑ってるワン？

…いや，自分でも証明できるようにしておくと，より理解が深まりますからね。

三平方の定理の証明は
数百とおりもの
方法があるのですが，
その中でも
最も基本的なやり方で
証明してみましょう。

数百もあるニャ…？

まず，△ABC と合同な三角形をつくり，
時計回りに 90°回転させて，△ABC とつなげます。

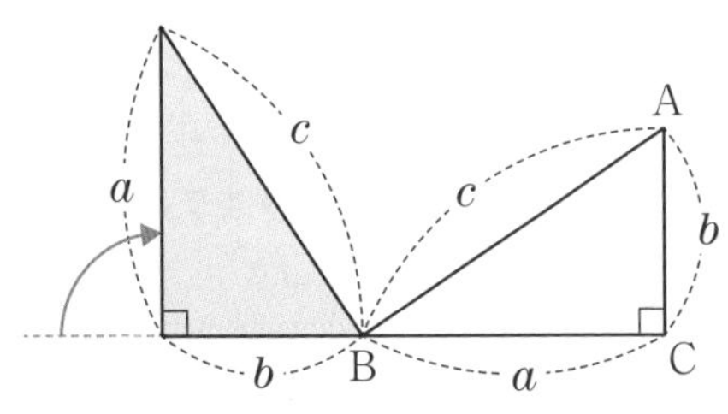

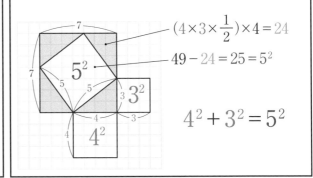

このとき，
三角形の内角と外角の性質より，
ここ（⬇）は直角（90°）になります。

●＋○＝90°
180°−（●＋○）＝90°

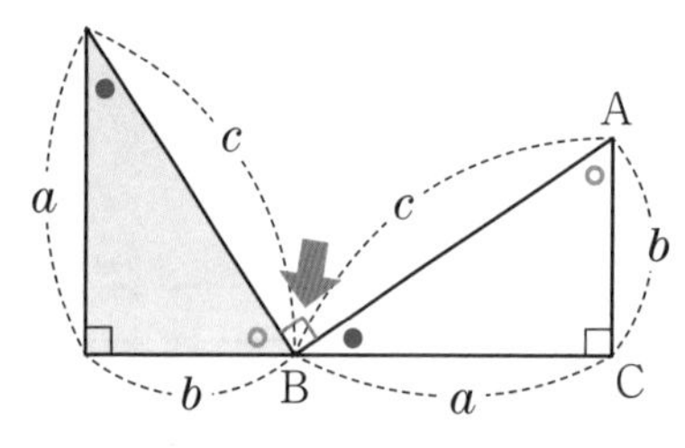

同様に，△ABC と合同な三角形 3 つを，
1 辺が c の正方形のまわりにかくと，
正方形 EFCD ができます。

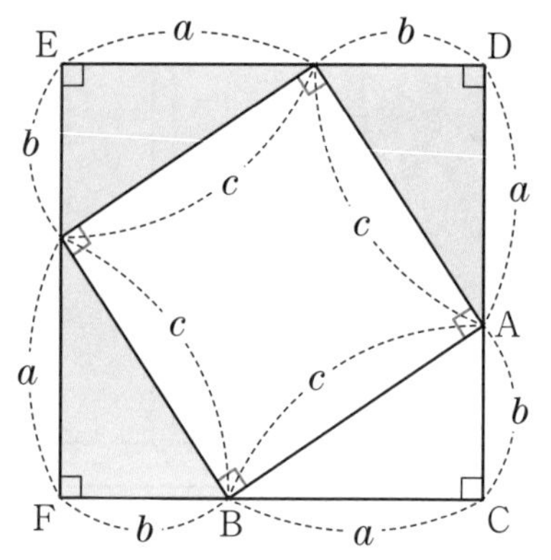

1 辺が c の正方形の面積は，

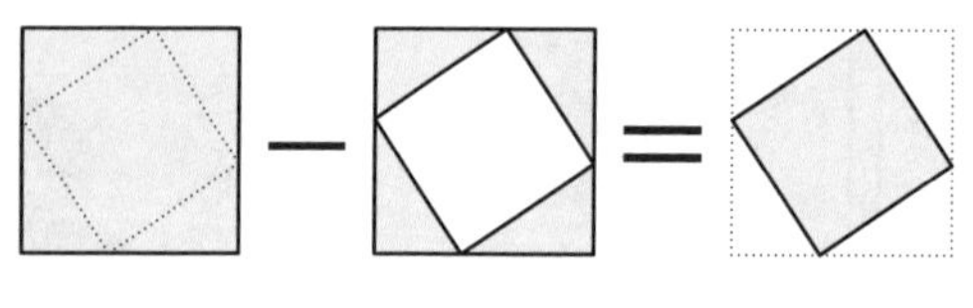

で求められますよね。

この面積の関係を利用して，
直角三角形の 3 辺の長さの
関係を証明しましょう。

証明

右の図のように，
1 辺が c の正方形の面積は
正方形 EFCD − △ABC × 4
であるから，

$$c^2 = (a+b)^2 - \frac{1}{2}ab \times 4$$
$$= (a^2 + 2ab + b^2) - 2ab$$
$$= a^2 + b^2$$

したがって　$c^2 = a^2 + b^2$　**答**

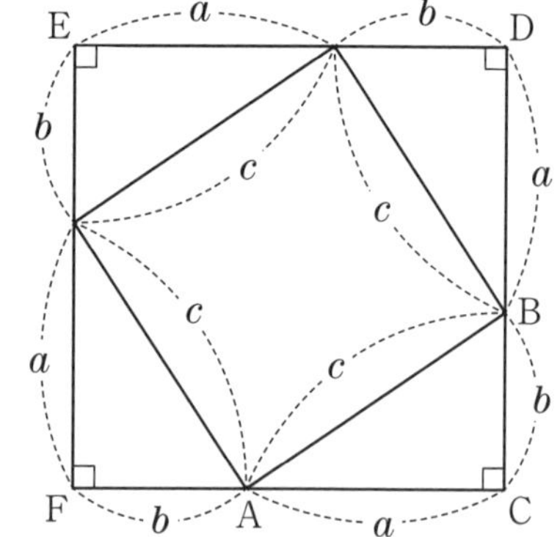

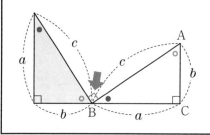

ちなみに，
最もシンプルで美しい
証明の仕方は，「相似(そうじ)」
を使うことです。

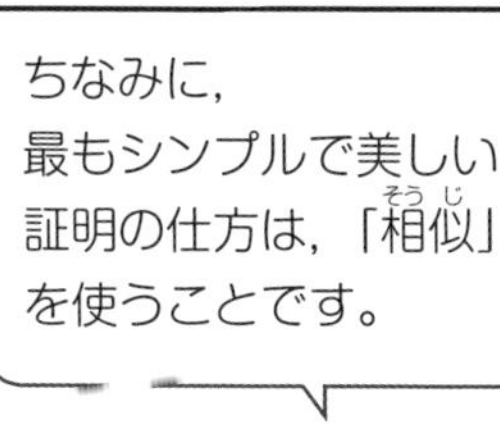

そうじ？
「美しい」って何ニャ？

「そうじ」をすれば
美しくなるワン！
やかましいニャ！
いちいち出てくるニャ!!

問 1 にもどりましょう。
∠C＝90°の直角三角形
があります。

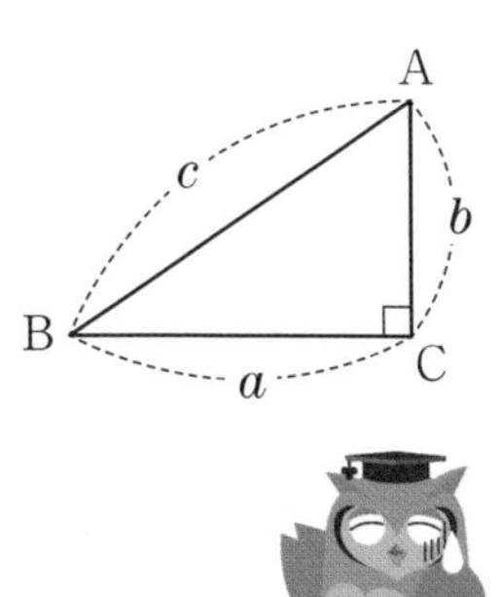

点 C から，辺 AB に垂線をひき，
その交点を D としましょう。

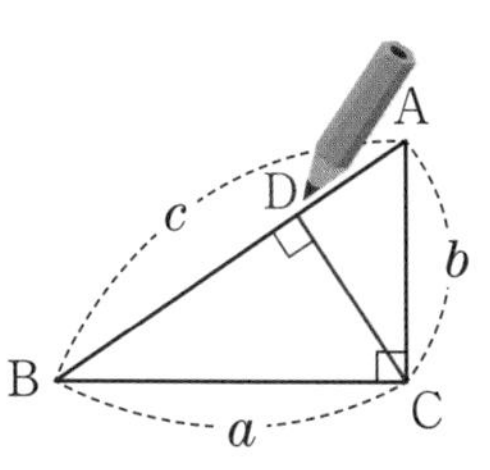

三角形は，2 組の角がそれぞれ等しければ，「相似」になりますよね。(☞P.151)
これを利用して，証明をします。

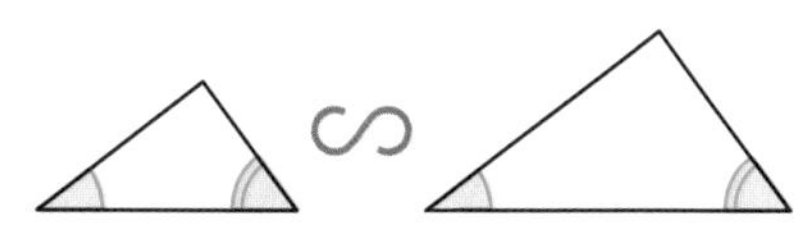

△ABC と △CBD
において，直角なので，
∠ACB＝∠CDB＝90°

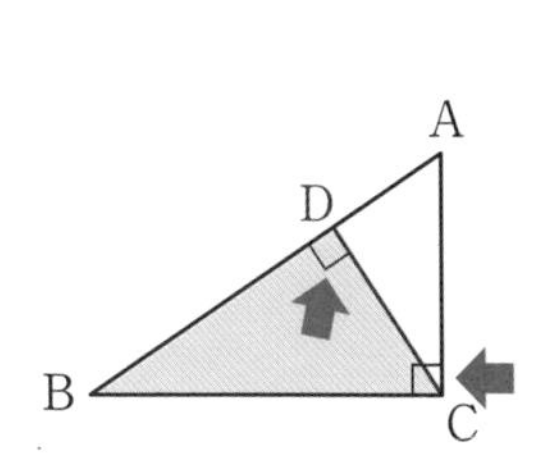

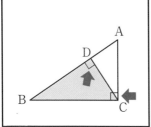

∠B（●）は共通なので，
∠ABC＝∠CBD

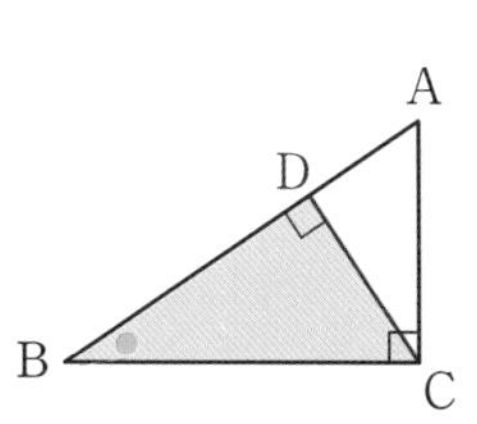

2 組の角がそれぞれ
等しいので，
△ABC ∽ △CBD

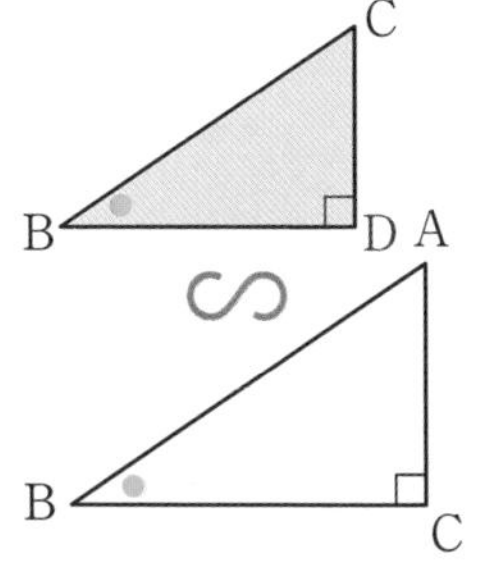

また，△ABCと△ACDにおいて，直角なので，
∠ACB＝∠ADC＝90°

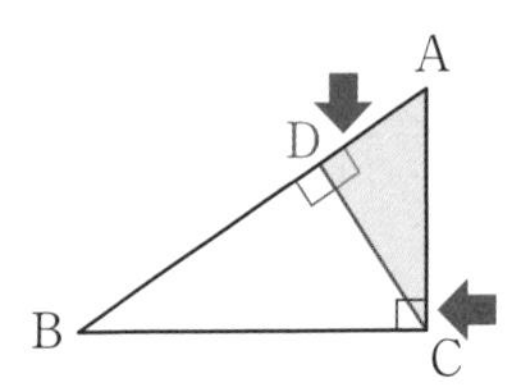

∠A（○）は共通なので，
∠BAC＝∠CAD

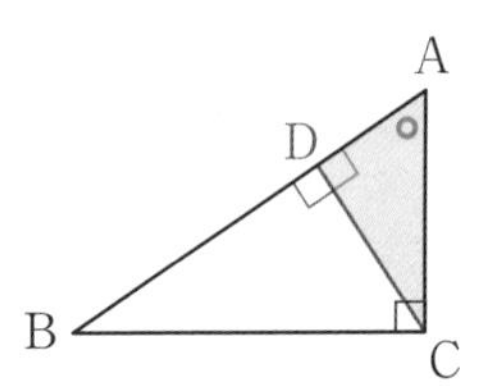

2組の角がそれぞれ等しいので，
△ABC∽△ACD

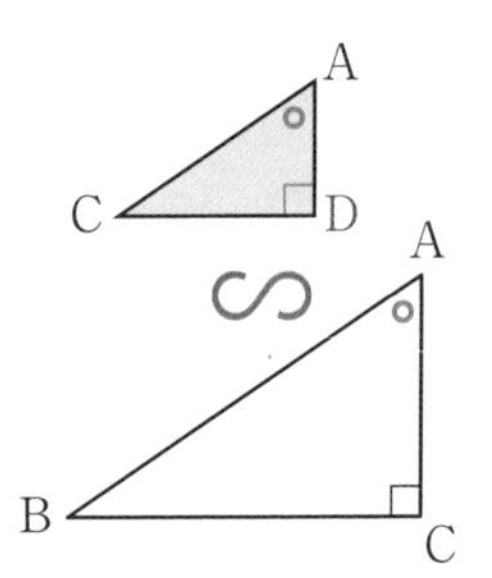

したがって，
この3つの三角形は
すべて相似になります。
斜辺の長さを比べると，
相似比は a：b：c です。

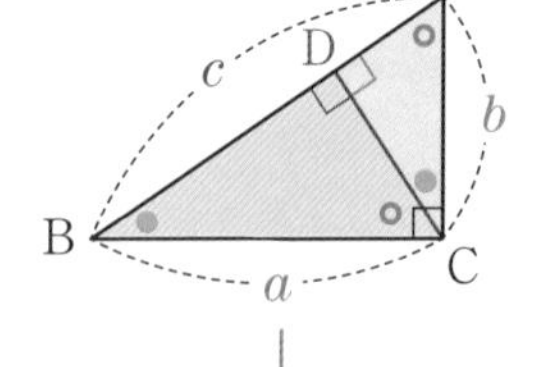

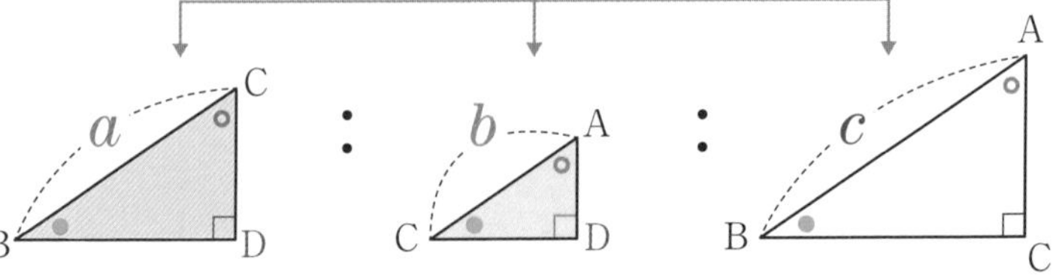

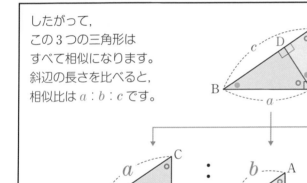

相似な図形の面積比は，
相似比の2乗に等しい※ので，

$$a^2 : b^2 : c^2$$

（△CBDの面積）＋（△ACDの面積）
＝（△ABCの面積）であるから，

$$a^2 + b^2 = c^2$$

※相似比が m：n ならば，面積比は m^2：n^2 である。

どうですか？　きれいな1本の筋道でつらぬかれた，全く無駄のない簡潔な証明になっていますよね？こういう証明の仕方もあるんです。
確かに，こっちの方がシンプルだニャ…

問2 （三平方の定理②）

下の図の直角三角形で，x の値をそれぞれ求めなさい。

(1)

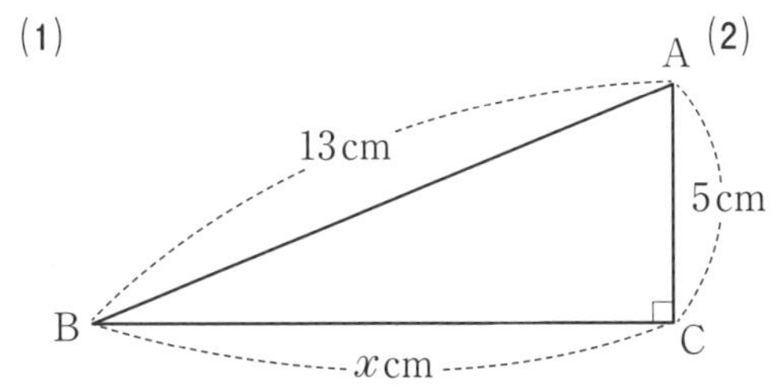

(2)

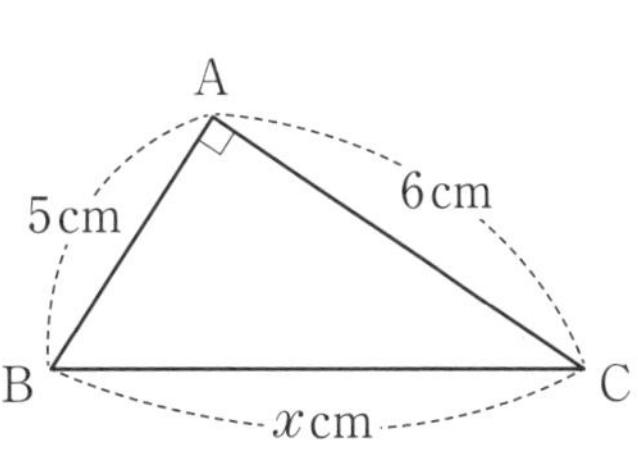

(1)を考えましょう。
各辺の長さを
三平方の定理にあてはめると，

$$5^2+x^2=13^2$$

$$x^2=169-25$$

$$x^2=144$$

$x>0$ より，　$x=12$ 答

(2)を考えましょう。
斜辺が $x$cm であることに注意しつつ，
三平方の定理にあてはめると，

$$5^2+6^2=x^2$$

$$x^2=25+36$$

$$x^2=61$$

$x>0$ より，　$x=\sqrt{61}$ 答

ふぁ…!?
めっちゃカンタンに
解けたニャ…!!!?

これが三平方の定理の
威力なんです。

直角三角形がどんな形
になっていようと，
直角の**対辺**が**斜辺**に
なりますから，
そこだけまちがえない
ように注意しましょう。

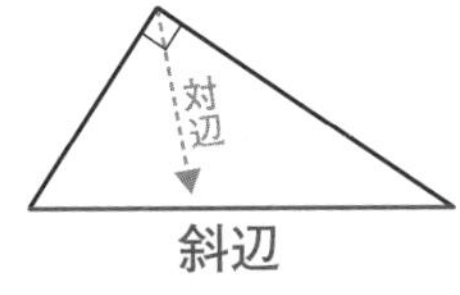

三平方の定理は，様々
な場面で使えるので，
今後も様々な単元に出
てきます。証明の方法
までふくめて，完璧に
覚えておきましょう。

2 三平方の定理の逆

問1 （三平方の定理の逆①）

右の図のように，

$BC=a$，$CA=b$，$AB=c$

である△ABC で，

$$a^2+b^2=c^2$$

の関係が成り立つとき，

$$\angle C=90^\circ$$

になることを証明しなさい。

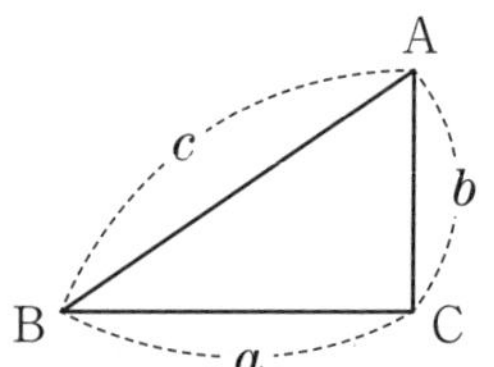

A
c
b
B
C
a

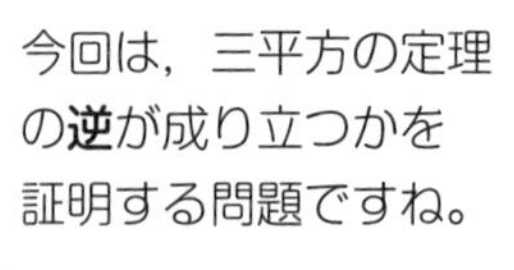

今回は，三平方の定理の逆が成り立つかを証明する問題ですね。

!?
三平方の定理の「逆」？

スラゴタピの定理のことだワン？
スラゴタピの定理
!?
「ピタゴラス」を「逆」にしただけニャ！
てきとーなこというニャ!

ある定理の仮定と結論を入れかえたものを，その定理の「逆」といいますよね。
中2でやりましたよね
逆

つまり，ある三角形で

$$a^2+b^2=c^2$$

ならば，その三角形は

$$\angle C=90^\circ$$

の**直角三角形**である。これが成り立つことを証明しなさいというわけですね。

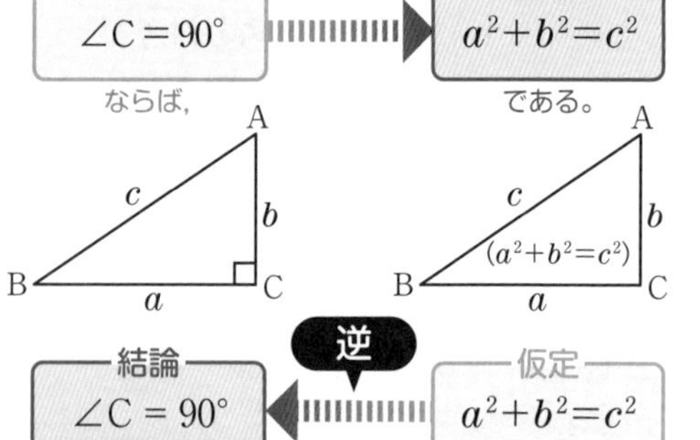

三平方の定理
仮定
∠C＝90°
ならば，
結論
a²+b²=c²
である。
A
c
b
B
C
a
A
c
b
(a²+b²=c²)
B
C
a
逆
結論
∠C＝90°
である。
仮定
a²+b²=c²
ならば，

例えば，こういう三角形があったとします。

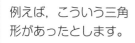

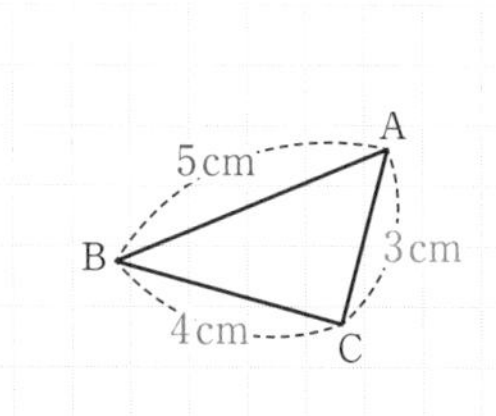

$a^2+b^2=c^2$
の関係が成り立っている三角形ですね。

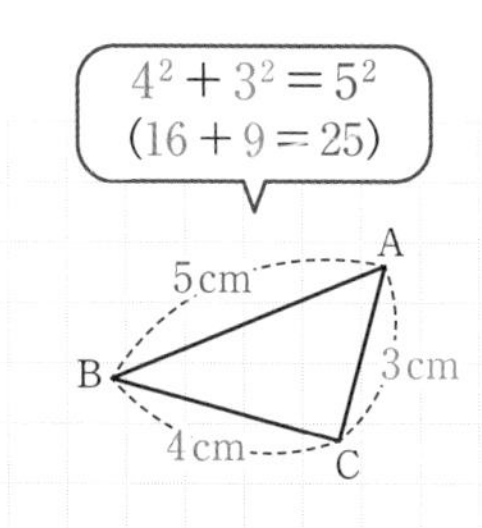

ただし，
∠C＝90°かどうかは，
まだわかりません。

90°にも見えますが，89°や 91°かもしれません。

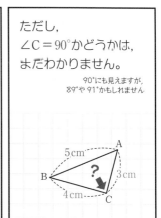

こういう場合に，∠C＝90°であることを証明せよ，という問題なんです。

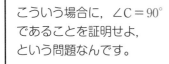

まず，△ABC の「分身」として，∠F＝90°，EF＝4cm，DF＝3cm，である△DEF をかきます。

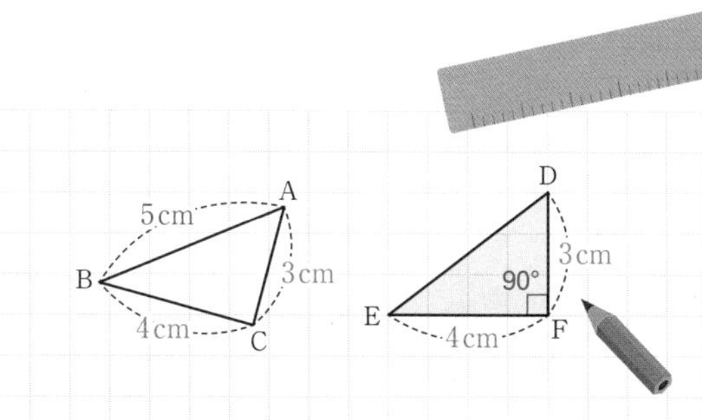

辺 DE の長さはわからない※ため，とりあえず，DE＝x としておきます。

※勝手に∠F を 90°とした（=∠C とはちがう可能性がある）ため，DE＝AB＝5cm とはいえない。

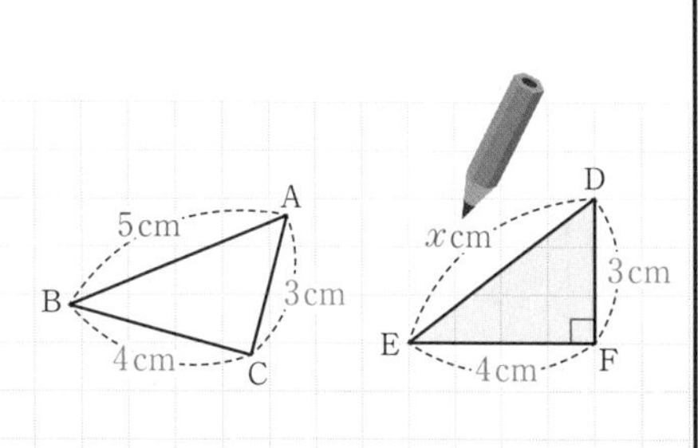

この△ABC と△DEF が「合同」であることを示せれば，∠C＝∠F＝90°であることが証明できますよね。

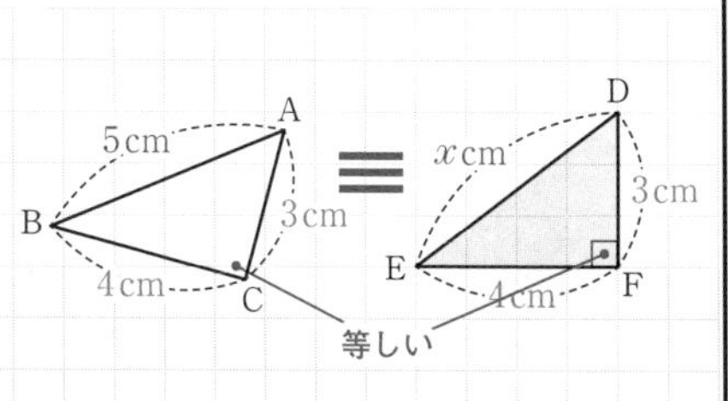

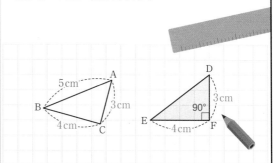

…ふぁ？
なんで「$x$cm」ニャ？
三平方の定理を使えば
「5cm」だとわかるんじゃ
ないニョ？

まさにそのとおりです！

△DEF は
直角三角形なので，

$$4^2+3^2=x^2$$

の関係が成り立ちます。

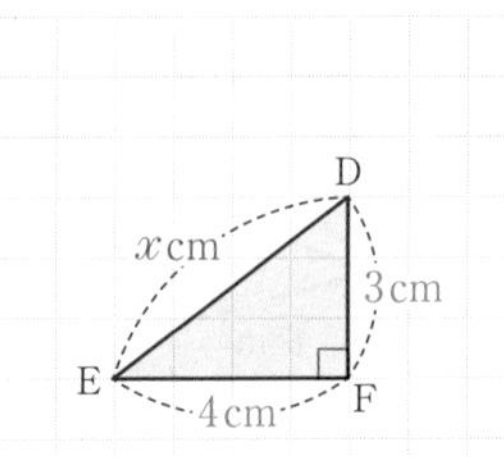

計算すると，

$$4^2+3^2=x^2$$
$$x^2=16+9$$
$$x^2=25$$

$x>0$ より，

$$x=\sqrt{25}$$
$$x=5$$

となります。

不明だった DE の長さも，三平方の定理を使えば明確になるわけですね。

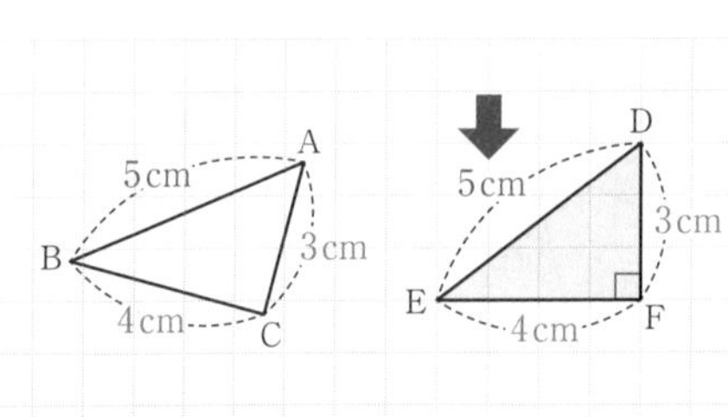

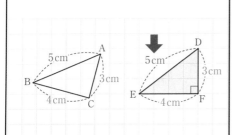

すると，**3 組の辺がそれぞれ等しい**ので，△ABC ≡ △DEF となり，∠C = ∠F = 90°が証明できます。

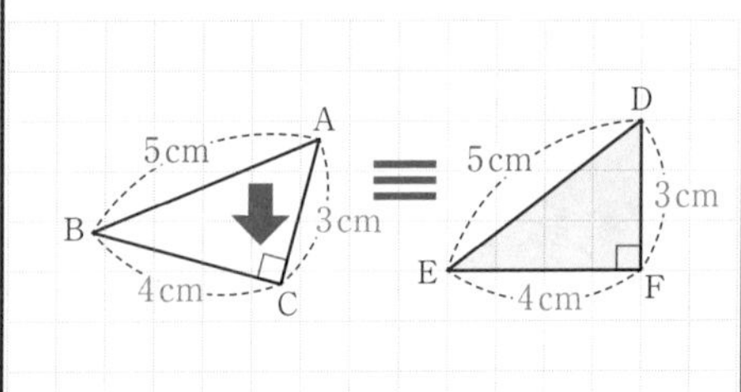

つまり，$a^2+b^2=c^2$ が成り立つ三角形であれば，直角三角形かどうかは不明であっても，2 辺が同じ「分身」の直角三角形をかいて三平方の定理を使えば合同だとわかるので，$a^2+b^2=c^2$ が成り立つ三角形は必ず直角三角形になるんだよ，ということです。

ちょっと何いってんのか
わからんニャ…

問 1 も，これと同じように，直角三角形 DEF をかいて証明を展開していきましょう。

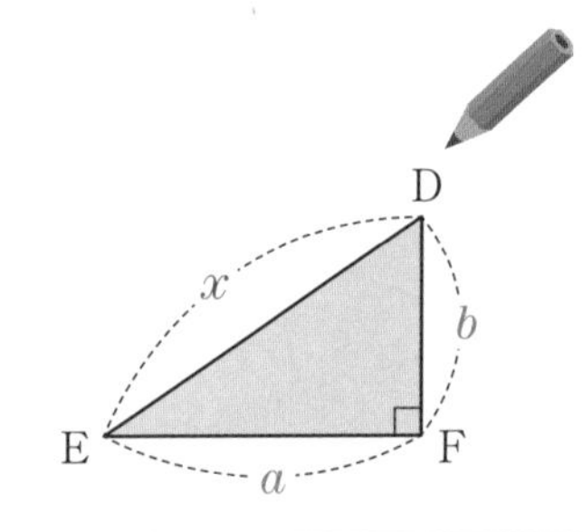

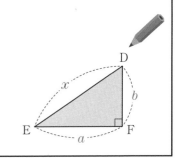

❶ 三角形の合同条件…［3 組の辺／2 組の辺とその間の角／1 組の辺とその両端の角］がそれぞれ等しい。

答えをまとめると，このようになります。
三平方の定理の「逆」も成り立つことが証明できるということです。

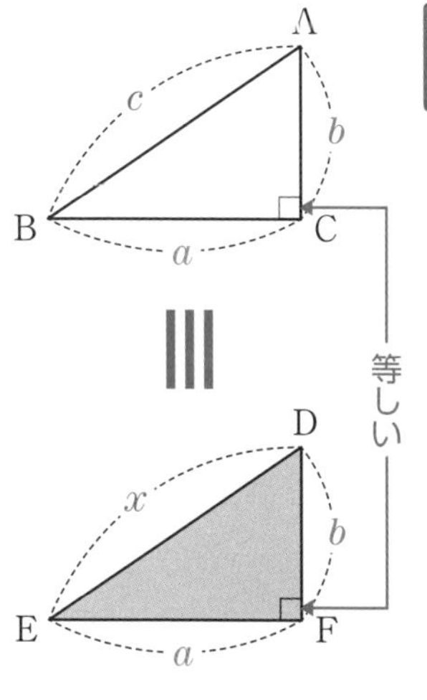

証明

△ABC に対して，∠F = 90°，EF = a，FD = b である△DEF をかき，DE = x とする。

三平方の定理より，

$a^2 + b^2 = x^2$ …… ①

また，仮定から，

$a^2 + b^2 = c^2$ …… ②

①，②より，$x^2 = c^2$

$x > 0$，$c > 0$ であるから，$x = c$

△ABC と△DEF は，

3 組の辺がそれぞれ等しいから，

△ABC ≡ △DEF

したがって，∠C = ∠F = 90°

すなわち，∠C = 90° **答**

POINT

三平方の定理の逆

三角形の 3 辺の長さ a，b，c の間に $a^2+b^2=c^2$ という関係が成り立てば，その三角形は，長さ c の辺を斜辺とする直角三角形である。

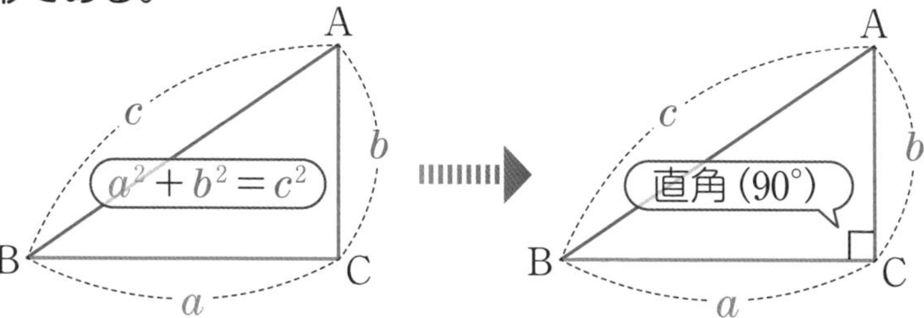

問2 （三平方の定理の逆②）

次の長さを3辺とする三角形について，直角三角形になるものをすべて答えよ。

(1) 9cm，15cm，12cm

(2) 6cm，　3cm，　5cm

(3) $\sqrt{5}$cm, $\sqrt{7}$cm，$2\sqrt{3}$cm

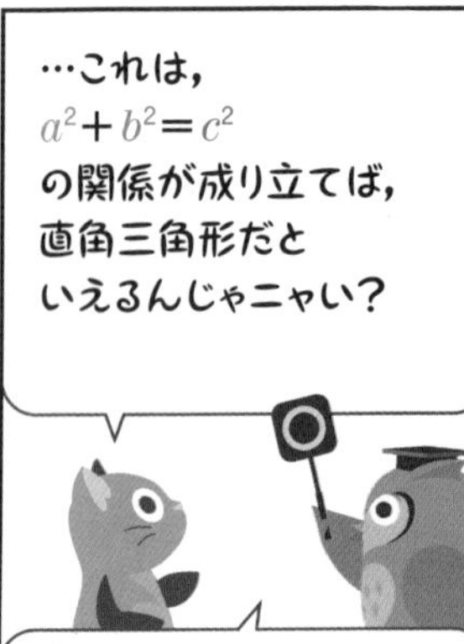

…これは，
$a^2+b^2=c^2$
の関係が成り立てば，
直角三角形だと
いえるんじゃニャい？
そのとおり正解！

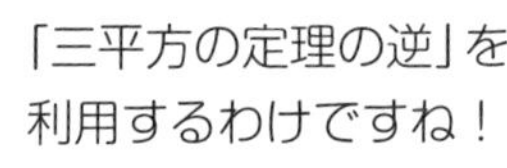

「三平方の定理の逆」を
利用するわけですね！

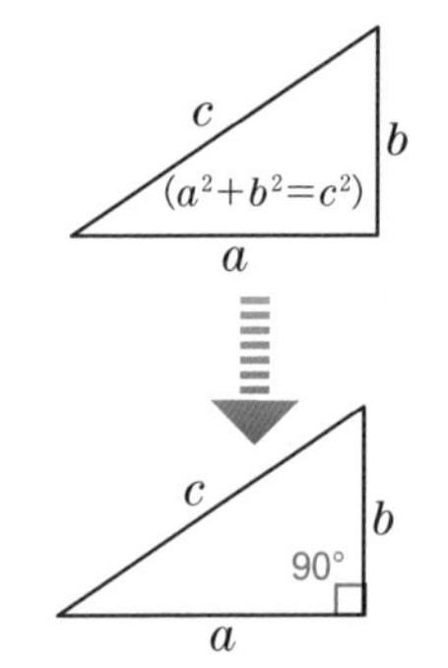

3辺のうち，一番長い辺を斜辺（$=c$）として，考えてみましょう。

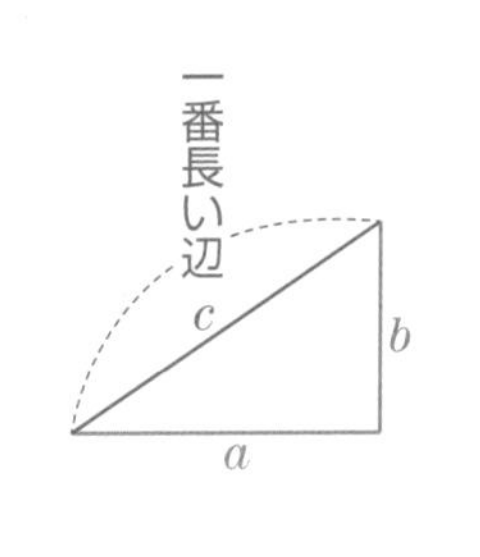

(1)を考えましょう。
一番長い「15cm」が斜辺なので，
下図のような三角形を想定します。

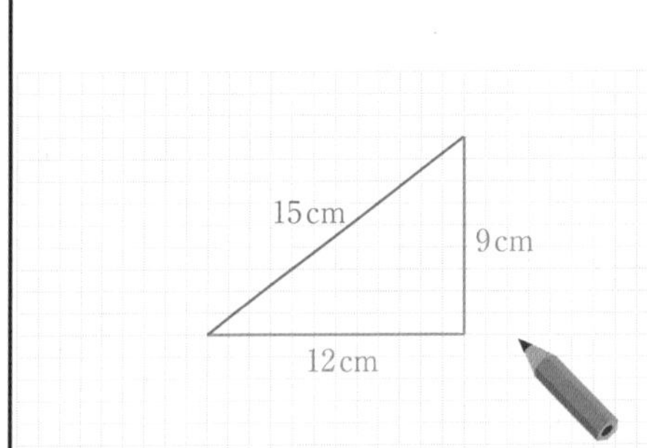

この三角形に，

$$a^2+b^2=c^2$$

の関係が成り立つかを考えると，

144＋81＝225　225

$$12^2+9^2=15^2$$

となり，成り立ちます。
したがって，(1)は直角三角形です。

(2)を考えましょう。
一番長い「6cm」が斜辺なので，
下図のような三角形を想定します。

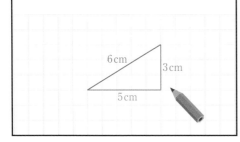

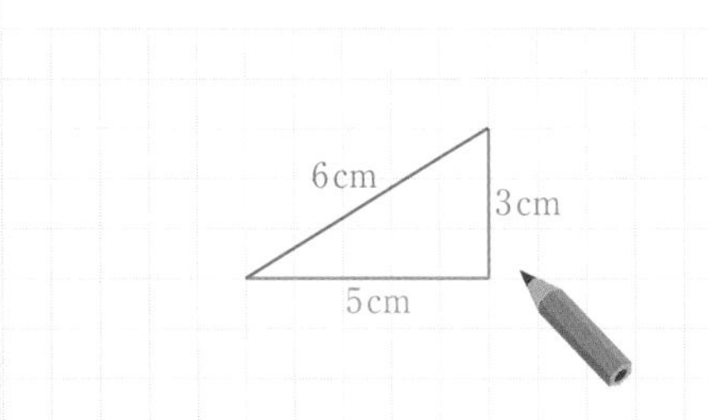

この三角形に，

$$a^2+b^2=c^2$$

の関係が成り立つかを考えると，

$$\underbrace{5^2+3^2}_{25+9=34} \neq \underbrace{6^2}_{36}$$

となり，成り立ちませんよね。
したがって，
(2)は直角三角形ではありません。
※1つの角が90°よりも少し大きい鈍角三角形になる。

(3)を考えましょう。
まずは平方根の大きさを考えます。

$\sqrt{5}=2.2360679.....$
（富士山麓 オウム鳴く）

$\sqrt{7}=2.6457513.....$
（つむじ 粉 濃いさ）

$2\sqrt{3} \fallingdotseq 2\times1.732 \fallingdotseq 3.464$
（人並みに）

$\sqrt{12}$ と考えると一番長いことがわかりやすい。

一番長い「$2\sqrt{3}$cm」が斜辺なので，下図のような三角形を想定します。

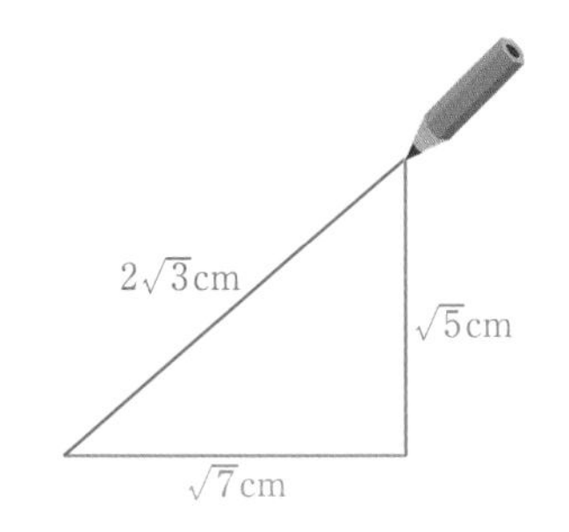

この三角形に，

$$a^2+b^2=c^2$$

の関係が成り立つかを考えると，

$$\underbrace{(\sqrt{7})^2+(\sqrt{5})^2}_{7+5=12} = \underbrace{(2\sqrt{3})^2}_{12}$$

となり，成り立ちます。
したがって，(3)は直角三角形です。

(1)，(3) 答

三平方の定理の逆は，それ自体の証明は少々わかりにくいのですが，定理自体はシンプルに利用できます。しっかり覚えて，得点力を向上させましょう。

3 三平方の定理の利用

問 1 （三平方の定理の利用①）

右の図の二等辺三角形 ABC について，
高さ AH と面積を求めなさい。

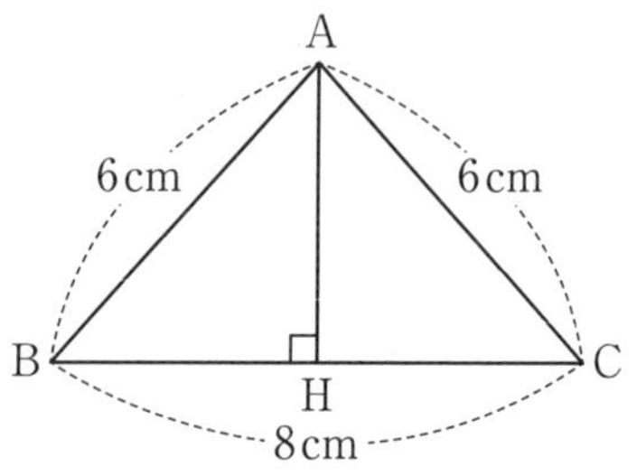

…ふぁ？　高さが
かいてないニャ…!?

どうやるニャ？

「三平方の定理」は，様々な場面で利用できるんですよ。今回はその練習をしていきましょう！

まずは，中 2 で学んだ「二等辺三角形の性質」を思い出してください。

❗ 二等辺三角形の性質

❶ 二等辺三角形の底角は等しい。
❷ 二等辺三角形の頂角の二等分線は，底辺を垂直に 2 等分する。

頂角
頂角の二等分線
垂直
底角
底角
等しい
等しい

これをふまえて**問 1** を考えましょう。頂点 A から底辺 BC にひいた垂線は，底辺を二等分します。

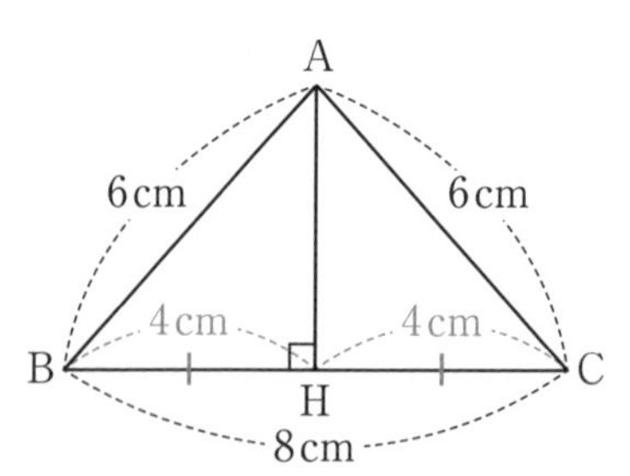

△ABH が**直角三角形**なので，**三平方の定理**が使えますね。

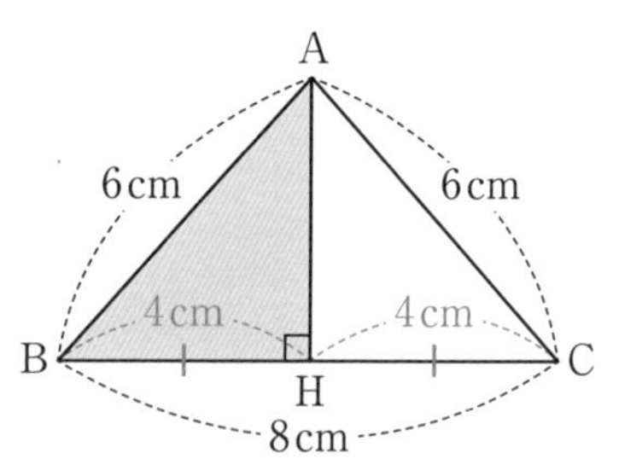

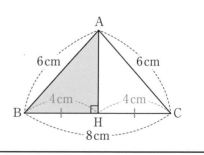

AH を h cm とおいて，

$$a^2+b^2=c^2$$

にあてはめましょう。

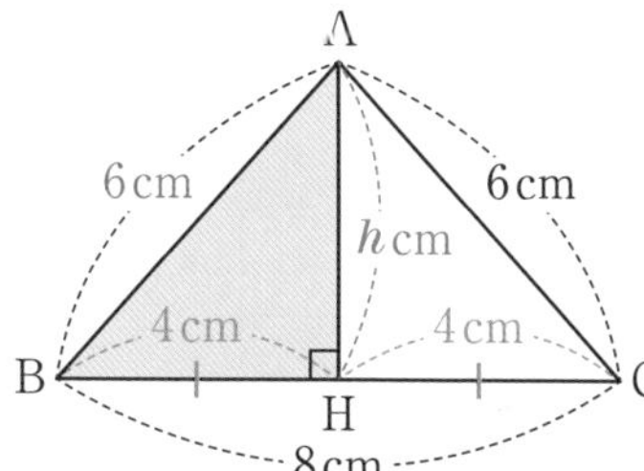

$$4^2+h^2=6^2$$

$$h^2=36-16$$

$$h^2=20$$

$$h=2\sqrt{5}$$

（$h>0$ より）

AH $=2\sqrt{5}$ cm 答

このように，直角三角形で考えると，三平方の定理が利用できるわけです。

ニャるほど…！
二等辺三角形の性質を忘れてたニャ…

高さがわかれば，面積も求められますね。

❶ 三角形の面積：底辺×高さ×$\frac{1}{2}$

$$8\times2\sqrt{5}\times\frac{1}{2}$$

$$=8\sqrt{5}$$

面積 $8\sqrt{5}$ cm^2 答

では次に，私たちがふだんよく使っている2つの三角定規を出してください。

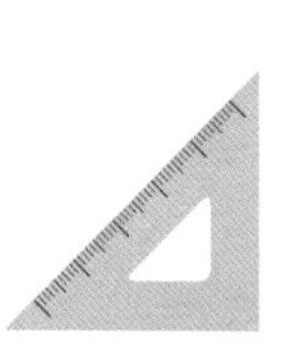

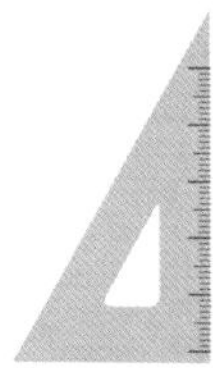

この形は，正方形や正三角形を半分に切った形の**特別な直角三角形**なんですね。
この3辺の比と角の大きさを**完璧に暗記**しましょう。

POINT 特別な直角三角形の3辺の比

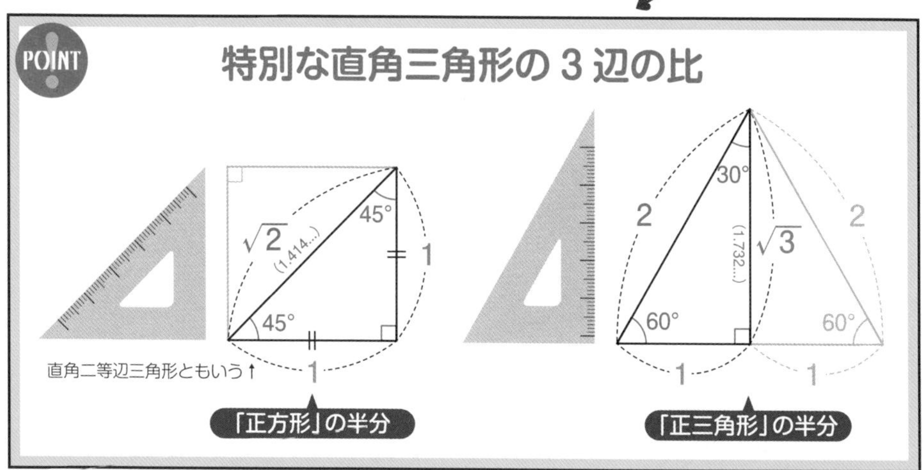

問2 （三平方の定理の利用②）

次の(1), (2)の図について，x, y の値をそれぞれ求めなさい。

(1)

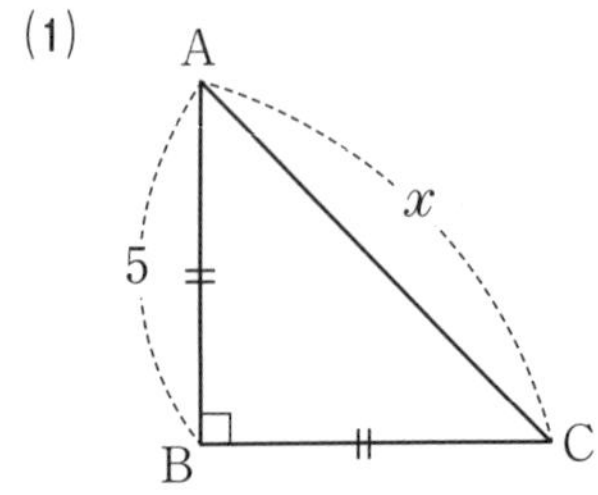

(2)

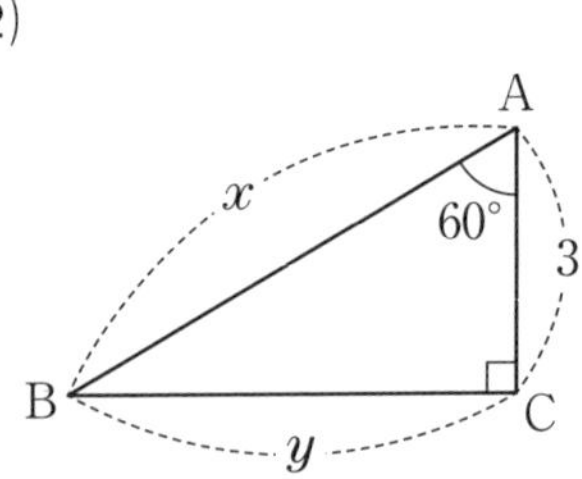

そう，「特別な直角三角形」の3辺の比は暗記しましたよね？

(1)は，「直角二等辺三角形」ですから，3つの角が「45°，45°，90°」である特別な直角三角形ですよね。よって，3辺の比は $1:1:\sqrt{2}$ になります。

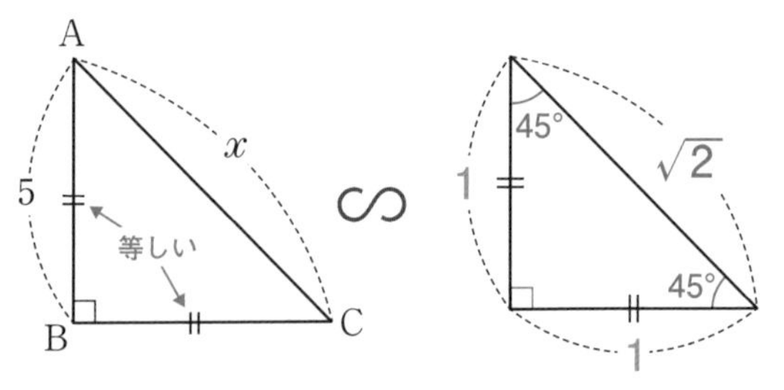

AB を1とすると，AC は $\sqrt{2}$ であるということですから，

$$AB:AC=1:\sqrt{2}$$

という比例式※が立てられます。

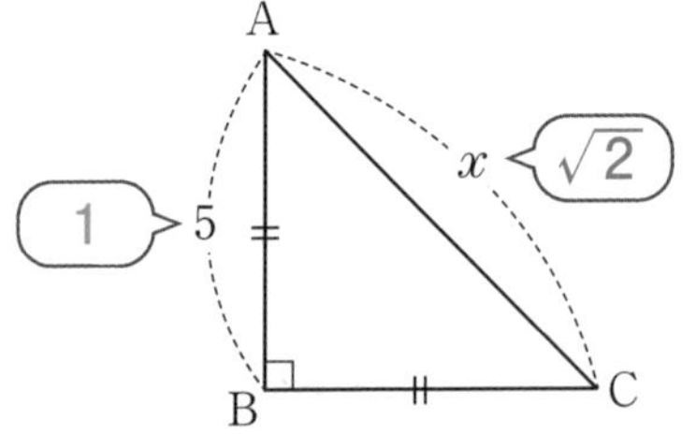

AB＝5，AC＝x なので，

$$5:x=1:\sqrt{2}$$

$$x=5\sqrt{2}$$ 答

※比例式…$a:b=c:d$ のように，比が等しいことを表す式。

(2)は，3つの角が「30°，60°，90°」である特別な直角三角形ですね。
よって，3辺の比は $1:2:\sqrt{3}$ になります。

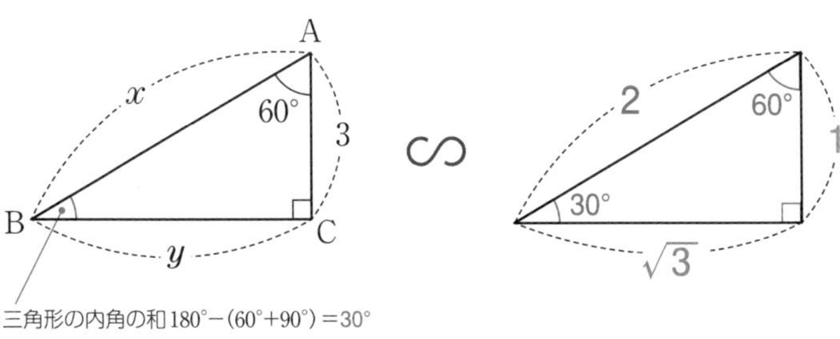

※三角形の内角の和 180°−(60°+90°)＝30°

$AB:AC=2:1$
だから，
$x:3=2:1$
$x=6$ 答

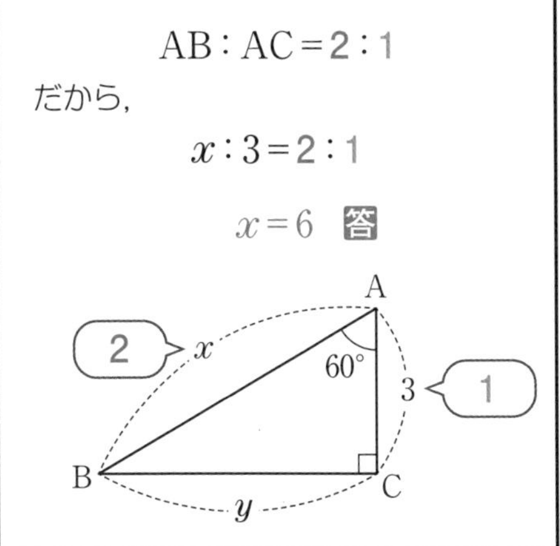

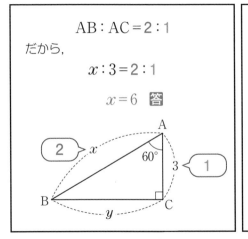

$AC:BC=1:\sqrt{3}$
だから，
$3:y=1:\sqrt{3}$
$y=3\sqrt{3}$ 答

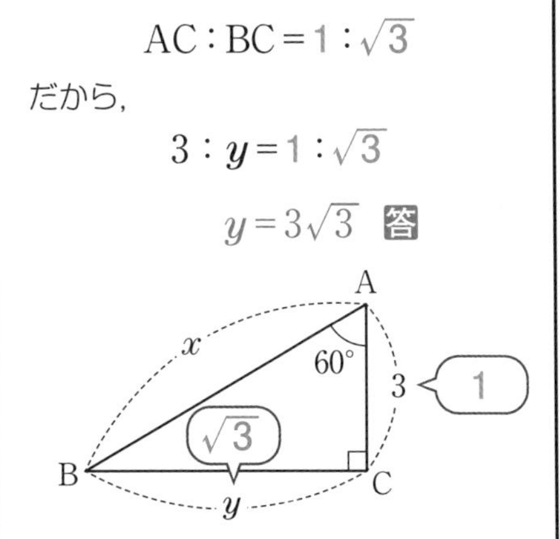

このように，特別な直角三角形の辺の比を覚えておくと，簡単に解けますよね。

逆に，覚えてないと解けない問題もあるニャ…

特に $\sqrt{2}$ と $\sqrt{3}$ のところがまぎらわしいですね。
$\sqrt{2}$ は正方形の対角線（直角二等辺三角形の斜辺），
$\sqrt{3}$ は正三角形の高さです。覚えておきましょう。

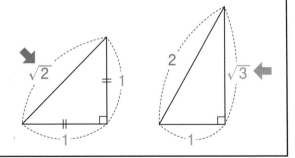

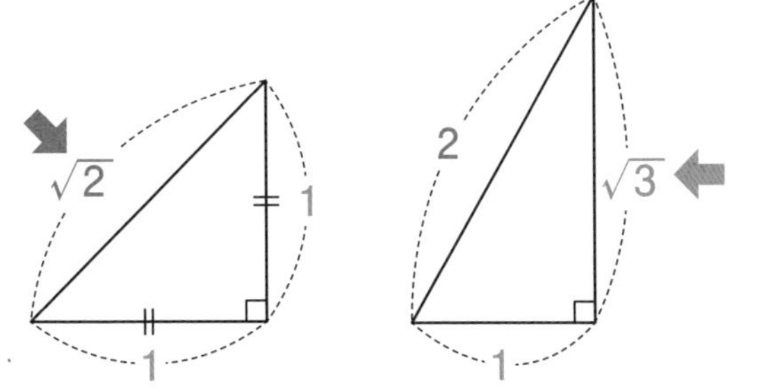

Chapter 7 三平方の定理 3 三平方の定理の利用

問3 （三平方の定理の利用③）

次の座標をもつ 2 点間の距離を求めなさい。

⑴ A (5, 6), B (−3, −2)

⑵ C (−5, 5), D (4, −1)

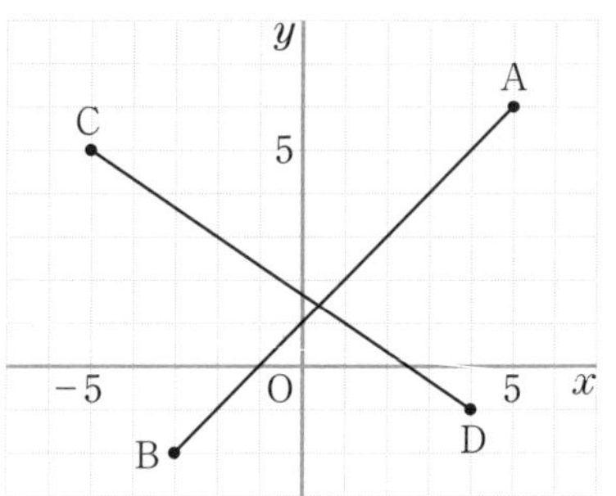

…ふぁ？
急に一次関数のグラフが
出てきたニャ…!?

三平方の定理は，座標上で 2 点間の距離を求める場合にも利用できるんですよ。

⑴の線分 AB を斜辺とし，ほかの 2 辺が座標軸に平行な直角三角形 ABE をつくります。

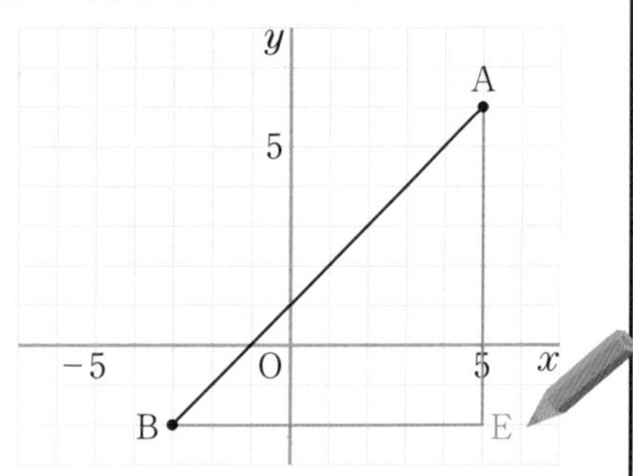

座標の差より BE, AE の長さを計算すると,

$$BE = 5 - (-3) = 8$$

$$AE = 6 - (-2) = 8$$

となります。
BE, AE の距離がわかれば,
三平方の定理が利用できますね。

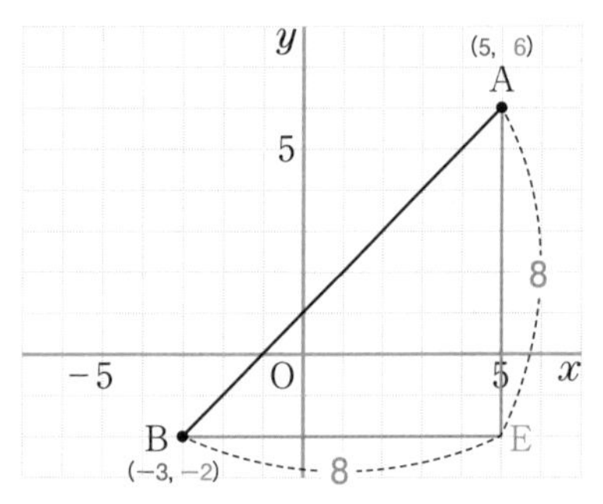

AB = x とすると，三平方の定理より，

$$x^2 = 8^2 + 8^2$$
$$= 64 + 64$$
$$= 128$$

$x > 0$ であるから，

$$x = \sqrt{128}$$
$$= 8\sqrt{2}$$ 答

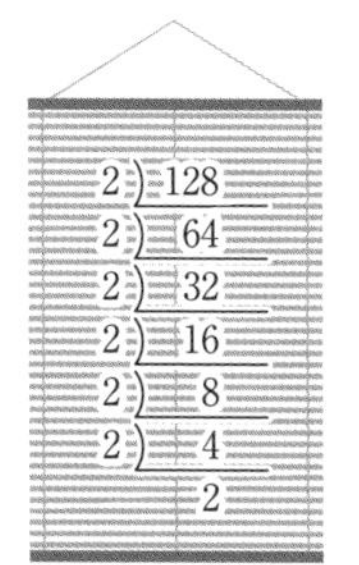

別解

AB = x とすると，三角形ABC は直角二等辺三角形なので，

$$AE : AB = 1 : \sqrt{2}$$
$$8 : x = 1 : \sqrt{2}$$
$$x = 8\sqrt{2}$$ 答

(2)も同様に考えます。線分 CD を斜辺とし，ほかの 2 辺が座標軸に平行な直角三角形 CDF をつくります。

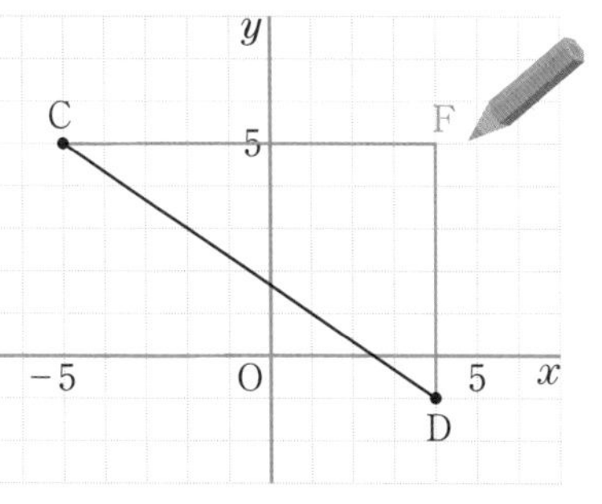

座標の差より，CF, DF の長さを計算します。

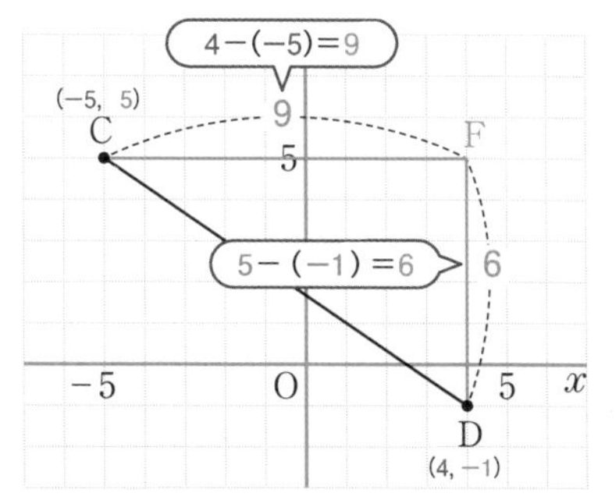

CD = y とすると，三平方の定理より，

$$y^2 = 6^2 + 9^2$$
$$= 36 + 81$$
$$= 117$$

$y > 0$ であるから，

$$y = \sqrt{117}$$
$$= 3\sqrt{13}$$ 答

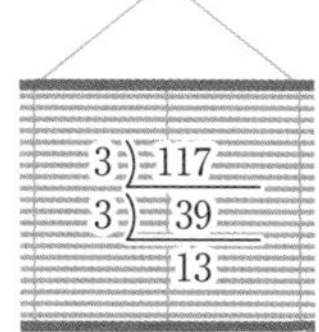

このように，三平方の定理を利用すれば，平面におけるいろいろな長さを求められるんですよ。

問4 （三平方の定理の利用④）

右の図のように，半径 8cm の円 O で，中心からの距離が 4cm である弦 AB がある。円の中心 O から AB に垂線をひき，AB との交点を H とする。このとき，線分 AH の長さと弦 AB の長さを求めなさい。

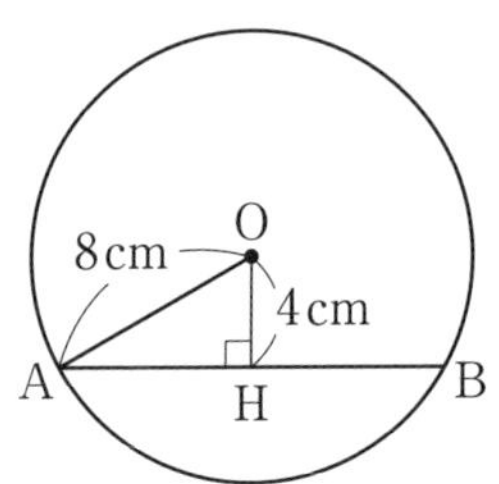

中１で，「弦の**垂直二等分線**は，円の**中心**を通る」という円の性質を学びましたよね。

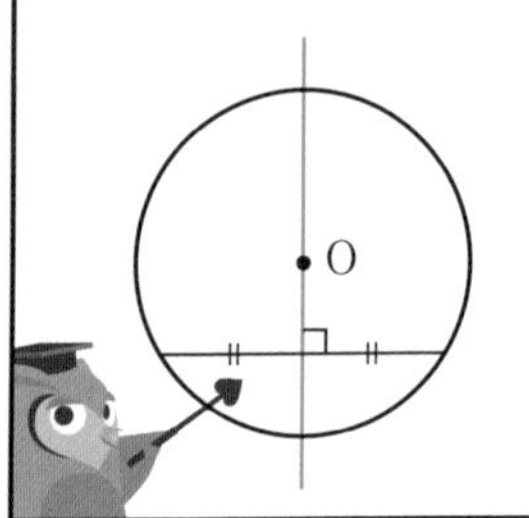

これは逆に考えると，「**円の中心から弦にひいた垂線は，弦を二等分する垂直二等分線になる**」ということでもあるんですよ。この性質を利用します。

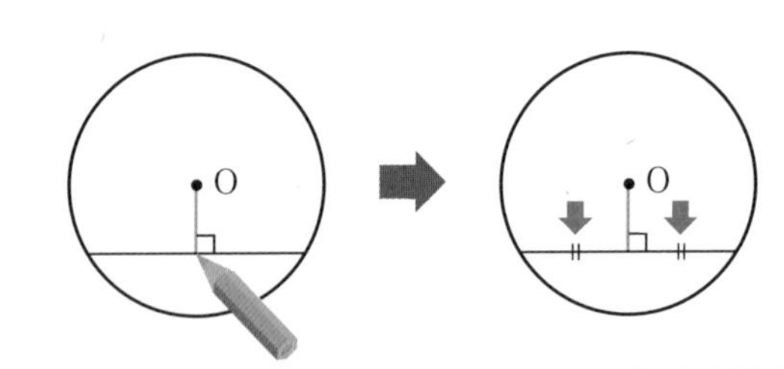

△OAH は直角三角形なので，AH＝$x$cm とすると，三平方の定理が使えますね。

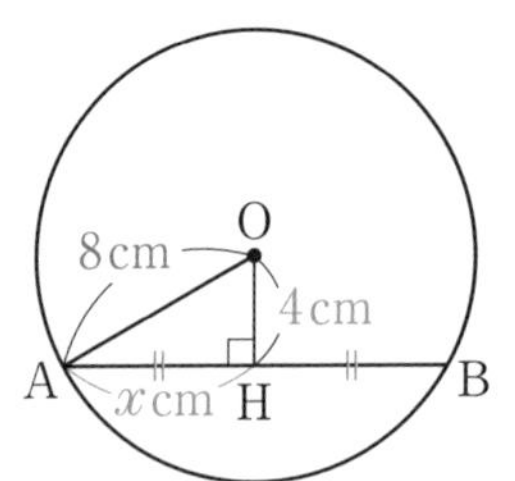

三平方の定理より，

$$OA^2 = AH^2 + OH^2$$

$$8^2 = x^2 + 4^2$$

$$x^2 = 64 - 16$$

$$x = \sqrt{48} \quad (x > 0 \text{ より})$$

$$x = 4\sqrt{3}$$

弦 AB は AH の 2 倍の長さなので，

$$AB = 4\sqrt{3} \times 2 = 8\sqrt{3}$$

AH＝$4\sqrt{3}$cm，AB＝$8\sqrt{3}$cm 答

問5 （三平方の定理の利用⑤）

底面が1辺8cmの正方形で，ほかの辺が9cmの正四角錐がある。底面の正方形の対角線の交点をHとするとき，次の数量をそれぞれ求めなさい。

(1) 線分AHの長さ
(2) 正四角錐の高さ
(3) 正四角錐の体積

…これは，ニャんか
自分で解けそうだニャ
ホ…！　スゴイ！
成長しましたね！
では，自分で解いて
みてください。

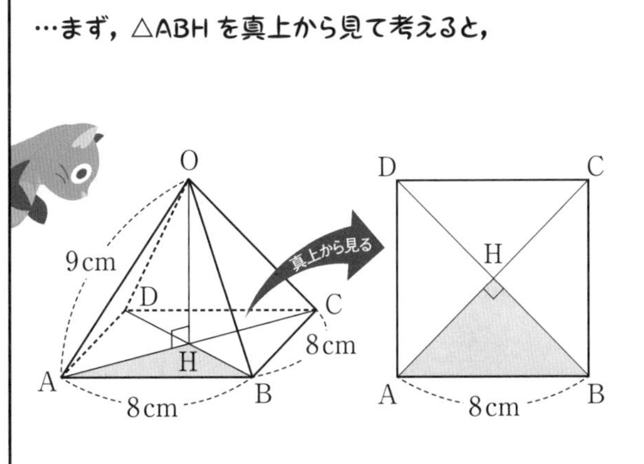

例の「特別な二等辺三角形（直角二等辺三角形）」であることがわかるニャ。

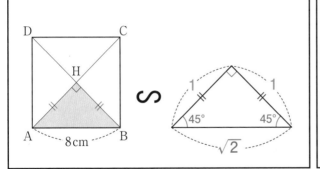

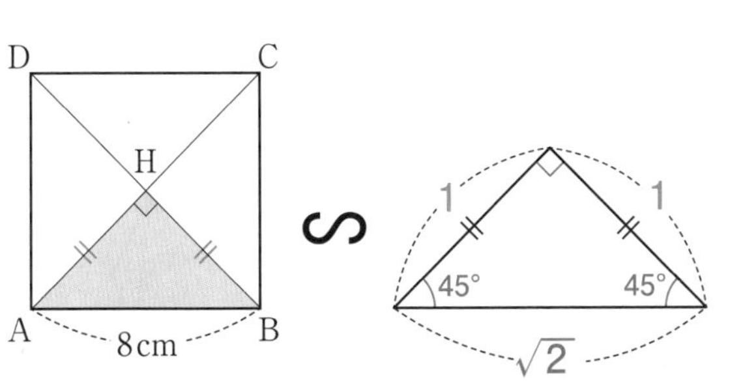

$AH : 8 = 1 : \sqrt{2}$

ということニャので，

$$AH \times \sqrt{2} = 8$$

$$AH = \frac{8}{\sqrt{2}} = \frac{\sqrt{64}}{\sqrt{2}} = \frac{4\sqrt{2^2}}{\sqrt{2}} = 4\sqrt{2}$$

線分 AH の長さがわかるニャ!

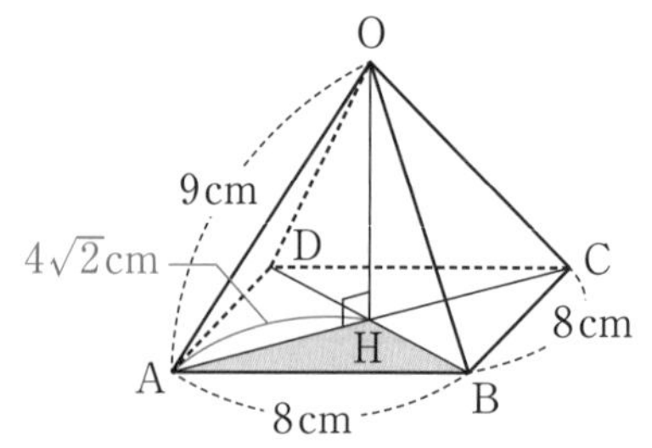

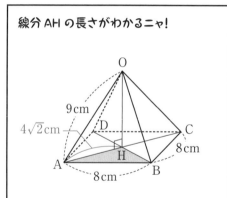

(1) $4\sqrt{2}$cm 答

別解

直角三角形 ABC で三平方の定理を使い,

$AC^2 = 8^2 + 8^2 = 128$

$AC = \sqrt{128} = 8\sqrt{2}$

$AH = AC \times \frac{1}{2}$

$= \frac{8\sqrt{2}}{2}$

$= 4\sqrt{2}$ 答

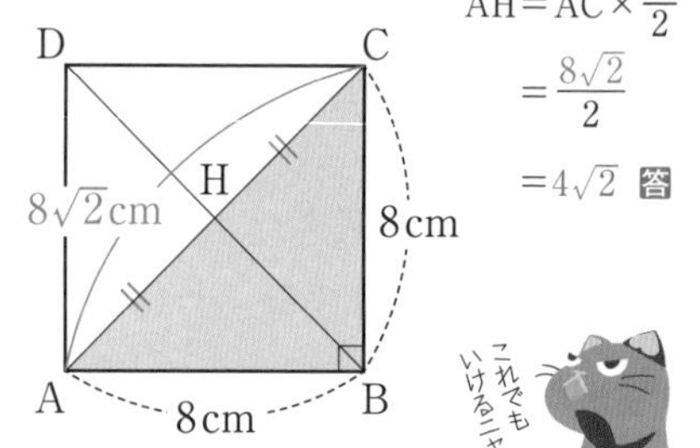

次に，正四角錐の高さは線分 OH の長さだから，△OAH を考えるニャ!
これは直角三角形だから，
三平方の定理が使えるニャ!

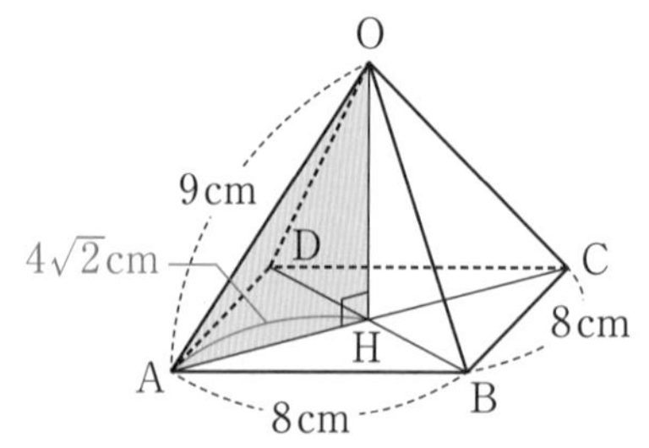

△OAH で，三平方の定理より，

$$OA^2 = AH^2 + OH^2$$

これに数値を代入すると，

$$9^2 = (4\sqrt{2})^2 + OH^2$$

$$81 = 32 + OH^2$$

$$OH^2 = 49$$

OH > 0 より，

$$OH = 7$$

だニャ!!

(2) 7cm 

…スゴイ！
完璧な説明ですよ…！

フフフ…!　簡単ニャ!
最後は「錐体の体積」を求めればいいニャ…?

錐体の体積 (V) は，
底面積 (S) × 高さ (h) × $\frac{1}{3}$
で求めるニャ!

中1でやったニャ

$$V = \frac{1}{3}Sh$$

(体積)　(底面積 × 高さ)

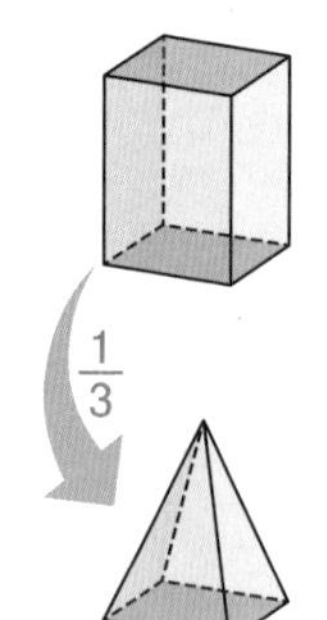

※上下の図は，底面積と高さが同じ。

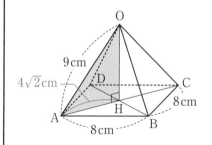

底面積は，8cm 四方の正方形なので，

$$8\times 8=64\ (\mathrm{cm}^2)$$

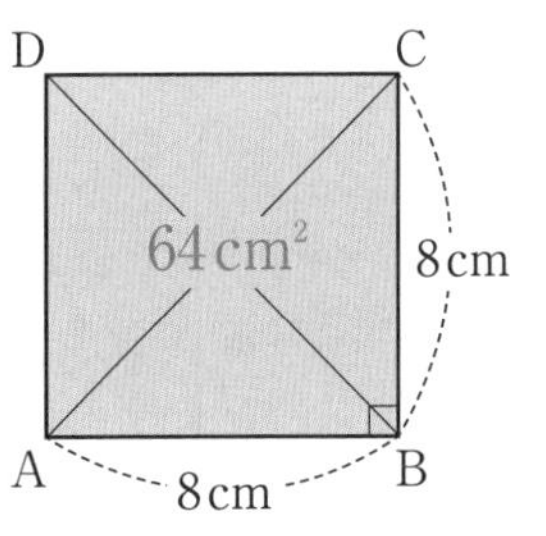

正四角錐の高さは，
(2)より，7cm だニャ！

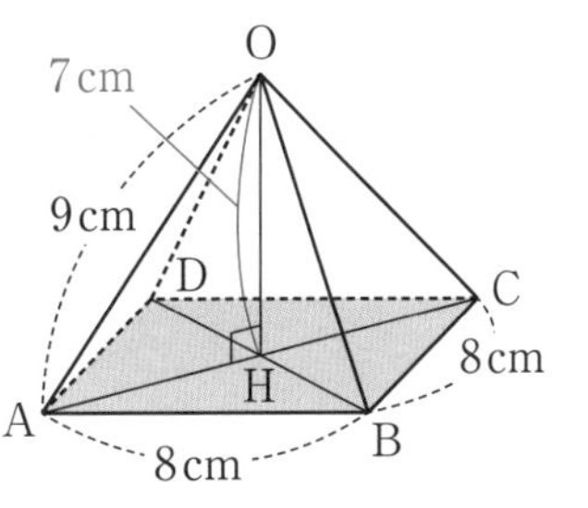

したがって，体積は，

$$\frac{1}{3}\times 64\times 7=\frac{448}{3}$$

となるニャー!!!

(3) $\frac{448}{3}\ \mathrm{cm}^3$ 答

スゴイ！ 完璧！
満点です！
100点
名探偵コニャン
爆誕ニャ!!
ついに覚醒したニャ！
すべてのナゾは
簡単に解けるニャ～!!!

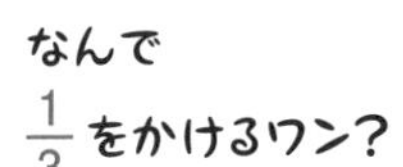

…ふぁ…!?
…知らんがニャ！

その証明には高校数学の「積分」を使う必要があって難しいので，今は知らなくて大丈夫ですよ。

三平方の定理は，直角三角形が関係する問題だと必ずといっていいほど使われる定理です。ちゃんと使いこなせれば大きな得点源にもなりますから，しっかりものにしましょう！

高校入試問題にチャレンジ！

三平方の定理【実戦演習】

問1

〈香川県〉

右の図のような長方形 ABCD があり，AB = 11cm，BC = 8cm である。点 E は辺 CD 上の点で，CE = 6cm である。∠ABE の二等分線をひき，辺 AD との交点を F とするとき，線分 DF の長さは何 cm か。

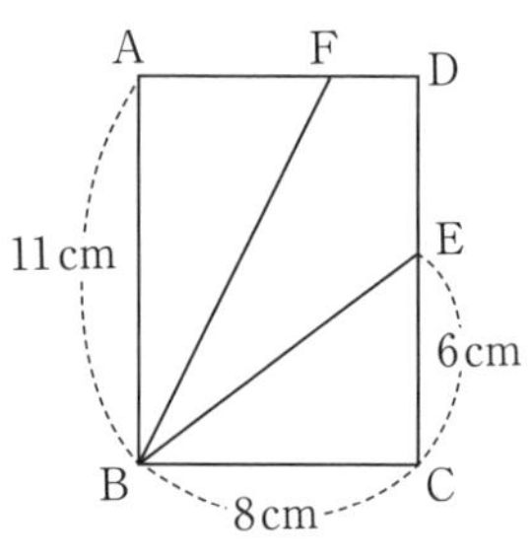

問2

〈東京都立進学指導重点校〉

右の図に示した立体は，頂点が O，底面が長さ 15cm の線分 AB を直径とする円，母線の長さが 30cm の円錐である。

2 点 C，D は母線 OB 上にあり，OC = CD = DB である。点 P は母線 OA 上を動く点である。

図のように点 C から点 P を経由して点 D までひもをかける。

ひもの長さが最も短くなるように点 P をとるとき，ひもの長さは何 cm か。ただし，ひもの伸び縮みや太さは考えないものとする。

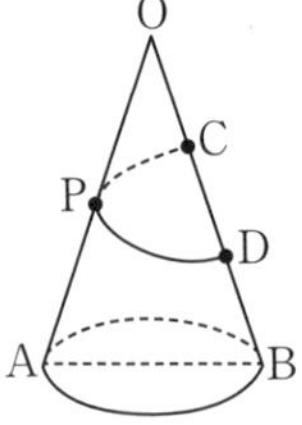

問3

〈秋田県〉

右の図で，三角形 ABC は AB = AC = 6cm，BC = 4cm の二等辺三角形であり，点 D は辺 AC 上の点である。線分 BD の長さが最も短くなるとき，線分 BD の長さを求めなさい。

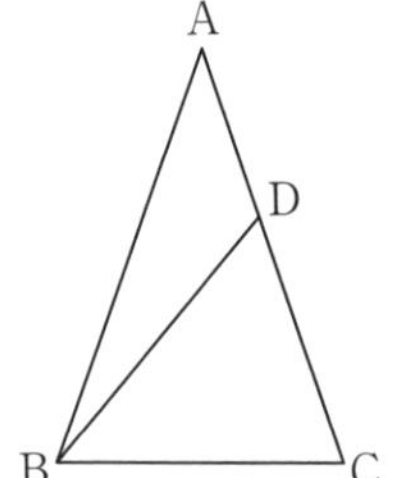

三平方の定理を使うと，直角三角形の辺の長さが求まります。
相似や円の性質を絡めた複合問題にも挑戦していきましょう。

答1

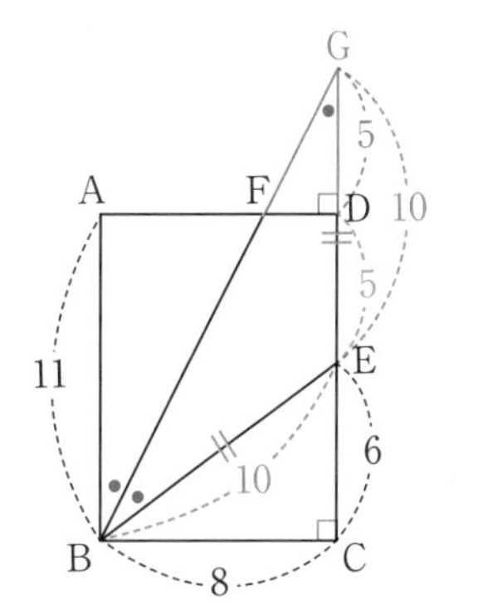

△BCE で三平方の定理より，BE＝10cm

BF，CD の延長線の交点を G とすると，

錯角と仮定より，∠EĠB＝∠AḂG＝∠EḂG なので，

△BGE は BE＝GE＝10cm の二等辺三角形であり，

GD＝10−5＝5cm とわかる。

△GFD∽△GBC（2 組の角がそれぞれ等しい）より，

DF：5＝8：16

$$DF=\frac{40}{16}=\frac{5}{2}\text{ cm}$$ 答

答2

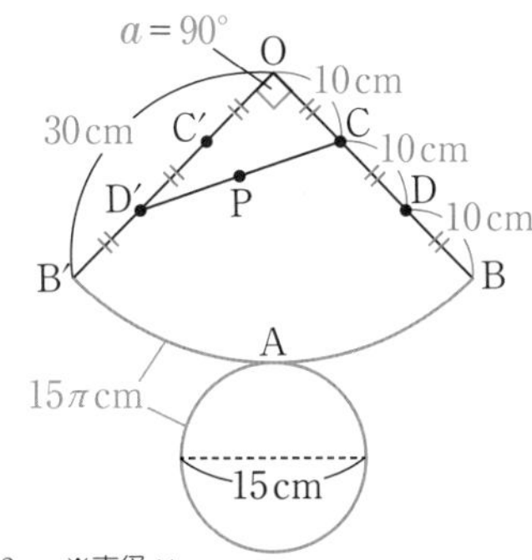

右図のように，母線 OB で切った展開図で考える。

おうぎ形の中心角を a とおくと，

おうぎ形の中心角と弧の長さの関係より，

$$15\pi=2\pi\times30\times\frac{a}{360^\circ}$$ よって，$a=90^\circ$

ひもの長さが最小となるのは，

C，P，D′が一直線上にあるときだから，

三平方の定理（△OCD′）より，

$$CD'=\sqrt{10^2+20^2}=\sqrt{500}=10\sqrt{5}\text{ cm}$$ 答

❶円周の長さ：$2\pi r$ ※直径×π

❶おうぎ形の中心角 a と弧の長さ ℓ の関係（$\ell=2\pi r\times\frac{a}{360}$）

答3

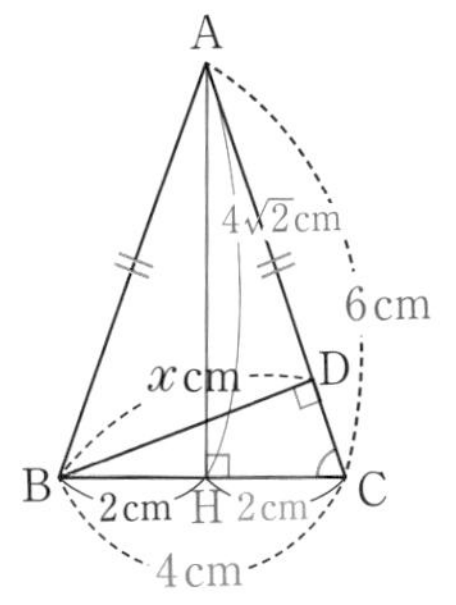

線分 BD が最も短くなるのは，AC に垂直になるときである。

AC に垂直であるときの BD の長さを $x$cm とおく。

点 A から BC に垂線をひくと，交点 H は BC の中点となる。

三平方の定理より，$AH^2+2^2=6^2$

$$AH=\sqrt{32}=4\sqrt{2}$$

△AHC∽△BDC（2 組の角がそれぞれ等しい）より，

$$x:4\sqrt{2}=4:6$$

$$6x=16\sqrt{2}$$

$$x=\frac{8\sqrt{2}}{3}\text{ cm}$$ 答

COLUMN-7

三平方の定理

本文中でも触れましたが三平方の定理の証明は数百通りもあります。自然数の比で三平方の定理が成り立つものを「ピタゴラス数」といいます。組み合わせは無数にありますが，よく出題される「3：4：5」，「5：12：13」くらいは覚えておきましょう。

$1=1^2$，$1+3=2^2$，$1+3+5=3^2$，$1+3+5+7=4^2$，$1+3+5+7+9=5^2$，…と奇数を順番に加えた数字は平方数になりますが，このことよりピタゴラス数を見つけることができます。

$$\boxed{1+3+5+7}+\boxed{9}=5^2$$
$$\boxed{4^2}+\boxed{3^2}=5^2$$
より 3：4：5

$$\boxed{1+3+5+\cdots+21+23}+\boxed{25}=13^2$$
$$\boxed{12^2}+\boxed{5^2}=13^2$$
より 5：12：13

$$\boxed{1+3+5+7+\cdots+(2n-3)}+\boxed{(2n-1)}=n^2$$
$2n-1=(2p+1)^2$ とすると $n=2p^2+2p+1$ なので，
$$\boxed{(2p^2+2p)^2}+\boxed{(2p+1)^2}=(2p^2+2p+1)^2$$
より $2p+1:2p^2+2p:2p^2+2p+1$

辺の比から角度を求めたり，角度から辺の比を求める問題では単純に $1:1:\sqrt{2}$，$1:2:\sqrt{3}$ となっているばかりではなく，整数倍となっている場合があるので注意が必要です。整数倍だけではありません。例えば，$\sqrt{3}:2\sqrt{3}:3$は，$\sqrt{3}$ でわると$1:2:\sqrt{3}$ となります。

「$\angle \mathrm{C}=90^\circ$のとき，$a^2+b^2=c^2$」のように，三平方の定理は直角三角形のみに成立する定理ですが，高校ではこの定理を拡張して，直角三角形以外にも成り立つ第二余弦定理「$\angle \mathrm{C}=\gamma$のとき，$a^2+b^2-2ab\cos\gamma=c^2$」を学びます。細かい説明は省略しますが，第二余弦定理で$\gamma=90^\circ$のとき $\cos 90^\circ=0$なので，$a^2+b^2=c^2$となり，三平方の定理の形が現れます。

（文：沖田一希）

中3　データの活用

Chapter 8

標本調査

この単元の位置づけ

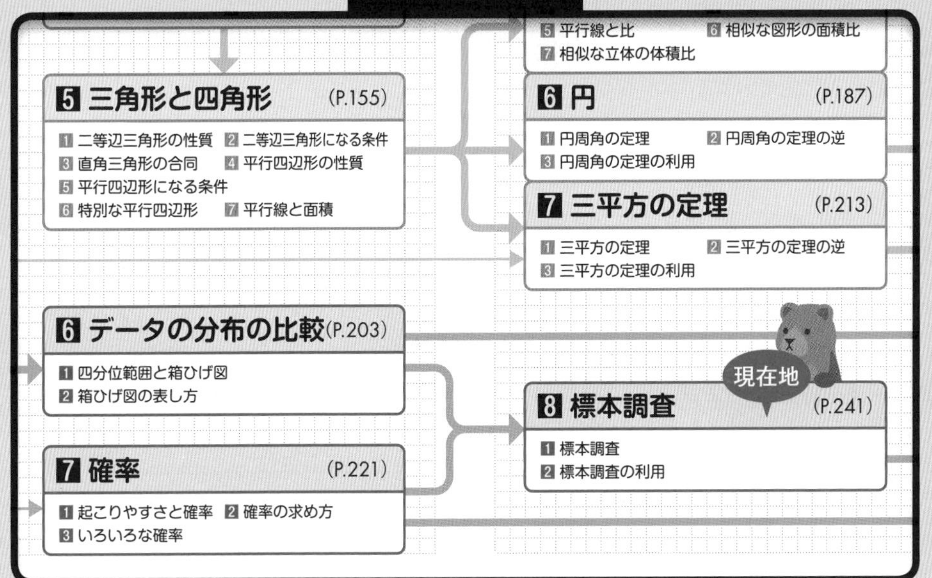

集団の一部の性質と集団の全部の性質は同じ。この考えのもと行なう調査が「標本調査」です。中１で学んだ「データの分布」や中２の「データの分布の比較」・「確率」の知識をベースに，ニュースなどの時事ネタと関連させて学習しましょう。この単元自体の奥行きは深くはありません。専門用語の意味をしっかり理解して，そのうえでそれらの用語を覚えてください。

I 標本調査

問 1 （標本調査）

次の調査は，全数調査，標本調査のどちらですか。

⑴ 日本の国勢調査　　⑵ 缶詰の品質調査

⑶ 学校での体力測定　　⑷ 政党支持率の調査

⑸ 中学校での進路調査　　⑹ テレビの視聴率調査

……ふぁ？
数学の問題なのに数字がないニャ…!?
今回の「標本調査」は，中学最後の「データの活用」分野です。こまかい数字ではなく，まずはどういった調査なのかを理解しましょう。

物事の実態や傾向をあきらかにするために，データや資料を集めて調べることを「**調査**」といいますが…

調査

この「調査」は，大きく 2 つに分けられるんです。

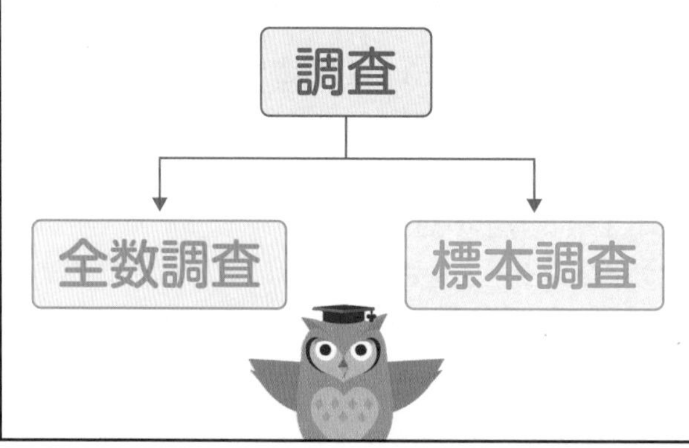

「全数調査」は，
文字の意味を考えれば
わかりますよね。

調査には，その目的に応じて，
対象となる集団※があるわけですが，

※国民，市民，商品，生徒，動物など，調査ごとに様々な集団が対象となる。

この集団全部を１つ１つすべて
調査するのが「全数調査」です。

それに対して，集団全部から一部を
取り出して調査し，**全体を推測する**
ことを「標本調査」といいます。

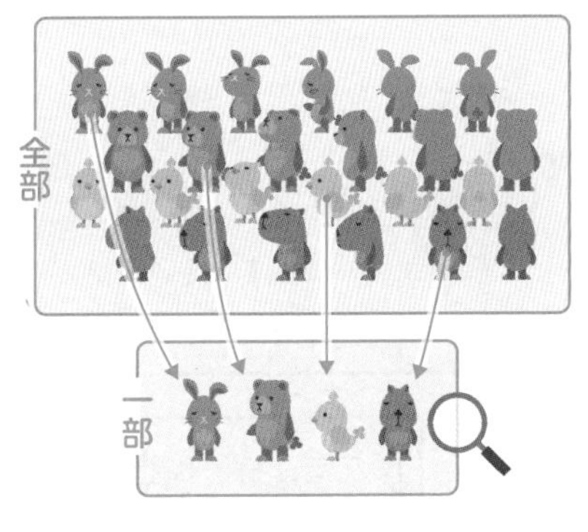

標本調査のとき，対象となる集団全体
を「母集団」といい，取り出した一部
の資料を「標本（ひょうほん）」といいます。

※標本の個数を「標本の大きさ」という。

母集団（ははしゅうだん）？
おかあさんたちが
集まっているワン？

母集団（ぼしゅうだん）です。

「母」の字には「**物事のもととなるもの**」という意味があるんです。

動物を「標本」にする
ニャんてひどいニャ！

その「標本」ではなく，
次の②の意味です。

全く別の意味ですよ

※標本…①生物，鉱物などを研究材料として採取，保存したもの。
➡②標本調査で，全体の中から調査対象として取り出した一部分。

Chapter 8 標本調査 1 標本調査

基本的に，正確な調査をしたいときは「**全数調査**」をすればいいわけですが，それは一方で**大きな問題点**をはらんでいるんです。

大きな問題点？

まず，集団の数が多ければ多いほど，それを全部調査するのは，手間も時間も費用も相当かかりますよね。

また，例えば，商品の缶詰の品質調査をするときは，実際に缶のふたを開けて中身をチェックするんですよ。

ふたを開けて検査した缶詰は，もう売り物にはなりませんよね。これを「**全数調査**」にしたら…？

…ふぁ！　売る缶詰がなくなってしまうニャ！

売り物にならないなら，ボクが全部食べるワン！

うるさいニャ！

ちょっとだまっておくニャ！

…といった様々な事情で**全数調査**ができない（適切でない）場合に，**標本調査**が行なわれるんですね。

ただ，標本調査をするときは，「かたより」のないように注意しなければいけません。

例えば，ある１つの集団の中で，「鳥」は何羽いるのかを調査するとしましょう。

母集団の**一部**を**標本**として取り出すわけですが，このときにかたよった取り出し方をすると，

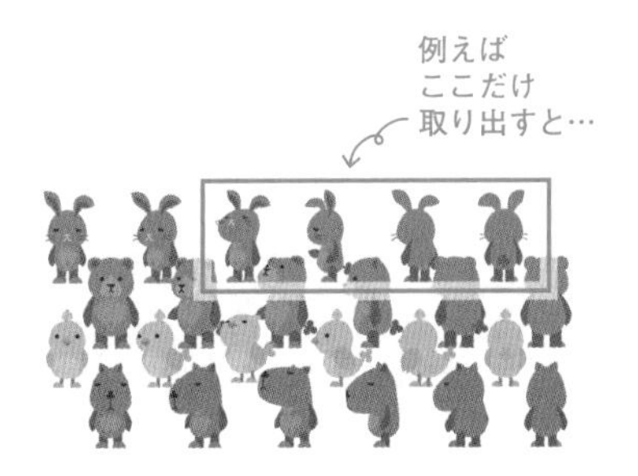

この集団に鳥はいないワン！
たぶんウサギしかいないワン！

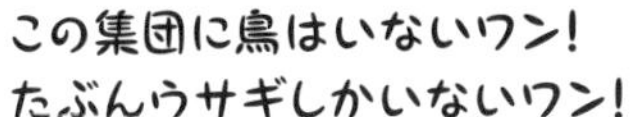

このように，まちがった推測をしてしまうおそれがあるんですね。

一方，なるべく幅広くバラバラに，かたよりのないように標本を取り出すと，

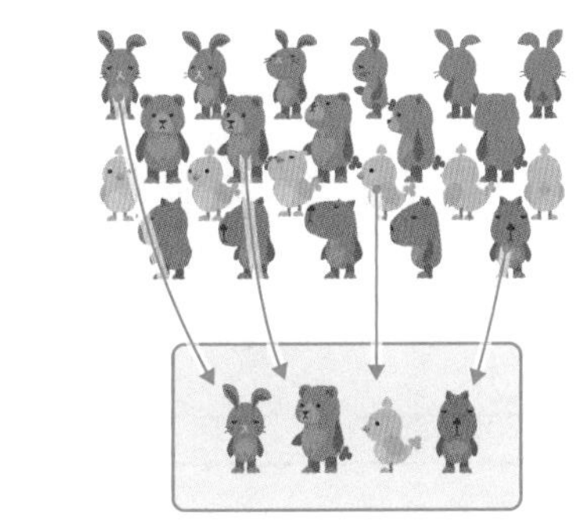

標本の $\frac{1}{4}$ が鳥だニャ…

つまり，母集団の $\frac{1}{4}$ は鳥だと考えられるニャ…

母集団は 24 匹だから

$$24 \times \frac{1}{4} = 6$$

鳥は 6 羽いるニャ!!

このように，標本を取り出してその性質（主にものの**割合**や**確率**など）を調べ，標本の性質と母集団の性質は同じと考えることで，**母集団のおおよその傾向を推測する**ことができるわけです。

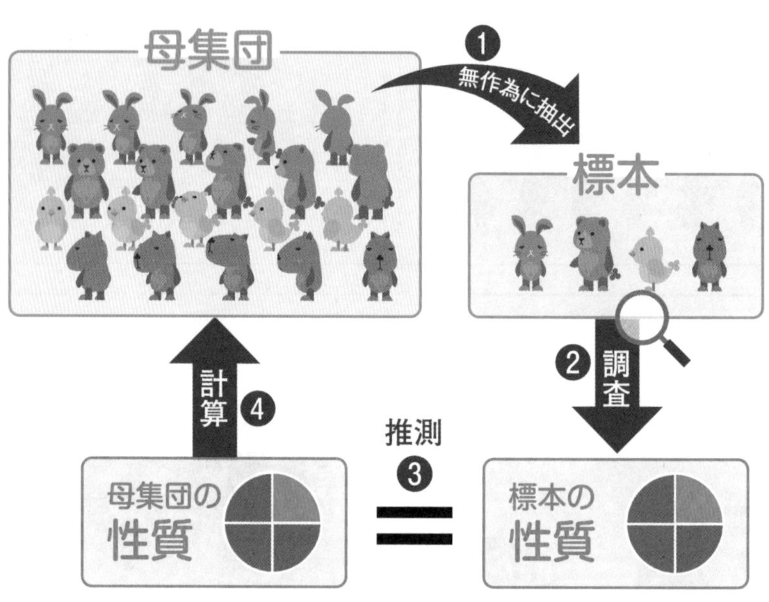

かたよりのないように母集団から標本を取り出すことを，ちょっと難しいことばで，「無作為に抽出する」といいます。

※無作為…手を加えず，偶然にまかせること。ランダム。
※抽出…多くの中からある特定のものを抜き出すこと。

標本調査は，原則として，母集団の中から標本を無作為に抽出しなければなりません。

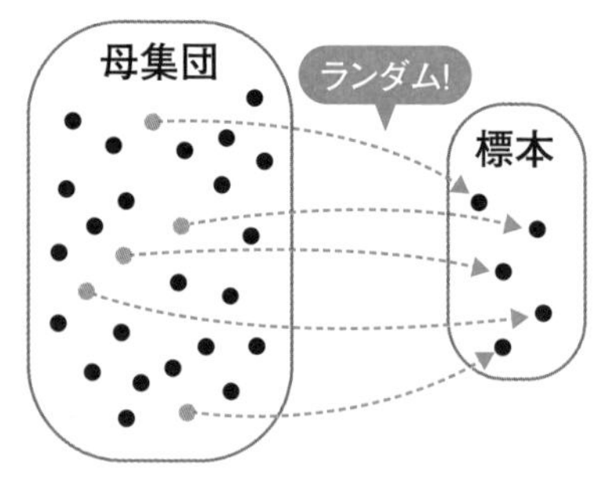

無作為に抽出するためには，よくかきまぜてからバランスよく取り出すことはもちろん，乱数さい，乱数表，コンピューターなどを使って無作為に番号をふってから選ぶなど，様々な方法がとられます。

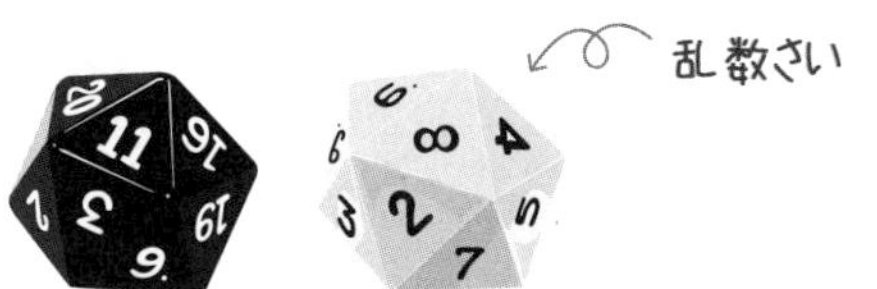
乱数さい

さて，これでもう，**問 1** は簡単ですね。答えとその理由を見て，しっかりと理解しておいてください。

問 1　答

(1) 日本の国勢調査…全国民の人口や属性（性・年齢・職業・世帯構造など）をあきらかにするための厳密な調査なので，**全数調査**。

(2) 缶詰の品質調査…全数調査にすると商品がすべて壊れて売り物にならなくなるので，**標本調査**。

(3) 学校での体力測定…全生徒の体力を測定して，生徒ごとの健康を適切に管理するための調査なので，**全数調査**。

(4) 政党支持率の調査…おおよその傾向がわかればよいだけなので，**標本調査**。

(5) 中学校での進路調査…全体の出願傾向をあきらかにして，生徒ごとに適切な進路指導を行なうための調査なので，**全数調査**。

(6) テレビの視聴率調査…おおよその傾向がわかればよいだけなので，**標本調査**。

ちなみに，テレビの視聴率はビデオリサーチ社が調べているんですが，例えば関東地区では，全 1800 万世帯のうち 900 世帯（全体の 0.005%）だけに専用の測定器を設置して，1 日の視聴データを収集するという「標本調査」をやっているらしいですよ。

ふーん…
意外と
少ないニョね…

さあ，これで標本調査の基礎は完璧になりました。次回はここで学んだ知識を使って，テストによく出る問題を解いていきましょう！

To be continued
END

2 標本調査の利用

問 1 （標本調査の利用①）

白黒 2 種類の同じ大きさの球が合わせて 360 個入っている袋があります。この袋の中から 24 個の球を無作為に抽出したところ，抽出した球のうち白球は 14 個でした。この袋の中には，およそ何個の白球が入っていると考えられますか。

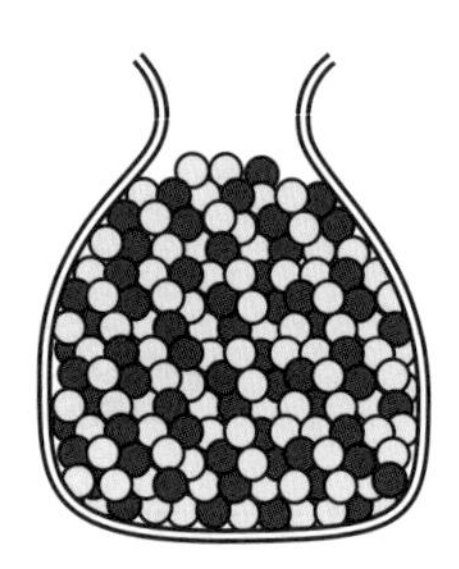

白黒の球が 360 個入っている袋があります。

この袋から 24 個の球を無作為に抽出したところ，

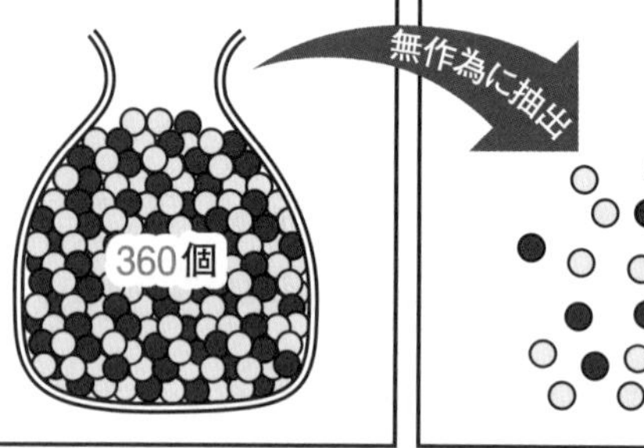

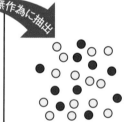

抽出した球のうち白球は 14 個でした。

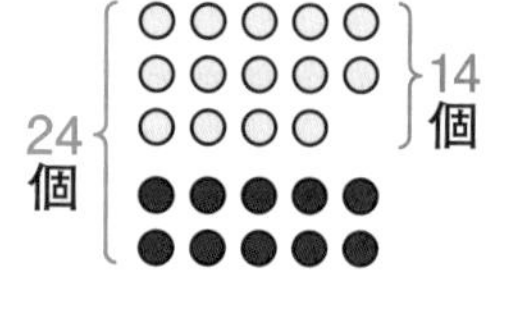

問 1 はこういう状況ですよね。しっかり 1 つ 1 つ頭の中で整理しながら問題文を理解しましょう。

1つ1つ図で見ると
よくわかるニャ…

母集団（360 個）から無作為に抽出した標本（24 個）のうち 14 個が白球であったということは，白玉の割合は $\frac{14}{24}$ $(=\frac{7}{12})$ となります。

これを，前回やった図式にあてはめると，下図のようになります。
無作為に抽出しているので，母集団（袋の中全体の球：360 個）と標本（抽出した球：24 個）で，白球と黒球の割合はおよそ等しいと推測できるわけです。

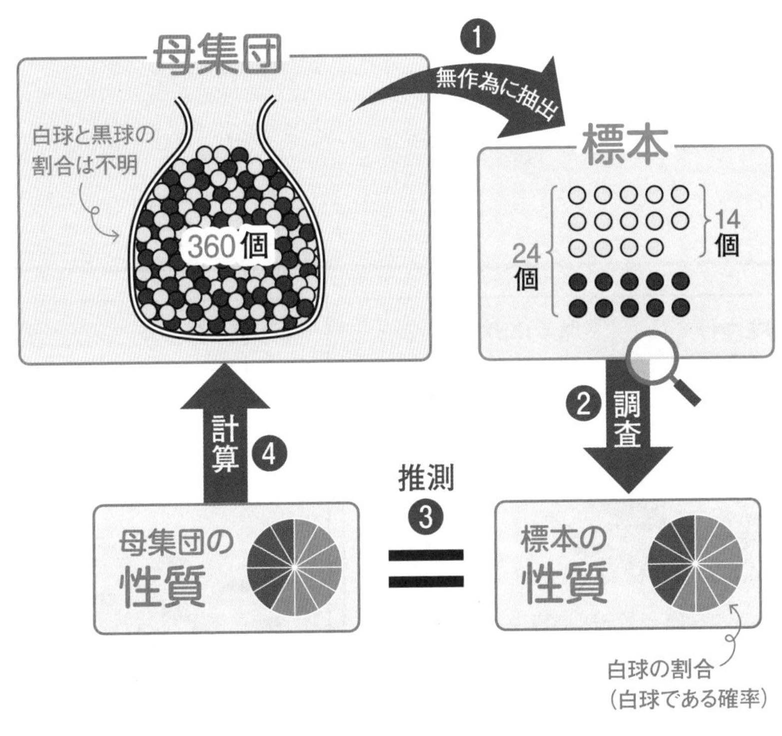

つまり，袋の中全体の球（360 個）の $\frac{7}{12}$ が白球だと考えられるので，

袋の中の白球の総数は，

$$360\times\frac{7}{12}=210$$

およそ 210 個 **答**

と推測できます。

このように，標本の割合を母集団にかけて計算するというのが基本なので，覚えておきましょう。

ニャるほど…
「標本」は「母集団」の「サンプル」ニャのね…

問2　**(標本調査の利用②)**

ある池にいる魚の数を調べるために，池の数カ所から魚を全部で265匹つかまえ，そのすべての魚に印をつけて池にもどした。10日後に同じようにして魚を全部で238匹つかまえたところ，その中に印をつけた魚が53匹いた。この池にいる魚の総数は，およそ何匹と推測されるか。

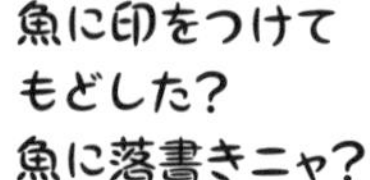
魚に印をつけて
もどした？
魚に落書きニャ？
勝手に印をつける
なんてひどいワン！
ぎゃくたいだワン！

あの～…これは「標識再捕獲法」といって，生態学的に個体数を推定するときなどに，実際に使われている調査方法なんですよ。

例えば，ある池に，魚が全部で10匹いるとしましょう。

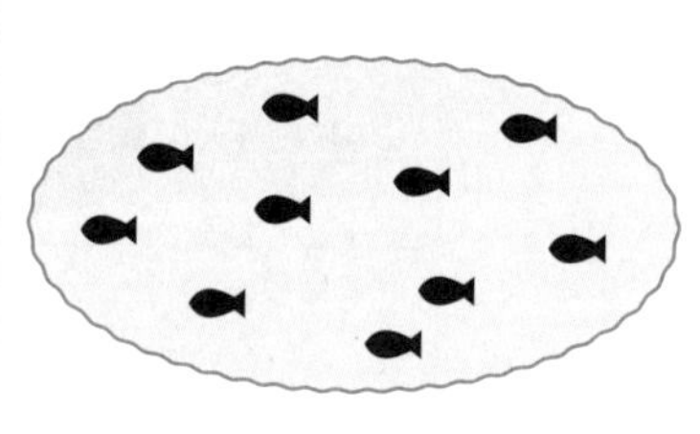

魚を5匹つかまえて，そのすべてに印をつけ，

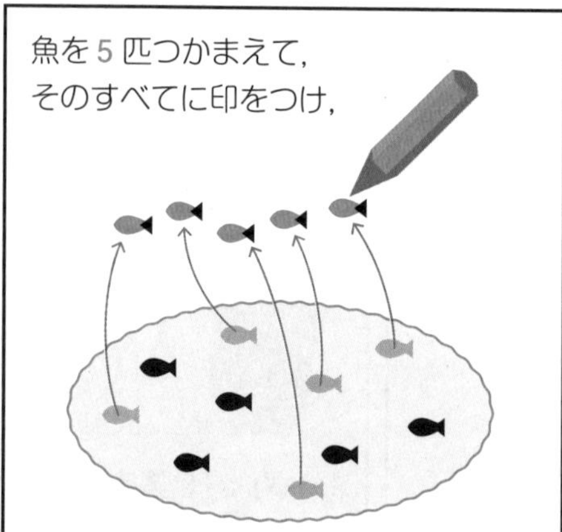

また池にもどします。すると，印がついた魚の割合は $\frac{5}{10}\left(=\frac{1}{2}\right)$ になりますね。……❶

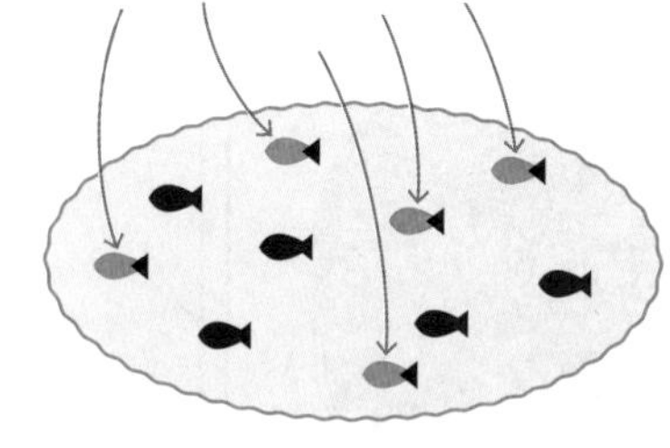

そのあと，魚を池全体に均一に分布させるために10日くらい間をあけて，

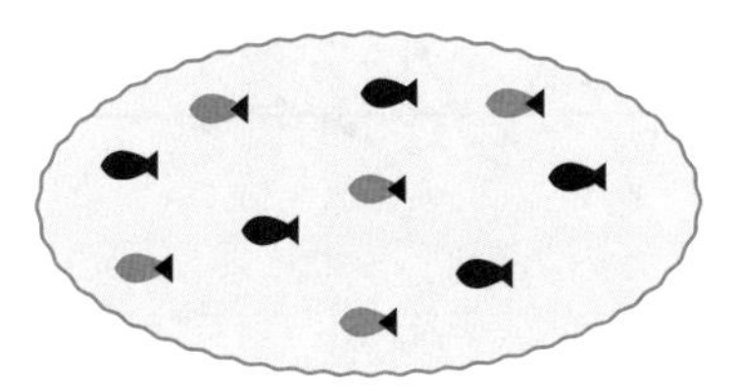

改めて，魚を4匹つかまえます。つかまえた魚の数と印がついた魚の数の割合は $\frac{2}{4}$ $(=\frac{1}{2})$ でした。…… ❷

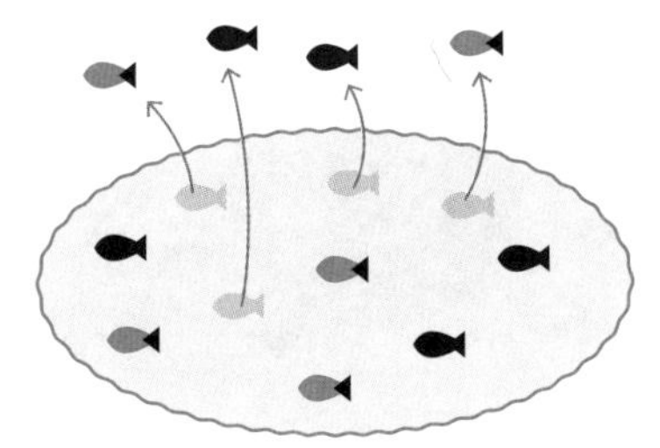

このとき，❶と❷の割合は（理論上）等しいと推測されるので，次のように**等式**を立てられるんです。

印がついた魚の数 → 5 ／ 印がついた魚の数 → 2

$$\text{❶}\quad \frac{5}{10} = \frac{2}{4}\quad \text{❷}$$

池にいる魚の総数 → 10 ／ つかまえた魚の数 → 4

問2のように，池にいる魚の総数が不明な場合は，その数を x として，同じような等式を立てて x について解けばいいわけです。

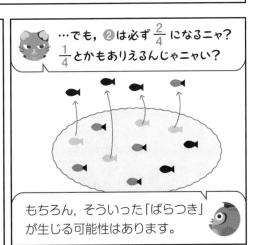

$$\frac{5}{x} = \frac{2}{4}$$

↑ x：池にいる魚の総数

…でも，❷は必ず $\frac{2}{4}$ になるニャ？
$\frac{1}{4}$ とかもありえるんじゃニャい？
もちろん，そういった「ばらつき」が生じる可能性はあります。

Chapter 8 標本調査 2 標本調査の利用

ただ，もともと $\frac{1}{2}$ の魚に印がついているとすれば，つかまえた魚に印がついている確率は $\frac{1}{2}$ ですよね。

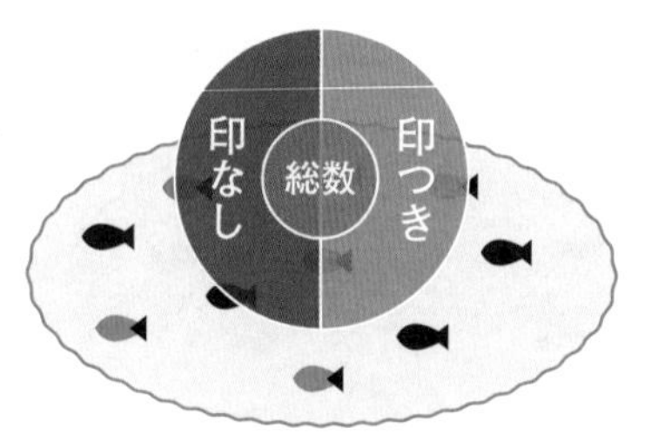

ですから，「確率」で学んだように，つかまえる回数が多いほど「ばらつき」は減って数学的確率の値に近づくんです。

※また，魚の数が多いほど誤差の割合は小さくなる。

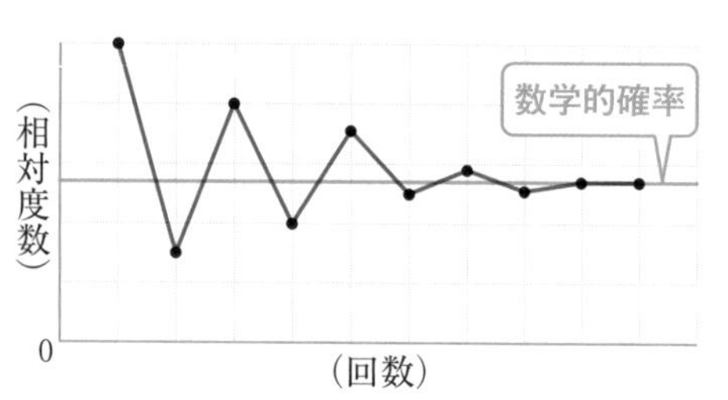

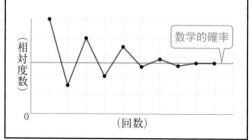

ただ，全数調査をしたわけではなく，絶対とはいえないので，「**推測できる**」といういい方をするんですけどね。

さて，この例を前回やった図式にあてはめると，下図のようになります。

母集団は「ある池にいる魚の数」，**標本**は「10 日後につかまえた魚の数」です。

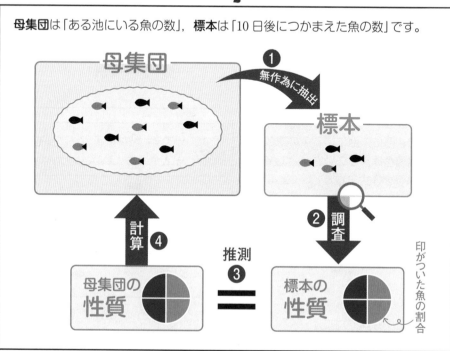

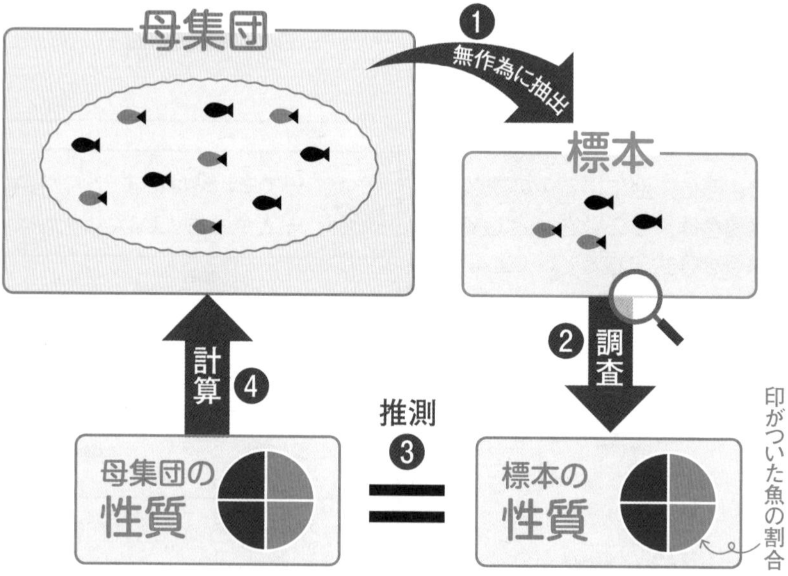

母集団

❶ 無作為に抽出

標本

❷ 調査

❸ 推測

❹ 計算

母集団の性質 ＝ 標本の性質

印がついた魚の割合

では，**問２**を考えましょう。
池にいる魚の総数 x 匹のうち，
つかまえてもどした**印がついた魚の数**は 265 匹です。

印がついた魚の数
↓
$$\frac{265}{x}$$
↑
池にいる魚の総数

この割合と，10 日後に**つかまえた魚の数（238 匹）**の中に**印がついた魚の数**（53 匹）がいる割合は同じだと推測されます。

印がついた魚の数 → 265，印がついた魚の数 → 53

$$\text{最初}\quad \frac{265}{x} = \frac{53}{238} \quad \text{10日後}$$

池にいる魚の総数 → x，つかまえた魚の数 → 238

この等式を x について解くと，

$$\frac{265}{x} = \frac{53}{238}$$

$$\frac{\overset{1}{\cancel{265}}}{x} \times \frac{1}{\underset{1}{\cancel{265}}} = \frac{\overset{1}{\cancel{53}}}{238} \times \frac{1}{\underset{5}{\cancel{265}}}$$

$$\frac{1}{x} = \frac{1}{1190}$$

$$x = 1190 \text{ 匹}$$ 答

※両辺に $238x$ をかけてもよい。

標本は，母集団の「サンプル」だから，ものの割合などが母集団と同じ，というわけニャ！

そのとおりなんですよ。ですから，標本（サンプル）の性質を母集団にあてはめて計算すればいいわけです。

別解

ちなみに，比が等しいことを表す**比例式**で解いてもかまいません。

比例式

$$x : 265 = 238 : 53$$

$$53x = 265 \times 238$$

$$53x = 63070$$

$$x = 1190$$ 答

❶比例式の性質（$a : b = m : n$ ならば $an = bm$）

はい！　これで授業はすべて修了です。本書の授業で，学校の教科書で習う「基礎・基本」はほぼ完璧になりますから，しっかり復習しておいてくださいね！

高校入試問題にチャレンジ！

標本調査【実戦演習】

問1

〈岩手県改〉

ある電池工場で，品質を検査するため，3万個の電池の中から，300個の電池を取り出した。このとき，注意しなければならないことは何ですか。ことばで説明しなさい。

問2

〈鹿児島県〉

アルミ缶とスチール缶の空き缶を合わせて960個回収した。これらの回収した空き缶の中から48個を無作為に抽出したところ，スチール缶が22個ふくまれていた。回収した空き缶のうち，スチール缶の個数はおよそ何個と推定できるか。

問3

〈広島県〉

ある池にいるコイの数を調べるために，池のコイを56匹つかまえ，そのすべてに印をつけて池にもどしました。数日後，同じ池のコイを45匹つかまえたところ，その中に印のついたコイが15匹いました。この池にいるコイの数は，およそ何匹と推測されますか。一の位を四捨五入して答えなさい。

問4

〈宮崎県〉

箱の中に青玉だけがたくさん入っている。その箱の中に，同じ大きさの赤玉100個を入れ，よくかきまぜてから18個の玉を無作為に取り出したところ，赤玉が3個ふくまれていた。最初に箱の中に入っていた青玉は，およそ何個と推測されるか求めなさい。

問5

〈栃木県〉

ある中学校の生徒会が，全校生徒525人のうち，冬休みに家の手伝いをした生徒のおよその人数を調べることになり，40人を無作為に抽出する標本調査を行なった。

(1) 標本の選び方として適切なものを，次のア，イ，ウ，エのうちから1つ選んで記号を答えなさい。ただし，くじ引きの選び方は同様に確からしいものとする。

ア　2年生の中から40人をくじ引きで選ぶ。

イ　男子生徒267人の中から40人をくじ引きで選ぶ。

ウ　生徒全員の中から40人をくじ引きで選ぶ。

エ　運動部員の中から20人，文化部員の中から20人の計40人をくじ引きで選ぶ。

(2) 抽出された40人のうち，冬休みに家の手伝いをした生徒は32人であった。この中学校で，冬休みに家の手伝いをした生徒のおよその人数を求めなさい。

標本調査の基本は，無作為に抽出した標本の性質と母集団の性質は等しいとして考える（推測する）ことです。それをふまえて各問題を考えましょう。

答1

（解答例 1）
無作為に抽出すること。答

（解答例 2）
かたよりのないように，母集団から標本を取り出すこと。答

答2

スチール缶の個数を x 個とする。

$960 : x = 48 : 22$ より，

$48x = 960 \times 22$

$x = \dfrac{960 \times 22}{48}$

$x = 440$

およそ 440 個 答

答3

池にいるコイの数を x 匹とすると，

$x : 56 = 45 : 15$

$15x = 56 \times 45$

$x = 168$

一の位を四捨五入して，

およそ 170 匹 答

答4

標本調査で 18 個中 3 個が赤玉だったので，その割合（$\dfrac{3}{18}$）と「青玉＋赤玉の赤玉の割合」は等しいと考えられる。
最初に青玉が x 個入っていたとすると，

$\dfrac{100}{x+100} = \dfrac{3}{18}$

$100 = \dfrac{x+100}{6}$

$x = 500$

およそ 500 個 答

答5

(1) かたよりのないように，母集団から標本を取り出さなければならないので，2 年生のみ（ア），男子のみ（イ），部活生のみ（エ）から選ぶのは不適当。

ウ 答

(2) $525 \times \dfrac{32}{40} = 420$（人）

およそ 420 人 答

数学は考える力が大切です。
わからないときも，
まずは自分で考えてみてください。
考えれば考えるほど，
考える力がつきますから。

COLUMN-8

標本調査

この章で「調査」には「全数調査」と「標本調査」があることを学習しました。標本調査では「母集団」の中から「標本」を「無作為に抽出」することが大事でした。

新聞やニュース番組などで目にする内閣支持率などの世論調査をする方法には，調査員が直接訪問して回答を聞き取る「個人面接法」，調査員が調査相手に調査票を届け，回答の記入を依頼して後日受け取りにいく「配布回収法」，電話をかけて回答を聞き取る「電話法」，調査票を郵送して記入後に返送してもらう「郵送法」などがあります。「個人面接法」は有効回答率は相対的に高いものの，正直に回答しにくいという短所があります。「配布回収法」は数日から1週間にわたって行動を記録してもらう実態調査に適しています。「電話法」はコストが安く時間もかかりにくい一方，有効回答率が相対的に低いという短所があります。「郵送法」は調査相手が広い範囲に分散しているなど調査員が訪問困難な調査に適していますが，他者の意見に影響を受けやすいという短所があります。ちなみに，テレビで「あなたの大好きな芸能人を教えてください」のような街頭アンケートを行なって，結果をグラフにしているのを見たことはありませんか。一見すると世論調査のように思えますが，これは回答者がランダムに選ばれているわけではない（その場にいた人の回答しか反映されない）ので世論調査とはいえません。

中学課程の数学の学習内容はここで終了です。「どうせ数学なんて大人になったら役に立たないじゃない」とうそぶく人がいますが，それは本当でしょうか？　この章の統計的知識は我々の生活に密着しているものですし，計算力や数学的思考力は人生の選択肢で直接的・間接的に有効機能するものだと私は考えます。ぜひとも未来ある君たちには，数学学習を通して論理的思考力を養うと共に，自分自身を動機づけたり，他人に共感できるような感情制御能力を進展させて，豊かな人生を歩んでほしいと思います。

（文：沖田一希）

おわりに

はい，みなさんお疲れさまでした!!
最後まで本当によくがんばりました!!
これでもう，中学数学はすべて
完全にマスターできましたよね?

ピタゴラスよりも
数学ができる
ようになったワン!

その自信は
どこから
くるニャ!?

リアルに
あほニャの!?

もしよくわかってないところが
あったら，復習しておきましょうね。

特にこのマークがあるコマは，
教科書でも強調されている
最重要ポイントです。
復習のときはここを見るだけで
も OK ですから，完璧に覚えて
おきましょう。

POINT

この中3の授業のあとは
『中4数学コマ送り教室』に
進めばいいワン?

「中4」って
なんニャ!?

「中4」はありませんから，
この授業のあとは，
中1から中3までの内容を，
しっかり復習しましょう。

また，数学の得点力を上げるには，
本書の【実戦演習】のような「演習」を
積むことが必要です。
このあとは，問題集や過去問などを
たくさん解いてくださいね。

演習を積まなきゃ
ダメなニョね…

円周（えんしゅう）を積むワン!!
円周
完
だから
「演習」ニャ!
END

（最後までご愛読いただきありがとうございました）

INDEX

さくいん

▶この索引（さくいん）では，小見出し（＝もくじ掲載の項目名），重要ポイント，本文内の太字にふくまれる数学的な用語を五十音順に掲載しています。

【ページ数の色分け】
青数字＝小見出し
赤数字＝重要ポイント
黒数字＝本文内の太字ほか

中3数学コマ送り教室

発行日：2021年　3月12日　　初版発行

編著：東進ハイスクール中等部・東進中学NET
監修：**沖田一希**
発行者：**永瀬昭幸**

編集担当：八重樫清隆
発行所：株式会社ナガセ
〒180-0003 東京都武蔵野市吉祥寺南町1-29-2
出版事業部（東進ブックス）
TEL：0422-70-7456／FAX：0422-70-7457
URL：http://www.toshin.com/books（東進WEB書店）
※東進ブックスの最新情報（本書の正誤表を含む）は東進WEB書店をご覧ください。

編集協力：金子航　栗原咲紀　竹林綺夏　板谷優初　市橋明季　土屋岳弘
制作協力：㈱群企画　大木誓子
装丁・DTP：東進ブックス編集部
印刷・製本：シナノ印刷㈱

ISBN978-4-89085-861-3　C6341